21世纪高等院校教材——生物科学系列

动物学野外实习教程

主编　赛道建

山东省精品课程及山东师范大学新世纪教改

计划项目配套教材

科学出版社

北京

内 容 简 介

本书共5章，用流畅的语言介绍动物的标本采集、鉴定、保存等基本知识；按海滨、淡水湿地和陆地3种环境类型介绍动物的形态特征及其分类、生态分布；介绍实习过程中的基本生态学研究方法，实习论文的撰写和要求。通过实践，使学生掌握动物标本的采集、鉴定分类方法，进行动物研究和科研论文撰写的基本思想、方法。

本书是生命科学教育专业师生的动物野外实习教科书，也可作为有关科研人员和中学生物教师指导中学生物素质教育的重要参考书。

图书在版编目（CIP）数据

动物学野外实习教程/赛道建主编. —北京：科学出版社，2005
ISBN 978-7-03-015644-0

Ⅰ. 动… Ⅱ. 赛… Ⅲ. 动物学–教育实习–高等学校–教材 Ⅳ. Q95

中国版本图书馆CIP数据核字（2005）第057528号

责任编辑：周 辉 彭克里 席 慧／责任校对：刘小梅
责任印制：赵 博／封面设计：陈 敬

科学出版社出版
北京东黄城根北街16号
邮政编码：100717
http://www.sciencep.com
北京凌奇印刷有限责任公司印刷
科学出版社发行 各地新华书店经销
*
2005年6月第 一 版 开本：720×1000 1/16
2025年2月第十四次印刷 印张：21 1/2
字数：407 000

定价：69.00 元

（如有印装质量问题，我社负责调换）

《动物学野外实习教程》编者名单

主　编：赛道建

副主编：安利国　程　波　刘　建

委　员：（以姓氏笔画为序）

王运涛　王英红　刘树真　刘　建　安利国　陈盈盈

张　凡　张玉玉　张蓬军　赵东芹　程　波　傅荣恕

鲍连艳　赛道建

前　言

随着经济发展和环境变化，许多生态学问题摆在了人类面前，为了促进自然环境的持续发展，急需提高人们的生态意识，保护环境和生物多样性。因此，在新形式下，对学生进行生态教育、进行生物多样性和环境保护教育势在必行。

动物学作为生命科学的专业基础课程，由课堂教学、实验教学和野外实习三个重要教学环节组成，野外实习是理论联系实际的重要环节。要提高教学质量，加强素质教育，培养有实际工作能力的人才，需要各教学环节的有机结合和适合野外实习的指导书。适应21世纪高校教材内容体系改革需要，《动物学野外实习教程》，因妥善处理了以下关系而具有鲜明的特色：继承、发展与创新的关系；理论与实践、实用的关系；基础与提高的关系；系统与局部交叉的关系；教师指导与学生掌握知识、独立工作、提高自身素质的关系。

本实习教程共分5章20节，考虑到传统的无脊椎动物学和脊椎动物学体系，按海滨、淡水和陆地3类基本实习环境的实际情况，除介绍标本的采集、鉴定、分类和制作方法等野外实习基本知识外，还介绍常见动物的野外识别，以及现代生态学野外工作的基本方法，例如动物多样性的调查设计、生态分布和行为观察等内容，便于将野外实习与动物资源调查、生态学研究结合进行，引导学生利用实习调查所获得的数据，分析动物的生态分布与环境的关系，了解并分析动物的生态分布规律，进行论文式实习报告的设计撰写，有助于理论联系实际、强化课堂和实践教学效果，启迪学生探讨动物资源的保护开发与经营管理问题，提高保护动物和环境的意识，适应素质教育对动物学人才培养需要。

本书是作者结合多年指导野外实习的经验、参考有关书籍编写而成的。由赛道建统稿定稿；语言简明流畅，理论联系实际，内容丰富而充实、实用操作性强，因此是有关院校生物科学教育专业师生很好的实习教科书，也是有关科研人员和中学生物教师指导中学生物素质教育的重要参考书。照片由赛道建拍摄。

本书的编写得到了郑光美、马庆福、张汉光、卢浩泉等老一代动物学工作者的关怀指导。在此特表衷心谢意。

由于作者的水平所限，错误和不当之处在所难免，敬请读者批评指正。

赛道建

2004年1月于泉城

前言

[illegible]

目　录

1 动物学野外实习基本知识

1.1 实习的重要性及目的要求和任务

动物实习是高等院校生命科学专业教学计划的重要组成部分。教学大纲所规定的野外实习是动物学课堂教学与实践相联系的必要方式，对激发学生学习生物学的积极性、树立辩证唯物主义世界观有特殊重要的意义。同时，教学实习与国家开展的生物多样性调查有机地结合起来，将有助于摸清我国的生物多样性本底、研究生物资源及其生存环境的动态变化，在培养学生热爱大自然、爱科学、爱祖国和保护自然环境的良好品德，以及培养学生独立工作能力等方面，有不可估量的作用。因此，需要加强指导，启发学生的自觉性，发挥主动性，通过实习达到并完成以下目的要求和教学任务。

1）*加强教学实践环节，巩固理论知识，注重能力培养*　通过教学实习使学生进一步掌握动物学知识、野外调查和实习总结的方法，从而加深和补充课堂学习内容，应用已经学到的知识指导实习，培养学生理论联系实际、能独立进行工作的能力。

2）*学习掌握标本的采集、制作和物种鉴定方法*　通过实习，不仅认识更多的动物，更重要的是学会与掌握各类动物的采集、野外标记及标本的制作处理、保存方法。学习、充实动物分类的理论知识，学会各类动物的基本鉴定方法。

3）*结合实践，学习动物学及生态学研究的基本方法*　通过实习，观察、了解不同生境类型中动物的主要生态类群和动物的行为，如观察记录动物的繁殖行为、取食行为、同种和不同种间的竞争行为，使学生学会用比较分析、联系发展的思想方法，观察和研究各类动物的生活习性、种内和种间的相互关系、物种的生态分布与数量变化，分析探讨动物在大自然中的地位、功能作用及其与环境间的关系。

4）*提高环保及生物多样性和自我保护意识*　通过实习，使学生学到观察自然、认识自然的方法。将自己与往届同学的调查资料进行横向与纵向比较，探讨动物物种多样性的变化与环境类型变化的关系，提高环境伦理修养，增强热爱大自然和保护动物资源、保护生物多样性的意识，培养对动物科学研究的兴趣。学会分析动物的益害，能识别害虫和益虫、经济动物和有害疫源动物，同时，防止被动物伤害，为将来从事动物学教学和科研工作打下良好的基础，自觉地投身于环保事业，促进自然环境的持续发展。

1.2 实习必备的仪器、药品及用具

1.2.1 实习仪器

用于观察、定位的主要仪器有以下几种。

1）观察所用仪器　双筒解剖显微镜、显微镜、望远镜、手持放大镜、载玻片、盖玻片、擦镜纸等。

2）摄像仪器　录像机、照相机（带远摄镜头）、数码摄像机及胶卷等，用于拍摄动物生态照片及实习有关资料等。

3）定位、测量仪器　GPS 定位仪、罗盘、测高器、测步仪、气压表、温度湿度计、量角规、卷尺、游标卡尺、天平等。

1.2.2 实习采集用具

要根据动物种类、个体选用适当的捕捉、运输和处理用具。

1）采集捕捉用具　浮游生物网、昆虫网、扫网、拖网、挂网、鸟网、蛇叉、蛇钩、捕鼠夹、铁锤、铁锹、铲、高压气枪、猎枪、子弹等。

2）采集袋　布袋、背包、塑料桶、塑料袋、标本箱盒、饲养笼、三角纸袋等。

3）处理用具　搪瓷盆、塑料盘、镊子、剪刀、解剖刀、量杯、烧杯、量筒、广口瓶、注射器、医用手套、解剖盘、解剖器械、培养皿、载玻片、盖玻片、旧牙刷。

4）剥制标本用具　钳、各种型号铅丝、竹木条、棉花、纱布、针、线、台板、废报纸、酒精灯、铝锅、石膏粉、滑石粉、砒霜膏、三氧化二砷防腐粉。

5）记录鉴别用品　笔、墨汁、动物登记卡、采集记录本、标签纸及有关动物实习的图谱、实习手册等参考资料。记录本记录实习期间每日的实况，包括实习地点、实习日期、潮汐状况、采集的动物名称（学名、俗名、分类地位）、观察记录（动物的栖息环境及分布状况、生活习性、基本形态）、采集方法等。

1.2.3 实习生活用具

用于防护和实习的顺利操作。生活用具包括采集服、太阳帽、登山鞋、雨靴、防护手套、水壶、雨具、手电筒等。

1.2.4 实 习 药 品

用于标本的处理和人员的防护及伤后处理。

1.2.4.1 处理动物标本所需药品

1）酒精　用 70%酒精保存已麻醉好或已固定好的动物标本。如长久保存的标本应定期更换酒精，以保持 70%的浓度。常用酒精浓度多为 95%，由于酒精浓度过高会使标本组织大量失水而变硬、变脆，因此，必须稀释成 70%才能用于处理标本。将 95%酒精 75ml 加上 25ml 的蒸馏水或凉开水即可。市售酒精中通常有 1%的游离酸，给长久保存的石灰质贝壳及甲壳动物造成不利影响；用时，可加入少许碳酸钠（苏打）中和游离酸。

2）甲醛（福尔马林）溶液　市售甲醛浓度为 40%，稀释时要以 100%计算，用水稀释至 15%处理标本、5%保存标本。用甲醛液固定、浸制的动物标本移入酒精中保存时，应先用水冲洗、除去甲醛液中的游离酸，然后移入。操作时勿用手直接接触，避免伤手。

甲醛保存标本成本较低、用量少、能保存标本的颜色。但具有石灰质贝壳和骨骼的动物，宜用酒精浸制保存。采用甲醛时应加入少许硼砂以减少标本受损的程度。

制作干制标本（如海星类等）应先用淡水洗净后晒干，或用甲醛浸泡后晒干。

3）甲醛–酒精混合液　这是常用的动物标本保存液。用 2%甲醛与 50%酒精等量混合而成，可使两种药品取长补短，保存标本不涨不缩，并无害于标本形态。

4）酒精–海水混合液　无水酒精 5ml 与海水 100ml 混合，用于麻醉多种海滨动物。

5）薄荷脑　一种经济、方便的麻醉剂。视容器及动物的大小，将药品放入大小适宜的纱布袋中，便可麻醉动物。此外，其还有易于回收。

6）氯化锰　1%～2%的氯化锰水溶液对麻醉海葵、水母等动物有独特的优良效果。还有硫酸镁（泻盐）、氯仿或乙醚等，可用于处理标本。

1.2.4.2 防护药品与野外防护

行进途中，除注意穿戴防护服有效地防止被蛇、虫咬伤外，还要带上驱虫药、蛇伤药及一般消毒、治疗等药品，以应急所需。

1.3　标本的采集、处理和保存

以不同的方法在栖息环境中采集到的各种动物标本。重要的工作是采用科学的方法进行处理、保存。采集和保存的标本都要附以标签。

初采样品多不清洁，需要洁净后才能制作标本。海滨动物在麻醉前必须先用新鲜海水冲洗，洗净泥沙杂质后培养。放置在不受振动、光线稍暗处使动物完全达到生活状态。麻醉时，逐渐少量增添麻醉剂；如果麻醉剂放得多使动物身体收缩，应停止增添麻醉剂，换成海水待动物恢复生活状态后再小心麻醉。血污的各种标本要用凉水擦洗干净。

1.3.1　原生动物标本的基本处理方法

原生动物浸制标本主要有以下处理方法。

1）夜光虫等　　用浮游生物网采得虫体，立即滴入甲醛溶液将动物杀死，待动物沉底后将上层水倒出，换 3%～4%的甲醛液。分类后用 70%酒精或 3%～4%甲醛液保存。

2）有孔虫　　在海底沉沙中或海藻基部采到的有孔虫壳，用酒精洗净浸制保存，或直接放在小瓶内干燥保存。

1.3.2　海绵动物标本的处理方法

采到的海绵，应用清洁海水洗净后，立即放入 80%酒精中固定，然后换成 70%的酒精保存。海绵不应用甲醛液保存，否则海绵骨针被侵蚀，影响种类鉴别。

1.3.3　腔肠动物标本的处理方法

腔肠动物标本需要麻醉后才能制作标本。

1）薮枝螅类　　待虫体在盛有海水的玻璃容器内全部伸展后，缓慢加入硫酸镁麻醉。检查虫体及触手不再收缩时，倒入甲醛液将其杀死，然后用 5%的甲醛液保存。

2）水母类　　将水母放在盛有新鲜海水的烧杯中，滴加 1%的氯化锰麻醉水母类的效果良好。也可把少量薄荷脑撒在水面麻醉，1～2min 后，用浓甲醛液固定 12h，然后移入 4%～5%的甲醛液中固定保存。需要注意的是，水母一死就会解体。麻醉时要不断地观察，应在水母未完全死去前处理。

3）海葵　将海葵放在盛有新鲜海水烧杯内，使口盘向上，距水面5～10cm。静置待海葵全部展开后进行麻醉。麻醉药品以氯化锰的效果最好。用0.05%～0.2%的氯化锰溶液逐渐加入烧杯内；麻醉约1h待海葵完全麻醉后，用吸管将甲醛溶液直接加到海葵的口道内，达到7%浓度时固定3～4h，再转入5%的甲醛液中保存。

1.3.4 扁形动物标本的处理方法

当平角涡虫在盛有新鲜海水培养皿中伸展后，用少许薄荷脑麻醉3h。动物进入麻醉状态时用5%甲醛固定。5～10min后用毛笔挑出、展开，压于2片载玻片间，加5%甲醛液12h后可得标本，然后用5%甲醛液保存。

可用放大镜、解剖镜观察涡虫。观察肠和眼，用0.3%三氯叔丁醇或0.1%铬酸滴加载玻片上活虫附近，麻醉后进行。饥饿后喂以墨汁，观察肠干分支和突膨部。也可选择体大肥阔的成虫，用1%稀酸处死并使其伸展；然后将虫体移入固定液中固定2～3h；移入75%酒精中带回实验室。加少量氯化锂除去黄色。整体制片用硼砂洋红（borax-carmin）过染，酸酒精退色，观察并进行种类鉴定。

1.3.5 纽形动物标本的处理方法

将采集瓶内纽虫移入盛有海水的容器中自然伸展后，逐渐加薄荷脑或水合氯醛、8%氯化镁蒸馏水液麻醉数小时后（如出现虫体不伸展或吐物现象是麻醉剂过量），用70%酒精或5%甲醛液保存。

1.3.6 环节动物标本的处理方法

将采集到的沙蚕类放在盛有清洁海水的搪瓷盘中，逐渐加入淡水或滴加甲醛，经数小时动物即将死亡时，用7%的甲醛固定并将其放平伸直，10min后加入7%的甲醛液固定24h，最后用5%的甲醛液保存。如燐沙蚕，可将1%氯化锰加入培养沙蚕的海水中，半小时被麻醉，过20min后加7%甲醛固定，然后整形、保存。大形种类，如沙蠋、螠虫等杀死后，需向体内注入适量的10%甲醛液，以防止体内器官腐烂。

1.3.7 软体动物标本的处理方法

软体动物标本制作有浸制和干制两种处理方法。

1）石鳖　先将其放在玻璃皿中，等身体伸展后缓慢加入泻盐（硫酸镁）或薄荷脑进行麻醉；3h 后用 5%的甲醛固定 12h，然后移入 70%的酒精中保存。也可采用淡水麻醉、伸展平整后，盖以玻片，加压重物，注入10%甲醛液杀死固定。

2）腹足纲和瓣鳃纲动物　先用清水将标本洗净，然后用 10%甲醛液或酒精杀死固定，10h 后，移入 70%酒精内保存。另一种是干制标本。红螺、玉螺、宝贝等螺壳有光泽的贝类，为保持贝壳光泽，需先浸在淡水中杀死后取出，置阴凉处，动物的肉体自行腐烂数日后，用淡水冲洗干净保存。厣是前鳃类种类鉴别的特征之一，因此，在干制前鳃类标本时，必须将厣粘在塞满棉花的空壳壳口处，与贝壳同时保存。

3）无壳后鳃类　需要经过麻醉后，才能保存于酒精或甲醛中。先在新鲜海水中培养使其触角和次生鳃完全伸出后，在水面放入薄荷脑或硫酸镁水溶液麻醉，用 4%甲醛液保存。对有壳后鳃类种类，需用 70%的酒精保存。

4）头足纲动物　在新鲜海水内恢复正常状态后，加入硫酸镁麻醉后用 10%甲醛液杀死；个体大或准备做解剖标本时，需向体内注入甲醛液固定，用 7%甲醛保存。

1.3.8　海产节肢动物标本的处理方法

1）藤壶　在盛有新鲜海水的玻璃皿内培养。当看见其蔓足不停地活动时，在水面上加薄荷脑和硫酸镁溶液麻醉。经 4～5h 运动停止后，加甲醛使瓶内甲醛液浓度达 7%。杀死、固定 3h 后，保存于 70%酒精中。

2）虾、蟹类　处理方法与藤壶基本相同。用 70%～80%酒精麻醉、杀死，半小时后整形保存。为防止蟹类肢体脱落，最好用淡水或药品麻醉后固定。然后保存在加有甘油的 70%酒精中，以防肢体变硬、变脆。具有美丽颜色的虾类，酒精浸渍易变色；短时保存色泽，可用 5%的甲醛保存；长期保存则必须更换到加甘油的 70%酒精中。

1.3.9　棘皮动物标本的处理方法

棘皮动物标本有干制和浸制两种处理方法。

1）海星类　将海星、海胆、海燕等放入盛有海水的容器内，待腕足伸展后，可在水面撒薄荷脑，同时加入少量硫酸镁溶液，麻醉后向体内注入 25%～30%甲醛液；也可压以玻片和重物，注入 10%甲醛液杀死，固定 12～24h 后，放 7%～10%甲醛液中保存。如将海星放在甲醛中浸泡 2～3 天后取出晒干即制成干制标本，不仅能保持标本的自然形态，而且可保存鲜艳色泽。若用开水烫死后在烈日下翻动暴晒，也能取得好的效果。

2）海参类　将容器置阴凉处待海参触手、管足伸出后麻醉。在水面撒布薄荷脑，同时加少量硫酸镁溶液麻醉。加盖4～5h后，触动触手不再收缩时，用70%酒精固定，可保存海参体内的石灰质骨片。标本不做分类鉴定，可用7%甲醛液保存。也可等海参触手完全扩张后，用竹镊子夹住围口触手基部，手执海参迅速放入50%醋酸溶液中，半分钟后用清水洗去醋酸，放入10%甲醛中30min后，从肛门注入90%酒精，用棉球塞住肛门以防酒精外流。整形后用80%酒精固定、保存。

3）蛇尾类　由于蛇尾类腕脆易断，可在采集现场，将其放入80%酒精中直接杀死固定，24h后移入70%酒精中保存。

1.3.10　昆虫标本的处理方法

1.3.10.1　昆虫标本的采集季节、环境、地点和时间

昆虫栖居的环境多样，如植物茎秆中有蛀虫，树皮下有天牛幼虫，地下有地老虎、蛴螬、金针虫，仓库里有蠹虫、米象等。石块下、土壤中、木堆、杂草烂叶下等处都有许多昆虫生活。采集昆虫前，一定要熟悉各种昆虫的生活环境、生活习性，然后去采集。晚春、早秋是昆虫生长的旺盛季节，也是采集昆虫的最好季节。根据各种昆虫的生活规律和生态分布特点，选择山地、湖泊及植物种类复杂、昆虫分布多的地方；选择温暖晴朗的日子进行采集能有较好的收获；采集的时间，白天活动的昆虫在10：00～15：00，夜间活动的昆虫在傍晚。

1.3.10.2　昆虫采集注意事项

采集要细心，注意标本的完整性，勿损伤昆虫的附肢、触角、翅等部分，否则降低标本的价值，给标本的鉴定带来困难。凡采集到的昆虫一律保管好，同时、同地所采标本要单独一处存放，不要将不同时间、地方的标本混放。

为了解昆虫的生活史，对变态昆虫要结合饲养观察，注意从卵、幼虫到蛹和成虫采集不同发育阶段的个体并保存好。及时做好完整全面的记录，如编号、采集时间、地点、采集人、采集环境、昆虫大小、体色等，害虫还要记录危害情况，发生数量等。

1.3.10.3　昆虫标本的采集方法

做标本的昆虫不论大小，要完整无破损、有观察研究价值；昆虫有变态习性，一生中有各种形态，完全变态昆虫有卵、各期幼虫、蛹、成虫；不完全变态昆虫

有卵、幼虫、成虫。采集时，要注意全面采集，同一种昆虫尽量采到各期虫体及它们的食物，以便做生活史标本，也可作成浸制标本，把昆虫各期的个体按顺序捆到玻璃片上，放入标本瓶倒入浸泡液。或做成干制标本，按各期放入填有棉花的昆虫盒里，盒内放上樟脑或克鲁苏油。昆虫采集方法很多，常用的方法有以下几种。

1）网捕法　用于捕捉会飞的昆虫。捕捉时，两手紧握捕虫网柄，网口逆向对准昆虫飞行方向移动，昆虫入网后转动网柄，使网袋翻到网圈上封闭网口防止昆虫飞逃。隔网看清是哪类昆虫。蜂类要先在网内甩死后取出或用镊子取出放入毒瓶；蝶类要从网外用手捏住胸部，另一只手从网内取出昆虫，两对翅向上对叠放入三角纸袋中；其他昆虫可放入毒瓶。

2）扫捕法　手握扫网柄在草丛上方划“8”字形左右扫捕，边扫边前进。扫进一定数量的昆虫集中到底部小瓶中，倒入毒瓶中杀死，倒在白纸上挑选需要的保存。

3）振落法　捕捉树上的鞘翅目、半翅目昆虫时，将白布铺在树下，摇动敲打树枝，佯死昆虫掉落到白布上，用镊子将大昆虫挟入毒瓶，用吸管吸取小昆虫。

4）搜捕法　野外难以看到的昆虫，要根据昆虫的生活环境和习性的不同，用耳听、眼看寻找昆虫，例如，蚜虫在植物嫩芽或叶下面生活，植物叶缩小变形；蚜虫分泌的蜜露会引来蚂蚁、食蚜蝇等昆虫。在枯死、倒下禾苗的基部，老树皮下能找到地老虎、金针虫、蛴螬等地下害虫。在存水的树洞中可采集到双翅目昆虫，如蚊类幼虫；在水中能采到蜉蝣目、蜻蜓目、半翅目的水黾类、鞘翅目的龙虱等；在沼泽、湖泊的沿岸可采到双尾目、原尾目、弹尾目等无翅目昆虫。小昆虫可用吸虫管捕捉或用毛笔刷入瓶中。

5）诱集法　利用趋光性、趋化及其食性等诱集法也是采集昆虫的重要方法。

（1）灯诱法。设计诱灯，如手提汽灯、节能灯、黑光灯等诱集昆虫，将灯放在野外或住处附近，可诱集各种蛾类，如夜蛾、灯蛾、尺蠖蛾、毒蛾、木蠹蛾、枯叶蛾等；各种甲虫类，如象甲、叩头虫、步行虫、萤火虫、金龟子以及膜翅目、直翅目、脉翅目的昆虫。

（2）食诱法。利用昆虫的食性和趋化性，傍晚将腐肉、鱼骨等腥臭物放入广口瓶中埋入地下，瓶口露出地面，用树枝遮盖防止其他动物偷食；步行虫及一些金龟子等闻到臭味就会爬来落入瓶中。第二天将瓶中诱集到的昆虫消毒做标本。对于甜食性昆虫，如喜食蜜糖的甲虫、蝶类、蝇类，可在树干上涂一些糖浆（红糖、醋各半，加酒 1/10，混合后用火熬成浆状，加少量杀虫剂制成）。白天诱集蝶、蝇类，晚间可诱集蛾类、甲虫等。注意要及时处理诱到的昆虫，以免糖浆沾污昆虫失去标本价值。

（3）异性诱集法。蚕蛾、枯叶蛾等昆虫，雌性有特殊气味的性外激素，可诱集雄虫。现在已有人工仿制的昆虫性外激素，可供试用。

6）水栖昆虫的采集　如是水面昆虫可用拖网，水下昆虫可用铲网将水边藻类连同泥沙一起捞起。可以采到蜻蜓、蜉蝣等的幼虫和半翅目、鞘翅目的昆虫。

1.3.10.4 几种主要昆虫的采集方法

由于各类昆虫的构造和生理特征上的差异，为保证采集昆虫的质量，应采取不同的采集处理方法。

1）鳞翅目昆虫　蝶蛾类由于身体和翅上被盖的鳞片极易脱落，一旦脱落使标本失去美丽、降低价值，处理标本时要特别注意。采集到的蝶蛾类除用手捏胸部使其窒息外，还应在腹部注射甲醛、氨水或草酸溶液，将它们彻底杀死并具防腐作用。

2）双翅目昆虫　蚊、蝇、虻、蚋等昆虫身体细小，要用吸虫管采集，单独用指形管或小瓶存放。采集这些昆虫时要了解它们的生活习性和环境，如食蚜虻、长吻虻、寄生蝇等常喜欢停留在花丛间，其他双翅目昆虫多分散在池沼、小溪边。

3）膜翅目　在花丛中、树木上或地面等处找到的各种蜂类和蚂蚁，体形微小的，如寄生蜂等要装入小瓶内杀死；体形大的种类可放在大瓶中杀死。由于它们死亡时吐出大量蜜汁容易损坏标本，毒死后要及时取出单独存放。

4）鞘翅目和半翅目　这两类昆虫因行动较慢而容易捕捉，由于体壁坚硬，最好单独放在毒性较大的毒瓶中，避免碰撞损坏标本，或直接向体内注入药液使其死亡。

5）直翅目和螳螂目　螳螂目中的螳螂，直翅目中的蚱蜢、蝗虫、蟋蟀等昆虫，由于较难毒死，可在毒瓶中添加药液，或直接向体内注入药液使其尽快死亡。

1.3.10.5 昆虫标本的制作及保存

采集到的标本要及时处理，以便能长久完整地保存，供研究和教学使用。方法、步骤如下。

1）干制标本制作　干制昆虫标本的关键是快速干燥和防虫蛀。

（1）简易制作方法。手捏昆虫胸部（蝶蛾类翅基部腹面），从1、2气门孔向头、体部多点慢慢注入20%甲醛液0.2ml，迅速退出注射针，插入昆虫针，左手捏针尖端，右手用针头将触角、足整理好，前翅成一直线、对称摆好，置泡沫“昆虫板”上在通风处晾干。对腹部肥大的蛾类为防止腐烂，可用小钩从肛门或从腹面切口取出内脏，药棉填腔粘合即成。

蜻蜓目、脉翅目和食虫虻、水黾等，手捏翅基部腹面，用注射针从第1腹节气门孔向头部慢慢地注入20%甲醛液0.1ml，较大甲虫也不超过0.4ml，以免触角、足变硬太快无法整理。注药后迅速按正确部位插针，按自然姿态整姿，阴干。

（2）针插标本制作方法。采到已干硬需软化的虫体，可将昆虫用玻璃罩住放在甲醛消毒的潮湿沙土上，或直接用洁净水浸泡。纸袋内已干硬的虫体可直接包一层湿布，直到虫体软化。小型昆虫标本由于虫体小、针插易破碎虫体，可用重插法和胶粘法制作。

重插法是先在长针上插硬纸或透明胶片制成的长 7.6mm、宽 1.8mm 的三角形片，或用火柴棒，再将 0 号昆虫针刺在三角板或火柴棒上，把昆虫标本插在昆虫针尖上。

胶粘法是在上法做成的三角板或棒上，直接在背面、腹面用透明黏胶各粘一个昆虫。

（3）不展翅标本制作方法。用昆虫针直刺入昆虫胸部（甲虫要避开胸足的基节窝），使针穿过中足和后足之间，同一类昆虫标本制作要规格化。直翅目昆虫从前胸背板后方、背中或偏右插针；半翅目昆虫从小盾片略偏右方插入；膜翅目、鳞翅目昆虫从中胸背板的正中插入由中胸足基节中间穿出。

插针时左手捏住昆虫胸部，右手插针至针上 3/4 处。为使各标本处于同高度、整齐好看，需用三级板整理。第一级是虫体背面到针头的高度，第二级是标签在针上高度，第三级是虫体在针上的高度，一般用第一级作标准。

三级板用法是虫体插入昆虫针后，将针头倒过来插入第一级孔中，同时将昆虫调整到三级板第一级高度，接着插一硬纸片整肢，将昆虫附肢附着到纸片上整理成生活状态，晾干后取下硬纸片，再把标签插到昆虫针上，针尖插入原小孔，整理标签使在第二级高度，然后同类昆虫插入一个昆虫盒内保存。

（4）展翅标本制作方法。需要观察翅脉和展览的昆虫，制作标本时需用展翅板展翅。先将已用针穿好的虫体置展翅板沟内，翅整理（直翅目、鳞翅目、蜻蜓目昆虫，两前翅后缘左右成一直线，后翅展成飞翔状；双翅目、膜翅目的昆虫前翅的顶角与头左右成一直线）完毕后，用纸条压住翅并在纸条两头和翅间插针固定。然后整形使昆虫头部端正，触角成倒“八”字形，标本展翅整形置通风处晾干后，小心移到到昆虫盒里保存。个大内脏多者，可在展翅前取出内脏，塞入适量脱脂棉或向虫体内注入甲醛溶液防腐、固定。

2）浸制标本制作　浸制保存液有多种，可根据需要选择。

（1）酒精：将昆虫用 30%酒精中浸泡 24h 后，移入 75%酒精中保存。蚜虫标本可直接放入 70%酒精中保存。优点是干净，虫体伸展，观察方便。缺点是组织干脆，易断裂。

（2）甲醛液：40%甲醛 1 份+水 17～19 份（或用 5%甲醛液 5ml+水 95ml）混合均匀。

（3）醋酸、甲醛、酒精混合液：80%酒精、40%甲醛、冰醋酸按 1∶9∶1 配成。优点是对虫体组织固定作用好。缺点是日久标本易变黑。

（4）醋酸白糖液：冰醋酸 5ml+白糖 5g+甲醛 5ml+蒸馏水 100ml。能保持昆虫体色。缺点是虫体易瘪。

3）*浸制方法* 为使虫体保持原形，浸入浸泡液的标本，要将标本连瓶一起隔水加热直到虫体伸直为止。或虫体用开水煮到虫体伸直并稍硬（虫体大、外骨骼厚的可煮 5～10min，体小而软煮 2～3min）。煮好的虫体晾干后放入浸泡液中，2 天后换浸泡液，把瓶口用石蜡封口，再用火把塑料布烤一下蒙到标本瓶上扎紧，即成为保存的浸制标本。

1.3.10.6 幼虫标本的制作

1）*吹胀法* 用镊子将幼虫固定放在平板上，注射器由肛门插入充气使体液从口流出，虫体饱胀而死，5min 后用小钩从肛门将内脏取出，重新充气洁净虫体；较大虫体要填充棉花防皱变形，在虫体重心处针插固定于泡沫板上，置通风处干燥后移入标本盒，贴标签。或在幼虫肛门边开一小孔，用玻璃棒从前向后挤压，把内脏从小孔中压出，用吹胀器或麦秆代替等把虫体吹胀，然后将虫体移入玻璃罩内，一面用酒精灯加热，一面吹气，直到虫体干燥为止。固定在昆虫针上，插到昆虫盒中保存。

2）*幼虫浸制标本* 先饥饿让幼虫将食物、粪便排出，再放入开水中煮到硬直。然后保存在 70%的酒精中或 5%的甲醛里。如果虫体较大，为防止腐烂，可先向体内注入保存液，或 1～2 天再换一次保存液。

1.3.11 常见鱼类标本的采集处理方法

鱼类标本可有多种方法获得，用撒网或拉网捕捞，或到市场选购，或从当地水产部门或专业捕鱼队收集。采集到的标本清洗后，登记、编号、制作标签，并将标签拴在胸鳍或尾的基部。标签可用竹片或棉布条（6cm×1.5cm）制作，预先用墨汁编制（图 1-1）。

体重以 g 或 kg、长度以 mm 为单位。鱼体测量项目有，全长：吻端至尾端长度；体长：吻端至尾鳍基部的长度；体高：躯干最高处的垂直高度；头长：吻端到鳃盖骨后缘（不含鳃盖膜）的长度；尾长：肛门至尾鳍基部的长度；眼径：眼最大直径；眼间距：两眼间的距离；尾柄长：臀鳍基部后端至尾鳍基部的长度；尾柄高：尾柄最狭处的垂直高度。

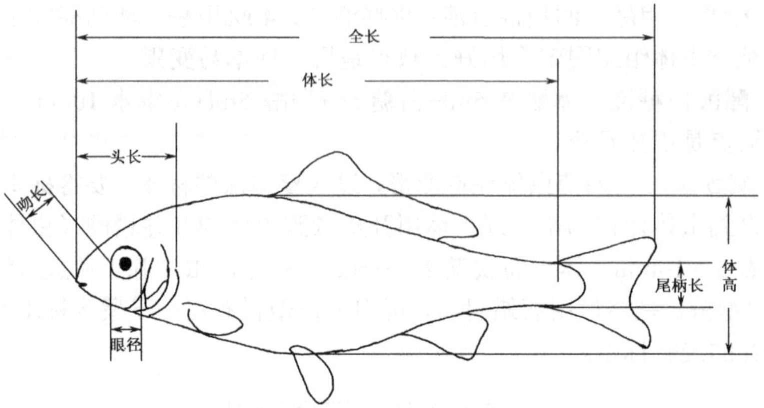

图 1-1　鱼的体尺测量

大型鱼类腹腔注射 10%的甲醛溶液（小型鱼类可直接浸泡）后，放入盛有 10%甲醛溶液的容器内固定，然后带回实验室分装，用 5%的甲醛溶液保存。

1.3.12　两栖类标本的采集、制作和保存

1.3.12.1　采　　集

在雨季到来之前，根据两栖类昼伏夜出的习性及集中到产卵水域活动的特点，对活动跳跃能力强的种类，如黑斑蛙、金线蛙、中国林蛙等，可在傍晚利用手电照射，直接或结合利用采集网捕捉，或用诱钓法像钓鱼一样用蚱蜢之类做诱饵钓捕；对活动能力弱的种类，如中华大蟾蜍、花背蟾蜍等可用手直接捕捉。

1.3.12.2　体 尺 测 量

将采集到的动物放进密闭容器中，加入乙醚进行麻醉。当动物深度麻醉或刚窒息死亡后，取出清洗，放到解剖盘内进行标本的测量（标本的测量方法如下），并与标本的编号、采集日期、采集地点等均要记录到登记卡上（图 1-2）。

1）*无尾两栖类*　体长，吻端至体后端。头长，吻端至颌关节后缘。头宽，左右颌关节间距离。吻长，吻端至眼前角。鼻间距，鼻孔间距离。眼间距，上眼睑内缘之间距离。眼径，眼纵长距。鼓膜宽，鼓膜最大直径。前臂及手长，肘后至第三指末端。后肢全长，体后正中至第四趾末端。胫长，胫部两端间的距离。足长，内蹠突近端至第四趾末端。

2）*有尾两栖类*　体长，吻端至尾端。头长，吻端至颈褶。头宽，左右颈褶间距离（头部最宽处）。吻长，吻端至眼前角。眼径，与体轴平行的眼径长。尾长，肛孔后缘至尾端。尾高，尾最高处距离。尾宽，尾基部最宽处。

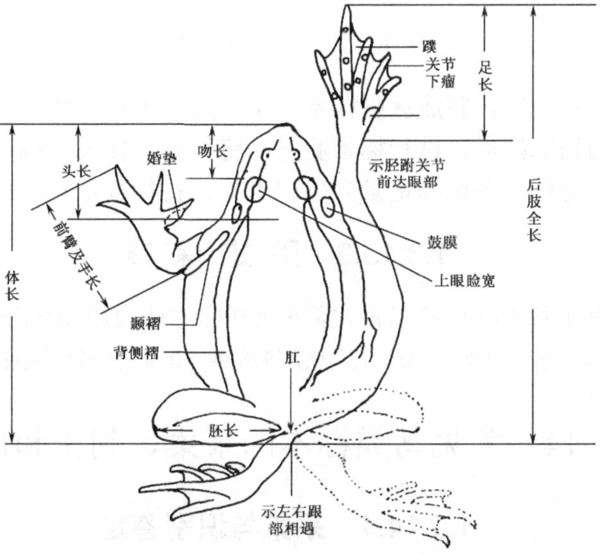

图 1-2　蛙类体尺测量

1.3.12.3　固 定 保 存

用 10%甲醛溶液注入体腔后系上编号标签，然后将标本整形放入盛有 10%甲醛溶液的容器内浸泡 24h 固定。固定后的标本装到盛有 5%～10%的甲醛溶液或75%酒精内保存。

1.3.13　爬行动物标本的采集、制作和保存

1.3.13.1　采　　集

蜥蜴类可用采集网扣捕、软树条扑打等法捕捉。蛇类在草丛或凹凸不平处，先用蛇钩将其钩挑到平坦处，如在平坦地面处，可直接用蛇叉或质坚而软的 T 型器具叉住其颈部后，或用软树条抽打蛇的颈部，或用木棍挑至高空摔死，并用蛇钳夹住颈部装入采集袋内；此时不知道是否是有毒蛇类，要防止被蛇咬中毒。龟类的采集，可将捣碎的带腥味的动物脏器等撒在其活动场所，诱其来食捉之，或掘穴捕捉，或利用海龟类在夏季夜间到海边沙滩上掘穴产卵的习性，守候捕捉。鳖捕捉一般在诱捕笼内固定诱饵，黄昏时将诱捕笼沉至水底，第二天清晨起笼捕捉；或利用夏季炎热天气，鳖出水上岸，可顺其爬行足迹寻找捕捉，在平展的泥沙上有隆起的呈新月形或“八”字形的松散新泥沙，就可能是它的隐没之地。

1.3.13.2 标 本 制 作

大、中型爬行动物需制成剥制标本，小型爬行类可制成浸制标本。用乙醚在密闭容器中将动物麻醉后，进行标本测量，将体重、体长、编号、性别、采集地点、采集日期及身体的颜色等记录到登记卡上，将标签结扎到标本的后足上。

1.3.13.3 固 定 保 存

标本体腔内注入 10%甲醛溶液，整形放到标本瓶内用 10%甲醛溶液固定 1～2 天。然后将标本分装到 5%～10%的甲醛溶液或 80%的酒精中保存。

1.3.14 常见鸟类标本的采集、制作和保存

1.3.14.1 采集与识别鉴定

捕捉栖于灌丛的小型鸟类，将黏网张挂在树丛处，或用猎枪、高压气枪猎取。猎获的标本，应记下虹膜颜色，用棉花塞于口腔内、擦净血液以防肠内容物或血液污染羽毛。将鸟头部装入锥形纸卷端包好，带回实验室分类鉴定。

1.3.14.2 标本的整理测量

对于不宜剥制的标本，如需要可浸泡在 10%的福尔马林溶液或 75%的酒精中保存。污染标本应先用毛刷、清水洗净羽毛，用滑石粉或谷糠吸水、晾干后，拍打干净。对活标本，剥制前 1～2h，挤压固定肋部，压迫胸腔使其窒息而死，或在翼部肱静脉注射空气，形成气栓阻断血液循环而死。 测量的体尺内容如下：①体重：称量的鸟体重量以 g 计。②体长：上喙端至尾端长度。③嘴峰长：上喙先端至嘴基生羽处的距离。④翼长：翼角至最长飞羽先端的距离。⑤跗蹠长：胫骨与跗间关节后部中点至跗蹠与中趾关节前下方的距离。⑥尾长：尾羽基部至最长尾羽先端的距离。有时翼展度、嘴裂长、趾长及爪长等也要测量（图 1-3）。

测量的体尺结果及标本采集的日期、地点和性别、虹膜及脚、喙的颜色、标本编号等均需填写编号标签，并在制成标本后系于鸟足上。

1.3.14.3 剥制标本的制作与保存

剥皮时如见出血或脂肪过多，可撒些石膏粉于皮肤内侧和肌肉上，以防羽毛被沾污。

1）剥皮　　胸剥方法是使鸟仰卧并分离胸部羽毛，露出皮肤，用解剖刀沿龙

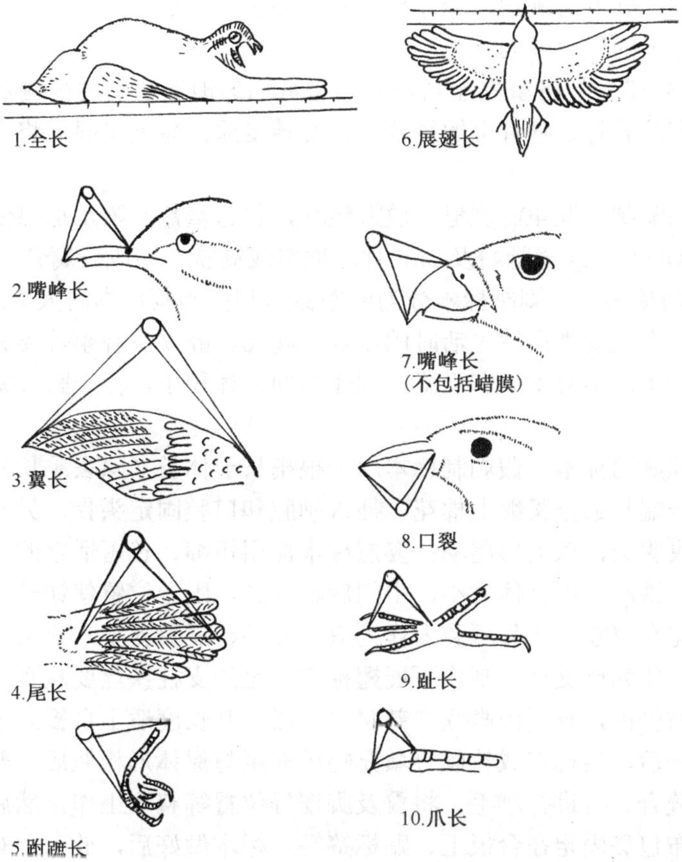

图 1-3　鸟类体尺测量

骨突中央由前向后切开皮肤，再调转刀口向前挑割至颈后端显露为止。左手提起皮肤边缘，右手持刀柄分离皮肤至两侧腋下、颈部，然后剪断颈部、两个肩关节。拎起连接躯体的颈部，继续剥离肩部与肱骨附近的皮肤，剥离体背腰部时，因该部皮肤较薄，要细心慢慢分离。同时，腹面相应地向后腹部方向剥离，直至腹部和腿部露出，剪断膝关节。再向尾部剥离，当剥至泄殖腔孔时，手拿尾部，从尾综骨前缘游离的尾椎处剪断，除净尾部的肌肉和尾脂腺，但不要剪断尾综骨、尾羽轴根，以免尾羽脱落。接着剔除腿部、两翼和头部的肌肉。腿部肌肉剔除到跗间关节。剥离翼部肌肉要一手拿住肱骨，另一手慢慢将皮肤剥离至桡尺骨时，用拇指紧贴尺骨将皮肤、飞羽刮下（注意不要把着生于尺骨上的飞羽轴根割离），一直刮至腕关节处，再清除掉桡骨、尺骨和肱骨上的肌肉。头部的剥离是将颈部向外拉，待头部显露时，以拇指慢慢剥离到耳孔处，可用拇指和食指紧贴头部处捏住、轻拉耳道皮肤使之与头骨分离；继续剥到眼部，用镊子分离并挑出、取下眼球；在枕骨大孔处剪去颈部，剔净头部肌肉和舌；剪扩枕孔，挖掉脑。最后清除干净鸟皮内侧上的残存脂肉。

2）防腐处理　将事先配制好的防腐膏均匀地涂遍鸟皮内侧及保留的骨骼上，并在保留的翼骨、腿骨上缠绕棉花，翻转复原；装上义眼后将头骨全部翻转复原。

防腐膏的配制：取 40g 肥皂片放入烧杯，加适量热水隔水加热使其融化后，加入 50g 亚砷酸、10g 樟脑粉及 5ml 甘油搅匀成糊状，即成防腐膏。

3）标本的填装　剥制标本分为姿态标本和假剥制标本两大类。姿态标本又称生态标本，表现鸟类自然生活时的觅食、起飞、静立及观察等姿态。假剥制标本又称研究标本，不装支架和义眼，制作简便，体积小，便于野外采集途中运输及保管储藏。

剥制处理好的标本，假剥制标本用一根稍长于体长（除去尾长）的竹条、木棍或铅丝，一端基部分叉缠上棉花，插入颅腔和口腔固定头骨，另一端削尖由体内插入尾中央腹面，以支撑尾羽；姿态标本需用粗细、长短适宜的（展翅 3 根、不展翅 2 根）铁丝，据鸟体大小，中间旋转拧紧，固定位置使铁丝各分支适合于插入双足、尾和双翅、头骨颅腔内作为双脚支柱、展翼支架，或将头端较长的一根折向后方，作为尾支柱，制作不展翅标本。足的支柱铁丝要从胫骨向脚跟方向旋转插入左右脚内，直到由脚底掌部穿出一段，其长度适于台板固定。

铁丝插好后，用棉花或竹丝等填充物填充至与原体形相似后，即由皮里向皮外穿插进行缝合。再进行顺毛、将翼及脚摆好位置等整形工作，然后装义眼、上台板、用纱布包裹固定在台板上、贴标签等。标本做好后，放到加有干燥剂（如袋装的硅胶）和防虫剂（如樟脑球等）的标本橱内保存。

1.3.15　常见兽类标本的采集、制作和保存

1.3.15.1　哺乳类的采集与识别

可根据不同的中小型动物采用不同的采集方法：①生态学研究要求，按不同生境类型、间距布设鼠夹、鼠笼诱捕鼠类。②挖洞或灌水法。发现鼠洞等动物洞穴后，除置网和灌水洞口外，堵塞其余洞口并尽快挖掘或灌水，以防逃逸。③陷阱、套捕法。用钢丝、马尾或绳子等做成活套，置于猎捕动物经常走过的路上；或在其必经路上设置陷阱，便可捕获。④网捕法。用网围住洞口，熏烟使洞内动物窜出，误入网兜被捉；或用活动杆撑起大网，然后向置网处哄赶动物，当动物投网杆倒，即被网裹就擒。

野外采集到的兽类，应立即装入（密封装有乙醚或氯仿棉球的塑料袋）布袋

内，扎紧袋口；带回实验室后，将布袋放入装有乙醚或氯仿棉花球的封闭容器内，使体外寄生虫麻醉，取出动物，梳刷体表所得寄生虫用 70%酒精保存，附上采集时间和地点的标签。

根据动物的生活环境和洞或巢的特点，活动痕迹，如足迹、采食残迹、卧迹、尿斑及粪便等，根据当地兽类名单及检索表、图谱等，结合常见兽类的主要特征，如体型大小、毛被颜色、显著特点对突然出现的兽类进行大致的辨认，或对标本进行鉴定。

1.3.15.2 剥制标本的制作及保存

首先扭曲僵死蜷缩兽体，使兽体柔软恢复自然状态，并且腹部朝上、头尾伸直。整理好后，进行标本测量（图 1-4）。

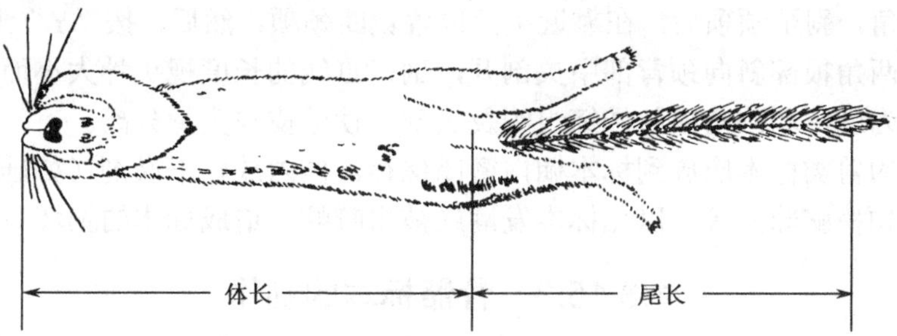

图 1-4 兽类体尺测量

体重：全重以 kg 或 g 为单位。体长：兽体仰卧伸直，鼻端至尾基长度。尾长：尾基至尾端的长度（尾端毛除外）。耳长：耳基至耳尖（簇毛除外）的长度。后足长：跗蹠部和趾的全长（不计爪）。

然后按要求进行剥皮。腹剥方法是，用解剖刀沿仰卧标本腹部正中，从胸骨后到肛门前仅仅切开外皮，将切口两边皮与肌肉分离，并向两侧背部及后肢腿部推进，将后肢推出切口从膝关节处剪断，清理尾基部组织并捻动尾部后，一手捏紧尾基部毛皮，另一手将尾椎缓缓抽出。翻转躯干部，剥离至前肢在肘关节处剪断。剥头部时，小心地从耳基与头骨的连接处剪断，紧贴头骨分离以保持眼睑完整。剥离上下唇、在鼻尖软骨处剪断，毛皮即与整个躯体脱离，然后做假剥制标本；如果制作姿态标本，则要保留头骨，并将脑和肌肉都清除干净，涂上防腐剂。

剥皮后，清除附在皮内的脂肪和残肉；取明矾、三氧化砷和樟脑，按 7∶2∶1 的比例研磨成粉调匀混合作为防腐剂，涂遍毛皮内表面，足、耳、头、尾等重点处多擦。

剥皮和防腐处理后，保存皮张的标本，通风晾干后，取出体内填装稻草即成；假剥制兽类，四肢骨上缠棉花以代替被剥去的肌肉，取与体长相仿的竹条卷上棉花，做成与头、胸、腹粗细相似的假体，翻转毛皮包住假体；姿势标本用 3 根铁丝，中央拧紧固定，6 条分支分别插入头、尾和四肢，取比原尾椎长 4～6cm 的铅丝或竹条插入尾内，多余部分安置在腹腔内，以支撑和固定尾。用棉花等填装充实并缝合整形。

假剥制标本两前肢向前伸直，两后肢向后伸直，掌心朝下，标本呈伏卧状于木板（纸板）上，撑直尾部，尾太长者可将尾部弯转在体旁；最后用大头针或针线将四肢掌部和尾部固定在木板或纸板上；姿势标本是取动物活动的自然生态姿势，将四肢固定于木板上。标本做好后，放通风处迅速干燥后即成。

有些特殊的哺乳动物的剥皮方法稍有不同。例如，蝙蝠类，因其形态与鸟类相似，剥皮和填充法，可参照鸟类标本制作。灵长类，应在背部剖开剥皮，以免腹部开口，容易显露切口缝合的痕迹，而影响美观。有角类哺乳动物，因头大、颈细、有角，剥至颈项后，在靠近头部位置裁断颈项，然后，按“Y”形剖口线，在头后端两角根部斜向颈背部中央剖开，剖口直线的长度视头骨大小而定，以能取出头骨为度，剥割角根部结缔组织及头部，使毛皮与头骨分离。

制成的兽类标本应放到标本橱内密闭保存。橱内放些干燥剂（如硅胶）和防虫药物（如樟脑球）等，以免标本发潮或被虫咬蛀，造成标本的损坏。

1.3.15.3　骨骼标本的制作

做成科研标本的兽类头骨都应取出，按剔肉、脱脂及漂白等骨骼标本制作方法处理后，用线扎紧系在标本后足上，或另注明与标本统一的编号存放，以备教学、研究用。

首先尽可能将骨骼上的肌肉剔除干净。然后用 6%的 NaOH 浸没整个骨骼进行腐蚀，浸泡时间夏季 4h、春秋季 8h、冬季 16h，腐蚀到骨骼上残留肌肉呈半透明易剔除时为止。粗厚骨骼需钻洞，用水冲掉骨髓，以利于脱脂和漂白；为防止腐蚀过度造成骨骼关节分离分散，要随时观察，及时取出骨骼放在清水中洗净药液，并小心彻底剔净残留在骨骼上的肌肉。晾干后将骨骼浸入汽油或二甲苯中，密封 7 天即达到脱脂目的。接着将脱脂骨骼浸入 1%的过氧化钠溶液中，或 3%～30%浓度的过氧化氢溶液中漂白，漂白时间视骨骼大小、厚薄而定。3～4 天后骨骼发白时即可取出进行整形装架。

1.3.15.4　浸 制 标 本

哺乳动物的胚胎、幼体和内脏、小型个体都可先向体内注射，再用 75%酒精或 5%～10%甲醛溶液固定保存。

1.4　小动物的饲养管理与观察

以昆虫为例说明。为了观察昆虫的生活史及其习性，进行开发利用和害虫防治的各种研究，或制作昆虫的生活史标本，需要进行昆虫的饲养。

1.4.1　用　　具

饲养用具可根据需要因地制宜，自己制作。

1.4.1.1　饲 养 箱 笼

为了便于饲养观察，箱、笼要做成三面装玻璃或纱网、一面门，或三面木质、一面玻璃，根据需要决定是否装底。用木板抽屉便于装土使虫产卵或入土越冬。箱内可安装电灯保温。

1.4.1.2　水生昆虫饲养器

用鱼缸及各种不同形态的玻璃瓶。

1.4.1.3　地下害虫饲养器

金属框、四面装玻璃的饲养器便于观察。里面盛土，种植需要的植物，当植物长到适合做饲料时，将昆虫放入饲养。

1.4.2　饲 养 方 法

各种昆虫的食性不同，必须针对食性投放食物，选放昆虫爱吃的食物。由于室内饲养跟自然条件下昆虫的生长情况不一样，最好将采集到的昆虫分两部分，一部分进行室内饲养，另一部分放在人工自然环境下饲养。

1.4.2.1　室 内 饲 养

分集体饲养和分类饲养两种。集体饲养成活率高，但容易互相残杀；分类饲养可避免互相残杀，但饲养器多、不好管理，不能观察其繁殖行为。将采来的昆虫登记编号，按不同种类分别饲养，根据饲养笼、箱的大小决定饲养个数，按时清除粪便，清洁用具，添加新饲料，观察、记录饲养器内温度（温度保持在25～35℃）和昆虫的各种活动规律，以便总结饲养经验和进行实验研究。

1.4.2.2 室 外 饲 养

用较大纱网罩在选择放有昆虫的植物上固定好，也可用纱网筒套在有昆虫的植物枝条包上，两头绑紧，或用玻璃瓶套住封好，每天观察记录其活动情况。

1.4.3 饲养昆虫的记录

记录是饲养小动物的重要环节，记录越详细、清楚，数据越全越好。文字配合表格形式记录可避免每天写字太多，浪费时间，最好配合数码相机录像。

1.4.3.1 编　号

饲养多种或多个昆虫，需将不同类型的昆虫逐一编号，代号可自行设定，如直翅目用“A”，半翅目用“B”、鞘翅目用“C”等表示；同一目中昆虫用A（1）、A（2）、A（3）等表示；不同符号代表各个虫期的变化，如雄虫用“♂”、雌虫用“♀”、卵用“……”、幼虫用“-”、蛹用“±”、成虫用“+”、茧用“▽”、蜕皮用“◇”、死亡用“*”等表示。一看符号就知道昆虫的种类和不同的生长发育期。

1.4.3.2 记 录 内 容

记录内容主要有以下几方面。

1）植物　　食性的选择，植物的被害程度。

2）成虫期　　重点是对其繁殖行为规律的观察研究，记录性选择的情况，交配状况、时间、次数、摄食情况等。雌雄两性的生活期，雌雄比例，羽化时间。羽化后的变化，日出性还是夜出性、日活动规律，颜色、大小及其他特征等。

3）卵期　　交配至产卵间隔的时间，产卵量，一次性还是多次产卵，产卵时间，卵产在何处。卵的形状、大小、成团、成块，还是单个；卵外掩盖物的有无、形状、颜色等。

4）幼虫期　　记录卵的孵化状态、孵化率变化等；孵化后的颜色、大小、形态，第一次蜕皮时间，蜕皮次数、时间、状况和刚蜕皮的形状，身体增长率，蜕皮前后停食时间，幼虫有无休眠、拟态或假死性现象。幼虫的生活习性、天敌、寄主等。

5）蛹期　　幼虫的成熟时间，是否入土、入土深度，是否结茧、结茧部位，茧的质地、形状、大小、颜色，蛹期长短等。

6）越冬期　　冬眠的时间、地点、形态，天敌或寄主，死亡率等。

7）饲养环境　　记录上述内容的同时，记录环境的变化，如温度、湿度等，以便对比研究探讨环境因素对生长发育的影响，为今后的实验研究提供基础参考资料。

1.5 动物的野外观察和识别方法

动物的野外观察和识别是从事生态学、区系分类学研究的基础，经过训练、刻苦钻研，通过野外观察、记录、摄影、绘图以及对照有关图鉴和标本，就能利用视觉、听觉得到的信息。例如，海滨动物活动在沙滩上留下的踪迹，昆虫的鸣叫声和蛀食植物茎叶的情况，蛙类特殊的鸣叫声，兽类的吼叫、活动发出的声响和行踪等。迅速确认动物的类群、种名，甚至年龄、性别等有关信息。现以鸟类为例，做简要介绍。

鸟类物种间的亲缘关系远近程度和特征不同，只有亲身到鸟类栖息的环境中去认真观察才能增长野外识别鸟种的能力，结合鸟类的栖息生境、习性和鸟的形态、行为特征进行综合判断，才能逐渐做到在野外区分鸟类生态类群，准确区分形态相似的近缘种。

1.5.1 根据形态特征识别鸟类

鸟类形态特征包括体形、嘴形、趾形、翅形、尾形、羽色等，在野外，迅速抓住容易观察到的特征最为重要。

1.5.1.1 身体的大小和形状

包括体长、体重、形体特征等，如体型和大小，或个体大小有差异但体型非常相似。身体大小与麻雀相似的有山雀、鹀类、金翅雀、燕雀、文鸟等；与八哥相似的有椋鸟、鸫、黄鹂、戴胜等；与喜鹊相似的有灰喜鹊、红嘴山鸦、斑鸠等；与鹰相似的有鸢、鹞、隼及大型的鹫、雕等；与鸡相似的有石鸡、鹧鸪等；与白鹭体形相似的有多种鹭类、苇鳽、鹳、鹤及鸻类等。身体各部分的相对比例，如鹬类的喙和头部，鹰隼和鸭雁类的头、体、尾的比例；环颈雉、杜鹃、白鹡鸰、喜鹊、灰喜鹊、寿带等均为长尾者。飞翔和静栖时鸟体各部的相对位置不同。

1.5.1.2 嘴的形态

鸟类嘴形的特征与食性相适应。嘴长而直的，如鹤、鹳、鹭、沙锥、啄木鸟、翠鸟等；嘴长，向下弯曲的，如戴胜、杓鹬、鹮、太阳鸟等；向上弯的，如反嘴鹬；嘴强壮锥形的，如锡嘴雀、蜡嘴雀、朱雀等；嘴形尖扁而阔的，如夜鹰、雨燕等；嘴形扁的，如鸭雁类；嘴形平扁、先端宽的，如琵琶鹭等；嘴锐利带钩的，如鹰、隼、鵰、鸮、伯劳等。

1.5.1.3 后肢的形态和颜色

后肢的形态和颜色也可为野外工作提供明确的观察特征，如后肢长短、相对于身体摆放位置和趾型等。后肢长的涉禽，如鹭类、苇鳽、鹤类、鸻鹬类等的喙和颈也长；啄木鸟、夜鹰、杜鹃、雨燕等攀禽的后肢短。飞翔时，鹤的后肢直伸向体后方，鹭的后肢伸向后下方，鸭雁类位于腹下。鹤与鹭外形相似，鹭具强大并与前趾位于同一水平面后趾，适应于栖树，但鹤不能栖树。

1.5.1.4 翅型和翅斑

鸟类的翅型有尖形、圆形、方形等类型；有些难以接近的飞翔或翱翔鸟类，靠翅型特征可以初步分类，如鸭雁类翼镜的有无、大小、形态和颜色各不相同。鹰科鸟的翅多是圆形，隼科鸟的翅尖长，并且鹰、隼翼下斑纹明显不同。结合其他形态特征和季节分布规律，能将高空飞翔的猛禽区分开来。

1.5.1.5 尾型和斑纹

鸟尾有多种形态，可分为平尾、圆尾、凸尾、尖尾、凹尾、叉尾等诸多类型，对野外鉴别有重要作用，以至于靠一枚尾羽即能分辨到种。䴙䴘、鹌鹑、鹪鹩等的尾极不发达；雉、白腹锦鸡、红腹锦鸡、红嘴蓝鹊、寿带等的尾长。鸥类多平形尾，燕鸥为叉形尾；黑卷尾和发冠卷尾体色、体型和尾型相似，但外侧尾羽，前者只向外侧卷曲，后者向外背方弯曲；斑鸠尾端具弧形白带斑；鹀属鸟类两侧尾羽白色。

翅型和尾型综合考虑对识别鸟类十分重要，如圆形翅的鹰类具叉形尾，是鸢的特征。家燕和雨燕的翅为尖形，但前者翅具明显的翼角，尾狭、深叉状；后者翼角不显，翅长镰刀状，尾阔、浅叉状。具有燕子样的翅翼角、有浅叉状尾的鸟类是沙燕或岩燕的特征。

1.5.1.6 羽　色

羽色具有显著特征，但光照度、逆光、云雾、观察距离等会干扰对鸟类羽色的观察。云雾遮挡影响观察效果；晨昏、阴天或密林深处，光照度不够不易辨色；乌鸦、卷尾等单一黑色鸟类，近距离看羽毛闪着蓝、紫、绿等金属光泽；在强光下，中远距离（几十米）观察时，产生强烈白色反光效果，头或翅角有大型白块斑，容易产生错觉；逆光分辨不出鸟体颜色，应尽量顺光观察；在观察体色时，首先要注意鸟全身以什么颜色为主，然后快速准确地注意某一部位的颜色，并抓住最突出的几点特征，要特别注意头顶、眉纹、贯眼纹、眼周、翅斑、腰羽、尾端等处的羽色。因此，野外工作时，要注意上述情况的干扰，减少和避免不良环境带来的错觉。

天鹅、白鹭、鹈鹕等几乎全为白色。鸬鹚、乌鸫、黑卷尾、发冠卷尾、乌鸦、红骨顶等几乎全为黑色。丹顶鹤、白鹳、黑鹳、凤头潜鸭、白翅浮鸥、斑啄木鸟、鹊鹞、喜鹊、八哥、家燕、鹊鸲、黑短脚鹎及白鹡鸰等黑白两种羽色相嵌。灰鹤、杜鹃、岩鸽及灰卷尾、普通鳾等以灰色为主。白头鹤、白枕鹤、苍鹭、夜鹭、银鸥、红嘴鸥、白胸苦恶鸟、燕鸥、白额燕鸥、灰山椒鸟等灰白羽色相嵌。普通翠鸟、红嘴蓝鹊、蓝歌鸲、蓝矶鸫、三宝鸟、蓝点颏等以蓝色为主。绯胸鹦鹉、栗头蜂虎、绿啄木鸟、凤头麦鸡、白头鹎、绣眼及柳莺等以绿色为主。黄斑苇鳽、大麻鳽、黄鹂、黄鹡鸰、金翅雀、黄雀、黄胸鹀等以黄色为主。池鹭、红腹锦鸡、朱背啄花鸟、黄腰太阳鸟、朱雀（雄）、北朱雀（雄）、红交嘴雀（雄）、红隼、红尾伯劳、棕背伯劳等以红色或锈红色为主。斑鸠、雁、鸭、鹰、隼、鸥、鹬、鸦以及云雀、画眉、苇莺等以褐色或棕色为主。

1.5.2 根据行为特征识别鸟类

鸟类行为不仅有类群的特异性，也有种的特征性行为，结合栖息环境即可进行野外鉴定。

1.5.2.1 飞翔姿势

鸟类的飞行动作、停落姿态因种而异。除飞行曲线和体态外，扇翅的频率、节奏、幅度等也是野外鉴别的主要特征。伯劳、翠鸟、鸭类、乌鸦等飞行平稳、路线近乎于一条直线；鹡鸰、鹨、燕雀及啄木鸟等飞行曲线呈规律波浪状、飞行节奏频次固定，绿啄木鸟为大波浪式，斑啄木鸟为小波浪式；燕子、雨燕等飞行迅速常改变方向；百灵与云雀等垂直起飞与降落，在空中盘绕上升；山椒鸟、卷尾等常固定栖于枝头，当昆虫飞过便起飞兜圈捕捉后返回原处；鹰、隼、鹞、雕、山鸦等善于选择在上升气流处翱翔盘旋寻觅猎物，可长时间滑翔；鹤和鹭飞行时，扇翅的程度以及颈和足的伸直和弯曲明显不同；天鹅、雁类及鹤等常列队而行，根据列队类型可鉴定鸟群。

1.5.2.2 停落姿态

隼和杜鹃体形、羽色相似，但停落在树枝上隼的站姿笔直，杜鹃身体平俯。

旋木雀、䴓、啄木鸟等攀缘鸟类中，䴓特有的动作是在树干上采用头朝下的攀缘姿势；啄木鸟在树干杈向上跳攀；旋木雀喜欢在石壁上、土壁上攀缘；鹦鹉在树上常借嘴的帮助攀缘，喜在平枝上横走；山鹡鸰等常顺着水平粗树枝行走，尾不停地左右摆动，动作慢而清楚，腰部好像也在扭动；河乌、鹪鹩、秧鸡等常在山溪旁昂头翘尾站立；伯劳、红尾鸲、鹡鸰等停落时常抖动尾羽，伯劳多上下地一下一下摆动尾，动作慢而清楚，有时用尾羽做画圈样摇动；红尾鸲尾上下抖动常是多而快，动作较小。在河滩石上站立时，紫啸鸫、溪鸲、水鸲等尾羽时常展开再合拢；白鹡鸰在水边行走时喜欢上下摆动尾，动作按一定节奏由大至小或由小至大，因种而异。

水禽在水面停落时，可根据体形大小、上体露出水面的情况，如头颈的长短，头颈、尾部与水面的角度等姿态区分种类。一般来说，越善于潜水的鸟，后肢越靠后，停落水面时身体后部露出水面部分越少，如䴙䴘、角䴙䴘和天鹅、鸥及雁类有明显的区别。

1.5.3 根据叫声识别鸟类

鸟类的集群、报警、个体识别、占区、求偶炫耀、交配等行为都伴有特定的鸣声，并存在种的特异性，许多行为过程是通过鸣叫行为完成的。

1.5.3.1 鸟 鸣 特 点

特殊的鸣叫声给野外识别带来方便。但每种鸟类的鸣声常不是一种谱调，并存在性别、季节等差异，繁殖季节鸣声婉转响亮，雄鸟鸣声比雌鸟复杂多变。有些鸟类模仿其他鸟类，学得惟妙惟肖足以达到以假乱真的程度，给鸟类野外识别带来极大的困难；此外，地势反射效果、风向的影响使有些声音无法听清。因此，需经过一定的训练和实践，才能熟悉鸟鸣的音频高低、节律和音色特点等，同时尽力接近并看清观察对象，弄清楚确切的种类。

1.5.3.2 鸣 声 分 类

鸟类发声大致可分为2类，机械声和鸣声。机械声，如啄树声、翅及尾羽震动发声等；鸣声包括鸣叫和歌声。鸣叫，如领域防御、取食、集群、进攻、惊恐等，非繁殖期鸣叫简单。歌声，如雌雄鸟的主歌、次歌和信号歌等。有的婉转多变，鸣啭韵律丰富，悠扬悦耳。例如，百灵、云雀、黄鹂、红点颏、乌鸫、白头鹎和画眉、红嘴相思鸟、八哥等多数雀形目鸟类，黄鹂还能发出如猫叫的声音。有的音节重复，清脆单调，如灰喜鹊、煤山雀等重复1个音节。白胸苦恶鸟、白鹡鸰、山鹡鸰、黑卷尾等重复2个音节。戴胜、大山雀等重复3个音节。四声杜鹃等重复4个音节。有的尖细颤抖，多为小型鸟类飞翔时发出的叫声，叫声颤抖尖细拖长，如绣眼鸟、翠鸟、小燕尾等。有的粗厉嘶哑，鸣声单调、哨杂、刺耳，如野鸭、绿啄木鸟、三宝鸟和伯劳等。

1.5.3.3 常见鸟类的鸣声

1）*一声一度* 柳莺单调尖细如“ji–”，秃鼻乌鸦如“a–”。

2）*二声一度* 喜鹊多为“gaga”，灰喜鹊叫声沙哑如“zhazha……”，大杜鹃为“gu–gu”，斑啄木鸟叫声尖锐如“gi–gi–”，寿带叫声如“gui–gui–”，黑卷尾叫声单调如“jia–gui”；戴胜叫声如“hu–huhu–”。

3）*三声一度* 珠颈斑鸠如“ku–gugu–”，“kugu–gu”，大苇莺的鸣叫声如同“gagaji–”，大山雀因其鸣声如“zizihe”，故称吁吁黑。

4）*四声一度* 四声杜鹃常连鸣如“gugu–gugu–”，山斑鸠叫声嘶哑如“kuku–kuku–”，山鹡鸰叫声如金属摩擦的“ga–zhi–，ga–zhi–”声；黑枕黄鹂发出清脆悦耳的“gigi–gu–gu–”；三道眉草鹀“zhizhibu´`–zhizhipu–”。

1.5.4 根据生境类型结合其他特征识别鸟类

鸟类的分布与栖息环境息息相关。为了降低野外工作的难度，增加识别判断的准确性，应先根据环境条件判断主要的鸟类类群，如海洋鸟类、森林鸟类、善飞鸟类、栖止鸟类等；然后根据上述野外识别的主要方法和原则进行观察，在野外仔细观察、记录，记录到的特征结合查阅本地鸟类调查报告，对照彩色图谱，对比收藏标本，必要时可采集标本，就能准确地识别、鉴定野外鸟类。

1.6 野外实习中的生态学研究

1.6.1 野外实习中生态学研究的意义和内容

在野外实习过程中，不仅可以认识许多动物种类，掌握它们的分类学特征，而且可以发现动物生存环境的不同。在某一生态环境中，有哪些动物种类生存？它们数量分布如何？动物对其生存环境又会产生什么样的影响？这一切都会引起我们的极大兴趣。这些问题的最终解决，属于生态学研究范畴。生态学研究在野外实习过程中占有重要位置，是野外实习的重要组成部分。生态学是研究生物与其生存环境之间相互关系的科学。按照生态学研究的生物层次不同，生态学包括个体生态学、种群生态学、群落生态学及生态系统生态学等内容。在每个层次上，以研究的内容和深度不同，可分为生态学现象观察、生态学定量研究、生态学问题分析。

每个生物层次上的一般生态学现象观察，简单而且直观，稍加注意，有意义的生态学现象随处可见。动物个体的外部特征是对其生存环境的适应，如海星的次生辐射对称，鱼类的纺锤形体型等。寄居蟹与海葵的互利共生，群落的外貌及物种组成……这些生态学现象均可运用生态学基本原理给予解释。

1.6.2 野外实习中生态学研究的步骤

野外实习中的生态学研究主要是指生态问题的定量研究和分析，需要设立专门课题（实习题目），制定实施方案。一般要经过课题设计、实施原则、实施过程和研究报告的撰写几个步骤。研究实施过程即是将设计好的研究方案给予实施的过程。调查研究是否有意义在于课题的选择；调查研究结论是否合理则在于课题设计时是否遵循了“三个原则”；调查研究结果是否正确则取决于研究实施过程；研究结果是否会得到别人的承认，研究报告的撰写则起着重要的作用。

1.6.2.1 实习题目设计

一般说来，首先要有若干新设想，也就是“构思”。野外实习中的生态学研究也不例外，首先要进行研究设计。一个题目应当有明确的目的，不能涉及太多，包罗万象。生态学研究设计最困难的步骤就是选择一个既能顺利进行，又能完成预期目标的课题。一定要根据个人和实习小组的实际条件进行题目的设计。

1.6.2.2 研究实施原则

按照题目设计，确定具体的调查内容。不同题目研究内容不同，实施路线也不相同，但所遵循的原则是一致的，即对照原则、重复原则、随机原则。

环境因子千差万别，时时刻刻都在发生变化。需要设置对照，修正其他因子在调查过程中所带来的影响。对照实验与调查实验之间，除所研究的生态因子外，其余生态因子应尽量一致并注意选择正确的对照。

只经过一次实验就贸然得出结论是不可靠的，为了检验结果是否可靠，最理想的方法是设置重复以估计实验误差。实验误差是客观存在的，只能通过重复实验之间的差异来估计，发现和减少实验所产生的错误，提高实验的精确度。每次重复必须是独立地进行，不能把一次实验，多人计数的结果作为重复。实验结果必须是对实际情况的正确反映，不能带有实验者的主观性干扰。随机实验是消除研究者主观性干扰的有效方法。随机是指在调查地段中，任何一个生物个体都有同等的计数机会。

1.6.2.3 实施过程

研究实施过程，即将设计好的研究方案给予实施的过程。研究实施过程一般由以下几个方面组成：①调查地点的选择；②研究方法；③研究数据的搜集；④研究结果及分析；⑤研究结论；⑥研究报告的撰写。

1.6.3 野外实习中生态学研究的建议

应当记住，一系列生态学的研究内容，不仅涉及所研究的生物种类，而且必定涉及与之有关系的种群，甚至涉及群落或生态系统范围的各种关系。这里介绍的仅仅是实习过程中可能遇到的最基本的问题。

1.6.3.1 一个物种在不同生境条件下特性的比较

一个物种的特性可以从不同地理范围或生境，或同一地点的不同时间来加以比较。比较物种特性，应当结合观察环境条件，比较生境，最好是在可控制环境中进行，只有一个或少数几个因子的差别，这样便于把被观察物种的特性差别在功能上联系起来。野外研究经常涉及的物种特性有形态特征、密度、行为格式、种群结构及扩散格式等。

1）*种群的形态特征* 形态特征主要是指物种的形状、大小、结构、颜色等特征。形态特征在数目或排列方式上的差异，首先取决于有机体的遗传差异，或个体发育中不同环境的直接影响。许多特征能够反映物种对物理环境条件、食性的适应。

2）*种群密度* 生物密度的高低或存在与否与环境的选择、与其他物种的相互关系、对一定环境资源的需要，以及对物理环境的忍受力等行为机制具有密切关系。密度可以用绝对密度表示，也可以用相对密度表示，不同物种的密度表示方法可以不同，视工作条件所定。

3）*种群的行为* 行为格式主要包括季节或昼夜活动周期、觅食方式、栖息场所的选择、进攻表现的频度等。在不同的生境中，动物的行为格式可以表现的不同，这些行为格式的差异可以反映出气候的差别、生境物理结构的差别、动物种群密度或天敌种群密度的差别。

4）*种群的分布格式* 个体间的分布格式（随机的、成群的、均匀的）可以反映环境异质性或个体间正向、负向的相互关系等特性。

1.6.3.2　同一生境下不同种的特性比较

生活在同一生境中不同物种之间的相互关系是复杂的，可以具有对双方或单方有利的相互关系，也可以是对双方或单方产生有害的相互关系，甚至是对双方影响均较小或可以忽略其影响的相互关系。具体地说，两物种之间可有互利共生、片利共生、中性共生、片害共生、捕食、寄生和竞争等关系形式。

1）生态位的比较　　生态位完全相同的两个物种不能在同一地区共存。若生活在同一地区，则必定出现生态位的分化。生态位的分化使物种占据不完全相同的场所，可以减少物种之间为资源而产生的竞争，也可以反映物种对物理环境条件的忍受能力。

2）互利共生　　互利共生是指对双方都有利的共生关系。自然界中大部分生物依赖于互利共生。两种生物的互利共生，有些是兼性的，有些是专性的。专性的互利共生还可分为单方专性和双方专性。

3）捕食　　被食者之所以能够生存下来，不仅仅是自身对环境适应的结果，同时与捕食者也有密切关系。它们之间的共存是长期进化的结果。捕食者和被食者之间的关系是协同进化关系。

1.6.3.3　不同生境的群落或生态系统特性的比较

群落生态学的定量研究，特别是群落形成机制的研究，是现代生态学研究的主要内容之一。生态系统生态学是现代生态学研究的中心和主流，核心是研究生态系统的结构和功能。生态系统的结构能够反映某一时间生态系统的条件，包括多度、生物量、现存种的分布格式、营养物质和能量的数量与分配，以及表现为系统特征的生物物理和化学条件。生态系统的功能则能反映系统内部对决定能量流动和物质循环，以及对产生目前结构格式起作用的因果关系。

1）物种组成和数量分布　　环境异质性、物理条件稳定性、初级生产量的稳定性和水平、地理隔离的程度、捕食者多度等因子均可影响群落的物种组成和数量分布。

2）同资源种团　　同资源种团是指群落中以同一方式利用共同资源的物种集团。在生物群落中它们占有同一功能地位，是等价种。同资源种团作为群落的亚结构单位，比只从营养级划分更为深入，是群落生态学研究中一个大有前途的研究方向。

3）物种多样性　　物种多样性是指地球上生物有机体的多样化，包含种的数目和种的均匀度两方面的含义。物种多样性的测定方法很多，主要有香农-威纳多样性指数（Shannon-Weiner diversity index）：

$$H=-\sum_{i=1}^{S}(P_i)\quad(\log_2 P_i)$$

S为物种数，P_i为第 i 物种个体的比例，$P_i=n_i/N$，n_i为物种 i 的个体数，N为样本的个体数。

辛普森多样性指数（Simpson's diversity index）

$$D=1-\sum_{i=1}^{S}(P_i)^2$$

S为物种数，P_i为群落中属于 i 物种的个体比例。

4）不同营养级的个体数目和生物量　生态系统的这些特征可与系统的能量输入速率、有机物质的输入量和输出量、群落成员的“身体大小-新陈代谢”关系、物质循环格式等因素有关。常用的研究方法是绘制生态锥体，根据生态锥体的形状分析系统特征。按照研究所采用的指标，生态锥体可以分为三种类型：数量锥体、生物量锥体和能量锥体。生态系统能量流动的定量研究还常常采用生态效率的概念，被下一营养级最终利用的能量因物种不同而异，平均而言为10%。

1.6.4 动物的数量统计

正确性、精确性和精细度是动物数量调查的三要素。数量调查的基本要求是正确，精确性和精细度可根据不同的要求来确定。在野外要获得十分正确的动物数量是很困难的，多数情况仅是一个相对正确的估计数，通过适当的统计分析，以统计数的形式来表示。例如，10次抽样调查获得某地区鹿群的统计数为517.8±17.5头，我们就有95%的把握说，鹿的头数在500～535头。

动物数量的统计方法有多种。直接计数法适合大型、白昼活动的动物。捕捉标记释放法有一次捕捉、多次重捕等，适合于易捕获的小型动物。相关指数转换法，用调查与动物数量相关的间接指标来估计动物的数量，例如，洞口计数法、巢穴计数法、粪堆计数法，以及动物留下的足迹、标记物、卧迹等。有时也用优势度或频度表示动物数量的多寡。

1.6.4.1 样方计数法

较大面积样地可用抽样的方法计数动物数量。先将实习区分成若干生境类型和样方，然后再分成小样方并随机地选择小样方调查动物的数量。样方有方形、长方形、条带形或圆形等形状。通过随机取样，各种小生境都有相应的样地，样方具有代表性，便可根据样方平均数推断整个地区的种群数量。因此，要在了解动物的分布型和活动规律及其散布模式的基础上，决定选取样方的方法。具体操作步骤如下。

先在地图上将生境划分为相等小方格，随机选取若干个方格作为样方。统计每个小样方中动物的数量，综合所得结果估计出样方中动物数量。获取动物数量后，需要对数据进行加工处理，算出算术平均数、变异范围和标准差等。如果数据变化大，要适当增加样方数和样方代表性，对没有取到样方区域增加取样，以取得比较合理的结果。

1.6.4.2 路 线 法

按照预定的路线行走，观察遇到的动物，记录动物出现的距离。以动物与行进路线的垂直平均距离作为样带宽度。统计到的动物数换算成单位面积上的种群数量（$Z/2XY$），乘上研究总面积（A）即可获得整个区域内动物的种群数量。

$$P=AZ/2XY$$

P 为种群数量，A 为研究区面积，X 为调查路线的长度，Y 为每侧样带宽度，Z 为观察到的动物数。由于受生境和人员条件的限制较少，路线统计法是在较大面积上对大、中型动物进行数量调查的最基本方法。一个统计人员在短时间内可以调查相当大的区域。

1.6.4.3 捕捉统计法

捕捉会引起动物死亡。此法用于小型和有害动物数量的调查。

1）铗日法　将 100 只鼠铗放置某生境中一昼夜，作为一个捕鼠单位，用百分数表示捕获率（%）。鼠铗一般用于复杂的环境中，统计动物的相对密度。在草地、农田、山坡、林地布铗，铗距为 5m，行距 50m。每生境至少放 500 铗才有统计学意义。

也可将铗日法获得的百分率转换成种群数量，如第 1 天百铗日捕获率为 15 只，第 2 天为 10 只，共捕获 120 只鼠，则种群数量为：

$$(15-10)/120=15/N$$

$$N=360\text{ 只}$$

布铗前选择好样地，准备好香气浓烈，鼠类喜欢的诱饵。布铗一般在下午和傍晚进行，选择鼠类经常出没的地点布铗。为保证资料的可比性，要严格规定一致的调查程序。

2）去除取样法　由于动物每次受捕率的变化、捕获量与种群数量的关系、捕捉期间有无动物迁出迁入等因素影响去除取样法的正确性，用去除取样法估计动物数量时，要求这三个影响因素最小。这种方法适合于有害动物或狩猎动物的调查。可用前 2 次的捕捉量估计种群数量，假如 2 次的捕获量是 35、30，那么估计种群数量为：

$$N = n_1^2 / (n_1 - n_2) = 35^2 / (35-30) = 245$$

1.6.5 野外实习中生态学研究举例

为了便于同学在实际中操作，仅举几例说明。

1.6.5.1 潮间带某种蛤数量和分布型的研究

1）研究的目的和意义　样方法是在能代表样本实际情况的若干样方中计数全部个体，然后将其平均数推广，来估计种群总数，是种群密度测定的常用方法之一。种群的内分布型是指组成种群的个体在其生活空间中的位置，大致可以分为三类：均匀型分布、随机型分布和成群型分布。通过实验学会样方法测定种群密度的技术和种群内分布型的测定方法。

2）实验材料　样方环（由3.55m铁丝制作而成的圆形铁环，面积为1m²）、皮卷尺、搪瓷盘等。样方环的大小可视动物的大小和数量多少而改变。

3）实验步骤

（1）选择适于实习的海滩，用皮尺丈量并计算出面积大小。

（2）进行样方调查的学生将样方环随机抛出，将样方环内的蛤捡入搪瓷盘，计数所调查蛤的数量。尽量多计数几个样方，如10个或20个等。

（3）计算种群密度。假如共计数了10个样方，每个样方内某种蛤的数量分别为：5、7、6、3、11、9、3、5、5、6，则平均密度：

$$m = \Sigma x / n = 60 / 10 = 6.0 \quad (个/m^2)$$

即每平方米面积内该种蛤的平均密度为6.0个。

（4）种群内分布型的测定。仍采用上述数据，先计算方差：

$$S^2 = [\Sigma x^2 - (\Sigma x)^2 / n] / (n-1) = (416-360) / 9 = 6.22$$

然后计算方差与平均数之比：

$$S^2 / m = 6.22 / 6.0 = 1.04$$

方差与平均数之比大约为1，可以认为该种蛤的种群内分布型为随机型分布。

注：在生态学上，检验种群内分布型的常用指标为方差与平均数之比（S^2/m）。

若 $S^2/m=0$　　则为均匀分布

若 $S^2/m=1$　　则为随机分布

若 S^2/m 明显地>1　　则为成群分布

1.6.5.2　物种种间关联的研究

1）研究的目的和意义　在群落生态学研究中，有时需要确定哪些物种倾向于聚在一起而形成群落，这就需要测定物种间的关联问题，即确定物种是不是随机地结合在一起，或找出反复出现的物种群。通过本实验，掌握无样方法测定种间关联的技术。

2）实验步骤

（1）确定群落的物种组成。假定所调查的样地由 A、B、C、D、E、F 和 G 7 个物种组成。

（2）测定物种两两间的关联系数，如 A 和 B 之间的关联系数。

首先确定基础物种 A，并确定最邻近种是 A 还是 B，测量邻近动物的距离。A 和 B 的最近邻居可有以下 4 种情况。

基础物种	最邻近物种	
	A	B
A	a	b
B	c	d

如果 ad > bc，说明两个物种是分散的，表示它们之间是负关联。

如果 ad < bc，说明两个物种生活在一起的机会多于各物种自身个体在一起的机会，表示它们之间是正关联。

如果 ad = bc，说明两个物种的出现是随机的，表示它们之间无关联。

关联系数为：

$$V=（ad-bc）/\sqrt{(a+b)(c+d)(a+c)(b+d)}$$

其数值变化范围是从–1～+1，然后按统计学的 χ^2 检验法测定关联系数的显著性。

同样的方法测量其他物种对之间的关联系数，共测 S（S–1）/2 个关联系数（S 为物种数，若为 7 个物种，则需测 21 个关联系数）。

1.6.5.3　相　似　性

为更好地对动物群落进行分类，还要比较两群落的相似程度。如果群落是自然单位，群落内不同样方的物种组成必然十分相似，而与另一群落则不同，可以用定性、定量的方法区分开来。相似性指数是测度群落间或样方间相似程度的重要指标。通过相似系数进行聚类分析，建立树形图就可以对群落进行分析。测定群落相似性的指数较多，简单而常用的有以下两种。

1）根据物种有无的相似性指数　如果群落 A 中有 a 个物种，群落 B 中有 b 个物种，A 和 B 群落共有 c 个物种。那么，A 和 B 群落的相似性指数是：

$$S=2c/(a+b)$$

如果两群落的物种完全不同，$S=2\times 0/(a+b)=0$；如果两群落的物种完全相同，$S=2\times c/(a+b)=1$。S 的值由 0 逐渐扩大到 1，表明两群落由完全不相似变为完全相似。式中 a、b、c 也可用种群密度、生物量或频率表示。

2）百分率相似性指数　将群落中每一物种的密度用百分率表示，即

物种 i 的个体数/群落中所有物种的个体数

然后找出不同群落中每一物种的最低百分率，计算总和，求出百分率、相似指数 PS。

$$PS=\Sigma（各物种的最低百分率）$$

2　海滨动物实习

进行海滨动物实习，对海滨自然环境和潮汐规律要有一定的认识，以便选择合适的时间和地点。否则，实习工作将难以顺利进行。

2.1　海滨实习环境

海滨是动物栖息与繁衍的良好场所，长期演化形成了十分繁盛的动物群落。因此，各高等院校研究、学习生命科学的师生，以及科学工作者、中学生物教师、生物爱好者等，都会不失时机地前往海滨进行动物的采集、观察研究其繁殖和活动规律，从而为海滨动物的养殖提供基础资料。各地海滨自然环境虽然有差异，但也有相似之处，故以山东海滨为例，介绍适合于进行海滨动物实习的环境，供进行实习地点选择时参考。

2.1.1　山东海滨的自然环境

山东半岛北临渤海，东、南临黄海，海岸线长达 3024km，占全国海岸线的16%。山东海滨地处暖流交汇地带，有众多河口入海，营养盐来源丰富，沿海各地海水盐度适中，自然环境优越，海岸带类型多样，泥沙滩海岸面积宽阔，滩面平缓处潮间带可达 6～10km。莱州湾、小清河、黄河以北有大面积泥滩。我国著名的基岩胶州湾，多为山地基岩港湾或海岸，省内重要海港码头大部分集中在这一海岸带上。

2.1.2　重要的实习地点

近几十年来，由于城市建设城区拓展、海滨开发等经济活动和滨海污染，已经使海滨动物的栖息环境严重破坏，甚至彻底改观。许多海滨动物成为稀有种，甚至消失。因此，一个十分理想的海滨动物实习地点很难找到。在山东，青岛、石臼所、烟台、威海和成山头、蓬莱、龙口、长岛等地具有良好的海滨生态环境，是较好的海滨动物实习地点。较为集中的海滨动物实习地点是烟台和青岛。

2.2 潮汐现象

进行海滨动物实习，对海滨自然环境和潮汐规律要有一定的认识，以便选择合适的时间和地点，既要观察分析动物的生态环境，又要尽可能多地识别动物种类。因此，必须对潮汐现象和潮间带情况有所了解。否则，实习工作难以顺利进行。

2.2.1 潮 汐

海岸一般划分为沿岸区和深海区。深度 200m 以上的海域为深海区，此区与陆海相接处的地区为沿岸区。沿岸区分为滨海带和浅海带。从高潮线至水深 50m 海底为滨海带，是海水涨潮和退潮活动的地带，所以又称为潮间带。海水潮涨潮落进行有规律的运动。涨潮时，海水涨到岸边，潮间带与汪洋大海融为一体；退潮时，暴露出大片泥沙滩、岩石、珊瑚礁和沙洲，这就是潮汐现象。

2.2.2 海 潮

潮汐现象与天体运动有直接关系，也受海区地形地貌的影响。月球和太阳是形成引潮力的天体。太阳离地球的距离比月球要远 300 多倍。万有引力定律表明，月球的引潮力要比太阳大 2～3 倍，是形成潮汐的主要力量。由于地球自转和月球在绕地球运转，月球绕地球一周需 24h 50min，一昼夜内地球有 1 次向月球和 1 次背月球的过程，所以，地球上某一地区潮水的涨落时间要比前一日推迟约 50min。沿海各地位置不同，潮汐类型也不同，最常见的是发生 2 次落潮涨潮；有些地方高潮和低潮的潮差大致相等，涨潮和落潮时间几乎相等（6h 12.5min）。这种一昼夜有 2 次涨落的潮汐叫做“半日潮”。我国沿海除少数地区（如秦皇岛、北戴河、西沙群岛、海南岛西部沿海等每天有一次涨落，称做“全日潮”）外，各地大都为半日潮。青岛以南为正规半日潮，其余各处多属不规则半日潮。当地球上海洋的向月球部分受月球引潮力吸引时，涨潮方向与月球引力方向一致形成“顺潮”；地球背月面的海水受月球引力较小，出现的涨潮方向与月球引力方向相反，称“对潮”。

农历初一（朔）和十五（望）前后，地球、月球和太阳的位置大致在一条直线上，月球和太阳的引潮力相加形成大潮，使高潮水位涨得最高，低潮水位落得最低。因海水黏滞性和海底地形的高低不同、海水深浅不一等因素的影响，引潮力和海水流动受摩擦力联合作用的结果，故大潮推迟在朔、望日后 2～3 天内发生，多发生在农历的初二、初三和十七、十八等日。在上弦和下弦（农历初七、初八和二十二、二十三）日，月球和太阳对地球的引力成垂直方向形成小潮，潮汐最小。因此，每月发生 2 次大潮和 2 次小潮。

2.2.3 潮 间 带

大潮涨潮停时，海水与陆地相接处为大潮涨潮线；退潮停时海水与陆地相接处为大潮退潮线。两者间的区域为潮间带，潮间带海底每昼夜都周期性地被海水淹没和暴露。小潮的涨潮和退潮发生在潮间带，潮间带因大潮和小潮海水涨落不同分为上带、下带和浸水带。潮水高度，除每天有少许差异和每个月内有大、小潮各 2 次外，在一年内不同月份和不同季节也有差异，地球离太阳近，潮汐大；离太阳远，潮汐小，故冬至前后潮汐较夏至前后小。潮间带水浅，阳光充足，食物丰富，动物、植物校多，是海滨动物分布、活动的主要地区。退潮后，潮间带可以完全暴露出来，供人们观察、采集、分析、研究，通常是最佳的实习范围。潮水落得愈低愈有大片海滩暴露，实习效果愈好，海滨实习最好选在大潮之间进行；但冬季海滨天气太冷，动物活动少或下移，实习季节选在夏至前后为宜。每当制订实习计划或预查时，首先要了解当地的潮汐，可通过向有关单位索取一份当地潮汐表，也可利用“八分算潮法”，以便确定预查、实习的最佳日期。实习期间，最好能有一次退大潮。

2.2.4 潮汐计算方法

利用“八分算潮法”，只要知道当地的高潮间隙和低潮间隙（高潮间隙与低潮间隙可在当地水文气象站查知），就可算出任何一天的高、低潮时间。规则半日潮海区“八分算潮法”计算公式如下：

上半月高潮时=（农历日期–1）×0.8＋高潮间隙

下半月高潮时=（农历日期–16）×0.8＋高潮间隙

低潮时=高潮时 0612（适用于海潮）

江潮或受河流影响的内湾的低潮时用下列公式计算：

上半月低潮时=（农历日期–1）×0.8＋低潮间隙

下半月低潮时=（农历日期–16）×0.8＋低潮间隙

计算出来的高潮时间或低潮时间±1224 就得出当天另一次高潮或低潮的时间。

例如，已知某地高潮间隙是 8 时 13 分，求农历初七该地海潮的高潮和低潮时间。

高潮时=（7–1）×0.8＋高潮间隙（0813）= 4.8（小数点后的时数应换算成分钟）＋高潮间隙 = 448＋0813 = 1301；另一高潮时=1301–1224=0037。

低潮时=1301–0612 = 0649；另一低潮时=1301＋0612=1813。

即该地初七日的高潮、低潮时间是：第一次高潮 0 时 37 分，第二次 13 时 01 分；第一次低潮 6 时 49 分，第二次 18 时 13 分。

大潮期间，求出的潮时应加上一个修正数 0030（即 30min）；小潮期间，求出的潮时要减去一个修正数 0030。此外，由于受风力等因素的影响，潮期也可能提前或推迟。

2.3 潮间带动物生态

2.3.1 潮间带动物分布

潮间带与大陆相接，潮汐现象使海底时常露出，经受烈日暴晒，雨水冲刷，风浪拍击，水温、盐度、阳光等自然因子急剧变化，生活环境不稳定。所以，动物必须具有特定的适应能力才能在这种急剧变化的生活环境中生存。

2.3.1.1 岩石区常见动物

岩石区由岩石和近岸岩石海底构成。

1）*固着动物* 抵抗海浪的冲击，靠外壳或扁形身体紧紧固着在岩石上生活的动物有各种海绵、薮枝螅、绿海葵、藤壶、牡蛎、龙介、盘管虫等。

2）*岩石缝隙间生活的动物* 岩石的洞穴、缝隙是良好的隐蔽所，生活的动物有平角涡虫、石鳖、笠贝、单齿螺、滨螺、马蹄螺、锈凹螺、核螺、贻贝、海蟑螂、蟹类、海盘车、海燕、海胆等。

2.3.1.2 沙岸、泥沙岸常见动物

沙岸是细沙海岸，泥沙岸是沙多泥少或沙泥各半的海滩。在泥沙中隐居生活的动物有沙海葵、海仙人掌、巢沙蚕、鳞沙蚕、星虫、扁玉螺、泥蚶、毛蚶、竹蛏、海豆芽、海老鼠等。在沙面爬行的动物有泥螺、织纹螺、托氏蜎螺、豆形拳蟹、圆球股窗蟹、近方蟹、寄居蟹等。

2.3.1.3 自由游泳生活的动物

自由游泳生活的动物有虾蛄、红线黎明蟹、短脊鼓虾、哈氏美人虾等。

2.3.1.4 漂浮生活的动物

漂浮生活的动物有夜光虫、海月水母、钩手水母、海蜇、乌贼等。

2.3.1.5　钻蚀生活的动物

钻蚀生活的动物，如船蛆等，钻凿木船或木质建筑。

2.3.2　潮间带动物个体生态观察

潮间带动物能借独特的形态结构和生活方式适应自然环境，充分利用有利条件生存发展。海滨动物种类多，生活习性多种多样，海滨实习不仅要认识物种，而且要进行潮间带动物生态观察，如动物的活动状况、微环境以及动物在不同生境、不同潮间带的生态分布等，以理解动物与环境间的关系，为海洋保护、深入进行动物学研究和开发资源动物奠定基础。现简介几例供实习者参考。

海葵 *Sagartia* sp　生活在潮间带沙滩或岩石环境；多数情况下，基盘附着在贝壳或石块上，沙海葵个体由滩面到基盘附着处约为 12～14cm，有的可达到 20～30cm。潮水淹没时，触手舒展个体像菊花。受到侵扰，沙滩生活种类可缩入沙滩中，岩石生活种类则缩成团；如是猎物则可用触手捕食；如果没有附着物可缩得更深。退潮后，触手和体部缩进沙内，沙滩上只留圆形的孔穴，孔穴的直径依个体不同而有大小之分。触手及口道上黏着沙粒或贝壳。

海仙人掌 *Caernularia obesa* Verrill　淡黄色棒状身体的上部为轴柱，周围着生水螅体；下部的柄部埋在泥沙内，营养体舒展在海水中，长约 30cm。涨潮时膨大直立，形如仙人掌植物；退潮时群体萎缩入泥沙滩内，沙滩上留有 20mm 的陷穴，顶端有时露于陷穴内开口处呈橘黄色。海水平静的夜晚，海仙人掌发出强光，分布密集海区磷光如星光闪烁，故有“海蜡烛”之称。夜间退潮后，海仙人掌常软绵绵地倒伏于滩面，群体不收缩；白天退潮后，海仙人掌群体收缩。

海蚯蚓 *Arenicola caroledna* sp.　海蚯蚓在沙滩上穴居。穴道分为头段、横段和后段三部分。头段、后段为漏斗形下陷，两孔间距 20～30cm，长者可达 40cm。后段开口直径约为 0.1cm，由滩面到横段的距离约为 20cm。退潮后，长条形粪便堆积在后段漏斗开口外，高 4cm、直径 8～12cm。卵袋有柄。

宽身大眼蟹 *Macrophthalmus dilatatum* De Haan　宽身大眼蟹穴居于中潮区以下沙滩，穴孔长方形，宽 2～3cm，高 1.5～2.0cm。穴洞多建于沙垄一侧，穴道倾斜。退潮时，它们离开穴洞到滩面上觅食，如受惊扰，迅速钻进穴内。

圆球鼓窗蟹 *Scopimera globsa* De Haan　分布于高潮区沙滩。潮间期，个体挖穴并将沙子团送出洞穴外。在穴孔周围常堆积成许多小沙球。穴孔大小一般为 1～3cm，穴孔下是垂直形的。

海豆芽 *Lingula anatina* Bruguiere　多数分布于泥沙滩潮间带低潮区。没有固定穴道。壳和身体上部露出海滩，遇到刺激会迅速缩入沙滩中，当身体缩入沙滩内时，在滩面上形成扁形穴孔，穴宽1～2cm，有时仍有部分壳留在滩面上。

海老鼠 ***Paracaudina chilensis*** **Var ransonnetii**　生活在中潮区沙滩的U形穴道中。穴道两端粗细不同，前后端距离30～40cm；滩面到底部距离30～60cm。粗端为前端，潮退后，滩面上有不明显、不规则的漏斗凹陷，常有积水而无清楚穴孔。细端无凹陷，但有一个高2～3cm的粪丘，直径0.5～0.8cm的穴孔位于粪丘中央。

棘锚海参 ***Protankyra bidentata***　中潮区沙滩潮间带穴居种类。有一个穴孔，位于漏斗状滩面下陷的底部一侧。漏斗口缘到穴孔的垂直距离为1～1.5cm。穴孔后为穴道，先倾斜状，然后渐与滩面平行。

鱼　退潮后，美鳚 *Dasson elegans*、长鳍云鳚 *Enedrias fangi* 等小鱼常在海滩凹陷积水处活动。弹涂鱼匍匐在泥沙滩上，受惊时，借助尾部的弹力，迅速跳入海水中。此外，水族馆不仅是认识海洋动物的好去处，也是观察鱼类游泳行为的好地方。

海鸟　海鸟多在潮间带附近活动栖息和觅食。可观察各种海鸟的集群活动、取食行为，如白额燕鸥扇翅悬在空中、突然俯冲潜水捕食鱼类；有些鸥类则飞行时掠水捕鱼；白额鹱逆风螺旋飞行捕食，或在水面游弋嬉戏，在退潮后形成的潮间带“小岛”集群休息。鸻鹬类，如环颈鸻，多在泥沙滩上向前疾跑，突然停下取食。

2.3.3　海滨动物生态学调查方法

首先将实习的海滨环境分为岩岸、砾石、沙滩、泥沙滩和混合等类型。随机地在不同环境类型中，低等动物按潮上带和上、中、下潮间带选取大样方。每样方数平方米，样方的数量应能在一个潮汐期内调查完毕，并且能代表整个生境类型。然后采用样方环法（参见1.6内容），或从样方对角线选取有代表性的10～40cm^{2}的小样方，（在泥沙滩可按照表面、表层、深层）直接计数动物的种类和数量。一部分同学进行样方调查的同时，另一部分同学伴随潮水的退和进开展全面调查。调查的总数可视为该实习地点的物种数，两种调查方法和不同生境的比较，以及多届实习结果的比较，既可评价不同调查方法及其结果的价值，又可评价海滨动物群落和环境的动态变化，为海洋环境保护提供有价值的科学依据。

2.4　海滨常见无脊椎动物

2.4.1　原生动物门 Protozoa

2.4.1.1　鞭毛纲 Mastigophora

夜光虫 ***Noctiluca scintillans*** **Macartrey**（图 2-1*）　夜间受海浪冲击而发磷光，故称夜光虫。体球形，直径 0.5～1.5mm。表膜厚，体表凹沟部分叫胞咽。1 条小鞭毛和 1 条粗触手位于胞口区上。体中央有细胞核，细胞质网状、自核区向细胞膜散射，网间充满红色液体含氯化铵。比重轻于海水。

大量繁殖形成赤潮，将水中的氧气消耗殆尽，导致海产鱼、虾、贝类大量死亡。沿海分布广泛。可用浮游生物网获得。

2.4.1.2　肉（伪）足纲 Sarcodina

有孔虫 ***Foraminifera*** **sp.**（图 2-2）　外壳多为钙质，单室或多室，形状多种多样，壳体小于 1mm。从壳口和壳上小孔伸出伪足，形成网状用于运动与摄食。

有孔虫随海流移动营浮游生活；大多数营底栖生活，种类、数量甚多；常生活在海藻基部。由海藻基部或沙滩低潮线的细砂中分离可得到。沿海各地有分布。

2.4.2　多孔动物门 Porifera

2.4.2.1　钙质海绵纲 Calcarea

冈田指海绵 ***Sycon okadai*** **Hozawa**（图 2-3）　体白色，圆筒形，长 10～62mm，顶端出水孔周围有领状物，基部附着于固体物上。体表有钙质骨针，体柔软而富弹性。

栖于港湾内，以港内浮木、岩石上较多。各地均有分布。

毛壶 ***Grantia nipponica*** **Hozawa**（图 2-4）　体扁管状，长约 50mm，体壁厚约 1mm，管径 4～7mm。顶端出水孔卵圆形，孔周围的领状物不明显。骨针主要有 3 种形态。单轴骨针与体表成直角排列、三轴骨针与体表平行排列和四轴骨针。轴射管的周围有小型的四轴骨针。

身体基部附着生活在海滨岩石、浮木或船底上。分布较广。

---

*从第二章开始，所有图集中放在书后，方便大家参阅。

2.4.2.2 寻常海绵纲 Demospongiae

黄矶海绵 ***Reniera japonica*** **Kadota**（图 2-5） 又称山形海绵。体不规则山形，橙红色或橙黄色。单轴骨针两端钝圆，或一端尖、一端钝圆。高 13～75mm，体表有管状突起，顶端出水孔大，直径 0.8～1.3mm，孔距为 8～31mm，入水孔多而小，放大镜下清晰可见。

多栖息在低潮线附近，附着在岩石的背阴面生活。沿海广泛分布。

2.4.3 腔肠动物门 Coelenterata

2.4.3.1 水螅纲 Hydrozoa

2.4.3.1.1A 水螅类分科检索

1. 芽体有芽鞘，水母体若有呈扁平盘状，生殖腺在辐管上，有平衡囊……………………………………（3）被芽螅亚目 Thecata

芽体无芽鞘，水母体若有呈高钟状，生殖腺在口管上，无平衡囊，有眼点……………………………………（2）裸芽螅亚目 Athecata

2.1 触手顶端膨大成球状……………………棍螅科 Corynidae

触手丝状……………………2.2

2.2 垂唇喇叭状，丝状触手 1 环……………………真枝螅科 Eudendriidae

垂唇圆锥状，丝状触手有围口和基部 2 环触手……………………筒螅科 Tubulariidae

3.1 芽鞘有口盖……………………桧叶螅科 Sertulariidae

芽鞘无口盖……………………3.2

3.2 芽鞘生在水螅茎或分枝的一侧……………………羽螅科 Plumulariidae

芽鞘生在水螅茎或分枝的两侧或四周，芽体垂唇喇叭形……………………3.3

3.3 芽鞘钟形，有柄……………………钟螅科 Campanulariidae

芽鞘管形，有柄或无……………………3.4

3.4 芽鞘有明显底部，无柄……………………连荚螅科 Syntheciidae

芽鞘无明显底部，有柄或无……………………管螅科 Lafoeidae

2.4.3.1.1B 水螅水母类目科的检索

1. 水母体为多态群体……………………管水母目 Siphonophora

水母体单体……………………2

2. 伞缘被纵沟分成若干缘垂，无辐管……………………筐水母目 Narcomedusae

伞缘不被纵沟分成缘垂，有辐管……………………3

3. 伞缘无平衡囊，生殖腺在胃上……………………6.1 花水母目 Anthomedusae（裸芽螅亚目 Athecata）

伞缘具平衡囊，生殖腺在辐管上……4
4. 缘膜宽，伞部厚……硬水母目 Trachymedusae
缘膜狭或退化，伞部薄……5
5. 水母体半球形或扁形，生殖腺在辐管上，少数延伸至胃……7.1 软水母目 Leptomedusae
水母体高，生殖腺在壁上或辐管上……淡水水母目 Limnomedusae

(6)花水母目 Anthomedusae＝裸芽螅亚目 Athecata

6.1 缘触手分支……枝手水母科 Cladonematidae
缘触手不分支……6.2
6.2 口管状或具口触手……6.3
口有 4 个口唇或具口触手……6.6
6.3 缘触手成束……高手水母科 Bougainvilliidae
缘触手不成束……6.4
6.4 缘触手有柄状刺胞球……镰螅水母科 Zancleidae
缘触手无柄状刺胞球……6.5
6.5 触手球基部有眼点……棍螅科 Corynidae
触手球基部无眼点……筒螅科 Tubulariidae
6.6 无口触手……6.7
有口触手……6.8
6.7 缘触手中空，无眼点……面具水母科 Pandeidae
缘触手中实，有眼点……棒螅水母科 Clavidae
6.8 单条缘触手……介螅水母科 Hydractiniidae
有 8 条缘触手……芮氏水母科 Rathkeidae

（7）软水母目 Leptomedusae＝被芽螅亚目 Thecata

7.1 有胃柄……7.2
无胃柄……7.3
7.2 生殖腺在辐管上，有排泄孔……和平水母科 Eirenidae
生殖腺在辐管或胃柄上，无排泄孔……真台水母科 Eutimidae
7.3 胃宽，辐管超过 16 条……多管水母科 Aequoreidae
胃狭小，辐管不超过 8 条……7.4
7.4 辐管 4～8 条，触手球有排泄孔……拟杯水母科 Phialuciidae
辐管 4 条，触手球无排泄孔……7.5
7.5 触手球基都有侧须……触须水母科 Lovenellidae
触手球基部无侧须……7.6 钟螅水母科 Campanulariidae
7.6 触手中实，缘膜退化……薮枝螅水母属 Obelia
触手中空，缘膜正常……杯水母属 Phialidium.

2.4.3.1.2 常见水螅纲腔肠动物

筒螅科 Tubulariidae

海筒螅 ***Tubularia marina*** **Torrey**（图 2-6） 水螅体不分枝，根部匍匐于岩石上，茎部与根部每隔一段有 4～5 个波状环轮，茎顶端围鞘上方的细腰与芽体下方的膨大部相接。螅体垂唇中央为口，口周一环 16～20 个触手。生殖期触手基部有黄或白色孢子囊，雄孢子囊圆；雌性成熟时有 2～3 条子幼虫触手伸出口外。

固着在海岸岩石上，和海藻、海绵等杂生。在海滨广泛分布。

真枝螅科 Eudendriidae

细管真枝螅 ***Eudendrium capillare*** **Alder**（图 2-7） 群体高 15～30mm，不规则分枝状，茎部暗褐色，围鞘较厚，基部有环纹，垂唇喇叭状。螅体周围一圈触手约 20 个。雌孢子囊卵圆形，固着在柄部顶端，簇状；雌孢子囊生长在失去水螅体的分枝上，也可发生在茎部或匍匐根上。雄性孢子囊成串珠状，着生在柄部的顶端，伞状。

固着在海藻、浮木、船底上。分布于港湾。

钟螅科 Campanulariidae

曲膝薮枝螅 ***Obelia geniculata*** **Linnaens**（图 2-8） 群体高 20～40mm。螅根网状匍匐在海藻或贝壳上，茎部分枝处有 3～4 个环纹。水螅体互生，分生处有膝状弯曲，螅鞘杯形，边缘平齐。螅鞘柄部全长或两端有环纹。口周触手中实。长卵形生殖体生于分枝与主茎的腋间，子茎周围有瓶形生殖鞘，出芽产生水母芽。

附着生活在沿海的浮木、贝壳养殖绳索上。分布于烟台、青岛和舟山群岛等地。

双枝薮枝螅 ***Obelia dichotoma*** **Linne**（图 2-9） 根部匍匐在水草上，茎部细长，高 15～20mm，分枝稀疏。芽体互生，基部芽体的柄部较长，有 5～18 个环轮。芽鞘由生殖体与主茎腋间或芽体柄上生出，漏斗状，高为宽的 1.4 倍，成熟时长筒状；芽鞘边缘有 18～20 个浅锯齿。口部大、漏斗状。柄部短，有 3～4 个环轮。

固着生活在浮木、船底、绳索上。分布于各地港湾。

薮枝螅水母 ***Obelia*** **sp.**（图 2-10） 伞部中胶层薄，扁平、圆盘状；直径 25～26mm，缘膜退化。胃短，基部四角形，无柄。口部有 4 个唇、4 条直辐管，环管狭窄；各辐管中部有 4 个圆形或椭圆形生殖腺，伞缘有实心触手，基部小的膨大部有 8 个平衡囊。身体大小及伞缘触手的数目因种类而不同。

在海洋中营漂浮生活。用浮游生物网拖取采得。沿海均有分布。

嵊山杯水母 *Phialidium chengshanense* Ling（图 2-11） 伞扁平、圆形或椭圆形，伞径 4～10mm，高 1.5～3.5mm，伞缘触手 18～57 条，两触手间有 1～2 个触手芽和 2～3 个平衡囊。触手螺旋状卷曲。伞中部有 2～6 个淡蓝色胃，4～11 条辐管伸向伞缘，胃由辐管相连。口有 4 个唇，缘膜发达。辐管近伞缘部有 4～11 个圆形、椭圆形或细长线形生殖腺，生殖腺及触手球褐色。

漂浮生活在近海海滨藻类丛生处，夜晚发磷光。捕食甲壳虫类等。分布于河北、山东、江苏、浙江和福建等地沿海。

半球杯水母 *Phialidium hemisphaericum* Mayer（图 2-12） 伞部半球形、略扁平，中胶层薄；伞径 5mm，伞高 1.5mm，缘膜窄。方形胃较短，黄色。4 个口唇、4 个窄长辐管，外端有 4 个卵圆形黄色性腺。伞缘有 16～32 个触手，多数为 20 个；触手球简单，圆锥形，红褐色。触手间有 1～3 个平衡囊。

漂浮生活在近海。可用浮游生物网采得。各地海滨均有分布，为胶州湾常见种。

真台水母科 Eutimidae

瘤手水母 *Tima formosa* L.Agassiz（图 2-13） 又称台水母。伞高半球形，中胶层顶部厚，下部薄，缘膜发达。伞径 22～45mm，伞缘 29～36 条触手乳白或淡红色，触手球橙黄色。触手间有 2～3 个触手芽、2～5 个平衡囊，囊中平衡石排成圆圈。口端超过伞缘。近伞缘有一圈暗绿色点，胃和口腕淡黄色，性腺乳白色。

漂浮生活在海水中，可用浮游生物网捕得。分布于海滨港湾，如青岛、烟台港附近。

硬水母目 Trachymedusae

花笠水母科 Olindidae

钩手水母 *Conionemus vertens* L. Agassiz（图 2-14） 小型具缘膜水母。伞低半球形，中胶层厚。体透明。伞缘有中空触手 45～70 个；触手基部有卵圆形触手球。平衡囊与触手交互排列，触手间有 2～3 个平衡囊。环肌发达。胃小有短柄。4 条辐管狭窄，口旁 4 条卷曲的口腕，边缘有褶。辐管上有 4 个红色带状生殖腺。

漂浮生活在海水中，捕食小型甲壳类。舀水或用网捕获。分布于各地沿海。

2.4.3.2 钵水母纲 Scyphozoa

2.4.3.2.1 钵水母纲目科检索

1. 杯状体和柄部组成水母体，固着生活……………………十字水母目 Stauromedusae
   水母体无柄部，浮游生活……………………………………………………2
2. 水母体伞部立方形，无缘垂………………………………立方水母目 Cubomedusae
   水母体伞部非立方形，有缘垂……………………………………………………3
3. 水母体外伞中央有 1 条冠状沟……………………………………冠水母目 Coronatae
   水母体外伞无冠状沟……………………………………………………4
4. 口腕分离……………………………………………（5）旗口水母目 Semaestomeae
   口腕彼此愈合………………………………………………根口水母目 Rbizostomeae
5. 触手细长，无环管……………………………………………霞水母科 Cyaneidae
   触手细小，有环管……………………………………………洋须水母科 Ulmaridae

2.4.3.2.2 常见钵水母纲腔肠动物

十字水母目 Stauromedusae

喇叭水母 ***Haliclystus steinegeri*** **Kishinouye**（图 2-15） 体牵牛花状，透明，略带红褐色。上伞中央具柄，附着于海藻上。伞张开时直径大于高。边缘具 8 个腕，各腕顶端有一丛触手；腕间距相等，各具一个感觉器。下伞中央有口通胃腔；十字形交叉的 4 条辐管在伞边缘一分为二，伸入 8 个腕内。

以柄附着在海藻上。可用镊子自海藻上摘取。分布于大连和山东各地海滨。

旗口水母目 Semaestomeae 洋须水母科 Ulmaridae

海月水母 ***Aurelia aurita*** **Lamarck**（图 2-16） 大型无缘膜水母。生活时，伞部为透明的乳白色或淡青色。伞圆盘形隆起，伞径 150mm；具主辐管、间辐管、从辐管及环辐管。伞缘均匀分布 8 个缺刻，4 个在主辐管处；缺刻内有触手囊；伞缘上均匀短小触手呈裙穗状。方形口的四角延伸成褶襞状长口腕；4 条口腕悬垂呈旗状，故名旗口类。口外侧间辐管有 4 枚马蹄形性腺，雌性生殖腺紫色。

成群漂浮生活。可用网捞捕。7～8 月，渤海、黄海沿岸常大量出现。

海蜇 ***Rhopilema esculentum*** **Kishinouye**（图 2-17） 伞半球形，直径 700mm，上伞突出、光滑，中胶层发达；边缘具 8 个缺刻，缺刻间有 20 个缘瓣。下伞薄，边缘环肌发达，环肌收缩产生运动。下伞向内凹陷，具 8 个肩板及 8 个口腕。每腕分为 3 翼，肩板及翼边缘具褶襞及长丝。生活时体透明，伞部淡蓝色，口腕乳白色，性腺淡红色。

漂浮游泳生活。可用手抄网捞捕。8～9 月常大量出现。可鲜食或制成干品，伞部成为海蜇皮，口腕部称海蜇头。各地沿海均有分布。

2.4.3.3 珊瑚纲 Amthozoa

2.4.3.3.1 珊瑚纲科目检索

1. 群体，水螅体小，8 个羽状触手和 8 个膈膜 ……………（2）八放珊瑚 Octocorallia(Alcyonaria)
   多单体，水螅体有大有小，6 或其倍数简单触手和膈膜 …………………………………………………………（3）六放珊瑚 Hexacorallia(Zoantharia)

2.1 无骨轴，初生轴水螅体长，壁上长出次生水螅体……………………………石花虫目 Telestacea
   有骨轴，群体固着或游离………………………………………………………………………………2.2

2.2 群体固着，树形分枝，骨轴被薄层共肉，生出单态水螅体 ………………柳珊瑚目 Gorgonacea
   群体游离，无分枝，有骨轴，轴水螅体长，次生水螅体多态 ……………………………………………………………………………………（2.2.1）海鳃目 Pennatulacea

2.2.1 轴部辐射对称，水螅体散生在轴部……………………………………………棒海鳃科 Veretillidae
   轴部两侧对称，水螅体生在轴部叶状体或肉脊上 ……………………沙箸海鳃科 Virgulariidae

3.1 无壁孔……………………………………………………………………………………海葵科 Actiniidae
   有壁孔…………………………………………………………………………………………………3.2

3.2 有发达的括约肌………………………………………………………………细指海葵科 Metridiidae
   无括约肌，或内胚层括约肌不发达 ……………………………………矶海葵科 Diadumenidae

2.4.3.3.2 常见珊瑚纲腔肠动物

海葵目 Actiniaria

星虫状海葵 ***Edwardsia sipunculoides stimpson***（图 2-18） 体细长，蠕虫形，体长 80～150mm，灰褐或黄褐色。触手收缩时形态似星虫，故得此名。体前部较粗，后部较细，口盘较小，36 条触手黄白或褐灰色，排成 2 圈。基盘膨大，近球形。体壁具有较明显横褶和纵肌带。

埋栖生活于潮间带泥沙中，触手展开于沙面，受到刺激即缩入泥沙中。

海葵科 Actiniidae

绿疣海葵 ***Anthopleura midori*** **Uchida**（图 2-19） 体圆柱形，绿色或黄绿色，有纵行疣突。口盘边缘红棕色，疣突粗大明显。口部淡紫色，有一对红斑。哑铃形口位于口盘中央，伸展时椭圆形。口周围环生 96 个触手，由内向外按 6、6、12、24、48 个排成 5 圈。触手浅黄色或淡绿色，背面有一纵行绿色条，基部有白斑。

固着生活在岩礁间水洼处，受刺激缩成半球形。分布于我国沿海沿岸环境。

黄海葵 ***Anthopleura xanthogrammica*** **Berkly**（图 2-20） 体长圆柱形，灰黄色或浅黄色。体表平滑附有沙粒。口盘附近有数圈不明显的疣突。口椭圆形，淡黄色，口周有一圈黑斑，有 4～104 个触手，多数 96 个触手排成 5 圈；触手形状为长圆锥形，顶端或钝或尖，灰白色触手上有白斑，基部有 6 对白条纹。

埋栖生活于潮间带泥沙中，可用铁铲快速掘得。受刺激缩入沙中，可从圆形的陷穴中向外喷水。分布于大连、烟台、青岛等北方海岸。

矶海葵科 Diadumenidae

纵条矶海葵 ***Haliplanella juciae*** **Verrill**（图 2-21） 体小，绿褐色。伸展时呈圆柱形，体长短于 20mm，受刺激缩为球形潜入泥沙中。体表面光滑，体壁上有 12 条橙红色或深红色纵条纹。口长裂缝状，位于口盘中央，环有多圈触手，数目多为 6 的倍数，排列不规则。

固着生活在岩岸石缝中或贝壳上。分布于黄海、渤海沿岸。

海鳃目 Pennatulacea

棒海鳃科 Veretillidae

海仙人掌 ***Cavernularia*** **sp.**（图 2-22） 群体棍棒形，高达 30cm；上部为轴部，周围有许多水螅体，下部为柄，无水螅体。轴部的长度为柄部的 2 倍以上。直接以柄插入泥沙质海底，轴部露出。水螅体有水螅体和管状体二态。水螅体大，有 8 个能伸缩的羽状分枝触手；管状体小，无触手，布满在水螅体之间。轴和柄交界处有 1 个纺锤形小骨轴，骨针密布全身。

生活时为黄色或橙色，群体充分伸展时，十分美丽。遇刺激发磷光，是海洋中著名的发光动物。分布于黄海、渤海沿岸泥沙质海底。

沙箸海鳃科 Virgulariidae

沙箸 ***Virgularia*** **sp.** （图 2-23） 又称海笔。群体细长，分为柄部和轴部；多为淡黄色或白色，内部有一条白色的石灰质骨轴。形似羽毛状笔，故名海笔。柄部无水螅体，基部膨大呈球状。轴部水螅体着生在轴部两侧的叶状体上，管状体生在叶状体基部或它们之间。无骨针或仅在柄部有卵圆形小骨片。

埋栖于泥沙中。我国北方沿海较为常见。

2.4.3.4　栉水母纲 Ctenophora

体柔软透明，两侧辐射对称，似腔肠动物水母。有球形、卵圆形、瓜形和带形多种体形。体表 8 条栉毛带由栉毛板组成。反口端有肛和感觉器。

侧腕水母 ***Pleurobrachia globosa*** **Moser**（图 2-24）　体钝锥形，透明，横切面观略呈球形，体表有 8 行纵行栉板。体两侧各有一触手囊，囊内有 1 条分枝的触手。口端为口极，另一端为反口极，感觉器官集中于此。

浮游生活。数量大，分布广。在山东省主要分布于胶州湾沿岸。

2.4.4　扁形动物门 Platyhelmintes

涡虫纲 Turbellaria

网平角涡虫 ***Planocera reticulata*** **Stimpson**（图 2-25）　又称网纹平涡虫。体扁平、叶状、椭圆形，前端宽圆，后端稍尖，体长 20～50mm，体宽 15～30mm。背面前端 1/4 处有一对细圆锥形触角，基部黑色眼点环形排列。口位于腹面中央，纵行肠管两侧分枝多。体灰褐色，色素颗粒结成网状，腹面色浅。

生活在海水浸没的岩石下面。可翻石用毛笔采集。分布于大连、烟台、青岛等地。

薄涡虫 ***Notoplana humilis*** **Stimpson**（图 2-26）　体扁而长，长约 2cm，宽约 8mm，前端略圆，后端钝尖。体背面前端 4mm 处有两丛黑色眼点。触角不明显。口位于腹面中央，口后有 2 个（前雄、后雌）相邻生殖孔。体背灰褐色，中央狭长的肠区色淡，周围灰褐色颗粒密接成网状。腹面色淡。

生活于岩岸环境，在石块下匍匐爬行。分布于我国北部潮间带。在青岛 4～5 月繁殖。

2.4.5　纽形动物门 Nemertea

2.4.5.1　无针纲 Anopla

纵沟纽虫 ***Lineus torquatus*** **Coe**（图 2-27）　体长带形，约 300mm。头端钝圆，颈部窄，有明显头横裂，背面圆形，腹面扁平。暗紫红色，背中线明显，有环行纵纹。

栖息于潮间带泥沙中。肌肉收缩和体液流动使身体局部变化，身体交替变窄变宽左右扭曲运动。受惊时扭成团。分布于黄海、渤海沿岸。

无沟纽虫 ***Baseodiscus curtus*** **Hubercht**（图 2-28）　体细长、带状，130～

250mm。头、颈区分不明显，头部有眼点多个。背腹扁平，背面黑褐有深色斑点，腹面灰白色。

栖息于潮间带岩石等下面，受触动则卷曲成纽形。分布于黄海、渤海沿岸。

2.4.5.2 有针纲 Enopla

针吻纽虫 ***Amphiporus punctatulus*** **Coe**（图 2-29） 体呈蠕虫状，体长 30～70mm。头部前端能伸出乳白色的吻，吻长约 20mm，吻基部细狭。背面稍隆起，身体茶褐色，背面具深褐色花斑连结呈网状；腹面扁平，颜色较淡。

栖息于潮间带岩石下泥沙中或海藻丛中。分布于大连、烟台和青岛等地。

2.4.6 环节动物门 Annelida

多毛纲 Polychaeta

2.4.6.1 多毛类分科检索（依 Fauchald 1977，改写）

1．背部具鳞片或刚毛……2
背部不具鳞片或刚毛……5
2．口前叶具单个触手……鳞沙蚕科 Aphroditidae
口前叶具 0～3 个触手……3
3．腹刚毛复型（体后部具鳞片）……锡鳞虫科 Sigalionidae
腹刚毛简单型……4
4．疣足具纺绩腺，触手紧靠口前叶的后部或中部……多齿鳞虫科 Polyodontidae
无纺绩腺，触手位于口前叶前缘……多鳞虫科 Polynoidae
5．疣足背叶具金色或铜色横排刚毛……金扇虫科 Chrysopetalidae
刚毛不如上述排列……6
6．体后端具腹盾板……不倒翁虫科 Sternaspidae
体后端无腹盾板……7
7．体前端具特殊刚毛，盖于前端，或形成一壳盖，或为一列长保护刺（桴片）……8
体前端不具特殊刚毛……12
8．特殊刚毛长具横隔为梯形，形成头笼；体表上皮乳突多……扇毛虫科 Flaelligeridae
特殊刚毛非梯形，不形成头笼；体表上皮乳突少或无……9
9．特殊刚毛细，前端弯曲为刺状；口前叶具 7 个触手……欧努非虫科 Onuphidae（部分）
特殊刚毛粗，前端不弯曲；口前叶无附肢或具许多触手……10
10．特殊刚毛横排，圆锥状栖管以沙粒形成……笔帽虫科 Pectinariidae
特殊刚毛或在前端两侧为扇形桴片，或为一壳盖盖于壳管……11
11．特殊刚毛形成桴片，前端具 2～4 对鳃……双栉虫科 Ampharetidae(部分)
特殊刚毛形成壳盖，前端无鳃……帚毛虫科 Sabellaridae
12．前端包括口前叶变为触手冠……13

前端不变为触手冠，但触手和触须可挤在前端……16
13. 管钙质，具胸膜……14
管胶质或角质，无胸膜……15
14. 管直或弯曲、有时仅基部螺旋状；身体对称，胸部刚节4个以上……龙介虫科 Serpulidae
管螺旋状；身体不对称，胸部刚节4个……螺旋虫科 Spirorbidae
15. 疣足齿片，触手冠平滑或具羽状鳃丝，胸区多具钩状齿片刚毛……缨鳃虫科 Sabellidae
小齿片集中腹叶，触手冠具分枝的触手……欧文虫科 Oweniidae（部分）
16. 第4刚节具粗刚毛，体中部体节变形为扇状；栖管羊皮纸状否则具环轮……磷虫科 Chaetopteridae
第4刚节无粗刚毛，无扇形疣足；栖管非羊皮纸状也无环轮……17
17. 前端触手和触须少于10对，或无附肢……20
前端具许多触手，若具鳃仅前节几对……18
18. 鳃成排或在头部集中为两群，口触手能伸缩，齿片上具一排或几排齿……双栉虫科 Ampharetidae
鳃不成排，分枝或丝状；口触手不能伸缩；齿片主齿下具成排小齿……19
19. 胸腹部齿片柄短，胸部齿片可向后延长部……蛰龙介科 Terebellidae
胸部齿片柄长，腹部齿片柄短……毛鳃虫科 Triichobranchidae
20. 口前叶无附肢；围口节具1对背触角，最多2对触须或无附肢……36
口前叶具触手，围口节前常具1对触角或触须……21
21. 口前叶无后瘤，具触角……29
口前叶有后瘤，无触角，多数体节上出现刚毛或足刺……22
22. 口前叶长、圆锥形，多环轮；前端4个触手……23
口前叶长不及宽的2倍，无环轮……24
23. 吻具4个大颚，疣足全为单叶型或全为双叶型……吻沙蚕科 Glyceridae
吻大颚多于4个，前部疣足单叶型，后部疣足双叶型……角吻沙蚕科 Goniadidae
24. 无颚……26
具颚……25
25. 颚由成排小齿片组成……豆维虫科 Dorvilleidae（部分）
颚由若干单片组成……26
26. 具沟触手1对……囊须虫科 Saccocirridae
触手多对……27
27. 背须大，叶形……叶须虫科 Phyllodocidae
若具背须，为须状……28
28. 刚毛简单，背腹刚叶间具须……齿吻沙蚕积 Nephtyidae
无间须，背刚毛简单，腹刚毛复型……特须虫科 Lacydoniidae
29. 触角双环或多环……30
触角简单，与口前叶愈合致使口前叶呈V形凹或形成腹侧垫……32
30. 触角多环，无触须……豆维虫科 Dorvilleidae（部分）
触角双环，至少具1对触须……31

31．吻具大颚1对，表面光滑或具须齿和乳突；疣足双叶型……………………沙蚕科 Nereididae
吻无大颚、颚齿和乳突，具端乳突或侧突起；疣足亚双叶型或单叶型……………………
……………………………………………………………………海女虫科 Hesionidae
32．围口节腹侧触角垫状，5个后触手和2个前触手……………………欧努非虫科 Onuphidae
触角或与围口节前部愈合，或游离为腹侧突起；最多5个触手……………………33
33．触角与口前叶愈合，以致口前叶前裂隙……………………………………35
触角为游离的腹突起，口前叶长不大于宽（若触角愈合可使口前叶长大于宽）…………34
34．具颚……………………………………………豆维虫科 Dorvilleidae（部分）
无颚，疣足不长，足刺短，具前胃…………………………………裂虫科 Syllidae
35．翻吻具4对上颚和1对下颚……………………………………矶沙蚕科 Eunicidae
若具翻吻也无附属物…………………………………………白毛虫科 Pilargiidae
36．口前叶和围口节无附肢，某些前刚节可出现附肢……………………………37
围口节具1对触角或触须…………………………………海稚虫科 Spionidae（部分）
37．成对的触角或许多长而细的鳃丝，触手位于体前刚节上……………………38
口前叶无成对触角或其他附肢…………………………………………39
38．具复型镰刀形和简单型刚毛……………………………………顶须虫科 Acrocirridae
仅具简单刚毛，前端弯或直，有时足刺状……………………丝鳃虫科 Cirratulidae
39．口前叶为一斜板，常以突缘镶边；体节长似竹节状……………竹节虫科 Maldanidae
口前叶尖、圆或钝……………………………………………………40
40．体不分区，刚毛分布和疣足形态变化不大……………………………43
体分胸、腹两区（具不同特征的刚毛或疣足）……………………………41
41．胸区具侧疣足；腹区疣足的背、腹叶都在背面……………………锥头虫科 Orbinidae
全具侧疣足；后区体节疣足背叶退化，腹叶形成窄而完整的环带……………………42
42．虫体具纤细毛状刚毛；鳃灌木状或简单的丝状，不能收缩……………沙蠋科 Arenicolidae
胸区和前几个腹区刚节仅具细毛状刚毛，若具鳃在腹区则为可伸缩的丝状…………
……………………………………………………………小头虫科 Capitellidae
43．咽部具复杂的颚器………………………………………………44
咽部无颚器……………………………………………………46
44．颚由许多成排小齿片组成…………………………………豆维虫科 Dorvilleidae
颚由若干单齿片组成……………………………………………45
45．无巾钩刚毛，颚基3个……………………………………花索沙蚕科 Arabellidae
至少有的体节具巾钩刚毛，颚基1对……………………………索沙蚕科 Lumbrineridae
46．口前叶长圆锥形，长为宽的2倍，多环轮……………………………47
口前叶长不为宽的2倍，钝圆锥形、圆形或平顶状，无环轮……………………48
47．翻吻具4个大颚，疣足全部双叶型或全部单叶型……………吻沙蚕科 Glyceridae（部分）
翻吻具颚4个以上；前区疣足单叶型，后区疣足双叶型……………角吻沙蚕科 Goniadidae
48．刚毛简单毛状，鳃须状、梳状或无；口前叶完整，尖或圆形……………海蛹科 Opheliidae
具叉状或足刺状刚毛，若具鳃限于前端，树枝状；口前叶梯形或分叉……………………
……………………………………………………………梯额虫科 Scalibregmidae

2.4.6.2 常见多毛纲 Polychaeta 动物

多鳞虫科 Polynoidae

体背腹扁平，具鳞片，至少体前部鳞片与背须交替出现。头触手 0～3 个；侧触手位于口前叶的前侧缘。吻具 4 个颚齿。疣足双叶型，刚毛侧生。

软背鳞沙蚕 *Lepidonotus helotypus* Grube（图 2-30） 体椭圆形，由 27 个体节组成。口前叶椭圆形，3 个触手中间 1 个长。2 对黑色眼点中前 1 对大；大触角 1 对。围口节两侧触须各 1 对；吻前缘上下各有 13～14 个乳突，大颚 2 对。背覆瓦状排列 12 对鳞片，第 2、4、5、7、9 节 1 对，以后每隔 1 节 1 对至第 23 节；鳞片青灰或浅褐色，中央有亮点，乳突大而圆；背中线裸露。排泄孔在疣足腹面，围肛节有 1 对肛须。

栖息在沿岸牡蛎区、海藻间或石块下。分布于黄海沿岸即青岛、烟台等地。

覆瓦鳞沙蚕 *Harmothoë imbricata* Linnaeus（图 2-31） 体椭圆形由 35～39 体节组成，长 25～40mm，宽 5～8mm。口前叶 3 个触手，中央近腹侧 1 个较大。围口节触须左右各 1 对。吻伸展时与前 10 个体节等长；吻上具坚硬的大颚。背面肾形鳞片 15 对覆瓦状排列，有暗灰色花纹，极易脱落。

栖息于潮间带的牡蛎生长区，活动在有海藻的石块间隙。分布于黄海、渤海沿岸。

叶须虫科 Phyllodocidae

体细长，腹面扁平。口前叶锥形或卵圆形。具 4～5 个头触手，2～4 对触须。疣足单叶型具背须和腹须，腹刚毛复型刺状，背刚毛简单。

绿巧言虫 *Eularia viridis* Muller（图 2-32） 体长 100～200mm，后端窄，背面凸出，背面有 2 条黑色带状花纹。雌体绿色或深绿色，雄体淡黄色。头部宽阔，深绿色。黑色眼点 1 对。口前触手 2 对，两眼间有 1 条触手。吻大，前端有 22～23 个指状突。疣足有一束刚毛，背须发达，鳃叶状。腹须小。

栖息于潮间带沿岸牡蛎生长区，隐居在碎石下或海藻中。分布于黄海、东海、南海潮间带。

吻沙蚕科 Glyceridae

体两端尖细。每体节 2～3 个环轮。口前叶圆锥形多环轮，前触手 4 个。外翻的吻大而长，末端有 4 个大颚。背刚毛简单毛状，腹刚毛复型刺状。

长吻沙蚕 *Glycera rouxii* Audouin et M. Edwards（图 2-33） 体细长，由

150～200 体节构成，圆柱形中部宽，每节 2 个环轮，灰褐色或棕黄色。口前叶长具 10 个环轮，无眼。吻具钩状颚，有圆锥形和球形乳突。疣足双叶型，前 2 对除外。背须长椭圆形，腹须长，末端尖，背叶有简单型刚毛，腹叶有复型节状刚毛，端节上有细锯齿。疣足具前、后唇各 2 个，前唇前壁有鳃。肛节比前 2 节长，肛须细而长。

群居生活于低潮线附近的沙滩软泥内。分布于黄海、东海、南海，山东沿海产量大。

沙蚕科 Nereididae

口前叶犁形或卵圆形，具 4 个眼、0～2 根前触手、2 个分节触角；围口节 3～4 对触须。吻能外翻，具 1 对大颚。前 2 对疣足单叶型，余为双叶型，刚毛刺状或镰刀形。

真齿沙蚕 ***Nereis neoneathes*** **Harman**（图 2-34） 体由 85 个体节组成。口前叶前部两侧内凹，前端着生指状触手，有 2 个大的瓶状触角。2 对眼在口前叶后半部呈梯形排列。刚毛齿刺状。

栖息在潮间带岩岸的碎壳、砾石中。分布于黄海和东海沿岸。

日本沙蚕 ***Nereis japonica*** **Izuka**（图 2-35） 体长略扁平，前端短，后部渐细；环节 90～120 个，宽 7～8mm。雌体背深绿色，腹面黄绿色；雄体背浅黄绿色，腹面粉红色。口前叶有 2 个触手、2 个短而粗大的触角、2 对黑色眼点，围口节触须 4 对。吻粗大，顶端有 2 枚黑色颚。疣足双肢型，基部深粉红色，有背须和腹须，刚毛复型。背中线红色，背血管显著。体末端有 1 对肛须，肛节简单且短。

栖息于沿海潮间带沙滩，善于游泳。分布于青岛、烟台等地。

环唇沙蚕 ***Cheilonereis cyclurus*** **Harrington**（图 2-36） 体粗大，前宽后窄。围口节领状包于口外。吻可翻出，吻端有一对几丁质具锯齿状大颚，齿排列不规则，多数成丛。疣足双叉型，背腹肢发达。

栖息于温带冷水海岸，多隐藏在寄居蟹所栖螺壳内。分布于黄海和渤海潮下带。

欧努非虫科 Onuphidae

口前叶背面具 2 个前触手，基节具 5 个长的后触手。围口节具 1 对短触须。上颚由 4～5 对齿片组成。疣足单叶型，背须锥状有足刺。栖管膜质，黏附沙粒、贝壳等。

巢沙蚕 ***Diopatra neapolitana*** **Delle chiaje**（图 2-37） 体前端圆形，后端扁平，棕褐色，前背部略带青色有光泽，腹面淡红色。第 4、5 疣足背须基部羽状鳃覆盖体背面，自 36 节起变小逐渐消失。肛须 4 个。栖管长 50cm，有 3～3.5cm 露于滩面上，管身垂直埋入滩内；栖管上端 5～6cm 管壁黏附贝壳、藻类碎片。

在栖管上部活动的巢沙蚕遇惊则直达管底部。退潮后，因管壁薄、黏附碎片重致使滩面栖管倒伏。分布于黄海潮间带沙滩。

索沙蚕科 Lumbrineridae

体细长多环节。口前叶圆形，无触手、触角。单叶型疣足具前后刚毛叶，无足刺。简单型刚毛翼状。

带沙蚕 ***Lumbriconereis latreilli***（图 2-38） 又称短吻索沙蚕。体约 240mm，圆柱形，粉红色。头部钝圆锥形，无眼点。吻有颚齿，上颚有 4 对颚片。前部体节有复型钩状刚毛；前 2 对体节无疣足和刚毛，其余疣足背叶短宽；后部疣足有 2 枚黄色足刺，有简单的笠状钩毛。肛须 4 条。

栖息于潮间带岩岸牡蛎和海韭菜丛中。遇惊体易自切断裂。分布于烟台、青岛、威海等黄海和东海沿岸。

花索沙蚕科 Arabellidae

体细长圆柱形。口前叶和围口节无附肢。上颚长而窄，由 5 对齿片和 3 片颚基组成。疣足单叶型，无腹须。

花索沙蚕 ***Arabella iricolor*** **Montagu**（图 2-39） 体长 160mm，宽 1mm，暗绿色，体前背部有 4～5 条明显的纵行暗褐色斑点。口前叶椭圆形，前端稍尖；头前缘半圆形，后缘 4 个眼点横行排列。前 2 节无疣足。疣足单肢型，有一束刚毛，半圆形前叶短小，后叶突出成长椭圆形。指状背触须短小，体后部不易看清。咀嚼器由上、下颚组成，上颚为 5 对颚片，下颚为 1 对板状颚片。肛节有 4 条短小肛须。

栖息于潮间带泥沙或岩石缝中。温带和热带水域广布种，分布于黄海沿岸。

矶沙蚕科 Eunicidae

口前叶具 1～5 个后触手；2 个围口节中仅后节具触须；2～5 对上颚片。单叶型疣足。

岩虫 ***Marphysa sanguinea*** **Montagu**（图 2-40） 俗称“扁食”。体细长 200～350mm，前端几节略圆形，向后渐扁。背部红褐色。头部大，口前叶前缘凹入，有 5 个背触手、眼 1 对。疣足的背、腹须不大，从第 30 体节开始出现分枝鳃，肛须 2 个。

栖息于潮间带和潮下带，穴居生活在岩石缝隙中或沙管内。分布于我国沿海岩岸。

磷虫科 Chaetopteridae

卵圆形口前叶被领状围口节包入。触角1对，有沟。躯干疣足，前区单叶型，第4刚节具簇刚毛；中区双叶型仅具齿片状腹刚毛；后区双叶型，具背刚毛和齿片状腹刚毛。

磷虫 ***Chaetopterus variopedatus*** **Renier**（图2-41） 又称毛翼虫、磷沙蚕。体粗大柔软，长100～200mm，前段扁平，9个体节，每节1对疣足；中段5个体节，第1节变为翼状体，其余疣足腹肢变为吸盘，背肢变为扇状体以鼓动水流；后段双肢型疣足背肢发达，腹肢退化。"U"形革质栖管长50cm，横行部柔软、铁锈色，埋入泥沙中，两端管口相距30～60cm，管口前端粗、后端细，退潮时露出地面1～4cm，后口沙面上有粒状粪便，滩面管口光滑硬挺，乳白色。

栖息于沙滩或泥沙滩。夜间，虫体可发蓝色磷光。分布于沿海各地的低潮线附近。

丝鳃虫科 Cirratulidae

体圆柱形两端尖。口前叶圆柱形无附肢；围口节由多节愈合或有3环轮。触须有沟、丝状多对，或粗触须1对。体前背部鳃丝细长。疣足双叶型，简单型刚毛位于体壁。

丝鳃虫 ***Cirratulus cirratus*** **Müller**（图2-42） 体长60～150mm，虫体橙黄色。头部圆锥状，无眼点。体前端各疣足背方伸出丝状鳃丝，鳃丝红色，密集从生、互相缠绕。体后部逐渐稀疏。

栖息于低潮线附近的泥底中或碎石下，用鳃丝匍匐运动。分布于黄海潮间带岩岸。

沙蠋科 Arenicolidae

体大圆柱形。口前叶小，无附肢。吻外翻呈囊状。胸区无鳃，腹区有鳃，尾区无鳃和刚毛。体节次生环轮明显。双叶型疣足背叶圆柱形，毛状刚毛。腹叶具1行钩状刚毛。

巴西沙蠋 ***Arenicola brasiliensis*** **Nonato**（图2-43） 又称海蚯蚓、柄袋沙蚕。体前部粗钝，头部不明显，吻能伸缩，无颚。从第6或7对疣足开始具分枝的羽状鳃，共11～12对，鳃鲜红。后部细窄，无疣足及鳃。体壁薄而柔软，有环纹，暗绿色带褐色条纹。卵群圆形，一端有细丝插入土中。

栖居沿海沙滩中，具“U”形洞穴，头端沙滩下陷呈漏斗状，尾端沙丘状隆起，栖居处表面纽状粪块为识别的标志。分布于黄海、渤海潮间带。

笔帽虫科 Pectinariidae

体短柱状。口前叶形成领状头膜，围口节背面宽大的壳盖板中央有扇状排列的金黄色粗刚毛，腹面触手有沟。躯干的胸区具叶片状鳃和单叶型疣足；腹区双叶型疣足具背刚毛、腹刚毛；尾区舟状，具粗钩刚毛。栖管由沙粒、海绵骨针和碎贝壳构成，呈牛角形，前部宽、后部窄，两端开口。

金毛沙蚕 ***Pectinaria koreni*** **Malmgren**（图 2-44）　又称笔帽虫。体圆锥形。口前叶的腹面有成排的短丝状触手，背面金黄色刚毛 2 排，每排刚毛约 15 条，能把管口盖住。头后第 1～2 体节两侧各有 1 对栉鳃，从第 3 体节开始，每节 1 对疣足，共 15 对。体后端退化，无疣足。

栖居于低潮线附近的沙滩沙质管中。分布于青岛、烟台等地岩岸。

缨鳃虫科 Sabellidae

栖管有泥质、革质、胶质。鳃冠由鳃丝构成的鳃叶组成，鳃叶间有 1 对具沟触角和膜状唇。围口节形成领部。胸区短，具刚毛，腹区长，胸腹刚毛分布相反，尾区圆锥状。

巨刺缨虫 ***Potamilla myriops*** **Marenzeller**（图 2-45）　又称缨鳃沙蚕。体细长，约 300 个体节，背腹略扁。口前部具大形美丽的鳃冠，长约 20mm，两侧各有 40～45 个鳃丝，半月形羽状鳃丝紫褐色带有黄白色斑纹，眼点黑色。背面有 1 对粗而短的触手。口缘部领状，无刚毛，体节明显，疣足不发达，第 10 体节处背中央有一纵沟称粪沟。虫体黄褐色。

管栖生活在沿海泥沙滩中。管长 300～500mm，厚而坚韧，上端有 20mm 露出地面。分布于青岛、烟台等地。

鳞沙蚕科 Aphroditidae

体椭圆形，扁平。背覆鳞片和毡毛。口前叶具 1 条中触手。疣足双叶型，刚毛复型。

澳洲鳞沙蚕 ***Aphrodita australis*** **Baird**（图 2-46）　又称海毛虫。长 30～50mm，背部隆起暗灰褐色，背鳞 15 对。腹面扁平，附有沙粒，覆以厚膜。头小有 2 对眼，前端有 1 条丝状触手。疣足背叶有两种刚毛，背面伸出粗硬金黄色刚毛，两侧密布羊毛状刚毛。腹肢具黑色刚毛。

栖息在低潮线附近泥沙中，暴风后，能被冲到岸边。分布于黄海沿岸。

龙介虫科 Serpulidae

石灰质栖管多附着于岩石等基质上。口前叶常与围口节愈合成触手冠(鳃冠)，上有鳃丝。背中线鳃丝末端变成壳盖封闭壳口。

龙介虫 ***Serpula vermicularis*（*Hydroides ezoensis* Okuda）**（图 2-47） 鳃冠红绿色，由 30～40 条细长的两排鳃丝组成。鳃冠基部的背方有 1 个柄状突。石灰质小栖管圆形盘曲，管口圆，表面有纵脊。壳盖漏斗状。

附着生活于潮间带岩石或介壳上。受到刺激，鳃冠缩入管内，出管时，开启壳盖鳃冠先突出水中。分布于我国潮间带和潮下带。

蛰龙介科 Terebellidae

黏液性栖管。体前端粗、后端细。有沟触手不能缩入口中。前区粗大，疣足双叶型，前 3 节具鳃和侧叶，背刚毛翼状，腹刚毛齿片状；后区体节多，疣足无背叶和背刚毛。

蛰龙介 ***Terebella ehrenbergi* Grube**（图 2-48） 体节数超出 100 节。前端有 3 对树状鳃，鳃上有红斑点，鳃分枝数目不多，长短不一。眼明显，腹面有 13 个盾状腺体。

栖居于泥质管内，管外附有沙粒，隐藏在石块下或岩缝内。分布于烟台、青岛等地。

须头虫 ***Amphitrite rubra* Risso**（图 2-49） 又称叶蛰虫。体前端大小相同的 3 对红色分枝丝状鳃由共同的基部伸出。疣足不发达，从第 4 节起背肢有须状刚毛，腹肢有钩状刚毛。虫体前端腹面有 12 个盾状腺体，分泌黏液造管。

栖息于沿海泥沙滩的泥质管内，管细，暗灰色，管上附着泥沙粒和贝壳碎片，上端常露出沙面。分布于青岛、烟台等地。

螺旋虫科 Spirorbidae

栖居于圆形螺旋石灰质管。具鳃冠，有的鳃丝特化为圆柱状壳盖，壳盖柄无小羽枝。躯干具背刚毛和腹齿片刚毛。腹区刚毛与躯干部的相反。

螺旋虫 ***Spirorbis* sp.**（图 2-50） 又名石灰虫。右旋石灰质管壳有隆起线，管口端粗，末端细，附着在海藻或贝壳上。虫体透明，短小，可透视内部器官。鳃冠薄而透明分为两叶，各由 6 条羽状鳃丝组成。圆筒状厣，顶端有一个石灰质的圆盘；厣可作育儿囊供受精卵发育到幼虫。胸部弯曲，有 3 个刚毛节。

栖息在低潮线附近的石块和海藻上，危害经济藻类。分布于黄海、渤海潮间带。

海蛹科 Opheliidae

体蛹状或长梭形，具侧沟和腹沟。疣足无背、腹须，具背、腹 2 束刚毛，刚毛毛状。

海蛹 *Armandia* sp.（图 2-51） 体纺锤形两端尖，具有清晰环轮。口前叶小、圆锥形，吻上无附属物。鳃丝始于第 2 刚毛节，体后明显缩短。疣足退化。体后部缩小，体节重叠。

栖息在低潮线泥沙滩中。分布于黄海、南海沿岸。

不倒翁虫科 Sternaspidae

体卵圆形似不倒翁。前端 3 节刚毛刺状，排列成排。体后端具黄黑色或深红色腹板（楯板），后缘鳃丝成束。

不倒翁虫 *Sternaspis scutata*（图 2-52） 虫体灰色，约 3cm，前端伸缩后体成椭圆形，体后端粗大，体中间有细腰。口前叶呈球状突出，围口节及第 2～4 体节具 3 排金黄色刚毛，第 5～7 体节无刚毛。鳃丝数目多，细而简单蜷曲，体后腹面 2 块紫褐色长方形角质板的两侧和后缘有 10 束刚毛。

栖息在低潮线泥沙海底，大潮时可采得。分布于各地沿海。

2.4.7 螠虫动物门 Echiura

两侧对称，形似囊状或纺锤形。体柔软，无体节和疣足。口前叶发达，具细长而有收缩能力的吻，但不能缩入体内。体前端具有 1 对钩状刚毛。体腔很发达，无膈膜。

螠虫科 Echiuridae

短吻螠虫 *Listriolobus brevirostris* Chen et Yeh（图 2-53） 又称短吻产荚螠。体壁薄，粉红色，表面有许多颗粒。体圆筒状，长 63～120mm、宽 10～20mm，分为吻和躯干两部。吻匙状，前端腹面、吻的下部有棕褐色刚毛 1 对。躯干部粗大，缺尾刚毛。身体末端缩小，呈显著圆锥形。

栖息在泥沙滩中或岩石缝隙里。分布于青岛、胶州湾和连云港等地。

棘螠科 Urechidae

单环棘螠 ***Urechis unicinctus*** **Von Drasche**（图 2-54） 俗称海肠子。体圆筒形，长 100～300mm，宽 25～27mm，两端稍尖，密被颗粒状突起。吻短小能伸缩，前端圆锥形，与躯干部无明显界限。腹面有皱褶沟，口在其底部。口后方、吻基腹面有 1 对黄褐色钩状刚毛，肛门横裂，有一圈 11～12 个刚毛。

栖息在泥沙区栖管中。涨潮时用吻捕食，退潮后隐入沙中。分布于大连、烟台和胶州湾等地。

2.4.8 星虫动物门 Sipunculida

体柔软蠕虫状。无体节、刚毛和疣足。体前端具有细长而能缩入体内的吻，吻前口周触手展开似星芒状，故名星虫。肛门位于躯干前端背面。海生，穴居。

方格星虫纲 Sipunculida

裸体方格星虫 ***Sipunculus nudus*** **Linnaeus**（图 2-55） 体圆筒状，长 120～300mm。吻能伸缩，吻顶端为口，口周围有一环皱褶状触手，伸展时呈星状。躯干部光滑，体壁内肌肉成束，纵肌与环肌排列成方格状，故称方格星虫。躯干部前端腹面有一明显突起，其上横缝即为肛门。

埋栖生活于泥沙质或沙质海滩中。分布于我国沿海，北部沿岸多分布于低潮区。

土钉 ***Physcosoma similes*** **Chen et Yeh**（图 2-56） 体细长分两部分，棕黄色。吻部为躯干部的 1/3，吻有一圈丝状围口触手。躯干圆柱形。体表具乳突，吻基部和体末端粗而呈黑色。肛门横裂，开孔于前端背面吻的基部。

栖息于岩石缝内或石块下泥沙中。分布于黄海、渤海沿岸，烟台、青岛、日照等地。

2.4.9 软体动物门 Mollusca

2.4.9.1 双神经纲（多板纲）Polyplacophora

2.4.9.1.1 多板纲分科检索

1．环带上生有鬃毛或棘针……………………………………2
　环带上无鬃毛和棘针……………………………………3
2．鬃毛的棘针不成束……………………………鬃毛石鳖科 Mopaliidae

鬃毛的棘针成束……………………………………………………隐板石鳖科 Cryptoplacidae
3. 环带上无鳞片…………………………………………………………石鳖科 Chitonidae
环带上具鳞片…………………………………………………………锉石鳖科 Ischnochitonidae

2.4.9.1.2　常见多板纲动物

隐板石鳖科 Cryptoplacidae

毛肤石鳖 ***Acanthochiton rubrolineatus*** **Lischke**（图 2-57）　又称红条毛肤石鳖。体长椭圆形，背面隆起，腹面扁平。背中央有一行 8 枚石灰质壳板，呈覆瓦状排列。壳板较小，表面有纵行沟纹。宽的环带上有密布的短小骨针和左右成对的 9 对棘丛。腹面为扁平的肌肉质足部。头半圆形，中央具口，位于足部前方。足与外套膜间的外套沟中有 21 对栉鳃。肛门在足后端外套沟中。

栖息于潮间带中、低潮区。喜在岩石缝隙或石块下爬行。分布于北方沿海岩石环境。

锉石鳖科 Ischnochitonidae

函馆锉石鳖 ***Ischnochiton hakodadensis*** **Pilsbry**（图 2-58）　体长椭圆形，背腹扁平。背中央有一纵行大壳板，覆瓦状排列。第 1 壳片有数目多的细小放射肋，中间壳片肋部有网状刻纹，与朝鲜锉石鳖有明显区别。翼部有 6～7 条粒状放射肋，第 8 壳片的前部为网状纹，后部为放射肋。环带窄，无棘丛，有细小斑纹。

栖息于潮间带岩岸环境，爬行生活在中低潮区的石隙间或石块下。分布于辽宁、山东等北方沿海。

朝鲜锉石鳖 ***Ischnochiton coreanicus*** **Adams & Reeve**（图 2-59）　又称朝鲜鳞带石鳖。体长椭圆形，背腹扁平，灰黑色，环带狭被有鳞片。第 1 壳片具 16 条由颗粒状突起组成的放射肋，中间壳片肋部的肋平行于体轴，翼部放射肋较粗。第 8 壳片前部小，肋平行于体轴，后部大刻纹似第 1 壳片。

栖息于潮间带岩岸环境，附着在中低潮区的石隙间或石块下。分布于辽宁、山东等北方沿海。

花斑锉石鳖 ***Ischnochiton comptus*** **Gould**（图 2-60）　体长椭圆形。壳片扁平，体矮，多为苍绿色或褐色杂以淡黄色或褐色斑纹。头板放射肋细微、数量多，中间板峰及肋部刻纹为颗粒状突起，翼部具 5 条放射肋。尾板中央区小，刻纹与中间板的峰部及肋部相似，后区具细放射肋。环带窄，与壳板颜色相近，密生鳞片。

生态环境与分布情况与前三种同。

2.4.9.2 腹足纲 Gastropoda

2.4.9.2.1 肺螺亚纲 Pulmonata 基眼目 Basommatophora

菊花螺科 Siphonariidae

日本菊花螺 ***Siphonaria japonica*** **Donovan**（图 2-61） 外形和生态酷似青螺、嫁䗩。壳灰褐、边缘带黄，壳内面深褐黑色，贝壳较高，壳顶位于壳的中央，笠状，略呈螺旋形而向前下方倾斜，边缘卵圆形、不平。壳表放射肋粗而显著，粗肋线间有细肋线，同心形生长线细微。

栖息在潮间带的岩岸环境，营附着生活，但吸附力弱，易采，贝壳易破碎，可与笠贝、帽贝等相区分。分布于我国辽宁至海南岛沿海。

2.4.9.2.2 前鳃亚纲 Prosobranchia 原始腹足目 Archaeogastropoda

原始腹足目分科检索

1. 壳螺旋部退化，无厣……………………………………2
   螺旋部发达，有厣……………………………………4
2. 螺层少，体螺层极大，沿壳左侧有一列突起和小孔……………………鲍科 Haliotidae
   无螺层，壳笠状……………………………………3
3. 无本鳃，环形外套鳃界于外套膜和足间……………………帽贝科 Patellidae
   有本鳃，无环形外套鳃……………………笠贝科 Acmaeidae
4. 厣角质，多旋，核位于中央……………………马蹄螺科 Trochidae
   厣石灰质，核不在中央……………………蝾螺科 Turbinidae

常见原始腹足目软体动物

鲍科 Haliotidae

皱纹盘鲍 ***Haliotis discus*** **hannai Ino**（图 2-62） 又名盘大鲍。壳卵圆形耳状，扁而阔大。壳螺层 3 级，急剧增大，几乎全由膨大的体螺层组成，壳塔低小，略隆。壳左侧有一列 20～30 个圆形孔，最后 3～5 个开口为壳水孔，是外套触手伸出的孔道。壳表面粗糙，灰褐色或棕褐色；内面白色，平滑，具美丽的珍珠光泽。壳口卵圆形，几乎与体螺层等大，无壳盖。

爬行生活于潮下带浅海礁石海底。辽宁、山东和福建等地养殖贝类，市场有售。分布于我国北方沿海。

帽贝科 Patellidae

嫁蝛 ***Cellana toreuma*** **（Reeve）**（图 2-63）　又称嫁笠。壳卵圆形，壳顶位于壳中心至前端边缘的中央，常磨损。壳顶向前的斜面直，向后斜面隆起。辐射肋和生长线明显形成规则连珠状突起。壳黄棕色有黑色斑点，内面淡蓝色带光泽，边缘锯齿状。足与外套膜间有环状外套鳃。

栖息于潮间带岩岸环境，用腹足吸附于岩石上。分布于我国沿海各地岩岸环境。

笠贝科 Acmaeidae

青螺 ***Patelloida schrenckii*** **Lischke**（图 2-64）　又称史氏笠贝。壳椭圆形、低笠状。壳顶靠近前部，较壳的最高处稍低，尖端倾向前方。壳表纤细的放射肋与生长线交织形成多行细小微粒，排列如珠状。体右侧羽状本鳃大部分游离，外套膜与足间无缘鳃。壳多为黄绿色点缀着褐色。壳内面蓝灰色，中央白色。

用腹足吸附生活在潮间带岩岸环境。分布于渤海、黄海岩岸。

矮拟帽贝 ***Patelloida pygmaea*** **Dunker**（图 2-65）　又称矮笠贝。壳小型，椭圆形笠帽状。壳顶位于壳的亚中央部稍向前方，常呈破蚀状。壳顶前斜面直，后斜面隆起。壳表面细微的放射肋和生长线交织排列。壳棕褐色与白色的放射条纹交杂。壳内面淡蓝色或灰白色，边缘有一圈很窄的暗棕色。

栖于潮间带岩岸。附着生活在中潮区岩石上。分布于渤海、黄海岩岸。

马蹄螺科 Trochidae

单齿螺 ***Monodonta labio*** **Linne**（图 2-66）　壳梨形，暗绿色杂以白色或杏黄色的斑点，或淡黄色杂以黑褐色的斑纹等。螺层 6～7 级，缝合线不明显。壳高大于宽，体螺层膨大，螺旋线与生长线交织成方形颗粒，排列整齐。壳口桃形，外唇边缘薄，向内急剧增厚形成半环突起齿列。内唇基部特厚，形成一个发达的白色尖齿。角质厣圆形，棕黄色。壳内面白色具珍珠光泽。

栖于潮间带岩岸环境，爬行生活于岩石间或附于石下、石隙中。分布于南北沿海；北方在大连、北戴河、烟台、青岛和连云港都易采到。

托氏昌螺 ***Umbonium thomasi*** **Gould**（图 2-67）　壳质坚实稍厚，壳面平滑，棕色火焰状条纹与黄色条纹交错排列。壳低圆锥形，壳塔较低，螺层 6 级，体螺层向侧面膨胀。缝合线处有红褐色螺旋线环绕。壳底部平坦。壳口亚圆形，外唇薄，内唇厚而弯。厣角质，薄而透明。

生活在潮间带泥沙滩，退潮后在沙滩上爬行，有时聚积成群。分布于各地沿海，为黄海、渤海沿岸常见种类。

锈凹螺 ***Chlorostoma rustica*** **Gmelin**（图 2-68） 壳圆锥形，壳质坚实而厚，壳顶常呈破蚀状。螺层约 7 级，自上而下迅速增大。壳底面略呈一平面，壳口马蹄形。壳口斜向外方，外唇简单较厚；内唇具一枚壳轴齿。脐孔圆形。角质厣棕红色。

栖于岩岸的潮间带的中、低潮区，退潮后藏于岩石缝隙间或石块下。分布于沿海各地；为黄海、渤海沿岸常见种类。

蝾螺科 Turbinidae

粒蝾螺 ***Turbo coronatus granulatus*** **Gmelin**（图 2-69） 壳近球形，质坚实而厚，壳表绿褐或茶褐色，杂有各色斑纹；内面青白色具珍珠光泽。壳顶破蚀状。壳塔低圆锥形，螺层 5 级，自上而下急剧增宽，体螺层膨胀，壳面螺旋线与生长线交织呈颗粒状。显著的缝合线下方有明显突起所形成的螺旋纹。壳口卵圆形，壳唇薄而简单，无脐孔。石灰质厣呈特征性半球形隆起，青白色或淡黄绿色。

栖息于潮间带岩岸环境。分布于黄海、渤海岩岸；青岛、烟台等地为常见种。

2.4.9.2.3 前鳃亚纲 Prosobranchia 中腹足目 Mesogastropoda

中腹足目软体动物分科检索

1．壳口完整，无管状缺刻或前沟……………………………………2
　壳口不完整，具管状缺刻或前沟……………………………………11
2．壳尖锥形，壳高超过壳口长的 2 倍……………………………………3
　壳平扁、陀螺形或圆锥状，壳高短于壳口长的 2 倍……………………………………6
3．纵肋片状……………………………………梯螺科 Epitoniidae
　纵肋不呈片状……………………………………4
4．壳表面具雕刻纹或螺肋……………………………………5
　壳面光滑不具刻纹……………………………………光螺科 Eulimidae
5．壳面具刻纹……………………………………锥螺科 Turritellidae
　壳面具纵肋或螺肋……………………………………麂眼螺科 Rissiodae
6．壳扁平，壳内面后部具石灰质隔板……………………………………帆螺科 Calytpraeidae
　壳与上述不同……………………………………7
7．壳具平行于内唇的长形脐孔……………………………………穴螺科 Lucunidae
　壳无平行于内唇的长形脐孔……………………………………8
8．整个壳口部收缩加厚……………………………………狭口螺科 Stenothyridae
　壳口与上述不同……………………………………9

9．壳缘凸缘型……玉螺科 Naticidae
　壳缘非凸缘型……10
10．壳表面具刻纹或肋……滨螺科 Littorinidae
　壳面光滑不具刻纹或肋……拟沼螺科 Assimineidae
11．壳口窄长……12
　壳口不窄长……14
12．壳面具纵肿脉，轴唇具皱褶……冠螺科 Cassididae
　壳面不具纵肿脉……13
13．无螺旋部……梭螺科 Ovulidae
　具螺旋部……爱神螺科 Eratoidae
14．壳非尖锥状具刻纹，具厚壳皮……发脊螺科 Trichotropidae
　壳尖锥状具刻纹，不具厚壳皮……汇螺科 Potamididae

常见中腹足目软体动物

滨螺科 Littorinidae

短滨螺 ***Littorina brevicula*** **Philippi**（图 2-70）　壳小，亚球形，暗褐或黄褐具白色带斑，有的杂有黄白色斑，壳内面棕褐色。壳塔圆锥形，螺层 6 级，从壳顶到体螺层逐渐加宽。螺旋肋体螺层明显，其中 3～4 条较粗。各层最上面的螺旋肋形成螺层肩角。壳口卵圆形、壳唇简单，厣角质，无脐孔。

栖息于潮间带上区，生活在海浪能冲击到的岩石、缝隙间，是潮间带上区常见的标志种。南方沿海数量较少，北方沿海为常见种。

粒屋顶螺 ***Tectarius granularis*** **Gray**（图 2-71）　又称小结节滨螺。似短滨螺，但壳较小，灰黄或灰褐色，有的杂以青色斑纹。壳顶部黑灰色；壳内面浓褐色，有光泽，有与壳面螺肋相应的沟纹。壳表密生细螺肋，螺肋与生长线交织形成细小颗粒状突起，螺旋部明显，体螺层下部不发达，壳顶 3 个螺层光滑无肋。

生活于高潮线岩岸环境，常同短滨螺杂居。分布于各地沿海，北方沿海常见。

汇螺科 Potamididae

纵带锥螺 ***Batillaria zonalis*** **Bruguiére**（图 2-72）　又称纵带滩栖螺。壳顶常呈破蚀状；壳圆锥形，有灰褐、灰黄、棕蓝等颜色，并有白色带纹环绕，或只具白条纹、斑点等。壳内面白色，具整齐棕色螺旋线。螺层约 11 级，自上而下逐渐增宽，体螺层不膨大。螺旋线明显，生长线不发达。具有肋线，以壳的上半部显著。缝合线清楚。壳口卵圆形，无脐孔，厣角质。

栖息于岩岸及砾石海岸，退潮后在有水处爬行。分布于黄海、渤海沿岸。

玉螺科 Naticidae

扁玉螺 ***Neverita didyma*** **Röding**（图 2-73） 壳扁椭圆形，坚实而厚；淡黄色，沿缝合线上方为紫蓝色，顶部色深，愈往下愈淡。壳塔低，几乎不超出壳表面，螺层 5 级，体螺层急剧增大。生长线和缝合线显著。壳口极大呈卵圆形，外唇薄而内唇厚。脐孔宽大。厣角质，黄褐色透明。

栖息于沿海的泥沙滩环境，常穿凿双壳类软体动物，以食其肉。卵黏液质与泥沙粘在一起形成“领”状卵群，色泽与沙一致。分布于北方沿海，向南可达广东沿海。

微黄镰玉螺 ***Lunatia gilva*** **Philippi**(图 2-74） 曾名福氏玉螺 *Natica fortunei* Reeve，俗称香螺。贝壳轮廓酷似扁玉螺，但为低圆锥形。灰黄或灰蓝色，壳顶部色深，内面棕黄色。壳塔高，螺层 5～6 级，壳顶 3 个螺层小，其余迅速增大，体螺层膨胀。露于外面螺层隆起状。壳光滑，生长线细微可辨，缝合线显著。壳口卵圆形，脐孔显著，厣角质。

栖息于沿海的泥沙滩，生活在潮间带软泥质海底。分布于各地沿海，北方大连、烟台、青岛、连云港常见。

斑玉螺 ***Natica maculosa*** **Lamarck**（图 2-75） 俗称蚶虎。较小，壳近椭圆形，灰黄色。缀有密集、大小不一的横列棕色斑，脐附近无该斑点，斑纹为种的特征性识别标记。高较宽大，螺层 6 级，体螺层大。表面平滑，缝合线明显，生长线纤细。壳口卵圆形，口缘薄，内面光滑无齿，脐孔明显，大小适中。厣石灰质。

栖息于泥质海滩和泥沙滩，为养贝敌害。分布于我国南北沿海，较为常见。

2.4.9.2.4 前鳃亚纲 Prosobranchia 新腹足目 Neogastropoda

新腹足目软体动物分科检索

1. 壳口外唇缘后端具缺刻……………………………………塔螺科 Turridae
   壳口外唇缘后端不具缺刻……………………………………2
2. 壳高超过壳口长的 3 倍……………………………………笋螺科 Terebridae
   壳高不超过壳口长的 3 倍……………………………………3
3. 壳面具纵肋或结节……………………………………4
   壳面不具纵肋或结节……………………………………5
4. 内唇上具皱壁，具厣……………………………………衲螺科 Cancellariidae
   内唇上不具皱壁，具厣……………………………………骨螺科 Muricidae
5. 壳口窄长，螺旋部短……………………………………榧螺科 Olividae

壳与上述不同……………………………………………………………………………………6
6. 壳缝合线深、下具沟……………………………………………………织纹螺科 Nassariidae
壳缝合线下不具深沟………………………………………………………………………………7
7. 不具壳皮……………………………………………………………………………………………8
具壳皮……………………………………………………………………………………蛾螺科 Buccinidae
8. 外唇加厚其内缘具齿………………………………………………………………核螺科 Pyrenidae
外唇内缘不具齿，轴唇具肋状齿………………………………………………………笔螺科 Mitridae

常见新腹足目软体动物

骨螺科 Muricidae

红螺 ***Rapana thomasiana*** **Crosse**（图 2-76） 又称脉红螺 *R. venosa*，俗称海螺。壳大，黄褐色具棕色斑点，有的形成色带；内面棕红色。螺层 6 级，由顶部第 2 螺层开始每层上部螺肋形成肩角，螺肋向下渐大至大螺层时形成一圈等距离棘状突起。体螺层螺肋 5 条，最上一条棘状突起粗大明显；3 条小螺肋由微突形成；壳口内唇基部外侧的 1 条由覆瓦状皱褶形成。壳口大，卵圆形，水管短，开口略向后弯。壳口内面杏红色带光泽。厣角质，棕黄色。

栖息于浅海泥沙质或碎贝壳海底，多附着在石块一侧。分布于黄海、渤海沿岸。

强棘红螺 ***Ropana pechiliensis*** **Grabau et King**（图 2-77） 特征与红螺相似，但主要区别是螺层上猫爪状的棘极为强大，螺层稍高，体螺层较宽，壳口高度略矮等。

栖息环境及卵群等与红螺相似。

疣荔枝螺 ***Thais clavigera*** **Kuster**（图 2-78） 壳椭圆形，壳塔圆锥形，顶部常磨损，体螺层膨大，螺层约 6 级，缝合线浅。螺旋形疣肋在体螺层上排列成 5 条，螺旋部的每层肩部和下部各有 1 条，肩部突起棕褐色，壳灰白色，常附上外来绿色。壳口椭圆形，厣角质，薄而小。

栖息于潮间带岩岸环境，常集聚成群。潮水退后栖于岩石缝隙间或石块下。分布于各地沿海，大连、北戴河、烟台、青岛、连云港等地为常见种。

内饰角口螺 ***Ceratostoma inornatum*** **Récluz**（图 2-79） 又称纵襞骨螺、日本皱秣螺 *Ocenebre japonica* Dunder。壳纺锤形，螺层 7 级，螺顶 3 个螺层小而尖、破蚀状，壳塔尖圆锥形，较体螺层低；自第 4 螺层起急剧增宽，体螺层膨大。外露螺层具斜坡状肩部，缝合线、螺旋线显著，生长线不明显，肋线发达呈纵襞状隆起，体螺层上有 6～7 个显著。壳口卵圆形，前沟明显，有的闭合成管。外唇板向外扩张，外缘有与体螺层螺肋相当的锯齿，内侧有一列齿。

栖息在低潮线附近的岩石间。分布于黄海、渤海沿岸，以及大连、烟台、青岛等地。

核螺科 Pyrenidae（牙螺科 Columbellidae）

多形核螺 ***Pyrene varians*** **Dunker**（图 2-80） 壳坚实不甚厚，小纺锤形。螺层约 9 级，壳塔尖锥形，壳顶 3 级螺层小，下部螺层迅速增大。缝合线明显，体螺层显著膨大。壳表平滑，具不明显的细微螺旋线，生长线更微，以致难以辨别。壳黄白色，杂以黄棕、褐色等非常美丽的各色花纹，不同个体间花纹变化大得几乎没完全相同的，故名多形核螺。壳内面可透视壳表面的花纹。

栖息于沿海潮间带岩岸环境。

丽核螺 ***Mitrella bella*** **Reeve**（图 2-81） 旧称马氏核螺 *P.marteni* 。贝壳似牙形，顶部多被磨损。螺层约 8 级，层层紧接，宽度逐渐增加，体螺层较大。壳面平滑，黄色缀以美丽的棕色花纹。缝合线清楚。壳口长卵圆形。壳内面为青白色。

栖息于潮间带中、低潮区，喜集群生活在沿海岩岸环境，退潮后藏于石块下。分布于各地沿海，大连、北戴河、烟台、青岛等地沿海为常见种。

织纹螺科 Nassariidae

纵肋织纹螺 ***Nassarius variciferus*** **A. Adams**（图 2-82） 壳显著肋纹与微弱螺旋纹交织成布纹状花纹，呈规则而显著的颗粒状外观，故名纵肋织纹螺。壳长卵圆形，螺层约 9 级，每层宽度迅速增加，壳顶两个多螺层光滑。壳除壳口外缘有 1 条隆起线外，其他螺层尚有 1～2 条凸出的隆线；体螺层基部螺旋明显。颜色随生活环境而变化。在岩岸多为黄褐色，在泥岸多为黑褐色间有棕、蓝色螺旋排列的条纹。

生活于沿海的岩岸、泥岸海滩泥沙质海底。分布于各地沿海。

蛾螺科 Buccinidae

香螺 ***Neptunea cumingii*** **Crosse**（图 2-83） 体大，肉肥味美，故称香螺。壳坚实而厚，略纺锤形。壳塔圆锥形，螺层约 6.5 级，体螺层急剧增大。螺层具明显而均匀的螺旋线，有较粗大的纵肋线，缝合线显著，生长线不明显。壳口淡黄色，具粗细不等、深浅不同的棕褐色条纹。壳内面灰白色。

栖息于潮下带较深沙泥质海底，海底拖网常采到。为黄海、渤海的特有种。

2.4.9.2.5 后鳃亚纲 Opisthobranchia 侧腔目 Pleurocoela

侧腔目软体动物分科检索

1. 具外壳……2
   具内壳……3
2. 壳筒形，体螺层大而不膨大，有厣，具黑褐色花纹……捻螺科 Acteonidae
   壳卵圆形，体螺层大而膨大，无厣，不具黑褐色花纹……露齿螺科 Ringiculidae
3. 壳通常外露，壳口窄，齿舌有中央齿……阿地螺科 Atyidae
   壳不外露，壳口宽，齿舌无中央齿……壳蛞蝓科 Philinidae
4. 壳小、片状、无触角，鳃位于体右侧后部……拟海牛科 Doridiidae
   壳膜状、退化或消失，2 对触角，鳃位于背部……海兔科 Aplysiidae

常见侧腔目软体动物

阿地螺科 Atyidae

泥螺 ***Bullacta exarata*** **Phillippi**（图 2-84） 俗称“海里晃荡”。体被细泥沙，故名泥螺。体长方形，长为宽的 2 倍，分为两部。头盘发达约占 1/2 体长。后端两叶遮蔽贝壳。背面凸，不能缩入壳内。足肥大，占腹面前方 3/4，侧足遮蔽贝壳。肉体灰黄或红黄色略透明。幼体贝壳白色透明，成体黄色不透明，壳卵圆形，脆弱，螺旋肋和生长线细弱，壳口大，上窄下宽。卵群白色球状，有胶质柄固着泥沙中，可随水波在水中动荡。

生活于潮间带泥沙滩上，用黏液黏附泥沙盖住身体。分布于辽宁至福建沿海。

壳蛞蝓科 Philinidae

经氏壳蛞蝓 ***Philine kinglipini*** **Tchang**（图 2-85） 与泥螺相似，体分两部，头盘上眼退化埋入组织中，后部为内脏囊。足占腹面前方 2/3，前端尖，后端截形；侧足狭窄、肥厚。肉体白色或黄白色，微透明。壳表细螺旋肋和生长线交织呈布纹状；壳口大，卵圆形；壳白色或黄色。发达的外套膜包被贝壳使其成为内壳。壳卵圆形，体螺层特大。

生活分布在潮间带泥沙滩中，退潮后潜入泥内，在爬过地表遗留一条痕迹。分布于北方沿海，大连、烟台、威海、青岛等地常见。

2.4.9.2.6 后鳃亚纲 Opisthobranchia 无腔目 Acocela

无腔目软体动物分科检索

1. 鳃 2 列，位于外套膜与足之间 ……………………………………………………片鳃科 Arminidae
   鳃 1 列……………………………………………………………………………………………………2
2. 鳃位于右侧外套膜与足之间 ……………………………………………………侧鳃科 Pleurobranchidae
   鳃位于体背部后方…………………………………………………………………………海牛科 Dorididae

常见无腔目软体动物

侧鳃科 Pleurobranchidae

蓝侧鳃海牛 ***Pleurobranchaea novaezealandiae*** **Cheeseman**（图 2-86） 又称蓝无壳侧鳃海牛。体长圆形，背隆起。扇状头幕前缘有锯齿状突起，两侧伸延成角状。体右侧中部羽状鳃与外套膜平行。体大部分被外套膜。淡色足肥大，前端圆后端尖，末端有三角形足腺。背面蓝黄色、紫色网纹使体背呈无数个小多边形。

栖息于浅海、潮间带沙质海底或岩岸水草上。分布于黄海、渤海沿岸。

海牛科 Dorididae（石磺海牛科 Homoiodorididae）

石磺海牛 ***Homoiodoris japonica*** **Bergh**（图 2-87） 体椭圆形。腹面扁平，宽大腹足椭圆形。吻突腹前方有口。背隆起，有许多大小不等的疣突。近前端两侧 1 对指状触角能缩入基部的沙袋囊中。肛门在近后端中线上，周围有 6 个能缩入体内的羽状鳃。背黄褐稍带绿色，有时杂以黑色斑点，腹面色浅。

栖于潮间带中低潮区，生活于岩岸和砾石岸环境，退潮后常隐入石块下。分布于各地沿海，为北方沿海常见物种。

2.4.9.3 掘足纲 Scaphopoda

壳象牙状弯曲，直径由前向后递减。前端头足孔大，后端肛门孔小。不能伸缩的吻基部侧生头丝，吻基后部有可伸缩的足。全部海产，分布潮间带至深海区。

胶州湾角贝 ***Dentalium Kiaochowwanense*** **Tchanget Tsi**（图 2-88） 小型角贝。壳表环形生长线微细，无放射肋。体长 13mm，约为前端直径的 10 倍，后端直径的 20 倍，后端壳口上有 1 个黄白色小管，易于脱落，壳横断面前端卵圆形，后端近圆形。

栖息于潮下带水深 4～5m 泥沙质浅海，直立于泥沙中，以幼瓣鳃类为食。分布于黄海至广东沿海。

2.4.9.4 瓣鳃纲 Lamellibranchia

2.4.9.4.1 瓣鳃纲 Lamellibranchia 列齿目 Taxodonta

列齿目动物分科检索

1. 壳表具放射肋，瓦垄状，鳃弯折……蚶科 Arcidae
   壳表面光滑，无放射肋，鳃不弯折……2
2. 壳长形，后端吻状……吻状蛤科 Nuculanidae
   壳非长形，后端近截状……弯锦蛤科 Nuculidae

常见列齿目软体动物

蚶科 Arcidae

泥蚶 ***Tegillarca granosa*** **Linnaeus**（图 2-89） 俗称瓦垄蛤、瓦楞子。壳坚厚，高略大于宽。壳顶位于背面、偏向前方。壳表具 18～20 条瓦状排列粒状放射肋，故称“瓦垄蛤”。壳表褐色之角质层易脱落，常呈白色。壳内面白色或略带灰色，边缘厚，具有与放射肋相对的齿状突起，铰合齿两端大、中间小。

栖息于浅海泥滩环境中，已成为养殖经济贝类。广泛分布于我国沿海各地。

毛蚶 ***Scapharca subcrenata*** **Lischke**（图 2-90） 俗称毛蛤蜊。形状与泥蚶相似，但两壳不相等，放射肋较细，约有 32 条。右壳放射肋较平滑，左壳略呈粒状，褐色壳皮上常被短茸毛。壳内面白色，铰合部直，有 50 个小齿。

栖息于潮间带至浅海泥沙滩环境，北方经济贝类。分布于各地沿海，北方海岸常见而产量大。

魁蚶 ***Scapharca broughtonii*** **Schrenck**（图 2-91） 壳大而坚厚。贝壳突，近球形，放射肋平滑而整齐，42～48 条。棕色壳皮上有短细毛，外皮易脱落，故大部分白色，壳内面灰白色。铰合部直，约有 70 枚小齿。

栖息于潮下带浅海区泥质海底中。分布于我国北方沿海。

布氏蚶 ***Arca boucardi*** **Jousseaume**（图 2-92） 壳坚厚，左右相等，壳腹面有一凹沟，强大而呈片状的绿色足丝可从沟中伸出，两壳相合形似牛蹄，俗称牛蹄蛤。壳表面放射肋细密，约 50 条。生长线明显，至腹面形成褶襞状。具棕色壳皮及绒毛，壳皮容易脱落。壳内表面为白色或淡紫色，边缘较厚，具锯齿状突起。铰合部直而长。铰合齿约50枚。足发达。

栖息于低潮线附近的浅海岩礁上，以足丝固着生活，沿岸水流较急处较多。分布于北方沿海，为黄海、渤海常见物种，浙江、福建沿海也有分布。

2.4.9.4.2 瓣鳃纲 Lamellibranchia 异柱目 Anisomyaria

异柱目软体动物分科检索

1. 铰合部具耳状结构……………………………………扇贝科 Pectinidae
   铰合部无耳状结构……………………………………2
2. 两壳等大……………………………………3
   两壳不等大……………………………………4
3. 壳面具纵裂纹……………………………………江珧科 Pinnidae
   壳面无纵裂纹……………………………………贻贝科 Mytilidae
4. 壳面无鳞片，用钙化足丝附着……………………………………不等蛤科 Anomiidae
   壳面具鳞片或棘刺，用左壳固着……………………………………牡蛎科 Ostreidae

常见异柱目软体动物

不等蛤科 Anomiidae

中国金蛤 ***Anomia lischkei*** **Dautzenberg et Fischer**（图2-93） 又称李氏金蛤、中国不等蛤。壳近圆形，两壳不等也不对称。左壳突起，位于上方，生长线略呈鳞片状，壳边缘具有纵褶和小突起；橘红色具云母状光泽。右壳薄而平，稍凹陷，表面光滑，颜色较淡。壳背方中央有一长椭圆形的足丝孔。足丝较短，呈圆柱状，石灰质硬化。壳内面颜色淡褐色，有珍珠光泽。

用足丝固着生活于浅海岩礁上，多与牡蛎、藤壶、海鞘固着在一起。分布于我国各地沿海，北方沿海常见。

贻贝科 Mytilidae

黑偏顶蛤 ***Volsella atrata*** **Lischke**（图2-94） 俗称海荞麦。壳略呈三角形，较小。壳顶微偏向背缘，腹缘略弯，背缘弓形。壳表面黑色，壳顶多为白色或粉红色。壳内面蓝色，具珍珠光泽。足丝淡黄色，细软。

栖息于潮间带中潮区，用足丝吸着于岩石上，与牡蛎、藤壶等为邻，有的在岩石上重叠、堆积。分布广、数量多，分布于北方沿海，较为常见。

紫贻贝 ***Mytilus edulis*** **Linne**（图2-95） 俗称海红、壳菜。壳楔形，壳顶

位于壳之最前端，壳前端尖细，后端较宽，腹缘略直，背缘弓形。壳顶前方具明显的小月面。壳表黑褐色，生长线细而明显。壳内面灰白色而边缘部为蓝色。足丝极细，淡黄色。

栖息在低潮线附近，用足丝固着于岩礁等物体上。干制品称淡菜，是食用养殖贝类。分布于我国北方沿海，大连、烟台、龙须岛、青岛等地常见。

厚壳贻贝 ***Mytilus coruscus*** **Gould**（图 2-96）　壳厚、楔形，壳长为壳高的 2 倍、宽的 3 倍。壳顶位于壳之最前端且向腹面弯曲，腹缘平直，后缘圆。铰合齿小型，呈“八”字形排列。壳表面棕黑色，生长线细而明显，壳皮顶部常剥落露出白色壳质。壳内面为蓝紫色，具珍珠光泽，边缘黑色。足丝粗壮，淡黄色。

栖息于低潮线以下浅海中，以足丝固着生活，垂直分布较紫贻贝为深；幼贝分布较浅，是良好的养殖对象，干制品称淡菜。分布于北方沿海，南至浙江温州外海。

凸壳肌蛤 ***Musculus senhousei*** **Benson**（图 2-97）　又称水彩短齿蛤 *Brachidontes aquarius* Grabau & King。壳小，略呈三角形。壳薄而透明，表面黄绿色，具棕色放射线及波状花纹，壳内面灰白色有表面透过的花纹。铰合部前后端具小齿。足丝极细软。

栖息于低潮线附近浅海泥沙滩海底，多集群以足丝相互固着在泥沙中。分布南至广东沿海，黄海、渤海沿岸较为常见。

牡蛎科 Ostreidae

僧帽牡蛎 ***Ostrea cucullata*** **Born**（图 2-98）　又称褶牡蛎。壳小，体形多呈三角形。左壳大而凹，右壳小而平。右壳表面环生黄色或暗紫色鳞片，故淡黄色壳具紫色或黑褐色条纹；左壳表面具放射肋，色淡。壳内面灰白色，闭壳肌痕马蹄形、黄褐色，位于壳后方。铰合部三角形。

栖息于潮间带中下区，终生以左壳固着生长在潮间带的岩石等物体上，数量很多，为养殖贝类。分布于各地沿海，北方沿海常见。

猫爪牡蛎 ***Ostrea pestigris*** **Hanley**（图 2-99）　壳小，略呈长圆形，不规则锯齿状壳缘似猫爪，故称猫爪牡蛎。左壳稍凹而右壳较平。右壳小而光滑，同心鳞片层较少，壳缘锯齿状，有 5～8 个缺刻。壳有红、黄、紫、灰等色，有时杂有 1～2 条黑色放射肋。左壳同心鳞片层紧密愈合，5～8 条具短棘的放射肋自壳顶放射排列；壳表紫色或黄紫色，杂有放射状白色带；壳内面略带紫色。

栖息在潮间带中、下区岩岸环境，以左壳前端小部分附着在石块、贝壳上。分布于各地沿海。

密鳞牡蛎 ***Ostrea denselamellosa*** **Lischke**（图 2-100）　壳大而坚厚，近圆

形或卵圆形。左壳大而凹，右壳小而平。右壳顶部平滑，近腹面环生多层排列极密鳞片，鳞片薄而脆，易脱落。放射肋不明显，但使边缘呈波纹状。左壳背面是附着面，鳞片厚而坚硬。放射肋较右壳明显。壳表灰褐色或杂有紫色，壳内面白色或略带灰色，具较强珍珠光泽。壳中部闭壳肌痕大而明显，肾形。

栖息于浅海岩岸较深海底，经济贝类。分布于各地沿海，北方沿海常见。

长牡蛎 *Ostrea gigas* Thunberg（图 2-101） 壳大长方形，两壳大小不等，高 140mm，长 60mm，宽 30mm，前、后缘平行。右壳短而平坦，从壳顶向腹缘环生鳞片，层次少，排列稀疏水波状，无放射肋。左壳长而凹陷，鳞片排列与右壳同，有放射肋。壳黄褐色或杂有紫色，内面灰白色。壳中后部闭壳肌痕淡紫色，大而显著呈马蹄形。

栖息于岩岸潮间带的低潮线附近，以左壳附着，近河口盐度较低处多。养殖经济贝类。广泛分布于我国沿海。

扇贝科 Pectinidae

栉孔扇贝 *Chlamys farreri* Jones et Preston（图 2-102） 壳扇形，紫褐色，有鲜红、灰白和深紫色彩。两壳略等，左壳凸，右壳平。壳顶前耳大、后耳小。右前耳下方有足丝孔，孔腹侧有 6～10 枚栉状齿。放射肋和生长线明显，左壳有 10 条主放射肋；右壳有 25～30 条，粗人放射肋有棘突，其间有小放射肋，生长线从棘突基部绕过。壳的闭壳肌痕大而明显；闭壳肌干制后为上等海味干贝。

栖于潮下带，以足丝固着生活在潮下带至浅海海底岩石上。我国北方沿海特产。

2.4.9.4.3 瓣鳃纲 Lamellibranchia 真瓣鳃目 Eulamellibranchia

真瓣鳃目分科检索

1．铰合部宽片状，线形……2
   铰合部非宽片状，线形……11
2．无外套窦或退化不清楚……3
   具外套窦……5
3．外韧带……4
   内韧带……满月蛤科 Lucinidae
4．壳近三角形，壳顶稍近中央……心蛤科 Cardiidae
   壳近方形，壳顶近前方……棱蛤科 Trapeziidae
5．具外韧带，具内韧带则无韧带槽……6
   有具韧带槽的内韧带……10

6. 壳缘锯齿状，足柱状……鸟蛤科 Cardiidae
壳缘非锯齿状，足侧扁……7
7. 主齿 3 枚，外套窦钝或三角形，两水管不等长，部分愈合或分离……帘蛤科 Veneridae
主齿 2 枚，外套窦深，具十字肌，两水管全管分离……8
8. 壳顶位于近后方，外韧带不突出……斧蛤科 Donacidae
壳顶位于前方，外韧带突出……9
9. 壳前后皆有开口，无侧齿……紫云蛤科 Psammobiidae
壳后端有开口，稍右曲，侧齿有变化……樱蛤科 Tellinidae
10. 铰合部主齿 2 枚，“八”字形或“人”字形……蛤蜊科 Mactridae
铰合部主齿 1 枚，非“八”字形“人”字形……中带蛤科 Mesodesmatidae
11. 具游离石灰质片，无齿，壳顶有裂缝……鸭嘴蛤科 Laternulidae
无游离石灰质片，主齿有或无，具侧齿，壳顶无裂缝……12
12. 无韧带或仅具外韧带，无匙状韧带槽……13
内韧带具匙状韧带槽……18
13. 具外韧带，无壳内柱……14
无韧带，具壳内柱……17
14. 具足丝和足丝孔，外套痕断续……缝栖蛤科 Hiatellidae
无足丝和足丝孔，外套痕连续……15
15. 壳前端和腹缘开口……开腹蛤科 Gastrochaenidae
壳前后端开口，或无开口……16
16. 壳前后端开口，无绿色壳皮……竹蛏科 Solenidae
壳紧闭无开口，具绿色壳皮……绿螂科 Glauconomidae
17. 壳背腹及后端具副壳，水管不具铠……海笋科 Pholadidae
壳背腹及后端不具副壳，水管具铠……船蛆科 Teredinidae
18. 壳具 1 个明显的主齿，水管短无皱皮……蓝蛤科 Aloididae
壳齿有或无，水管长，被粗糙皱皮……海螂科 Myidae

常见真瓣鳃目软体动物

棱蛤科 Trapeziidae

日本棱蛤 ***Libitina japonica*** **Pilsbry**（图 2-103）　壳坚而厚，不规则长方形。两壳相等。壳前缘近钝圆形，腹缘凹陷，足丝从凹陷处伸出。壳顶偏于前方。壳表无放射肋，粗糙坚硬呈刻纹状，与岩石很相似，褶皱常分层排列。壳表灰白色、灰黄色或稍带黄褐色。壳内面灰白色或淡黄白色。

栖息于岩岸环境，以足丝吸附于岩石或岩石缝隙中生活。分布于烟台、青岛等地。

紫云蛤科 Psammobiidae

橄榄紫蛤 ***Sanguinolaria olivacea*** **Jay**（图 2-104） 又称紫彩血蛤。壳薄而脆，卵圆形，两壳等大但不同形，右壳平，左壳凸。壳高约为壳长的 3/4，为壳宽的 3 倍。壳顶偏前方。深褐色韧带极突，高于壳顶。壳表光滑，外皮紫褐色，生长线细而明显。壳内面紫色。铰合部狭窄，两壳各具 2 个主齿。

栖息于潮间带下区低潮线附近的沙滩，洞口周围堆积少量细沙粒。分布南至广东沿海，北方沿海较为常见。

蛤蜊科 Mactridae

四角蛤蜊 ***Mactra quadrangularis*** **Deshayes**（图 2-105） 壳略呈四角形。灰白色或污黄色，壳顶色淡，腹缘色深，腹缘有一圈黑褐色带，内面灰白色。壳顶尖稍向前方。壳无放射肋，生长线自壳顶呈同心环状，顶部细密，愈近腹缘越粗大，突出形成环纹。主齿 2 枚，左壳主齿接合呈“人”字形，右壳呈“八”字形。片状侧齿发达，左壳是单片，右壳是双片。外套膜内缘有分枝的触手。

栖息于潮间带中、下区的泥沙滩海底。分布于我国沿海，北方沿海常见。

凹线蛤蜊 ***Mactra sulcataris*** **Deshayes**（图 2-106） 又称中国蛤蜊 *M. chinensis*。贝壳坚厚，左右两壳相等，不如四角蛤蜊膨胀。表面光滑无放射肋，有放射状黄色带。壳顶处蓝色，壳腹部黄褐色。生长线极明晰，在中部和腹缘上方形成同心圆的凹线。壳内面黄白色，后背缘和凹陷部分微有蓝色。

埋栖生活于沙质或泥沙底质海滩，栖息深度 10cm 左右。黄海、渤海沿岸常见种类。

西施舌 ***Mactra spectabilis*** **Lischke**（图 2-107） 个体可达 7cm，壳薄呈三角形。壳顶淡紫色，腹背部黄褐色。高为长度的 4/5，宽为长度的 1/2。壳顶位于壳中央稍前方，壳顶前方略凹、后方突出。腹缘圆，背前、后缘间约 90° 夹角。壳表平滑无放射肋，生长线致密而明晰。生长线有黄色光泽和茸毛；壳内面淡紫蓝色。主齿“人”字形，侧齿薄片状。足部形状如舌，故名西施舌。

栖息于潮间带下带或浅海的泥沙滩中。分布于我国沿海，黄海、渤海沿岸常见。

帘蛤科 Veneridae

江户（伊豆）布目蛤 ***Protothaca jedoensis*** **Lischke**（图 2-108） 壳坚厚略呈卵圆形。壳顶高位于偏前方 1/4 处。心形小月面明显。韧带长，铁锈色，不突出壳面。壳前、后缘圆形，腹缘弧形。壳粗突放射肋及深陷生长线交织成显著的布纹状。灰黄色壳带有褐色斑点或条纹。壳内面白色略有光泽，内面周缘具有细齿列。

栖息于潮间带浅海岩岸或砂砾岩岸的泥沙环境中。分布于大连、北戴河、烟台、青岛和石臼所等地，为北方沿海常见种。

文蛤 ***Meretrix meretrix*** **Linne**（图 2-109） 壳背面呈三角形、腹缘呈圆形。壳坚厚光洁突出，被有一层黄灰色或灰褐色壳皮。壳顶微偏前方。壳面花纹变异大，底色多灰黄色；顶部具火焰状花纹，由壳顶开始被有褐色环带。壳皮磨损脱落处白色。壳内面白色。韧带粗短，黑褐色。

栖息于潮间带或低潮线以下泥沙海底中，潜入沙中在海滩上留下漏斗形凹陷，能形成优势种群，养殖贝类。分布于我国沿海各地，以辽宁营口和山东莱州湾产量较大。

紫石房蛤 ***Saxidomus purpuratus*** **Sowerby**（图 2-110） 壳泥土色、顶端铁锈色是显著特征。壳内面暗紫色，卵圆形。壳顶突出，尖端小，位于背缘近前方，壳顶与前端距离为壳长的 2/5。壳前端圆形，后端背部略直，转向腹面呈截形。腹缘弧形。壳关闭时前腹面有狭长缝供足伸出，水管由后端宽开口伸出。无放射肋，粗大明显生长线由壳顶呈同心圆排列。黑褐色韧带强大、突出。

栖息于水清、水流较急的浸水带浅海泥沙或石砾环境。仅分布于山东以北沿海。

蛤仔 ***Ruditapes*（*Venerupis*）*philippinarum*** **Adams & Reeve**（图 2-111） 又称菲律宾蛤仔。壳坚厚卵圆形。灰黄或灰白色，有的具褐色斑点或带斑。壳顶微突向前弯曲，位于前 1/3 处。随着生长，壳细密的放射肋逐渐加粗，环形生长线稀疏不均，交织成布纹状。壳内面灰白色略带紫色，铰合部细狭。每壳 3 个主齿，左壳中央齿和右壳后 2 个齿具有 2 个分叉。

栖息于有淡水流入的内湾潮间带中、下区，生活在泥沙滩、石间淤泥、砂砾间污泥中，深度不超过体长的 2 倍。经济贝类。广泛分布于我国沿海，北方沿海尤为常见。

杂色蛤仔 ***Venerupis aregata*** **Sowerby**（图 2-112） 与蛤仔相似。但形状小，壳狭而长，壳表颜色、花纹变化多，相同个体极少。壳表淡褐色，具有密集的褐色、赤褐色斑点或花纹，壳顶至腹面有 2～3 条淡的色带。壳顶偏向前方，位于相当壳长的 1/4 处。放射肋细密，但前、后端的稀疏粗壮，与生长线相交织成布纹状，壳内面为白色或稍带紫色。两壳有主齿 3 枚，后 2 个主齿常分为 2 个薄片。

栖息于沿岸泥沙滩、岩石间淤泥，数量多。分布于烟台、青岛等地。

日本镜蛤 ***Dosinia japonica*** **Reeve**（图 2-113） 壳坚厚，近圆形，略扁平，白色。壳长略大于壳高，约为壳宽的 2 倍。壳顶小，尖端向前弯，位于背面偏前方。小月面凹陷呈心形，壳背缘前端凹、后端截形，腹缘圆形。铰合部宽，两壳各有主齿 3 枚。外套窦长而尖，锥形，末端达壳中央。

栖息在潮间带中区以下的浅海泥沙滩，潜入沙中留有酒杯样凹陷，常与蛤仔等杂居。分布于我国沿海，大连、北戴河、烟台、青岛、连云港等地常见。

中华青蛤 ***Cyclina sinensis*** **Gmelin**（图 2-114） 壳近圆形，淡黄色或棕红色。壳顶突出，位于背侧中央，尖端向前方弯曲，无小月面。壳表面极凸出，无放射肋，有明显的同心环纹生长线，壳顶前、后缘较平直，腹缘圆形。壳内面白色，周缘具有整齐的细齿。铰合部宽而平，外套窦深，前端尖呈楔形，伸达壳的中部。

埋栖生活于近高潮区的潮间带泥滩或泥沙滩中，埋栖深度约 5cm，穴孔不明显，污泥处分布较多。分布于辽宁至海南岛沿海，大连、烟台、威海、青岛、石臼所等地常见。

等边浅蛤 ***Gomphina veneriformis*** **Lamarck**（图 2-115） 壳背侧呈等边，腹侧圆形。壳淡黄色或棕黄色，壳顶向腹面有 3～4 条放射棕紫色彩带，斑纹或锯齿纹。壳顶尖凸，位于壳背缘中央。壳顶前、后边直，夹角约 120°。小月面狭长披针状，盾面不明显。无放射肋，生长线明显，可形成沟纹。壳内面白色或微带肉色，具光泽。

栖息于浅海沙质海底。分布于辽宁至海南岛沿海，大连、烟台、威海、青岛、石臼所等地常见。

海螂科 Myidae

砂海螂 ***Mya arenaria japonica***（图 2-116） 壳卵圆形，褐色壳皮脱落呈白色或铁锈色。壳顶位于背中央稍前，壳顶至前端距离为壳长的 2/5。壳凸起，无小月面及盾面，前缘近圆形，后缘尖，无放射肋，生长线粗糙；内面白色。特征是*铰合部小无铰合齿*，壳顶内面右壳三角形韧带槽与左壳突出的匙形薄片交接，供内韧带附着。壳关闭时，前、后端缝隙供足和出水管伸出。外套膜两点愈合，第 2 愈合点延长留一小足孔。水管粗而长，为壳长的 3～4 倍，外被薄膜愈合，仅末端分叉。

埋栖生活于潮间带到数米深泥沙滩海底。分布于北方沿海，大连、烟台、青岛等地。

竹蛏科 Solenidae

长竹蛏 ***Solen gouldii*** **Conrad**（图 2-117） 壳窄长，抱合成筒形，两端开口。前端截状，由背向腹方倾斜，后缘近圆形。壳长为高的 6～7 倍，灰黄或黄褐色。壳顶在背缘前方，外皮脱落呈破蚀状。壳背、腹缘直且平行，生长线细微均匀在壳顶后部呈褶臂状。外韧带窄长为 1/5 壳长。圆柱状足发达，侧扁而前端尖。粗短水管联合。触手多节。

穴居生活于潮间带泥沙滩，退潮后滩面留有 2 个紧邻小孔，受惊后下陷成为一个大型椭圆孔。分布于辽宁至广东沿海，大连、北戴河、烟台、青岛、石臼所、连云港等地。

大竹蛏 ***Solen grandis*** **Dunker**（图 2-118）　体形与长竹蛏相似，但宽而短，长高比为 4～5 倍，粗短水管愈合，足部极发达。

穴居生活于潮间带、浅海沙质海底。分布于辽宁至海南岛沿海，大连、青岛等地。

缢蛏 ***Sinonovacula constricta*** **Lamarck**（图 2-119）　俗称蛏子。壳脆而薄，长方形，高为长的 1/3，被有黄绿色壳皮，壳皮脱落呈白色。壳后端开口比前端大。壳前缘稍圆、后缘截形，背、腹缘近于平行。壳顶在背面前 1/4 处，壳顶斜向腹缘近中央处有一道沟，故名缢蛏。生长线粗糙，壳内面白色。足末端形成椭圆形足蹠面，足孔周围的外套膜边缘生有长短不一的触手。水管长而分离，末端具触手。

生活在盐度较低的河口和内湾软泥滩中。分布于辽宁至福建沿海，青岛、日照等地。

薄荚蛏 ***Siliqua pulchella*** **Dunker**（图 2-120）　壳薄易碎，半透明，可透视到闭壳肌、水管、内脏块和足等肉体。壳被淡棕色外皮。体长形，壳顶位于背缘前 1/4 处，壳高约为长的 1/3。在放大镜下可看到生长线由壳顶向边缘分散成极微细条纹。壳内面有加厚隆嵴斜向前伸，闭壳肌痕及外套膜不明显。外套膜有许多分支触手。

埋栖生活于沿海沙滩。分布于长江口以北沿海，蓬莱、青岛等地。

鸭嘴蛤科 Laternulidae

渤海鸭嘴蛤 ***Anatina pechiliensis*** **Grabau et King**（图 2-121）　又称泥栖鸭嘴蛤。壳长椭圆形，白色具云母状光泽。背中央壳顶尖端向内前方弯曲。壳前后端近圆形，腹缘平直；生长线环形，边缘有 1 棕色环。壳闭合时两端有缝。粗大水管愈合，被棕褐色角质薄膜，末端具灰色斑点。外套缘除小足孔外全部愈合。特征是壳有匙形突自壳顶延伸成韧带槽，其下方“V”形石灰质片与韧带相接。

埋栖生活于潮间带及浅海泥沙滩环境，橙红色水管露出地面；海滩上留有圆形洞口。分布于辽宁至广东沿海，大连、北戴河、烟台、青岛等地；北方沿海常见。

船蛆科 Teredinidae

船蛆 ***Teredo navalis*** **Linne**（图 2-122） 壳面突出，抱合呈球状；体延长呈蛆状。壳白色，薄脆；形状适于钻木穴生活。壳分 3 区，前区小，三角形，有 10～30 条刻纹；中区高大，前部具刻纹、后部具生长线；后区为半圆形，生长线环形。壳包于身体前端，另有分泌的石灰质管被于体表。体后端水管基部有石灰质铠，用于堵塞穴孔。铠呈桨状，铠柄细长，圆柱状；铠片略呈长方形。

栖息于海水内木材中，木材表面孔小，削去一层则管道纵横分布呈麦芽糖状。船蛆对海水中木质建筑物或木船等危害严重。分布于我国沿海各地。

海笋科 Pholadidae

脆壳全海笋 ***Barnea fragilis*** **Sowerby**（图 2-123） 壳小、坚厚，灰白混杂棕色，抱合呈短柱状。壳高和宽相等。壳前端膨胀，腹面开口大而凹入，构成前端喙状尖角，凹入处贝壳外翻形成小齿，后端渐尖削。壳顶位于背缘近前端，前端背缘向外卷转形成原板，原板卵圆形，前端尖瘦、后端截形。壳顶至腹缘具同心环状纵肋，纵肋前部密、波纹状，后部稀疏。放射肋集中前部与纵肋交织成突起。壳内面前部具肋纹，后部平滑。铰合部无齿及韧带，壳具大型突起交接面。

穴居生活于低潮线附近岩岸环境，在石灰岩凿穴而居。分布于辽宁至广西沿海。

波纹沟海笋 ***Zirfaea crispata*** **Linne**（图 2-124） 壳高与宽略相等，约相当于壳长度的 1/2。前端极膨胀，后端渐尖瘦。壳顶位于背面近前端。无原板，但在原板位置的后方有三角形石灰质板。贝壳前端尖，腹面开孔大。由壳顶至腹侧后端有斜行深沟将壳面分为前后两部分，前部凸出，具有放射肋，后部放射肋不明显。壳内面白色。壳顶铰合部无齿及韧带。壳内柱长，侧扁呈片状。

与脆壳全海筒常共同混生在一块岩石上。北方沿海仅在烟台、青岛发现，向南分布到福建、广东沿海。

吉村马特海笋 ***Martesia yoshimurai*** **Kuroda et Teramachi**（图 2-125） 又称凿石虫。壳小，白色，抱合呈卵形。前端膨胀呈球形，后端削瘦。两壳闭合时后端开口使水管外露。壳针状，腹板箭头状。壳顶至腹面中部有一道斜纹。壳内面白色。铰合部无韧带及齿。壳内柱细长。幼年贝壳前端腹面张开，足部外露，至成体时封闭。

栖息于低潮线附近的石灰岩中，大密度对海港岩石建筑有危害性，但不危害花岗岩。产于青岛等地。

樱蛤科 Tellinidae

异白樱蛤 ***Macoma incongrua*** **V.Martens**（图 2-126） 壳前宽后狭，略呈椭圆形，灰白色或淡棕黄色。两壳不相等。壳薄不脆。壳顶在背中央稍后，前缘近圆形；近后端急剧向腹下方转折，呈舌尖形。壳后下方向右壳方向弯曲。生长线细密，呈环纹状。壳内面白色，略具珍珠光泽。铰合部窄，左右壳各有 2 枚主齿。右壳前齿小，后齿大，末端分叉；左壳前齿大，末端分叉不显著，后主齿小。

生活在沙石岸或泥滩中，常与蛤仔生活在一起。

粗异白樱蛤 ***Heteromacoma irus*** **Hanley**（图 2-127） 又称烟台腹蛤 *Gastrana yantaiensis* Crasse et Debdaux。壳略呈卵圆形，两壳膨胀。壳顶突出，位于背中央稍前，壳顶至前端距离为全长的 2/5。小月面明显，内陷形成深沟。壳前缘圆形、后端背缘截形，两壳骤然向内弯曲形成棱形，平面与腹缘夹角 25°。壳白、灰白或略带灰黄色，无放射肋。生长线明显但不均匀，环状排列，近腹缘呈环层状隆起。壳面呈磨损状态。壳内面白色。

生活在砂砾海岸或礁石间砂石中。分布于烟台、青岛沿海一带。

2.4.9.5 头足纲 Cephalopoda

2.4.9.5.1 十腕目 Decapoda

十腕目软体动物分科检索

本目动物具腕 5 对；特长 1 对称触腕，末端有吸盘。吸盘有柄、角质环及齿。石灰质或角质内壳。胴部多具鳍。软骨质的闭锁器。雌体具缠卵腺。

1. 眼球外不具薄膜，与外界相通……2
   眼球外具薄膜，不与外界相通……3
2. 吸盘不特化成钩，内壳条状，末端圆锥物中空……柔鱼科 Ommastrephidae
   吸盘特化成钩，内壳羽状，末端无中空圆锥物……武装乌贼科 Enoploteuthidae
3. 内壳角质……枪乌贼科 Loliginidae
   内壳石灰质或退化……4
4. 内壳石灰质……乌贼科 Sepiidae
   内壳退化……5
5. 体球形者，中鳍型……耳乌贼科 Sepiolidae
   体卵圆形者，端鳍型……微鳍乌贼科 Idiosepiidae

常见十腕目软体动物

枪乌贼科 Loliginidae

日本枪乌贼 ***Loligo japonica*** **Steenstrup**（图 2-128） 俗称墨鱼。胴部细长，长为宽的 4 倍，灰白色，背面有紫褐色斑点。胴后两侧三角形肉鳍相连呈菱形。无柄腕长度相似，顺序为 3>4>2>1，吸盘 2 行。雄性左侧第 4 腕为交接腕，顶部具 2 行肉刺，触腕长超过胴长，穗近菱形，长为触腕长的 1/4，吸盘 4 行，中间吸盘大。角质内壳薄而透明，黄褐色，披针形，中央纵肋向两侧发出微细的羽状放射肋。

栖息于近海，产量大。分布于我国北方沿海，大连、烟台、青岛、连云港等地常见。

乌贼科 Sepiidae

无针乌贼 ***Sepiella maindronide*** **Rochebrune**（图 2-129） 胴部长圆形，长 150mm、约为宽的 2 倍，后腹面腺孔明显。胴侧全缘有鳍，向后逐渐加宽。各腕长度相近，顺序为 4>1>3>2，吸盘 4 行。雄性左侧第 4 腕为交接腕，基部吸盘小，触腕超过胴长，吸盘小而密。胴背白花斑显著。石灰质内壳长椭圆形，后端无骨针。

产量大，为东海四大渔业之一。遍布我国沿海。

金乌贼 ***Sepia esculenta*** **Hoyle**（图 2-130） 俗称墨鱼、乌鱼。体大，黄褐色，胴部长扁、卵圆形，棕紫色细斑与白斑相间，具金黄色光泽。鳍位于胴侧全缘，后端不相连。各腕长度相似，顺序为 4>1>3>2，4 行吸盘有角质环。雄性左侧第 4 腕为交接腕，第 9～15 列吸盘处吸盘缩小，数目减少。石灰质内壳长椭圆形，后端有一骨针。

生活于近海、浅海中。经济价值高。分布于北方沿海，大连、烟台、青岛等地常见。

耳乌贼科 Sepiolidae

双喙耳乌贼 ***Sepiola birostrata*** **Sasaki**（图 2-131） 俗称墨鱼豆。胴部短，近球形，胴背部与头部相连，灰白色。鳍大、薄片状，略呈圆形，位于胴侧如耳，故称双喙耳乌贼；鳍内缘 1/2 与胴部相连、1/2 游离。头大，眼大而凸出。漏斗细长。腕长顺序为 2>3>1>4，吸盘 2 行。雄性左侧第 1 腕特化为茎化腕。触腕细长，为第 1 对腕的 2 倍。内壳退化。除鳍及漏斗外，遍布紫褐色斑点。

钻穴潜居于海底。分布于全国沿海，以长江口以北为多，大连、青岛等地常见。

2.4.9.5.2 八腕目 Octopoda

体短腕长，鳍小或无。具 4 对形状相似的腕。腕吸盘无柄、单行或双行，无角质环。头部与胴部背部愈合，内壳退化消失。

蛸科（章鱼科）Octopodidae

短蛸 ***Octopus ocellatus*** **Gray**（图 2-132） 俗称短腿蛸、坐蛸。小型章鱼，体褐黄。胴部卵圆形或球形。胴部侧腹面游离。漏斗发达，呈尖形圆筒状。背面第 1 对腕最小，第 4 对腕最长，腕基部宽大、末端尖细，吸盘 2 行。雄性右侧第 3 腕为交接腕。头侧有 1 对发达的眼。第 2、3 对腕基部内侧间、眼前方有 1 个椭圆形金色圈。主要特征是背部两眼间表面有一纺锤形或半月形褐色斑块。

底栖于近海，穴居生活于浅海泥沙滩穴洞内或潜居于石隙间。分布于我国各地沿海，北方近海产量较大。

长蛸 ***Octopus variabilis*** **Sasaki**（图 2-133） 俗称八带蛸、长腿蛸。体形与短蛸相似，但长而大，椭圆形，体肉红色，光滑，两眼前方无金色圈。腕长，其长度相差大，顺序为 1>2>3>4，第 1 对腕长为第 4 对腕的 2 倍。雄性右侧第 3 腕为交接腕，长度为对应腕的 1/2，腕顶具端器，大而明显，匙形。

掘洞穴居生活于潮间带、浅海泥沙滩，天冷后，移入深水潜入泥沙内。分布于我国各地沿海，为北方沿海常见种。

2.4.10 节肢动物门 Arthropoda

2.4.10.1 软甲纲 Malacostraca（甲壳纲 Crustacea）

2.4.10.1.1 糠虾目 Mysidacea

糠虾科 Mysidae

糠虾体长，透明。头胸甲薄而软，有额板。复眼具柄。腹肢退化。双枝型胸肢前 2 对为颚足，6 对步足。雌虾后部胸肢形成孵卵片；雄性第 1 对触角具感觉毛，第 2 对具鳞片，最后 1 对步足间有柱状交接器。

栖息在近海区，白天近海底、夜间近水上层活动。

长额刺糠虾 ***Acanthomysis longirostris***（图 2-134） 体长约 2cm，背腹面

有棕褐色斑点。额板三角形，长而尖锐，伸至第 1 触角柄 2 节。步足外肢基部外角有 2 齿。尾节三角形，侧缘基部具 2～5 个刺，末端具长顶刺 1 对。雌虾 2 对孵卵片构成抱卵囊，受精卵在囊内发育。分布黄海、渤海和东海沿岸。

黑褐新糠虾 ***Neomysis awatschensis*** **Brandt**（图 2-135） 额板伸至第 1 触角柄第 1 节 1/3 处。触角鞭状。尾节末端具 4 个末端刺。渤海沿岸产量大。

2.4.10.1.2 端足目 Amphipoda

端足目甲壳动物分科、种检索

1. 头部与前 2 胸节愈合，腹部和第 1、2 对步足退化（麦杆虫亚目 Caprella）……………… 麦杆虫 *Caprella* sp.
   头部仅与第 1 胸节愈合，腹部发达，第 1、2 对步足不退化……………… 2
2. 眼大几乎占整个头部，颚足简单无触须（大眼亚目 Hyperiidea）……………… 拟长脚 *Parathemisto gracilipes*
   眼不是特别大，或无眼；颚足须 3～5 节（小眼亚目 Gammaridea）……………… 3
3. 眼 2 对有晶体，头窄而突出，第 1、2 对触角相距远……………… 双眼钩虾 *Ampelisca* sp.
   眼 1 对或无眼，头部及 2 对触角正常……………… 4
4. 头部前端突出形成额角，额角尖……………… 5
   头部不突出形成额角……………… 6
5. 额角向下弯曲，1 对眼靠拢在一起……………… 独眼钩虾 *Monoculodes*
   额角宽大向前形成帽檐状，无眼……………… 尖额钩虾 *Phoxocephalus* sp.
6. 第 1 触角有附鞭，第 3 尾肢内肢小……………… 7
   第 1 触角无附鞭，第 3 尾肢正常或单肢……………… 8
7. 眼肾形；腹、尾背部光滑；尾第 1 节背面有横缢痕，各节后缘有成列小棘……………… 钩虾科 Gammaridae
   眼小而圆；腹、尾背有隆脊；尾节无横缢痕和小刺……………… 花钩虾 *Melita Palmata*
8. 大颚无触须，尾肢单枝，尾节裂开或后端有缺刻……………… 9
   大颚有触须，尾肢正常，尾节完整……………… 10
9. 第 1 触角长于第 2 触角柄，尾节裂开；下唇外叶顶部有横裂……………… 绿钩虾 *Hyale* sp.
   第 1 触角短于第 2 触角柄，尾节后端有缺刻；下唇外叶顶部无横裂……………… 跳虾科 Talitridae
10. 体侧扁；尾节半圆形，近末部有耳状突；第 2 对鳃足假螯状……………… 日本藻钩虾 *Ampithoe japonica*
    体平扁；尾节背面有凹陷，无突起；第 2 鳃足非假螯状……………… 中华蜾蠃蜚 *Corophium sinensis*

常见端足目甲壳动物

跳虾科 Talitridae

跳虾 ***Orchestia* sp.**（图 2-136）　体长约 10mm，灰褐色。第 1 对触角短小。7 个胸节各具有 1 对足，后 3 对特别长，故善跳跃。

栖于泥沙滩高潮线，以海滨小动物尸体为食，常随潮水涨落而进退，退潮后，藏匿在冲积到沙岸的海藻中，翻动海藻则群起跳跃。分布于我国各地沿岸。

钩虾科 Gammaridae

钩虾 ***Gammarus* sp.**（图 2-137）　与跳虾相似，但 2 对触角长，第 1 对触角尤其长。体长约 10mm，多为灰白色、灰褐色或黑褐色，因生活于海藻间与藻类颜色一致。眼发达、肾形。尾体部各节后缘有小刺，第 1 节背面有横缢凹痕。

生活时，常在潮湿的海藻类间跳跃活动。分布于沿海岩石环境的藻类间。

双眼沙钩虾 ***Byblis* sp.**（图 2-138）　体侧扁，头部窄而突出。无额角。触角鞭节细长有毛，第 1 触角鞭 1 条。触角基部具 2 个特殊闪光小眼，眼周及附肢基节上有黑褐色素点。第 5、6 腹节愈合，尾节末缘裂开。第 4 对步足短于第 5 对，第 5 对步足指节针状，基节扩张、宽大于长，膨大部内面有刺。

潜伏生活在浅海细沙海滩，可在沙滩挖小坑捕之。

麦杆虫科 Caprellidae

麦杆虫 ***Caprella kroyeri* De Haan**（图 2-139）　也称海藻虫或竹节虫。头部与前两胸节愈合，呈细长竹节状，第 4、5 胸节具鳃。雄性第 4、8 胸节背面各有 10 多个小棘，雌性棘数 4～6 个。第 1 触角长为体长的 1/2，雄性柄部较雌性粗大，鞭部细小。第 2 触角柄部小，雄性为第 1 触角柄部长度的 1/2。体色随栖息环境而有变化，有浅褐色、乳黄色等不同颜色。

在养殖海带和贻贝、扇贝的绳索上生长最多。分布于各地沿海。

2.4.10.1.3　十足目 Decapoda　游泳亚目 Natantia

体侧扁。颚足 3 对，双肢型；步足 5 对，外肢退化，前 2～3 对螯状。额角、腹部、腹肢发达。雄性第 1 腹肢具交接器。

A 十足目 Decapoda 游泳亚目 Natantia 对虾类 Penaeidea

A.1 对虾类分科检索

第 1 触角具柄刺，大颚触须直伸，第 3 颚足 7 节。第 2 腹节侧甲不覆盖第 1 腹节侧甲。雌虾末 2 对步足间腹甲特化成纳精囊。

步足 5 对，正常，前 3 对步足螯状，鳃数多……………………………………………… 对虾科 Penaeidae

第 4、5 对步足退化，第 1、2 对步足非螯状，鳃数少………………………………… 樱虾科 Sergestidae

A.2 常见对虾类甲壳动物

对虾科 Penaeidae

中国对虾 ***Penacus orientatis*** **Kishinouye**（图 2-140） 体微带褐色和蓝色，也称青虾、明虾。体长 18～23cm，最大体重 150g。雄虾较小，体长 15～20cm，体重 30～40g，体色微褐而黄。壳薄而透明，从外面可看到内脏和神经系统。重要特点是额剑侧扁，上缘有锯齿状短齿 7～9 个，下缘 3～5 个。

栖息于泥沙底质浅海。对虾是一种经济价值很高的虾类，各地沿海都有人工开发养殖对虾，养殖虾比自然个体小。分布于黄海、渤海海域，以及东海和南海北部。

日本对虾 ***Penacus japonicus***（图 2-141） 体圆筒形，头胸甲平滑，背中线隆起。额角突出，上缘锯齿 8～11 个，下缘 1 个。第 1、2、3 步足钳形。体长 25cm，体色随栖息场所不同而异，常为淡褐、茶褐色，具浓褐色横斑。

栖息于静稳内湾泥沙海底。

鹰爪虾 ***Trachypenaeus curvirostris*** **Stimpson**（图 2-142） 体长约 110mm，壳厚而粗糙，额角上缘齿 5～7 个，无下缘齿。甲壳肉红色，体棕红色，腹部各节前缘白、后缘棕黄颜色较浓，体弯曲时斑纹像鹰爪。

栖于泥沙底质浅海，可制作金钩海米。分布于我国沿海，黄海、渤海产量大。

樱虾科 Sergestidae

毛虾是一类小虾，长 20～40mm。体侧扁，壳薄，全身完全透明，有少数红色小点。第 2 对触角有一枝红色长触鞭，似红毛，具“S”形弯曲。步足 3 对，后 2 对步足退化。雌性比雄性肥大，雄性第 1 触角下鞭变形为抱持器。煮熟或将生虾直接晒干即为虾皮，也可加工成虾酱、虾油等。

中国毛虾 ***Acetes chinensis*** **Hansen**（图 2-143）　眼圆形，眼柄细长。雌雄第 1 触角异形，雌性柄的第 3 节不足第 2 节长的 2 倍，雄性为 2.5 倍。尾肢的内肢基部有 1 列红色斑点，4～5 个或 7～8 个。

喜欢生活于泥沙底质、深度在 30m 以内的浅海。为毛虾中产量最大的一种，以渤海和黄海的产量最高。分布于渤海沿岸。

B　十足目 Decapoda　游泳亚目 Natantia　真虾类 Caridea

B.1　真虾类甲壳动物分科检索

1. 第 2 颚足末节接于末 2 节顶端，步足具外肢、无肢鳃……………………玻璃虾科 Pasiphaeidae
   第 2 颚足末节较短，接于末 2 节侧面，步足无外肢……………………2
2. 第 2 步足之腕由 2～5、7 或许多节构成……………………4
   第 2 步足之腕不分节……………………3
3. 第 2 对步足之螯较第 1 对大……………………长臂虾科 Palaemonidae
   第 1 对步足半螯状，第 2 对步足螯状或爪状，较前者小……………………褐虾科 Crangonidae
4. 第 1 对步足简单或具特殊小螯……………………长额虾科 Pandalidae
   第 1 对步足螯状，无特殊小螯……………………5
5. 眼被头胸甲覆盖，额角短小或无，第 1 步足强大，第 2 对步足腕节 4 或 5 节……………………鼓虾科 Alphaidae
   头胸甲不覆盖眼，额角大，第 1 步足不大，第 2 步足腕节 2、3、7 或多节……………………藻虾科 Hippolytidae

B.2　常见真虾类甲壳动物

长臂虾科 Palaemonidae

葛氏长臂虾 ***Palaemon gravieri***（图 2-144）　体长 40～65mm，体短步足细长，体透明，淡黄色具棕红色斑纹。额角长，上缘平直微上翘，上缘 12～17 齿、下缘 5～7 齿。眼柄粗短。第 2 步足长，钳的指节与掌部等长。

栖息于泥沙底质浅海、河口附近。分布于浙江以北各省沿海。

脊尾白虾 ***Palaemon carinicauda*** **Holthuis**（图 2-145）　壳薄，体透明，死后白色，故称白虾。脊尾白虾是白虾的一种，第 2 对步足细小，腹部第 3～6 节背面有 1 条纵脊。体长 7～10cm，额角侧扁。尾节背部两侧各具活动刺 2 个，体半透明具蓝色或红色小点，腹部各节后缘色深。可用来干制虾米。

生活于沿海各地的泥沙质浅海或河口附近。分布于我国沿海，渤海产量大。

褐虾科 Crangonidae

褐虾 ***Crangon crangon*** **Linnaeus**（图 2-146） 又叫短枪虾。体背面黑、白色与棕色小点相间。额角短于头胸甲的 1/8，头胸部粗，头胸甲具刺。腹部侧扁，第 5 节后急剧变细，第 6 节腹面中央纵沟明显。第 3 颚足窄，末节长超过宽的 6 倍；第 1 对步足粗壮、钳状，第 3 步足最小。

栖息于泥沙底浅海，喜潜伏于沙内。分布于黄海、渤海，江苏北部以北各省沿海常见。

脊腹褐虾 ***Crangon affinis***（图 2-147） 体紫褐色，背面棕黑色小点少，具短毛。额角狭长。腹部第 3～6 节背中央具明显纵脊，第 6 腹节腹面具深纵沟，两侧有细毛。

栖息于浅海的泥沙海底。分布于舟山群岛以北海区，渤海、黄海沿岸常见。

藻虾科 Hippolytidae

海蜇虾 ***Latreutes anoplonyx*** **Kemp**（图 2-148） 体棕红色，间以黑、白色斑点，体背具纵斑。额角侧扁，侧面观呈枪头形，上缘 7～22 个小齿，下缘 6～11 个小齿。腹部粗壮，背面圆滑无脊。第 3 对步足最长。尾部尖细。雌性较雄性粗大，额角雌性宽而短，雄性长而窄。

栖息于浅海的泥沙海底。抱卵雌虾常成群隐藏在海蜇口腕间，与海蜇共栖。分布于我国各地沿海。

鼓虾科 Alphaidae

鼓虾体长 10cm 以下，小者十几毫米。体色斑纹美丽，第 1 对步足特别粗壮，大小不同；大的叫大螯，遇敌可两指打出响声，射出水流攻击敌人，发声如同击鼓声，故称鼓虾。

喜穴居海底的泥沙中、碎石下，在近海岸浅水里较多。广泛分布于我国各地沿海。

鲜明鼓虾 ***Alpheus distinguendus*** **De Haan**（图 2-149） 个体较大，体表有美丽棕红色花纹。体粗圆，壳光滑。头胸甲后有 3 个棕黄色半环纹，腹部各节背面有棕黄色纵斑，尾节背面中央纵沟两侧各有 2 个活动刺。

2.4.10.1.4 十足目 Decapoda 爬行亚目 Reptantia

1．第 3 对、1 对步足形状相同；腹部发达，长直对称……………………………………2
　第 3 对步足形状不同于第 1 对；腹部不发达，不延长…………………………………3
2．额角小或无，头胸甲与口前板愈合……………………………………………龙虾派 Palinura

额角发达，头胸甲与口前板分离 ································· 螯虾派 Astacura

3．第 3 颚足较窄；腹部发达，具尾肢；头胸甲与口前板分离；第 2 触角在眼外侧，触鞭发达，具鳞片；胸部末节腹甲与其前方节腹甲分离 ················ 歪尾派（异尾派）Anomura

第 3 颚足较宽；腹短小而对称，折于胸部，多无尾肢；头胸甲与口前板愈合；第 2 触角在两眼之间，触鞭不发达，不具能活动鳞片；胸部末节腹甲与其他节愈合 ································· 短尾派 Brachyura

A 歪尾派 Anomura 海蛄虾类 Thalassinidea 甲壳动物

A.1 歪尾派海蛄虾类 Thalassinidea 甲壳动物分科检索

1．尾肢的内外肢具横缝，腹部侧甲大，第 1 步足螯状 ································· 泥虾科 Laomediidae

尾肢无横缝，腹部侧甲较小 ································· 2

2．额角小；步足无上肢，第 1 对步足大小不等，螯状；第 2 步足螯状；雄性无第 2 腹肢，雌性第 1 对腹肢单肢，第 2 对双肢，第 3～5 腹肢叶片状，具内附肢 ································· 美人虾科 Callianassidae

额角大；步足有上肢，第 1 对步足等大，呈螯状、亚螯状或简单；第 2 对步足简单；雄性无第 1 腹肢，雌性第 1 腹肢单肢，第 2～5 腹肢叶片状，无内附肢 ·····蝼蛄虾科 Upogebiidae

A.2 常见歪尾派海蛄虾类甲壳动物

美人虾科 Callianassidae

哈氏美人虾 *Callianassa harmandi* Bouvier（图 2-150） 体长短于 50mm，头胸部圆稍侧扁，腹部平扁。壳薄、无色透明，可窥见内脏、黄色消化腺及橙红色雌性生殖腺。额角宽，三角形突起不成刺状。头胸甲后 1/4 处有颈沟。第 3 颚足座节及长节宽，盖住口部。第 1 步足扁螯状，不对称。大螯强大，活动指内缘有 2 个大突起；小螯细弱。

穴居生活在潮间带中下区的泥沙质海底。分布于辽宁、河北、山东沿海。

蝼蛄虾科 Upogebiidae

大蝼蛄虾 *Upogebia major* De Haan（图 2-151） 体长 100mm 以下，浅棕蓝色。头胸甲中部有颈沟，隆起部分具颗粒状突起；突起周围密生短刚毛。尾肢宽大。雄虾第 1 对胸足半螯状，较雌虾大。第 3、4 胸足瘦长。第 5 胸足末端呈小螯状。雄虾缺第 1 腹肢；雌虾第 1 腹肢细小，单肢型。

穴居生活在海湾低潮线附近的泥沙中。分布于辽宁、山东沿海。

B　歪尾派 Anomura 寄居蟹类甲壳动物

B.1　歪尾派 Anomura 寄居蟹类分科、属检索

1．无尾肢……………………………………………………………………………石蟹科 Lithodidae
　具尾肢……………………………………………………………………………………………2
2．腹肢 5 对，对称……………………………………………………………对称寄居蟹科 Plochelidae
　不具全部对称的腹肢 …………………………………………………………………………3
3．第 1 触角末端细，柄较头胸甲短……………………………………………4.1　寄居蟹科 Paguridae
　第 1 触角末端粗圆，柄与头胸甲等长或稍长…………………………陆生寄居蟹科 Coenobitidae
4.1　第 3 颚足基部接近，左螯大，额角由能活动的刺或鳞片代替…………活额寄居蟹属 *Diogene*
　第 3 颚足基部远离，右螯大，额角正常，无能活动的鳞片 …………………寄居蟹属 *Pagurus*

B.2　常见寄居蟹类

寄居蟹科 Paguridae

日本寄居蟹 ***Pagurus japonicus*** **Stimpson**（图 2-152）　头胸甲背面颈沟显著，体长 80mm。橘红色夹有红、黄点。眼柄长，达第 1 触角末端。第 2 触角鞭节长。右螯大，螯足背面密布短毛。腹部大而柔软，不分节，只保存左侧腹肢。

栖息于浅海岩岸环境。分布于黄海、渤海沿海。

艾氏活额寄居蟹 ***Diogene edwardsii***（图 2-153）　体灰褐色。头胸甲长约 20mm，颈沟前部壳硬，两侧具横皱褶。额角小、尖刺状，能活动。螯肢左大右小，大螯腕节呈三角形，掌节扁平，上下缘具刺状突，小螯指、掌节具长毛。左侧腹肢 4 个。

栖息于潮间带中下区沙滩或泥沙滩，居住螺壳常有海葵附着共生。分布于全国沿海。

C　短尾派 Brachyura 尖口亚派甲壳动物

C.1　尖口亚派甲壳动物分科检索

1．头胸甲方形，腹部不全折于其下；末 2 对步足退化，位于背部；第 2 触角大…………………………………………………………………………………………………关公蟹科 Dorippidae
　头胸甲圆形、卵形、菱形式、五角形，腹部完全折于头胸甲下；步足正常；第 2 触角小………2
2．入水孔位于第 3 颚足基部，鳃少于 9 对，雌性生殖孔位于腹甲上…………玉蟹科 Leucosiidae
　入水孔位于第 3 颚足基节前方，鳃 9 对，雌性生殖孔位于步足底节上 ……………………………

C.2 常见尖口亚派甲壳动物

关公蟹科 Doirppidae

日本关公蟹 ***Dorippe japonica*** **Von Siebod**（图 2-154） 俗称鬼脸蟹。头胸甲略呈梯形，表面明显的深沟和隆起构成人面形状。雌性螯足左右等大，雄性螯足左右不等，第 4、5 对步足短小，用第 1、2 对步足爬行。

栖息于潮间带至浅海泥沙或带贝壳的海底。分布于我国沿海各地。

端正关公蟹 ***Dorippe polita***（图 2-155） 头胸甲长约 11mm，宽 12mm，光滑。额短，前缘内面有短毛。雄螯有时不对称。后 2 对步足小，第 4 对在背部，较第 3 对长，指节呈钩状。

栖息于潮间带至浅海的细沙滩海岸或软泥海底。后 2 对步足常握住贝壳盖在背上，遇惊停止活动或弃壳逃生。分布于全国沿海。

馒头蟹科 Calappidae

中华虎头蟹 ***Orithyia sinica*** **Fabrcins**（图 2-156） 原称乳斑(*mamillaris*)虎头蟹，头胸甲左右鳃区各有 1 个赭红色斑。鳃区侧缘上有 3 枚刺，第 4 对步足指节叶片状。头胸甲及胸足呈褐黄色，并具有赭红色斑点。春夏季拖网中常见。

栖息于浅海泥沙底海。中国特产，分布于各地沿海。

红线黎明蟹 ***Matuta planipes*** **Fabrius**（图 2-157） 头胸甲浅黄色，红色小点连接形成不完整、形状各异的红色圈。额宽于眼窝，前缘由“V”形缺刻分成 2 齿，前侧缘有小齿。胸足上红点集成红色斑，两侧各有 1 个锐刺。

伏居生活于沿海细沙滩中或碎壳泥质海底。分布于全国各地沿海。

玉蟹科 Leucosiidae

豆形拳蟹 ***Philyra pisum*** **De Haan**（图 2-158） 壳坚厚，浅褐色或青色，圆筒状，长与宽约相等，表面有细小颗粒状突起。腹面黄白色。雄性螯足稍大。

栖息于沙质或泥质浅海海底、潮间带平滩上。分布于全国各地沿海。

D 短尾派 Brachyura 方额亚派 Brachyrhyncha

头胸甲方形、卵形或圆形，宽大于长。额小或缺，口前板发达。口腔方形，眼窝完整。

D.1 短尾派 Brachyura 方额亚派 Brachyrhyncha 甲壳动物分科检索

1. 第 3 颚足腕节接于长节内末角；头胸甲圆形或菱形；雄生殖孔在底节上，螯足不等大……2
   第 3 颚足腕节不接于长节内末角；头胸甲方形、近方形或圆形；雄生殖孔在腹甲上………4
2. 末对步足适于游泳，第 1 颚足内游泳肢具小叶……………………………梭子蟹科 Portunidae
   末对步足不适于游泳，第 1 颚足内肢无小叶……………………………………………………3
3. 头胸甲横卵形；雄生殖孔很小，在腹甲上……………………………………扇蟹总科 Xanthoidea
   头胸甲近方形或圆形；雄生殖孔在腹甲上，或经腹甲沟槽开口于底节……长脚蟹科 Goneplacidae
4. 共生或寄生生活；体小，柔软；头胸甲圆形或横卵形；眼小……………豆蟹科 Pinnotheridae
   自由生活，体大，头胸甲方形或圆方形，眼大……………………………………………………5
5. 末对步足小，在背面………………………………………………………………………………6
   末对步足正常………………………………………………………………………………………7
6. 额窄，第 3 颚足呈足状，不掩盖口腔……………………………………反羽蟹科 Retroplumidae
   额宽，第 3 颚足掩盖口腔大部……………………………………………………扁蟹科 Palicidae
7. 额很窄，第 3 颚足间无空隙……………………………………………………………………8
   额宽，第 3 颚足间有空隙………………………………………………………方蟹科 Grapsidae
8. 头胸甲长、横方形或圆形；口腔正常；眼窝长而斜……………………………沙蟹科 Ocypodidae
   头胸甲近圆形；口腔大；第 3 颚足宽，外肢细；无眼窝……………………和尚蟹科 Mictyridae

D.2 短尾派 Brachyura 方额亚派 Brachyrhyncha 甲壳动物

梭子蟹科 Portunidae

日本蟳 ***Charybdis japonica***（图 2-159） 体长约 50mm，宽约 70mm，体背有青、绿、棕等色。头胸甲横卵圆形，前胃区 1 条颗粒横脊短，中胃区长，后胃区有 2 条短脊。前侧缘有 6 个齿，额缘 6 齿。螯足绿色，两指外侧紫红色。

栖息于底质为软泥或细沙碎壳的低潮线区，生活在潮间带有水草的岩石下，为重要食用蟹类。分布于我国各地沿海。

三疣梭子蟹 ***Portunus trituberculatus*** **Miers**（图 2-160） 头胸甲梭形，前侧缘有 9 个齿，最后 1 个齿特别长、大而向左右突出；额具 3 齿。头胸甲茶绿色，具紫红色斑，有 3 个隆起。螯肢强大，长节内缘具 4 棘。

栖息于 20～30m 浅海泥沙海底，夜间活动。为重要食用蟹类。分布于我国各地沿海。

方蟹科 Grapsidae

绒毛近方蟹 ***Hemigrapsus penicillatus*** **De Haan**（图 2-161） 头胸甲近方形，

表面隆起，具小凹点。眼眶下脊由3个或4个大的突起构成，前侧缘具3齿。雄性螯足掌部两指基部内面丛生软毛。

栖息于潮间带中、上部，生活在碎石块下或泥沙滩小石下。分布于我国各地沿海。

肉球近方蟹 ***Hemigrapsus sanguineus*** **De Haan**（图2-162）　头胸甲近方形，长26mm、宽30mm，甲前半部隆起、具颗粒状橘红色斑点，后半部平滑、色浅。前侧缘具有3齿。眼窝下脊由小脊排列而成，螯足左右等大，各节背面具红色斑点，腕节内侧有一钝齿，掌部光裸无毛。雄性螯足两指基部内侧有一膜质球。

栖息于潮间带岩岸，生活于低潮线岩石下或石缝中。分布于全国沿海。

长指近方蟹 ***Hemigrapsus longitarsis*** **Miers**（图2-163）　体小，近方形，头胸甲长宽约9mm，覆短毛及颗粒，稍隆起。前缘平直，前侧缘有3齿，两侧缘平行。额宽大于头胸甲宽的1/2。螯足小，两指节较掌节长。步足扁平，指节特长。

栖息于泥沙质沿岸岩岸的石块下。分布于山东半岛北海岸。

平背蜞 ***Gaetice depressus*** **De Haan**（图2-164）　头胸甲光滑而低平，前部较后部为宽，壳中部有一短而显著的横沟，两端略向外延伸；前部两侧各有2条较浅的横沟。前侧缘各具3枚齿，第3枚齿很小。螯足强大，螯足活动节内缘中部具有显著的齿形突起，雄性两指间空隙大。体色多样，有深咖啡色、青灰色或灰褐色，指端黄色。

栖息于低潮线岩石环境，尤其是海藻丰富的岩石环境。分布于各地沿海。

三齿厚蟹 ***Helice tridens tridens*** **De Haan**（图2-165）　头胸甲呈方形，有无数微小的颗粒突起。侧缘有3齿，第1个大，雏形第3齿不明显；雄性的下眼眶脊由10～18个排列稀疏的颗粒突起组成，雄性螯足比雌性粗大。

栖息于潮间带沙泥岸或软泥岸中，穴居，洞深而直。分布于渤海、黄海、东海。

沙蟹科 Ocypodidae

弧边招潮（蟹） ***Uca arcuata*** **De haan**（图2-166）　头胸甲前宽后窄，体厚呈元宝状或菱角状。额小，中部有一细缝向后延伸。眼柄细长为体长的1/2。前侧缘具3齿，末端向背后有一斜行隆线。雌性两螯小而等大；雄性螯大小悬殊，大螯外侧密布疣状突。

穴居生活在近低潮线泥滩上，洞穴高出地平面成短烟筒状，以大螯挡住洞口。分布于山东以南各地沿海。

日本大眼蟹 ***Macrophthalmus japonicus*** **De Haan**（图2-167）　头胸甲长方形，宽不足长的2倍，粗糙具颗粒和软毛。体黄绿色，腹面及螯足棕黄色。前缘有2个明显缺刻，第2齿大于第1齿，眼柄长为1/2体长，眼眶背缘有大齿。

栖息在潮间带泥沙质或软泥质海滩上。分布于全国各地沿海。

宽身大眼蟹 ***Macrophthalmus dilatatum* De Haan**（图 2-168） 头胸甲横宽长方形，宽大于长的 2.5 倍，粗糙有小颗粒突起。体黄绿色，腹面及螯足棕黄色。前侧缘有长毛，具有 2 个尖齿。眼柄长约等于体长。雄性螯足强大，雌性螯足小。

栖息于低潮线附近的泥滩上，爬行迅速。分布于全国沿海。

圆球股窗蟹 ***Scopimera globosa* De Haan**（图 2-169） 又称捣米蟹。头胸甲近圆形，背面隆起有颗粒状突起。各足的长节背腹面上都有长卵形鼓膜，像腿上的窗户故名圆球股窗蟹。

穴居栖息在细沙滩中潮线附近，退潮后，洞穴外面常堆积小沙团，形状似米粒。分布于我国沿海，山东、广东、福建等地。

双扇股窗蟹 ***Scopimera bitympana*** （图 2-170） 头胸部厚，头胸甲宽约为长的 1.5 倍，背面隆起，表面光滑。额窄，向下弯曲，有圆形突起。螯足对称，雄性比雌性大。各足长节外侧基部有明显长卵圆形鼓膜，内侧面光滑，具 2 个长卵圆形鼓膜。

穴居于低潮线泥沙滩上。分布于渤海湾、山东半岛、连云港、海南岛等地。

痕掌沙蟹 ***Ocypoda stimpsoni* Ortmann**（图 2-171） 俗称沙马。头胸甲宽略大于长，长约 20mm，宽约 21mm，呈方形，表面隆起很大，密布颗粒，体色与沙色相似。胃区两旁有细纵沟。眼窝大而深，内、外面的眼窝齿突锐而尖突。两性螯足均不对称。

穴居于高潮线沙滩上，穴道斜而深。受惊后迅速遁入洞中，白天隐匿洞中，离洞即在沙岸上奔跑，行动敏捷。分布于全国沿海。

扇蟹科 Xanthidae

特异扇蟹 ***Xanthodius dislinguendus* De Haan**（图 2-172） 又称特异大权蟹 *Macromedaeus d.*。头胸甲扇形，有微小颗粒状突组成的皱褶和隆起。前侧缘各有 4 个不明显突起，后侧缘具软毛。螯足大，不对称，掌节和腕节背面隆起。

栖息在潮间带岩岸或泥沙滩碎石下。分布于全国沿海。

豆蟹科 Pinnotheridae

蓝氏三强蟹 ***Tritodynamia rathbunae* Shen**（图 2-173） 体紫红色具黑色小点。头胸甲横卵圆形，长约 8.4mm，宽约 15.2mm。具粗麻点。额宽大于头胸甲宽度的 1/5，具 1 条细纵沟。螯足对称，雄性比雌性大，长节背缘及内腹缘具一丛硬毛。第 1 步足长节的前缘具稀疏短毛，第 2、3 步足长节较宽具短毛，第 4 步足短小。

栖息于近岸泥沙滩海底，常与磷沙蚕共生。分布于山东、辽宁沿海。

中型三强蟹 ***Tritodynamia intermedia*** **Shen**（图 2-174） 头胸甲宽为长的 1.5 倍，长宽约为 6mm 和 10mm，具细麻点。胃区后具一横沟。螯足具光泽，步足光滑，第 1 步足长节缘具细颗粒，第 2 步足长节与前节后缘具规则的齿。

栖息于岩岸及泥沙滩。分布于沿海。

青岛豆蟹 ***Pinnotheres tsingtaoensis*** **Shen**（图 2-175） 雌性头胸甲圆珠形，长 7.6mm，宽 8.4mm。额稍突、前倾，后缘中部外突。螯足腕节内缘基部有短毛，掌节内侧腹部具 1 列短毛；步足各节边缘有毛，第 2、3 步足腕节背面具 1 列短毛。雄性小，头胸甲坚硬，长约 4.7mm，宽约 5.2mm。

生活于渤海鸭咀蛤外套腔中。分布于黄海、渤海泥沙滩沿岸。

E 短尾派 Brachyura 尖额亚派 Oxyrhyncha

额角发达，呈三角形、菱形或梨形。眼窝一般不完整，口前板大，口腔方形。

E.1 尖额亚派分科检索

1. 体软，头胸甲扁平；第 2 触角基节细小，与口前板愈合，无钩状毛……………………………………膜壳蟹科 Hymenosomatidae
   体硬，头胸甲呈菱形或条形……………………………………2
2. 第 2 触角基节大，与口前板及额愈合；眼窝不完整；螯足活动自由，有钩状毛……………………………………蜘蛛蟹科 Majidae
   第 2 触角基节小，不与口前板、额愈合；眼窝完整；螯足强壮，无钩状毛……………………………………菱蟹科 Partbenopidae

E.2 常见尖额亚派甲壳动物

菱蟹科 Parthenopidae

强壮菱蟹 ***Parthenope validus*** **De Haan**（图 2-176） 头胸甲略呈菱形，甲面隆起，额呈三角形突起，背中线沟宽而浅，侧缘锯齿为扁平板状突起。体长约 40mm，宽约 50mm，黄褐色，指节呈红褐色。螯足强大且多棘。步足很小。

栖息于浅海泥底环境。分布各地沿海。

蜘蛛蟹科 Majidae

四齿矶蟹 ***Pugettia quadridens*** **De Haan**（图 2-177） 头胸甲梨形，体长 40mm，宽 30mm。背部显著隆起，黄褐色，腹面色较淡。额角具有 2 叉，侧缘有

三角形棘。各步足末端有刚毛束。雄性螯肢很大，第2步足长，雌性的小而短。

栖息在低潮线泥沙海底和沿岸有海藻的岩礁处。分布于全国沿海。

2.4.10.1.5 口足目 Stomatopoda

虾蛄科 Squillidae

虾蛄 ***Squilla oratroria*** **De Haan**（图2-178） 背腹扁平，重要特点是可动头节上附着有柄眼和第1触角。头胸甲小，仅覆盖胸部前4节。前5对胸足是颚足，第1对颚足小；第2对强大，末节扁平如刀状、螳臂状，具锐齿；3对步足较小，双枝型。腹部长大发达，宽而扁平，前5对腹肢双枝型，外肢具鳃。尾节方形，与尾肢形成尾扇。雄性末对步足基部内侧有1对交接器。

穴居生活在泥沙底质的浅海、潮间带近低潮线一带。分布于我国各地沿海。

2.4.10.1.6 等足目 Isopoda

A 等足目Isopoda甲壳动物亚目及科检索

1．尾肢在末节的两侧，水生……2
尾肢在末节的后端，多陆生……鼠妇亚目 Oniscoidea（海蟑螂科 Ligiidae）
2．尾肢平扁，折向腹部盖住用于呼吸的腹肢……盖肢亚目 Valvifera（盖鳃水虱科 Idotheidae）
尾肢与末节形成尾扇，腹肢游泳……3.1 扇肢亚目 Flabellifera
3.1 腹部少于6节……团水虱科 Sphaeromidae
腹部6节……3.2
3.2 尾肢内外肢有一肢小、退化，非片状……蛀木水虱科 Limnoriidae
尾肢内外肢发达，片状……3.3
3.3 颚足触须末2节边缘具刚毛，无钩……浪漂水虱科 Cirolanidae
颚足触须末2节边缘无刚毛，顶部具向外弯曲钩状……鱼怪科 Cymothoidae

B 常见等足目Isopoda甲壳动物

海蟑螂（海岸水虱）科 Ligiidae

海岸水虱 ***Ligia exotica*** **Roux**（图2-179） 又称海蟑螂、海蛆。体呈扁椭圆形，黑褐色或黄褐色。头部短小，长为宽的1/2，前缘半圆形。第1触角小不明显，第2触角很长。尾节后缘稍尖，尾节末端的尾肢十分长，内、外肢等长且纤细。

生活于高潮线及潮上带的岩石环境，爬行速度快，取食藻类。分布于全国沿海。

盖鳃水虱科 Idotheidae

拟棒鞭水虱 ***Cleantiella isopus*** **Grube**（图 2-180） 体扁平而宽，薄片状，长 20～30mm，淡黄色、深绿色或棕褐色。头部前端稍内陷。第 1 触角短小，第 2 触角粗大。7 对步足末端具爪。腹部 2 节，第 2 节约占全长的 1/3，末端中央突出呈钝三角形。

栖息在碎石下、海藻上以及养殖的海带绳索上、扇贝笼上。分布于我国北方沿海。

蛀木水虱科 Limnoriidae

日本蛀木水虱 ***Limnoria japonica*** **Richardson**（图 2-181） 体长椭圆形，约 3～4mm。2 对触角短小，长短约相同。腹部 5 节，尾部后缘呈圆形。胸足为步行足，腹足适宜游泳。

穴居于浸水木材中，啃食海中木材。广泛分布于我国北方各省沿海。

2.4.10.2 蔓足纲 Cirripedia

2.4.10.2.1 蔓足纲分目及围胸目 Thoracica 科与种检索

1．身体分为室状的外囊和树根状的吸根……………………根头目 Rhizocephala
　无上述特征……………………2
2．雌性胸肢 3～5 对，在体后端不形成蔓足，雄性缺……………………尖胸目 Acrothoracica
　雌、雄皆具胸肢 3～6 对，胸肢不在身体后端……………………3
3．无石灰质壳板……………………囊胸目 Ascothoracica
　有石灰质壳板……………………3.1 围胸目 Thoracica
3.1 身体分为柄部与头状部（茗荷亚目 Lepadomorpha）……………………3.2
　无柄，体包围在围墙状的壳板中（藤壶亚目 Balanomorpba）……………………3.4
3.2 壳板 13 片……………………棘刀茗荷儿 *Smilium scorpio*
　壳板 5 片……………………3.3
3.3 头状部裸露；体透明；壳板细弱，附着蟹类鳃或四肢上……………………
　……………………梭蟹板茗荷儿 *Octolasmis neptuni*
　头状部扁平，被 5 片壳板覆盖；体不透明；附着浮木或船底上……………………
　……………………茗荷儿 *Lepas anatifera*
3.4 壁板 6 片，吻板只具幅部，峰板仅有翼部，吻侧板缺（藤壶属 *Balanus*）……………………3.5
　壁板 6 片，吻板、峰板只具翼部，吻侧板仅有幅部，峰侧板缺……………………
　……………………小藤壶 *Chthamalus challengeri*
3.5 壁板内无管（星藤壶亚属 *Chirona*）……………………3.6

壁板内有管（藤壶亚属 *Balanus*）……………………………………………………3.7

3.6 壳高 40mm；壳厚，盖板内面上部光滑；楯板生长脊明显，被纵放射沟分割成一排排小块，关节脊低，闭壳肌脊不明显，背板距末端带小齿突……………………………………………………………………高峰藤壶 *Balanus*（*Chirona*） *amaryllis*

壳高 21mm；壳薄，结合不牢固，盖板内面粗糙；楯板生长脊宽，无纵放射沟，关节脊和闭壳肌特别发达，背板距末端圆钝无齿突……………高脊藤壶 *Balanus*（*Chirona*）*cristatus*

3.7 壳白色，纵肋顶部细弱、基部宽；第 3 蔓足有锯齿状刚毛…· 白脊藤壶 *Balanus albicostatus*

壳表无纵肋；第 3 蔓足无锯齿状刚毛……………………………………………………3.8

3.8 壳具紫色纵条纹，无横条纹；楯板生长脊珠状突起…………………………………3.9

壳表褐色纵条纹与白色横条纹交错，楯板生长脊具小念珠状突起……………………………………………………………………糊斑藤壶 *Balanus cirratus*

3.9 距狭长，两侧基线内凹成深缺刻……………………………… 泥藤壶 *Balanus B．uliginosus*

距宽短，两侧基线不凹成缺刻……………………………纹藤壶 *Balanus amphitrite communis*

2.4.10.2.2 常见围胸目 Thoracica 蔓足纲动物

茗荷科 Lepadidae

茗荷儿 *Lepas anatifera* Linnaeus（图 2-182） 长约 1cm。头状部扁平，5 块壳板发达，前侧左右壳板呈尖三角形，壳板光滑灰白色。

营倒悬漂浮生活，多用分枝突起的柄部附着于其他物体上，多在三疣梭子蟹的腹部上寄生，采集时可从其腹部寻找。分布于各地沿海。

藤壶科 Balanidae

白脊藤壶 *Balanus B. albicostatus* Pilsbry（图 2-183） 体不规则圆锥形。壳板坚硬，壳口菱形，围臂壳板上有显著的白色纵脊，脊间有粗细不等的暗紫色纵条纹。盾板生长线不明显，关节突起，盾板长为 1/2 背脊缘全长。背板狭长，峰缘短而弯曲。

成群固着生活在海岸或内湾的潮间带中、上区的岩石等上面。分布于浙江以北沿海岩岸环境。

纹藤壶 *Balanus amphitrite communis* Darwin（图 2-184） 壳圆锥形，壳表光滑，呈白色或灰紫色，有灰褐色纵条纹，无横纹。侧板条纹多 2 束，每束 2～5 条，板中央和边缘常形成较宽的白色纵带。壳口大稍呈五角形，边缘呈锯齿形。

群聚固着生活在沿岸潮间带、潮下带岩礁上，拥挤时壳呈筒状。分布于我国各地海岸。

泥藤壶 *Balanus B. uliginosus* Utinomi（图 2-185） 壳圆锥形或圆筒形，高 20mm。壳表幼体光滑，成体粗糙，淡灰白色，间有淡紫色纵横纹。壳板上端向外反曲，楯板生长线呈明显波纹状，近外侧有一紫褐色纵带。壳口大，略成四方形。

多集群栖息于盐度低的潮间带或潮下带的岩石、贝壳等物体上。分布于我国各地沿海。

2.4.10.3　蛛形纲 Arachnida

海蜘蛛 ***Ammothea superba*** **Loman**（图 2-186）　体分头胸部和腹部，长约 3mm，体色颇似藻类。体前端有一圆柱状的吻，长达 3mm。头胸部背面有一突起眼丘，上有单眼。钳足退缩为 1 对小突起。脚须发达呈细长状，向前伸向吻的两侧。4 对步足长大，末端有爪，用于攀附在海藻上。腹部退化缩成突起状。

生活于岩石环境的海藻中，营爬行生活。

2.4.11　腕足动物门 Brachiopoda

2.4.11.1　无铰纲 Inarticulata

海豆芽 ***Lingula anatine***（图 2-187）　可分体部和细长的柄部两部分。躯体部有背、腹 2 枚形态相似的扁长方形贝壳，壳为绿色或褐绿色，壳表面较平滑，有光泽，生长线分布均匀。腹壳较背壳稍长，壳周外套膜上有许多刚毛，柄部圆筒状，外层为角质层，半透明，具有环形的横纹。

生活于潮间带的泥沙滩，沙滩表面留有一裂缝状孔穴。分布于大连、烟台、青岛等地。

大海豆芽 ***Lingula murphiana*** **King**（图 2-188）　与海豆芽相似，贝壳前端近方形，生长线明显，柄部白色。不同点是海豆芽贝壳带有绿色，大海豆芽为淡红色。

栖息、分布情况同上种。

2.4.11.2　有铰纲 Articulata

酸浆贝 ***Terebratella coreanica*** **Adams et Reeves**（图 2-189）　体被 2 瓣石灰质介壳，外形似蛤，但壳为背壳和腹壳，并非左右壳。壳椭圆形，腹壳大而色深。壳顶突起，先端有圆形壳顶孔。背壳小，色浅，内部有腕骨以支持腕。铰链部腹壳有 2 个铰链与背壳相连，无韧带。壳表面平滑，生长线细致，棕红色或紫红色。有短柄。

固着生活在低潮线下浅水区岩石上。冷水性种，分布于北方近海，黄海近岸常见。

2.4.12 苔藓动物门 Bryozoa

裸唇纲 Gymnolaemata

牡丹苔藓虫 ***Steginoporella magnilabris*** **Busk**（图 2-190） 由许多花瓣状部分集合而成大型群体，形如牡丹花，故名牡丹苔藓虫。淡褐色，基部具短柄。群体背、腹两面皆有虫室，表面具稠密细孔，壁稍厚。

多固着生活在岩礁上。

2.4.13 毛颚动物门 Chaetognatha

强壮箭虫 ***Sagitta crassa*** **Tokioka**（图 2-191） 体透明，细长似箭。左右对称。纤毛冠两侧呈波浪状，颚刺 8～11 个。体内发达的泡状组织延伸至尾部。

在沿海低盐海区营浮游生活，数量大。肉食性动物，是海产鱼类的饵料。用浮游生物网极易拖得。分布于渤海、黄海、东海，胶州湾常见。

肥胖箭虫 ***Sagitta enflata*** **Grassi**（图 2-192） 体透明，细长，柔软肥胖，左右对称。颚刺 7～10 个。体内无泡状组织。

营浮游生活；肉食性动物，是海产鱼类的饵料。用浮游生物网易获得。分布于沿海。

2.4.14 棘皮动物门 Echinodermata

1. 口朝上，具柄……海百合纲 Crinoidea
   口不朝上，不具柄……2
2. 体星形；步带和间步带分离，具腕；管足放射方向排列……4
   体呈球形或圆筒形；步带和间步带结合，不具腕；管足子午线方向排列……3
3. 骨骼形成坚固外壳……海胆纲 Echinoidea
   骨骼形成微小骨片……海参纲 Holothurioidea
4. 步带沟开放，腕和体盘分界不明显……海星纲 Asteroidea
   步带沟封闭，腕和体盘分界明显……海蛇尾纲 Ophiuroidea

2.4.14.1 海星纲 Asteroidea

2.4.14.1.1 海星纲棘皮动物分科检索

1. 缘板大而明显……2

缘板小而不明显……………………………………………………………………………………3
2. 上缘板不发达，被小柱体所替代；体缘由下缘板构成；管足无吸盘……… 砂海星科 Luidiidae
上、下缘板大而发达，管足具吸盘……………………………………………角海星科 Goniasteridae
3. 叉棘多而发达，有交叉叉棘 ……………………………………………………海盘车科 Asteriidae
叉棘少而不发达，或无交叉叉棘 ………………………………………………………………………4
4. 口板大，步带沟宽，腕多于5个………………………………………………太阳海星科 Solasteridae
口板小，步带沟窄，腕5个 …………………………………………………………………………………5
5. 骨板明显呈覆瓦状排列，具棘或成簇小棘 ……………………………………………海燕科 Asterinidae
骨板不明显呈覆瓦状，排列为纵行和横行，且稍呈网目状；棘发达……………………………………
……………………………………………………………………………………………棘海星科 Echinasteridae

2.4.14.1.2 常见海星纲棘皮动物

海盘车科 Asteriidae

海盘车 ***Asterias rollestoni*** **Bell**（图 2-193） 体形扁，体盘略宽，5条腕呈五角形。腕末端变细翘起。反口面蓝紫色，棘、钳棘为浅黄色到黄褐色；口面为浅黄色或黄褐色。

栖息在潮间带泥沙质或砂砾海底。分布于大连、烟台、青岛等地沿海。

海燕科 Asterinidae

海燕 ***Asterina pectinifera*** **Müller et Troschel**（图 2-194） 体呈五星形，5条腕较海星短。生活时口面平坦，橘黄色；反口面隆起，蓝紫色，其间镶有红色斑纹。

栖息于沿海岩石环境，生活在近低潮线以下浅海的沙底、碎贝壳和岩礁上。6～7月为繁殖季节。分布于北方沿海。

太阳海星科 Solasteridae

陶氏太阳海星 ***Solaster dawsoni*** **Verrill**（图 2-195） 体盘大而圆，腕短而尖，腕数10～15条，多为11条，腕长达20cm，体盘直径达15cm。

生活在沿海25～40m沙泥海底。分布于北方沿海。

砂海星科 Luidiidae

砂海星 ***Luidia quinaria*** **von Martens**（图 2-196） 体形较大，体盘较小，有5个较长的腕，腕长达150mm，从腕基部至尖端渐渐细尖。口面白色；反口面黄褐色，中央有5条黑褐色纵带。

栖息在近海砂质海底。分布于渤海、黄海岩岸。

2.4.14.2 海胆纲 Echinoidea

2.4.14.2.1 海胆纲棘皮动物分科检索

1. 肛门在顶系内……2
   肛门在顶系外……4
2. 齿器的齿具脊……疣海胆科 Phymosomatidae
   齿器的齿不具脊……3
3. 壳板缝合线具刻肋……刻肋海胆科 Temnopleuridae
   壳板缝合线不具刻肋……球海胆科 Strongylocentrotidae
4. 壳心形，口在前方……拉文海胆科 Loveniidae
   壳非心形，口在中央……5
5. 壳高，不扁平；瓣区不明显……豆海胆科 Fibulariidae
   壳低，多扁平；瓣区明显……盘海胆科 scutellidae

2.4.14.2.2 常见海胆纲棘皮动物

刻肋海胆科 Temnopleuridae

细雕刻肋海胆 ***Temnopleurus toreumaticus*** **Leske**（图2-197） 形状从低半球形到高圆锥形。壳厚而坚固，直径 4～5mm，黄褐或灰绿色。步带稍隆起，宽度为间步带的2/3。口面大棘长，弯曲；反口面大棘针状，短小而尖锐；步带部大棘最长，末端宽扁截形；大棘灰绿色、黑绿色或浅黄褐色。

栖息沿海岩石环境，成群生活在潮间带到水深45m的沙泥海底。分布各地沿海。

球海胆科 Strongylocentrotidae

大连紫海胆 ***Strongylocentrotus nudus*** **A.Agassiz**（图2-198） 又称光棘球海胆。壳半球形，直径为60～100mm；褐色，壳反口面灰绿色、口面灰紫色。步带区较窄，管足孔6～7对排列成弧形；步带板上有1个大疣、2～4个中疣和许多小疣。大棘粗壮，长25～32mm，上端截形，具规则纵条痕。围口部边缘内陷。三叉状叉棘有3个瓣。一种细长，3个瓣全部相邻；另一种粗短，3个瓣仅上部相接，各瓣下部具细齿。

栖息在潮间带以下有较多海藻的岩礁海底。分布于辽宁和山东北部沿海。

马粪海胆 ***Hemicentrotus pulcherrimus*** **A.Agassiz**（图2-199） 壳低半球形，

坚固呈暗绿色或灰绿色，最大直径可达 6cm，高 3cm。棘短而尖，有 5～6mm 长，颜色变化大，多为暗绿色，间带紫色、灰色、赤褐色或灰白色、白色。

栖息在潮间带到水深 4m 的砂砾海底和海藻繁茂的岩礁间，常藏在石下或石缝内，以藻类为食。繁殖季节在 3～4 月。卵可食用。分布于我国沿海。

拉文海胆科 Loveniidae

心形海胆 ***Echinocardium cordatum*** **Pennant**（图 2-200）　壳为不规则心脏形，薄而脆，后端为截形。壳长 3～5cm，前部 1/3 处最宽。反口面棘很细，内带线范围内的大棘较强大，弯曲构成特殊的棘丛。棘为鲜明的浅黄色。

栖息在潮间带到水深 200m 的沙质海底，潜伏在 10～20cm 的沙中。前步足带的管足可从孔道伸出到沙面。分布于我国华北沿海，烟台、威海等地常见。

2.4.14.3　海蛇尾纲 Ophiuroidea

2.4.14.3.1　海蛇尾纲棘皮动物分科检索

1．腕分枝多次，具钩刺形成的环状结构……………………………篮蛇尾科 Gorgonocephalidae
　腕不分枝，不具钩刺形成的环状结构…………………………………………………………2
2．具腕栉，口棘多…………………………………………………………真蛇尾科 Ophiuridae
　无腕栉，口棘少…………………………………………………………………………………3
3．具齿棘，无口棘……………………………………………………刺蛇尾科 Ophiotrichidae
　无齿棘，具口棘…………………………………………………………………………………4
4．齿下口棘 1 个………………………………………………………辐蛇尾科 Ophiactidae
　齿下口棘 2 个………………………………………………………阳遂足科 Amphiuridae

2.4.14.3.2　常见蛇尾纲棘皮动物

刺蛇尾科 Ophiotrichidae

马氏刺蛇尾 ***Ophiothrix marenzelleri*** **Koehler**（图 2-201）　体盘五叶状，腕细长而弯曲，末端尖细，背面密生短粗圆柱状小刺，各刺上端均有 3～4 个或更多玻璃样细刺。体色变化大，有绿、蓝、褐、紫等色，并杂有黑色和白色，腕上多有深浅不同斑纹。

栖息于潮间带岩石环境，生活在岩石下、海藻间、石缝内，以及养殖绳索及铁笼外。分布于我国华北各省沿海。

阳遂足科 Amphiuridae

阳遂足 ***Amphiura koreae***（图 2-202）　又称朝鲜阳遂足。体盘近圆形，直径 5～8mm，5 条腕细而长。体背面褐色，腕末端呈灰褐色或灰色；口面为灰白色。背腹鳞片交界于盘缘。背腕板宽三角形，腹腕板五角形。腕棘 3 个。

潜居生活在潮间带的泥沙滩内，有 2 腕末端常露在外面，司触觉。分布于华北沿海。

滩栖蛇尾 ***Amphiura vadicola*** **Matsumoto**（图 2-203）　又称滩栖阳遂足。体盘小，直径 7～11mm。体盘上除辐盾周围有数列鳞片外，其他部分裸露，口棘每侧 2 个。腕足多为 5 个，腕长 105～180mm。

穴居生活在潮间带的中、下区泥沙滩中，穴深 10～20cm，腕常伸出穴外在水中摆动。华北沿海分布普遍。

2.4.14.4　海参纲 Holothurioidea

2.4.14.4.1　海参纲棘皮动物分科检索

1．具管足和疣足……2
　不具管足和疣足……5
2．触手楯形，疣足发达，形成肉刺……刺参科 Stichopodidae
　触手枝形，疣足不发达，无肉刺……3
3．石灰环简单，缺乏后延部……瓜参科 Cucumariidae
　石灰环复杂，有后延部……4
4．后延部复杂，由许多镶嵌小板构成……沙鸡子科 Phyllophoridae
　后延部简单，不由镶嵌小板构成……硬指参科（Sclerodactylidae）
5．体蠕虫状，无尾部，骨片为锚状体……锚参科 Synaptidae
　体短钝，具尾部，骨片非锚状……6
6．触手有 1 个端指和 1～3 对侧指，骨片为不规则桌形体、纺锤形体等……芋参科 Molpadiidae
　触手无端指，仅有 1～2 对侧指，骨片为皿状体或圈状……尾参科 Caudinidae

2.4.14.4.2　常见海参纲棘皮动物

刺参科 Stichopodidae

刺参 ***Stechopus japonicus*** **Selenka**（图 2-204）　体长 200～400mm。体背黄褐色，有 4～6 行肉刺。腹面平坦，管足排列成 3 纵带。围口触手 20 条，末端膨大成总状。

生活在水温较低的岩石环境、海藻繁茂和大叶藻丛生的泥沙海底。5 月底～7 月初为产卵季节，产卵后钻到石下或石缝中“夏眠”，9 月末 10 月初出来活动和摄食。刺参是著名养殖食用参。分布于辽宁、河北、山东沿海。

锚参科 Synaptidae

钮细锚参 *Leptosynapta oopiax* V.Marenzelle（图 2-205） 体圆筒状，灰白色或稍具肉色，长约 90mm，直径约 5mm，有小棘，口周围有小触手。皮肤内骨片主要在显微镜下才能观察到锚及锚板。

栖息于泥沙滩、砾石或碎石环境的海底泥沙中。分布于华北沿海和福建等地。

尾参科 Caudinidae

海老鼠 *Paracaudina chilensis*（图 2-206） 又称海棒槌。体棒槌形，有细长尾部；淡红色，体壁透明，可窥见 5 列纵肌带。无管足。肛门周围有 5 组小疣。口周围 15 个触手末端有 4 个指状小枝。

穴居生活在潮间带的泥沙滩中，穴深 20～50cm，身体斜卧，尾端穴周围有泥沙粪便，口端泥沙内陷。将手迅速从凹陷处插入握到虫体，可采到完整标本。北方沿海分布普遍。

2.4.15 半索动物门 Hemichordata

肠鳃纲 Enteropneusta

柱头虫 *Balanoglossus* sp.（图 2-207） 身体由吻、领和躯干 3 部分组成。体蠕虫状，长为 30～40mm，但短的只有 20mm，长的可达 2.5m。

穴居生活于中潮带到浅海的细泥沙滩中，借吻的伸缩在海底泥沙中挖穴和蠕动，以浮游生物和泥沙中沉着的有机物质为食物。分布于黄海、东海岩岸。

2.4.16 尾索动物亚门 Urochordata

2.4.16.1 尾索动物分纲、科检索

1．成体底栖固着 ………………………………………… 3.1 海鞘纲 Ascidiacea
　成体浮游生活 ………………………………………… 2
2．形如蝌蚪，脊索、神经管存在，海洋中自由生活 ……………… 尾海鞘纲 Appendiculariae
　体樽形，被囊上有环状肌肉带 ………………………………… 海樽纲 Thaliaca

3.1 生殖腺位于肠环间……………………4.1 内性海鞘目 Enterogona（扁鳃亚目 Phlebobranchiata）
生殖腺位于体侧肌肉层内………5.1 侧性海鞘目 Pleurogona（刚鳃亚目 Stolidobranchiata）
4.1 消化器官位于鳃囊后部……………………………………………………玻璃海鞘科 Cionidae
消化器官不位于鳃囊后部……………………………………………………………………4.2
4.2 消化器官位于鳃囊左侧……………………………………………………科里海鞘科 Corellidae
消化器官位于鳃囊右侧，鳃内纵走血管存在…………………………………海鞘科 Ascidiidae
5.1 群体，鳃囊无褶…………………………………………………………………菊海鞘科 Botryllidae
群体或单体，鳃囊有褶……………………………………………………………………5.2
5.2 鳃囊具褶 4 个，触指指状……………………………………………………柄海鞘科 Styelidae
鳃囊褶多于 5 个，触指树枝状……………………………………………………………5.3
5.3 鳃孔平直………………………………………………………………………………脓海鞘科 Pyuridae
鳃孔螺旋状……………………………………………………………………………皮海鞘科 Molgulidae

2.4.16.2 常见尾索动物

海鞘纲 Ascidiacea

柄海鞘科 Styelidae

柄海鞘 ***Styela clava*** **Herdman**（图 2-208） 体似球棒状，长约 40～45mm，宽约 12～20mm。身体顶端具有入水、出水两个孔。被囊薄但具强韧性。体上半部有不规则瘤状隆起，下半部逐渐细成一个长柄。黄褐色微带绿色。

柄基部固着在岩石、海藻、贝壳等物体上，以人工养殖海带、扇贝的绳索、笼网上为最多。分布于山东省各地沿海。

玻璃海鞘科 Cionidae

玻璃海鞘 ***Ciona intestinalis*** **Linne**（图 2-209） 体略呈长柱形，长约 50～70mm，宽约 15～25mm。体外具柔软光滑而富有弹性的透明胶质被囊，故名玻璃海鞘。顶端 2 孔高者为入水孔，低者为出水孔；前者边缘有 8 个裂瓣，后者 6 个，裂瓣间皆有一红色眼点。孔口周围有括约肌控制口孔的开关。2 孔张开好像美丽的花朵。生活时，口孔深黄色，体微黄色，幼体多为白色。

固着生活在各地较深海水中，在养殖绳索、笼网及海带根上尤多，也是采集玻璃海鞘的好场所。分布于青岛、香港等地沿海。

菊海鞘科 Botryllidae

拟菊海鞘 ***Botrylloides*** **sp.** （图 2-210） 群体海鞘，以出芽生殖方式形成一个扁平肉质群体。一对对个体埋于共同的被囊中组成弯弯曲曲不规则的花纹。

个体结构大体上与单体海鞘相似，每一个体具有一个单独入水孔，一个或数个共同的排泄孔。生活时有橙黄色、暗紫色、黄褐色等颜色。

固着于沿海的岩石或其他物体上，如养殖笼网等。分布于大连、烟台、青岛等地。

2.4.17 头索动物亚门 Cephalochordata

青岛文昌鱼 ***Branchiostoma belcheri tsingtauense*** **Tchang et Koo** 体长55mm，侧扁，两头尖，头部不明显，前端腹面口笠周围有33～59条口笠触手。体部两侧腹褶向后延伸至腹孔处汇合。透过透明的皮肤可见“V”形肌节和23～30个按体节排列的生殖腺，生殖细胞有腹孔排出。此外，我国还有厦门文昌鱼。

栖息于近海细沙海底。分布于北戴河、胶州湾和沙子口等地。

2.5 海滨常见脊椎动物

2.5.1 海洋软骨鱼类

2.5.1.1 板鳃亚纲 Elasmobranchii

2.5.1.1.1 侧孔总目 Pleurotremeta（鲨总目 Selaachiiformes）

体纺锤形，软骨。鳃裂位于身体两侧。眼侧位。具有喷水孔。体被楯鳞。胸鳍正常，不与体侧和头愈合；背鳍位于背上。

A 侧孔总目软骨鱼类分科检索

1．背鳍单个，鳃裂6～7个……………………六鳃鲨目 Hexanchiformes（六鳃鲨科 Hexanchidae）
　背鳍2个，鳃裂5个……………………………………………………………………………2
2．有臀鳍………………………………………………………………………………………3
　无臀鳍………………………………………………………………………………………6
3．头形钝，背鳍有棘……………………虎鲨目 Heterodontiformes（虎鲨科 Heterodontidae）
　头形尖，背鳍无棘……………………………………………………………………………4
4．眼具瞬膜或瞬褶………………………………………………（8）真鲨目 Carcharhiniformes
　眼无瞬膜或瞬褶………………………………………………………………………………5
5．有口鼻沟，或鼻孔开口于口内………………………………（9）须鲨目 Orectolobiformes
　无口鼻沟，鼻孔不开口于口内…………（10）鲭鲨目 Isuriformes（鼠鲨目 Lamnifromes）
6．吻长呈剑状突出，锯齿状，鳃孔5～6个……………………………………………………

……………………………………………… 锯鲨目 Pristiophoriformes（锯鲨科 Pristioridae）

吻较短，不呈剑状突出，鳃孔 5 个 ……………………………………………………7

7．背鳍有棘 ……………………………………………… 角鲨目 Squaliformes（角鲨科 Squalidae）

背鳍无棘，胸鳍膨大，体扁平 ………………… 扁鲨目 Squatiniformes（扁鲨科 Squatinidae）

8.1 第 1 背鳍位于腹鳍的上后方，第 2 背鳍在臀鳍后 ………………… 猫鲨科 Scyliorhinidae

第 1 背鳍位于腹鳍的前方 ……………………………………………………………8.2

8.2 尾长适中，歪形，尾柄无侧棱，眼具瞬膜，头形正常 ……………………………………8.3

尾长适中，歪形，尾柄无侧棱，眼具瞬膜，头"丁"字形 ………… 双髻鲨科 Sphyrnidae

8.3 牙细小，多行排列，喷水孔显著 ……………………………………… 皱唇鲨科 Sphyrnidae

牙侧扁而大，1～3 行，喷水孔小或无 ……………………………… 真鲨科 Carcharhinidae

9.1 有口鼻沟，鼻孔位于吻端，具鼻须，第 2 背鳍在臀鳍前 ………………… 须鲨科 Orectolobidae

无口鼻沟和鼻须，鼻孔位于上唇两侧，鳃弓具海绵状鳃耙 ………… 鲸鲨科 Rhincodontidae

10.1 鳃裂适中，齿大、数少 ……………………………… 鲭鲨科 Isuridae（鼠鲨科 Lamnidae）

鳃裂甚大，齿小，多列 ……………………………………………… 姥鲨科 Cetorhinidae

B 常见鲨类软骨鱼

六鳃鲨目 Hexanchiformes

六鳃鲨科 Hexanchidae

扁头哈那鲨 ***Notorhynchus platycepalus*** **Tenore**（图 2-211） 体长 2～3m，灰褐色，具不规则黑色斑点，腹部浅褐色。鳃孔 7 个。背鳍 1 个，位于体后方。下颌每侧有齿 6 个，齿扁呈梳状。

栖息于浅海底层，捕食鱼和甲壳类。卵胎生。肝脏为制鱼肝油原料。分布于我国沿海及太平洋，东海和黄海产量大。

鼠鲨目 Lamniformes

皱唇鲨科 Sphyrnidae

皱唇鲨 ***Triakis scyllium*** **Müller et Henle**（图 2-212） 俗称九道箍。下眼睑成为瞬膜能上闭。体背侧面灰褐色，腹面灰白，具有 9 道浅白色环带。尾细长。

栖息于近海的常见小型鲨鱼。分布于日本海及我国黄海、东海和南海一带。

双髻鲨科 Sphyrnidae

锤头双髻鲨 ***Sphyrna zygaena*** **Linnaeus**（图 2-213） 头平扁，前部两侧扩

展成锤状突出，眼位于头侧前部。吻前缘波状，中间凹入。口弧形，口宽小于吻长。

暖水性鲨鱼，卵胎生。分布于我国南海、东海和黄海，以及热带、温带各海区。

2.5.1.1.2 下孔总目 Hypotremata（鳐总目 Batomorpha）

胸鳍扩大使身体呈平盘形，软骨。鳃裂位于身体腹面。喷水孔发达。背鳍位于尾上。

A 下孔总目分科检索

1．头与胸鳍间具发电器，体皮平滑……………电鳐目 Torpediniformes（电鳐科 Torpedinidae）
　头与胸鳍间无发电器，体皮不平滑……………………………………………………2
2．体形似鲨，吻延长呈剑状锯状突出……………………锯鳐 Pristiformes（锯鳐科 Pristidae）
　体躯盘状，吻不呈锯状……………………………………………………………3
3．尾短厚具尾鳍，无尾刺；背鳍 2 个……………………………（4）鳐形目 Rajiformes
　尾细长似鞭（粗大则具尾鳍），具长尾刺；背鳍单个或缺……（5）鲼形目 Myliobatiformes
4.1　体盘似犁头状，胸鳍不伸达吻…………………………………犁头鳐科 Rhinobatidae
　体躯盘状，与尾界限明显；胸鳍伸达于吻…………………………………………4.2
4.2　尾鳍发达，胸鳍在吻端左右相并合…………………………团扇鳐科 Platyrhinidae
　尾鳍退化或缺，胸鳍在吻端不相并合……………………………………鳐科 Rajidae
5.1　胸鳍前部不分化为吻鳍或头鳍，后缘圆凸……………………………………………5.2
　胸鳍前部分化为吻鳍或头鳍，位于头前中部，后缘凹入………………………………5.3
5.2　体盘宽小于体盘长的 1.3 倍，尾长于体盘宽，无背鳍……………………魟科 Dasyatidae
　体盘宽超过体盘长的 1.5 倍，尾短于体盘宽，背鳍有或无……………燕魟科 Gymnuridae
5.3　胸鳍前部分化为头鳍，位于头前两侧……………………………………蝠鲼科 Mobulidae
　胸鳍前部分化为吻鳍，位于头前中部……………………………………………………5.4
5.4　上下颌牙各 7 行，尾刺有或无………………………………………鲼科 Myliobatidae
　上下颌牙各 1 行，具尾刺……………………………………………鹞鲼科 Aetobatidae

B 常见鳐总目软骨鱼

鳐形目 Rajiformes

鳐科 Rajidae

孔鳐 ***Raja porosa*** **Günther**（图 2-214）　俗称老板鱼。体扁平，椭圆形。尾平扁狭长、侧褶发达。尾背部具有纵行结刺，幼体 1 行，雄鱼 3 行，雌鱼 5 行。

头后第1结刺前面正中具椭圆形或直条状黏液孔一群。腹面两侧各具黏液孔一横群。

冷水性近海底栖鳐类，晚上活动觅食，卵生。分布于我国渤海、黄海、东海。

团扇鳐科 Platyrhinidae

中国团扇鳐 ***Platyrhina sinensis*** **Bloch et Schneider**（图2-215） 体扁大如扇。2个背鳍位于尾上。尾部发达，尾鳍小，上下叶相等。

暖水性近海底栖鳐类，卵胎生。分布于我国渤海、黄海、东海和南海。

犁头鳐科 Rhinobatidae

许氏犁头鳐 ***Rhinobatos schlegeli*** **Müller et Henle**（图2-216） 头与体盘愈合呈犁形。体褐色，无斑纹，具细小鳞片，腹面白色，体背面正中及眼眶上结刺弱小。吻前部有一黑斑，吻长而钝尖。眼径约为吻长的2/9。口宽约为口前吻长的2/7。鳃孔小，5个。

栖息于浅海，捕食鱼类和底栖小动物。卵胎生。分布于我国沿海。

鲼科 Myliobatidae

赤魟 ***Dasyatis akajei*** **Müller et Henle**（图2-217） 俗称黄鲼。体平扁圆盘状。体盘中部稍前略宽，后端略窄。尾与体盘中间为深棕色，眼周和喷水孔内侧橘黄色。喷水孔大于2倍眼径，斜位于眼后方。口小，上下颌牙铺石状，上颌牙34行。鳃孔前4对等大，后1对小。尾长为1.5倍体盘宽，前部粗，自硬棘向后渐成鞭状。尾刺有毒。

暖水性近海底栖中小型鳐鱼类，可溯河洄游到江河。卵胎生。分布于我国沿海。

2.5.1.2 全头亚纲 Holocephali

银鲛目 Chimaeriformes

银鲛科 Chimaeridae

黑线银鲛 ***Chimaera phantasma*** **Jordan et Snyder**（图2-218） 俗称海兔子。鳞片退化。体侧扁，向后延长渐细。口腹位，上颌与脑颅愈合。外鳃孔1个，位胸鳍基部前方。无喷水孔。第1背鳍具一硬棘，第2背鳍低平，尾鳍上叶间有凹刻。胸鳍宽大，为有名的“鱼翅”，尾鳍鞭状。

栖居于深水中，冬季洄游到近海，捕食底栖小动物。卵生。分布于东海和黄海。

2.5.2 海洋硬骨鱼类（辐鳍亚纲 Actinopterygii）

骨骼为硬骨。体被硬鳞、骨鳞。鳃间隔退化，具骨质的鳃盖骨，外鳃孔 1 对。鳍有骨质鳍条支持，尾为正型尾。

2.5.2.1 辐鳍亚纲主要目检索

1. 体被硬鳞或裸露，歪形尾……鲟形目 Acipenseriformes
   体被圆鳞、栉鳞或裸露；正形尾……2
2. 体呈鳗形……3
   体非鳗形……4
3. 左右鳃孔在喉部连为一；无偶鳍，奇鳍不明显……合鳃目 Sgmbranchiformes
   左右鳃孔不相连；无腹鳍，无鳍棘，有眶蝶骨……鳗鲡目 Anguilliformes
4. 背鳍无真正的鳍棘……5
   背鳍具鳍棘……13
5. 腹鳍腹位，背鳍 1 个……6
   腹鳍亚胸位或喉位，背鳍 2～3 个……12
6. 上颌口缘由前颌骨与上颌骨组成……7
   上颌口缘由前颌骨组成……8
7. 无脂鳍，无侧线……鲱形目 Clupeiformes
   有脂鳍，有侧线……鲑形目 Salmoniformes
8. 体无侧线，鼻孔每侧 2 个，鳍无鳍棘，背鳍 1 个……鳉形目 Cyprinodontiformes
   体具侧线……9
9. 侧线位低，沿腹缘后行；腹鳍腹位，背鳍与臀鳍多后位……颌针鱼目 Beloniformes
   侧线正常，沿体两侧后行……10
10. 两颌无牙，具咽喉齿；无脂鳍，有顶骨和下鳃骨……鲤形目 Cypriniformes
    两颌具牙，一般具脂鳍……11
11. 体被骨板或裸露无鳞；具口须，颌具齿……鲶形目 Siluriformes
    体被圆鳞；无口须，具脂鳍和发光器……灯笼鱼目 Myctophiformes
12. 体侧有银色纵带，背鳍 2 个，第 1 背鳍由不分支鳍条组成……银汉鱼目 Atheriniformes
    体侧无银色纵带，腹鳍亚胸位或喉位，背鳍 1～3 个……鳕形目 Gadiformes
13. 胸鳍基部柄状，鳃孔位于胸鳍基部后方……鮟鱇与目 Lophiiformes
    胸鳍基部非柄状，鳃孔位于胸鳍基部前方……14
14. 吻延长呈管状，无锯齿状缘……棘鱼目 Gasterosteiformes
    吻不延长成管状……15
15. 腹鳍不存在，上颌骨与前颌骨愈合……鲀形目 Tetrodontiformes
    腹鳍存在，上颌骨不与前颌骨愈合……16
16. 腹鳍具 1 个鳍棘，5 个以上鳍条……19
    腹鳍具 1～17 鳍条……17

17. 颌无牙，体被圆鳞，腹鳍无鳍棘……月鱼目 Lampriformes
    两颌具牙……18
18. 尾鳍鳍条 18～19，臀鳍具 3 个鳍棘……金眼鲷目 Beryciformes
    尾鳍主鳍条 10～13，臀鳍具 1～4 鳍棘……海鲂目 Zeiformes
19. 腹鳍腹位或亚胸位，两背鳍分离较远……鲻形目 Mugiliformes
    腹鳍胸位，2 个背鳍接近或连接……20
20. 体不对称，眼位于头的一侧……鲽形目 Pleuronectiformes
    体对称，眼在头两侧……21
21. 第 2 眶下骨不后延为骨突，不与前鳃盖骨相连……鲈形目 Perciformes
    第 2 眼下骨后延为骨突，与前鳃盖骨相连……鲉形目 Scorpaeniformea

2.5.2.2 常见辐鳍亚纲海洋鱼类

2.5.2.2.1 鲱形目 Clupeiformes

椎骨几乎相等。鳍只有软鳍条，背鳍 1 个，腹鳍腹位。圆鳞，无侧线。喉鳔。有的保留动脉圆锥。

鲱科 Clupeidae

鳓鱼 ***Ilisha elongate*** **Bennett**（图 2-219） 又称曹白鱼、祥鱼、白鳞鱼。体侧扁，银白色，被薄圆鳞，无侧线。腹部锯齿状棱鳞 36～42 个。背鳍位于腹鳍后方，臀鳍有鳍条 30 多条；鳍式 D15～17；A48～50；P17；V7。

栖息于深水，在沙底近海区和河口附近繁殖，为我国沿海主要经济鱼类。

青鳞鱼 ***Harengula zunasi*** **Bleeker**（图 2-220） 俗称青皮鱼。体长 180mm，近长方形，侧扁。上部灰黑，下部银白色。下颌稍长于上颌。无侧线。除头外，体被大圆鳞。背鳍与腹鳍相对，臀鳍条 15～25 条，鳍条相似；鳍式 D16；A20～22； P17；V7。

栖息于浅海中上层，主食浮游生物，5～6 月产卵。广泛分布于黄海、渤海。

斑鰶 ***Clupanodon punctatus*** **Temmnck et Schlegel**（图 2-221） 体长而侧扁，上部淡黑，下部银白色；体长 270mm。口小，下位，上颌较下颌长，口内无齿。无侧线。腹部自胸鳍至肛门间有锯齿形棱鳞。背鳍最后一鳍条最长，呈丝状，其长为第 3 鳍条的 2 倍多。鳃盖上有一明显的大黑点，体侧鳞片有黑点连接成行。

常群栖于浅海区和河口附近，以藻类、桡足类等为食。我国沿海习见鱼类。

鲥鱼 ***Macrura reevesi*** **Richardson**（图 2-222） 体长椭圆形，腹棱鳞锐利，口前位，上颌中央有显著缺刻。具脂眼睑。尾深叉状。偶鳍基部有腋鳞，腹鳍小。

平时栖息于海中，以浮游生物为食，溯河产卵洄游，故有“来鲥去鲞”之说。

重要经济鱼类，分布东南沿海一带及长江流域。

鳀科 Engraulidae

凤鲚 ***Coilia mystus*** **Linnaeus**（图 2-223）　又称凤尾鱼。体银白色，侧扁，向尾端尖细。体被圆鳞，腹棱显著。上颌骨延长至胸鳍基部。胸鳍上部有 6 根丝状游离鳍条；臀鳍长，鳍条 79～123 条，与尾鳍相连。无侧线，纵列鳞 71～83 个。

栖息于浅海、河口，捕食浮游生物、虾类等，溯河到下游产卵。分布于我国沿海。

黄鲫 ***Setipinna taty*** **Cuvier et Valenciennes**（图 2-224）　俗称薄鲫。体长而侧扁，背暗灰，腹侧银白色。胸鳍下与臀鳍间有锯齿形棱鳞。口大而斜，下颌较上颌短。无侧线。体被圆形大鳞。胸鳍第 1 鳍条特长，超过腹鳍末端；腹鳍小。

栖息于近海泥沙底海区，捕食浮游生物，在黄渤海区产卵。为我国沿海习见小型鱼类。

2.5.2.2.2　鳗鲡目 Anguilliformes

体细长圆筒状。鳞片退化。背、臀、尾鳍相连，无腹鳍和鳍棘。变态发育。

鳗鲡科 Anguillidae

鳗鲡 ***Anguilla japonica*** **Temminck**（图 2-225）　又称白鳝、鳗鱼。身体细长，前部近圆筒形，后部侧扁，上部灰黑绿色，下部白色。颌及犁骨具细齿。鳞小，埋在皮下，呈细纹状排列。侧线完整。有胸鳍，背鳍、臀鳍与尾鳍相连。

雌鱼溯河发育成熟后返回海中进行繁殖。穴居泥沙中。分布于东海、黄海及江湖中。

海鳗科 Muraenesocidae

海鳗 ***Muraenesox cinereus*** **Forskål**（图 2-226）　俗称狼牙鳝。体细长无鳞，前部圆筒状，尾侧扁。颌齿强大，上、下颌齿每侧 3 行，颌和犁骨有犬齿。有侧线和胸鳍。

在海中季节性洄游，以小动物为食。分布于我国沿海，为各海区重要食用经济鱼类。

2.5.2.2.3　颌针鱼目 Beloniformes

体细长。圆鳞。鳍无棘，胸鳍位高。侧线接近腹部。肩带无中乌喙骨。能进入淡水。

鱵科 Hemirhamphidae

鱵鱼 ***Hemirhamphus sinensis***（图 2-227） 又称针鱼。下颌延长呈针状。体银白色，背面暗绿色，背中央有一淡黑色线条，体侧有一银灰色纵带。上颌尖锐呈三角形，鳞小，鳞式：102～112$\frac{9\sim10}{4\sim5}$。背鳍与臀鳍相对，尾鳍叉形，下叶长于上叶。

栖息于浅海，可进入淡水水域。分布于黄海、渤海。

颌针鱼科 Belonidae

颌针鱼 ***Tylosurus anastomella*** **Cuiver**（图 2-228） 上下颌延长成针状。体细长，淡白色，侧扁近方柱形，被圆鳞。体侧有一道深色纵线。胸鳍高位。

生活于近海河口一带，以小鱼虾为食。分布于我国沿海一带。

飞鱼科 Exocoetidae

燕鳐鱼 ***Cypselurus oxycephalus*** **Cuiver**（图 2-229） 又名飞鱼、燕鱼。体背面青黑色，下部银白色。胸鳍特长可达臀鳍末端。腹鳍长，后位。尾鳍叉形，下叶长于上叶。具圆鳞，侧线位低。鳞式：54～66，8～10/4。

喜成群在水表面游泳，凭借特大胸鳍可在水面上滑翔。生殖洄游由外海向近海进行。分布于渤海、黄海和东海。

2.5.2.2.4 鳕形目 Gadiformes

体被圆鳞。鳍无棘，腹鳍喉位。鳔无管。肩带无中乌喙骨。

鳕科 Gadidae

鳕鱼 ***Gadus macrocephalus*** **Tilesius**（图 2-230） 又称大头鱼。头大。体背侧淡灰黑色，具棕黑色及黄色小斑点，体腹侧灰白色。各鳍由鳍条组成。无硬棘，背鳍 3 个，臀鳍 2 个。下颌颏部有 1 须，须长等于或略长于眼径。鳞小，侧线鳞不显著。

集群栖于海底，以小鱼等为食。肝可制成鱼肝油。在近海产卵繁殖后，分散返回外海越冬。分布于渤海、黄海和东海北部。

2.5.2.2.5 海龙目 Syngnathiformes

吻呈管状，口前位。鳃退化，鳃孔小。侧线位低。有第1背鳍为刺鳍。鳔无管。

海龙科 Syngnathidae

海马 ***Hippocampus japonicus*** **Kaup**（图 2-231）　身体无鳞，为骨环所包被。吻短，不及眼径的 2 倍。头部似马的头部，顶冠低；头部弯曲与躯干部垂直。无尾鳍，尾部可卷曲。鳍式 D16～17；A4；P11～12。

栖息于近海，用蜷曲尾部附着在海藻上，直立游泳，捕食浮游生物和仔鱼。分布于我国各海区。我国有多种海马，均为重要药用动物。

海龙 ***Syngnathus acus***（图 2-232）　体包被于骨环中，无鳞，体灰褐色。吻细长呈管状，口位于吻尖端，无牙。尾鳍为扇形，尾部不能卷曲。头与体轴在同一直线上。鳞式 D39～45；A4；P12～13；C9～10。

我国有多种海龙，供作中药用。分布于我国北部各海区。

2.5.2.2.6　鲻形目 Mugiliformes

体被圆鳞或栉鳞。第 1 背鳍由鳍棘组成，第 2 背鳍由鳍棘和鳍条组成。腹鳍亚胸位。鳔无鳔管。

鲻科 Mugilidae

鲻 ***Mugil cephalus*** **Linnaeus**（图 2-233）　又称头鲻、梭鱼。身体粗壮，前部平扁，自胸鳍后渐侧扁。背黑色，有 7 条黑色纵条纹，各条纹间有银白色斑点；腹白色。体被圆鳞，无侧线。脂眼睑发达。鳃耙细密如蓖。纵列鳞 37～43，背鳍前方具纵列鳞 14～15 个。鳍式 AIII～8；C14。

栖息于浅海或河口的咸淡水交界处。在深海产卵繁殖，幼鱼溯河取食水底藻类和其他有机物，生长快，已经人工饲养。分布于我国沿海。

梭鲻 ***Mugil soiuy*** **Basilewsky**（图 2-234）　又称梭鱼。体被圆鳞，无侧线。眼睑仅遮盖眼边缘，眼上缘红色。纵列鳞 38～44，背鳍前方纵列鳞 22 个。鳍式 AIII～9；C14。

栖息于河口和海湾内。分布于我国沿海。

2.5.2.2.7　鲈形目 Perciformes

鳞多为栉鳞。背鳍2个，分别由鳍棘或鳍条组成。腹鳍胸位或喉位。鳔无管。

鲈科 Percidae

鲈鱼 ***Lateolabrax japonicus*** **Cuvier et Valenciennes**（图 2-235）　俗称花鲈、

鲈花。身体上部灰绿色，下部灰白色；体被栉鳞。侧线完全，身体侧线以上以及背鳍的鳍棘皆有大形黑斑，黑斑随年龄和个体而有所不同。口大，下颌稍长于上颌 。腹鳍位于胸鳍始点的稍后方。鳍式 DXII～13；AIII-7～8；P16～18；V1～5。

栖息于河口附近，产卵于半咸水中，幼鱼春夏溯河而上，捕食虾类和桡足类。分布于我国沿海，为重要经济鱼类。

石首鱼科 Sciaenidae

小黄鱼 ***Pseudosciaena polyactis*** **Bleeker**（图 2-236） 又称小黄花。身体背侧黄灰色，侧线下鳞金黄色。鳍灰黄色。尾柄长为尾柄高的 2 倍多。臀鳍的第 2 鳍棘长于眼径。鳞式 58～62，5～6/8。

栖息于近海，在河口及近海区产卵，在海湾河口索饵，在较深暖水性海区越冬。分布于东海、黄海、渤海，为我国沿海重要经济鱼类。

大黄鱼 ***Pseudosciaeno crocea*** **Richardson**（图 2-237） 又称大黄花。背侧灰黄色，侧线下鳞金黄色。背鳍、尾鳍灰黄色，其他鳍黄色。尾柄长为高的 3 倍多。臀鳍第 2 鳍棘等于或大于眼径。鳞式 52～56，8～9/8～9。

喜结群生活，在近海产卵繁殖，到深海越冬。分布于黄海南部、东海、南海，为沿海重要结群性经济鱼类。

黄姑鱼 ***Nibea albiflora*** **Richardson**（图 2-238） 俗称黄婆鸡。体背侧灰黄色且有许多细波状斜纹，腹侧黄白色。颏部有 5 个小孔。臀鳍第 2 鳍棘为第 1 鳍棘长的 3 倍。腹鳍第 1 鳍条突出为丝状。尾柄长为尾柄高的 2.3～3 倍。鳞式 50～53，8～9/14～15。

栖息于近海中下层，捕食底栖动物，在渤海河口及舟山群岛产卵繁殖，到东海北部越冬。分布于各地沿海，为常见食用鱼类。

白姑鱼 ***Argyrosomus argentatus*** **Houttuyn**（图 2-239） 体背侧淡灰，下侧银白。口前位，斜形。上颌外行与下颌内行的齿较大。颏部有 3 对小孔。鳃盖上部有一大黑点。第 1 背鳍黄灰，后背鳍有一白纵纹。第 2 臀鳍棘约等于眼径。鳞式 48～52，6/8～10。

栖于近海中下层，在近海河口、海湾产卵繁殖，到外海越冬。分布于我国沿海。

叫姑鱼 ***Johnius belengerii*** **Cuvier**（图 2-240） 体背侧淡灰，下侧银白色。口下位。颌部有 5 个小孔，中央孔内有一核突。鳃盖上部黑色。臀鳍第 2 鳍棘为第 1 鳍棘长的 2 倍多。尾鳍尖楔状。第 1 背鳍上端黑色，其他鳍淡黄白色。鳞式 44～51，4～6/7～9。

栖息于近海。分布于黄海、渤海海区。

鲷科 Sparidae

真鲷 ***Chrysophrys major*** **Temminck**（图 2-241）　又名加吉鱼。体呈长椭圆形；体赤色，散布有碧蓝色斑点。眼间隔狭，圆凸。背鳍棘较强。臀鳍起点在最末背鳍棘之下。鳍式 DXII-9；AIII-8；P18；VI-5。体被栉鳞，鳞式 56～60，8/16。

栖息于底层，摄食底栖小动物。在渤海湾产卵后到黄海越冬。为各地名贵经济鱼类，已经进行人工养殖，分布于我国沿海近海。

黑鲷 ***Sparus macrocephalus*** **Basilewsky**（图 2-242）　俗称黑加吉。体长椭圆形，侧扁；青灰色，发银光，鳞片上有斑点，成纵纹。侧线起点处有一斑点。有的体侧有数条黑色横带。背鳍棘强大，以第 4 或第 5 鳍棘最长；臀鳍起点在背鳍第 2 鳍条之下，鳍式 DXI-11～12；AIII-8；P18；VI-5。

栖息于近海，以鱼虾等小动物为食。雌雄同体的幼鱼分化为雌鱼或雄鱼。我国沿海习见经济鱼类，分布于我国沿海。

带鱼科 Trichiuridae

带鱼 ***Trichiurus haumela*** **Forskål**（图 2-243）　又称刀鱼。体侧扁、带状，体银白色。上下颌前方尖牙钩状，两侧为扁尖牙。侧线在胸鳍上方处向下弯曲，折至沿腹部向后延伸。无腹鳍，臀鳍仅棘尖外露。

栖息于中上层水域，夜间结群到近海捕食小鱼虾。在近海河口附近产卵繁殖，到深海区越冬。为我国主要经济鱼类，分布于各地沿海。

鲭科 Scombridae

鲐鱼 ***Pnematophorus japonicus*** **Houttuyn**（图 2-244）　俗称鲐巴鲭、青花鱼。体背青蓝色，腹部银灰色，体侧上方有深蓝色斑纹。眼具脂眼睑。第 1 背鳍棘 9～10 根，第 2 背鳍与臀鳍相对，其后有小鳍 5 个。尾鳍基部隆嵴 2 条，无中央隆嵴。

栖息于近海海湾的中上层，以小鱼虾等为食。在渤海湾产卵繁殖，东海南部越冬。为产量较大的经济鱼类，分布于我国沿海。

鲅科 Cybiidae

蓝点鲅 ***Scomberomorus niphonius*** **Cuiver et Valenciennes**（图 2-245）　俗称鲅鱼。背部蓝褐色，体侧有不规则黑斑。背鳍距离近，第 1 背鳍鳍棘 19～20 个，第 2 背鳍和臀鳍后各有小鳍 8～9 个。尾柄有 3 条隆嵴，中央嵴长而高。侧线稍弯曲，在第 2 背鳍下不显著下弯。

暖水性中上层鱼类，结群捕食小鱼等。春季从广东沿海洄游到渤海产卵繁殖，秋季由中下层水域沿原路返回。分布于黄海、渤海及东海北部。

鲳科 Stromateidae

银鲳 ***Stromateodies argenteus*** **Euphrasen**（图 2-246） 又称白鲳、平鱼。体卵圆形，侧扁。体背部青灰色，腹部银白色。头小,背面隆凸。吻短。体被细小圆鳞。侧线鳞 94～100。背鳍与臀鳍同形，成鱼鳍棘埋于皮下。

栖息生活于外海中下层，捕食小鱼和桡足类。结群到近海河口产卵繁殖。名贵食用鱼类，分布于我国沿海。

鲬科 Platycephalidae

鲬 ***Platycephalus indicus*** **Linnaeus**（图 2-247） 又称牛尾鱼。体长形、平扁。前鳃盖骨后缘有个 2 尖棘。体被小栉鳞。第 1 背鳍前后各有 1 个游离的短鳍棘，背鳍和臀鳍各有 13 条鳍条。

栖息于近海沙底海区，以小鱼等为食。为习见经济鱼类，分布于我国沿海。

鲂鮄科 Triglidae

绿鳍鱼 ***Chelidonichthys kumu*** **Lessen et Garnot**（图 2-248） 体背侧红色有网状纹，腹侧淡白。体被小圆鳞。头部背、侧面被骨板。前鳃盖骨有 2 棘，主鳃盖骨有 1 棘。胸鳍下侧有 3 条指状游离鳍条，前面为灰白色，后面为具斑点的艳绿色。

栖息于近海底层，在近海索食产卵，深海越冬。为我国沿海常见鱼类。

红娘鱼 ***Lepidotrigla microptera***（图 2-249） 体背侧红色，腹侧淡白。头部背、侧面被骨板。前鳃盖骨无棘，肱棘尖长，达第 5 背鳍棘下方。鳍红色；胸鳍下侧有 3 条指状游离鳍条。体被中等大栉鳞，鳞式 64～68，5～6 / 18～19。

栖息于近海底层。分布于东海、黄海和渤海。

绵鳚科 Zoarcidae

绵鳚 ***Zoarces viviparus*** **Linnaeus**（图 2-250） 体长鳗状，微侧扁，体背淡黄褐色，下侧淡白色；体侧有十几个褐色斑块。细小圆鳞埋于皮下。背鳍前部有 88～94 鳍条，其后为 12～18 根短小鳍棘，近尾端又有 16～28 根鳍条。腹鳍短小，喉位。背鳍第 4～7 鳍条上具有 1 个黑色斑。

栖息于近海底层，以小鱼虾等为食。不进行远距离洄游。卵胎生，分批产仔。分布于黄海、渤海和东海。

弹涂鱼科 Periophthalmidae

弹涂鱼 *Periophthalmus cantonensis* Osbeck（图 2-251）　又称跳跳鱼。眼突出于头前上方，能活动。胸鳍基部有肌肉柄，用于爬行；腹鳍愈合成吸盘状；2 个背鳍。鳃腔能膨大，储存空气供离水时呼吸。

穴居栖息于沿海各地及河口半咸水中，匍匐于海滩、河口泥沙滩上。遇惊即跳回水中。分布于各地沿海。

2.5.2.2.8　鲽形目 Pleuronectiformes

体平扁，不对称。眼移位到身体的一侧。有眼侧体色较深。鳍无鳍棘。无鳔。

鲆科 Bothidae

牙鲆 *Paralichthys olivaceus* Temminck et Schlegel（图 2-252）　体长圆形，被黑色斑点。两侧口裂等长。左侧有眼，深褐色，被栉鳞；右侧无眼，该侧白色，被圆鳞。侧线的前部弓起，侧线鳞有 103～130 枚。

栖息于泥沙海底。分布于我国沿海。

鲽科　Pleuronectidae

高眼鲽 *Cleisthenes herzensteini* Schmidt（图 2-253）　体长圆形，侧扁。有眼侧褐色，被栉鳞，有时杂有圆鳞；无眼侧白色，被圆鳞。鲽科两眼在头的右侧。眼凸起，上眼位于体背侧中央。侧线鳞 76～88 枚；侧线在胸鳍上方稍高起不呈弓曲状。

栖息于泥沙海底上，捕食小鱼虾。分布于黄海、渤海。

黄盖鲽 *Pseudopleuronectes yokohamae* Güenther（图 2-254）　体卵圆形。有眼侧深褐色有暗色斑，被栉鳞；无眼侧白色，被圆鳞。侧线的弓曲部至背鳍基底间，侧线鳞 22～26 行。

栖息于泥沙质海区，捕食甲壳动物和小鱼。黄海、渤海常见鱼类。

石鲽 *Platichthys bicoloratus*（图 2-255）　体卵圆形。体无鳞，小鱼身体完全裸出，大鱼则有 3 纵行钙化骨板，头部及尾柄上下有小骨板；无眼侧完全裸出。侧线直线状或前部微高起，前方有 1 颞上枝，延伸至背鳍第 5、6 鳍条之间。

栖息于泥沙海底上，捕食小鱼虾。黄海、渤海常见鱼类。

鳎科 Soleidae

条鳎 *Zebrias zebra* Bloch（图 2-256）　体舌状。无眼侧胸鳍呈退化状。两

眼均在头右侧。有眼侧淡黄褐色，有略呈平行的深褐色横带。体两侧均被小栉鳞。

栖息于浅海中底层，以虾、多毛类为食。分布于我国各海区。

舌鳎科 Cynoglossidae

半滑舌鳎 ***Cynoglossus semilaevis*** **Güenther**（图 2-257） 俗称牛舌。体长而侧扁。眼在头左侧。鳞小。有眼侧栉鳞，侧线 3 条，背鳍基底至上侧线间有鳞 9～10 行，上中侧线间 22～25 行，中下侧线间 24～33 行，下侧线至臀鳍基底间 10～12 行；无眼侧圆鳞，无侧线。背鳍及臀鳍与尾鳍相连，无胸鳍，有眼侧有腹鳍，以膜与臀鳍相连。

栖息于浅海沙质海区，为近海底层鱼类，分布于黄海、渤海。

2.5.2.2.9 鲀形目 Tetrodontiformes

上颌骨愈合成喙。齿大呈板状。背鳍与腹鳍相对。多有剧毒。

革鲀科 Aluteridae

绿鳍马面鲀 ***Navodon septentrionalis*** **Güenther**（图 2-258） 俗称扒皮鱼。体蓝灰色，各鳍绿色。鳞细小，鳞面绒状。无侧线。口小，牙门齿状。第 1 背鳍 2 条鳍棘，第 1 鳍棘强大，有 3 行倒刺。腹鳍只 1 个短鳍棘。

栖息于近海底层，植食性。产量较大，分布于我国沿海。

鲀科 Tetraodontidae

虫纹东方鲀 ***Fugu vermicularis*** **Temminck et Schlegel**（图 2-259） 俗称河豚鱼。体光滑无刺，上半部褐色，有圆形或蠕虫状淡蓝色斑纹，胸鳍上方有 1 个淡缘褐色花斑。臀鳍和尾鳍下缘白色。血液和内脏有剧毒。

栖息于近海深处，以甲壳动物等为食，在河口和江湖中产卵繁殖，到较深近海栖息越冬。分布于我国沿海。

2.5.2.2.10 鮟鱇目 Lophiiformes

鮟鱇科 Lophiidae

黄鮟鱇 ***Lophius litulon*** **Jordan**（图 2-260） 体前端扁平圆盘状，向后渐细圆柱形，柔软，无鳞，背面暗褐色、腹面白色。头和体缘有皮质突起。口宽大，下颌齿 1～2 行犬齿状。第 1 背鳍鳍棘分离，位于吻背部，顶端膨大呈皮质穗。胸鳍臂状。

栖于近海底层，伏于水底，以背鳍端部肉饵诱捕小鱼。分布于东海北部及黄海、渤海。

2.5.3　常见爬行纲海洋动物

龟鳖目 Testudoformes(或 Chelonia)

2.5.3.1　常见海洋龟鳖类分科检索

四肢桨状，趾指合并，具 1～2 爪……………………………………海龟科 Cheloniidae
四肢无爪，背甲具 7 条纵棱……………………………………棱皮龟科 Dermochelyidae

2.5.3.2　常见海洋龟鳖类

海龟科 Cheloniidae

海龟 ***Chelonia mydas*** **Linnaeus**（图 2-261）　也称绿海龟。前额鳞 1 对；额鳞 1 枚，六角形。吻短而圆，上颌无钩曲，下颌边缘有锯齿状缺刻。背面棕黄、腹面黄色。背腹甲之间以韧带相连；背甲盾片平整，颈盾宽短，正中微凹；椎盾 5 枚，肋盾 4 对；间喉盾基部有一短裂缝，腹甲有下缘盾 4 对、胯盾 1 枚、腋盾多枚。前肢长，内侧有 1 爪。雄龟尾长超出背甲，雌龟尾短不超出背甲。

栖息于暖水性海域，摄食海藻、海草等。雌龟于夜间到岸边沙滩掘坑产卵。分布于东南沿海。

玳瑁 ***Eremochelys imbricata*** **Linnaeus**（图 2-262）　头部栗色，鳞缝间黄色。吻略长，上颌钩曲，前额鳞 2 对，后 1 对大。背甲棕褐色，具褐色和淡黄色相间花纹。背甲嵴棱明显；幼体覆瓦状排列的盾片随年龄增加而渐趋平铺状。从第 5 枚缘盾起边缘成锯齿状，臀盾左右不愈合。前肢有 2 爪。尾短。

栖息于暖水性珊瑚礁海区，杂食性。3～4 月到沿海沙岸产卵繁殖。分布于南海、东海至山东沿海。

棱皮龟科 Dermochelyidae

棱皮龟 ***Dermochelys coriacea*** **Linnaeus**（图 2-263）　现存龟鳖类中最大的一种。背面被革质皮肤，无角质盾片，7 条纵棱在体后汇成尖形末端，棱内凹如沟；背侧漆黑或暗褐色，微带黄斑；腹甲有 5 条纵棱。四肢桨状，前肢长大，后肢短小，无爪。

生殖期到海岸上产卵。遍布于我国沿海一带，自渤海至东南沿海。

2.5.4 常见鸟纲海洋鸟类

2.5.4.1 常见海洋鸟类分目检索

1．脚适于游泳，蹼较发达，鼻呈管状……………………………………鹱形目 Procellariiformes
　脚适于游泳，蹼较发达，鼻不呈管状……………………………………………………………2
2．翅形尖长，尾羽正常…………………………………………………………………鸥形目 Lariformes
　向前三趾间均具蹼膜……………………………………………………………潜鸟目 Gaviiformes

2.5.4.2 常见海洋鸟类

2.5.4.2.1 鸥形目 Lariformes

鸥科 Laridae

银鸥 ***Larus argentatus***（图 2-264）　俗称鱼鹰子、红脚鲱鸥、叼鱼郎。体型较大。嘴黄色，下嘴基部红色或黑色。头颈白色，背、腰深灰色，肩羽具宽阔的白色羽端；初级飞羽褐黑色，端部白色；尾和下体白色。脚淡红色。

栖息于沿海及内陆大面积水域，嗜食鲱类、鼠类等小动物。广布于沿海和江河流域。

海鸥 ***Larus canus*** **Linnaeus**（图 2-265）　嘴黄绿色，无红斑。头颈白色，肩、背腰上部淡青灰色。初级飞羽杂以白斑；次级飞羽具宽阔的白色端斑。尾和下体白色。

在水面捕食，或群集于退潮海滩觅食。分布于东南沿海各省区。

黑尾鸥 ***Larus crassirostris*** **Vieillot**（图 2-266）　俗称海猫子。嘴缘黄具红端，先端具黑斑。体背灰色，腹面白色。腿黄色，爪黑色。尾白色，近尾端有黑色横宽带斑。

活动于海滨及内陆大面积水域，在沿海岛屿上繁殖，用干草营巢于悬崖岩石处。在海边觅食小动物和尸体。分布于河北、山东到福建沿海。

红嘴鸥 ***Larus ridibundus***（图 2-267）　又称笑鸥、叼鱼郎。嘴赤红色，先端黑色。头颈部棕褐色；体羽淡灰白色。脚赤红色，冬季橙黄色；爪黑色。

常小群在海岸和内陆河流附近飞翔觅食，游泳于水中。分布于全国大部分省区。

燕鸥 ***Sterna hirundo*** **Linnaeus**（图 2-268）　体型较小，体长约 350mm。嘴黑色。额、头顶和后颈黑色。背灰腹白，腰部白色。尾深叉形。外侧尾羽最尖，超过翅长的一半；中央尾羽白色，向外侧逐渐变暗灰色。腿黑。

常结群活动在海岸和内陆河流附近，飞翔时潜水捕食。分布于全国大部分省区。

白额燕鸥 ***Sternum albifrons***（图 2-269）　又称白额海燕。嘴橙黄色，先端黑色；额白色；头顶、后颈和眼先、颊、耳羽均黑色。上体肩、背、腰、尾上覆羽灰色。第 1、2 枚飞羽黑褐色，羽轴内翈缘白色；第 3～5 枚飞羽灰色，羽端黑褐色，内侧其他飞羽与上体同。下体自颊至尾下覆羽和翅下覆羽均白色。尾羽白色。脚橘黄色，爪黑色。

栖息于海边和内陆江河等处，飞翔觅食浅水中的小鱼虾。遍布我国沿海一带。

2.5.4.2.2　鹱形目 Procellariiformes

海燕科 Hydrobatidae

黑叉尾海燕 ***Oceanodroma monorhis*** **Swinhoe**（图 2-270）　体灰黑色。额和嘴基周围较淡，背、肩和尾上覆羽暗灰色，具黑色羽轴。小翅覆羽、次级飞羽、外翈和初级飞羽黑褐色；中覆羽、大覆羽和次级飞羽内翈淡褐色，具白色羽缘。尾羽黑色，下体乌灰色，翅下和尾下覆羽黑色。虹膜褐色。嘴黑色。脚黑色。

白天在海洋中活动，夜间到海岛上栖息。在山东海岛上繁殖，分布于沿海各地。

鹱科 Procellariidae

白额鹱 Calonectris（*Puffinus*）leucomelas Temminck（图 2-271）　中型海鸟，嘴细长，鼻短管状。前额、头顶、头侧、前颈及颈侧白色，具暗褐色纵纹；额及眼先纵纹细窄而少。枕、后颈、背、肩、腰暗褐色缀有灰白色羽缘。颏、喉、前颈及下体白色。翼下覆羽白色，具褐色斑。飞羽黑褐色，次级飞羽内翈基部白色。尾楔形，黑褐色。

白天在海洋中活动觅食，夜间在海岛上栖息。在山东沿海岛屿上繁殖，分布于各地沿海。

2.5.5　常见海洋哺乳纲动物

2.5.5.1　常见海洋哺乳动物分目检索

同型齿或无齿，呼吸孔位于头顶，多数具背鳍，乳头腹位……………………鲸目 Cetacea

多为异型齿，呼吸孔在吻前端，无背鳍，乳头胸位……………………………………海牛目 Sirenia

2.5.5.2 常见海洋哺乳动物

2.5.5.2.1 鲸目 Cetacea

体型似鱼，颈部不明显。毛退化，仅嘴周围留有感觉毛。前肢鳍状，后肢缺少，尾鳍水平或垂直，鳍由结缔组织支持，外耳壳缺。鼻孔（喷水孔）开口于头顶，具活瓣。

须鲸科 Balaenopteridae

小须鲸 ***Balaenoptera acutorostrata*** **Lacepede**（图 2-272） 又称小鰛鲸。体长不过 10m。腹面前部约有 50～60 条纵长褶沟，后端达到鳍肢后缘与生殖孔间的一半之处。口内无齿而具鲸须。前肢鳍状约为 1/8 体长。尾鳍左右二叶水平状。尾鳍及鳍肢背面为灰黑，腹面乳白色。鳍肢背面基部 1/3 处有一条种的特征性纯白色横纹。

常在浅海单独或小群活动，觅食鱼虾，冬季至山东外海繁殖。分布于黄海、渤海。

海豚科 Delphinus

海豚 ***Delphinus delphis*** （图 2-273） 体长约 2m。背部黑色或黑灰色，下部白色，体侧有黄色或灰色波状纹。眼有黑圈。吻长 12～15cm，尖突如喙，吻额间有“V”形沟分隔。背中央有三角形背鳍。

常集群洄游海面，以各种小鱼为食。每胎产 1 仔。分布于东海、南海。

喙豚科 Platsnistidae

白鳍豚 ***Lipotes vexillifer*** **Miller**（图 2-274） 体纺锤形，背面浅蓝灰色，腹面白色。吻狭长，末端上翘。鼻孔纵长具活瓣。背有低而长呈三角形的鳍。

栖息于淡水水域，多小群活动，摄食小鱼。分布于洞庭湖和长江中下游。

鼠海豚科 Phocoenidae

江豚 ***Neomeris phocaenoides*** **Cuiver**（图 2-275） 又称江猪、海豚。体长 1.3m 左右。全身铅黑色；腹面略浅而亮，有时具花斑。头近圆形，吻部短宽，唇和喉略呈黄灰色，额前凸。鳍肢镰刀形。无背鳍。尾扁平。

栖息于近海、暖海海域，能上溯至江中，单独或几只同游，捕食小鱼虾。我国常见的小型鲸类。分布于长江及其沿岸湖泊及山东、福建、广东、台湾沿海。

2.5.5.2.2　鳍脚目 Pinnipedia

四肢特化成鳍状，5 趾间具蹼，尾小，夹在向后伸直的后肢之间。适于水中生活，以鱼类为食。在海岛上繁殖。分布于寒温带海区。常被驯养做观赏动物。

海狗科 Otariidae

海狗 *Callorhinus curilensis* Linnaeus（图 2-276）　又称海熊、腽肭兽。雄性大雌性小。体被长针毛和厚绒毛，毛色灰褐色至深黑，肩部灰色较多；雌性色淡。耳壳不发达。在陆地上后肢能转向前。

栖息于太平洋海域，一雄多雌在海岛上繁殖。分布于北太平洋和黄海、渤海。

海豹科 Phocidae

海豹 *Phoca vitulina* Linnaeus（图 2-277）　体纺锤形，体表密生短毛。背部灰黄色，具不规则的棕黑色或黑色斑点。腹部乳黄色。后肢向后直伸，短小尾夹于其间。

生活于温寒带海洋中，以鱼为主食。陆上交配产仔，靠腹部弯曲在陆地活动。分布于渤海湾等地。

3 淡水湿地动物实习

一切有水洼地通称为湿地，可分为海洋水域（详见海滨动物实习环境）和淡水水域及其邻近沼泽地带。淡水水域由泉、溪涧、河流、沼泽、湖泊、水库及坑塘等组成。有的是开放型的永久性水域，有的则可能是封闭型的暂时性水塘。主要的实习环境是湖泊、水库、河流及其附近的沼泽和潮生湿地。

3.1 淡水湿地动物实习环境简介

3.1.1 湖泊、水库湿地

全国具有较大面积水面的有洞庭湖、鄱阳湖、五大连池、艾定湖、镜泊湖、滇池以及高原湖区的青海湖等；山东有南四湖、东平湖等。全国还有用途及库容大小不同的各种水库。除了较大的水域水面外，还有毗邻的季节性和长期性沼泽湿地。根据营养情况可将这些水域分为贫营养湖、富营养湖和腐殖质营养湖三种基本类型。湖水的类型不仅决定和影响水域内的动物群落区系，而且影响周边邻近生境由湿生环境向旱生环境的过渡程度，因而决定并影响动物的区系分布。在这里既有各种水生动物，也有形形色色的适应湿生环境的动物群。

3.1.2 河 流 湿 地

河流不仅有大小、长短之分，有季节性与长期河流之分，而且河流分为上游、中游和下游三部分。河流上游地处山地森林区，无污染，人类干扰少，动物栖息活动生境多样，中游和下游常存在着环境污染和人类活动的严重干扰。河流还可以有激流、缓流和静水等区域。因此，水流形式不仅影响淡水水域中的动物群落，而且影响沿岸湿地、平原和山坡地带动物类群的生态分布，也决定着实习季节和地点的选择。黄河下游及其大面积的三角洲是山东主要的河流湿地。

3.1.3 常 见 动 物

与淡水水域及其附近沼泽地区栖息环境有紧密关系的常见动物有许多。低等动物包括各种轮虫、环节动物、软体动物和桡足类、枝角类、甲壳动物、昆虫等节肢动物。常见的主要淡水鱼类有青鱼、草鱼、鲢鱼、鳙鱼、鲤鱼、鲫鱼、鳊鱼、鲂鱼、黄鳝、泥鳅、麦穗鱼、鲇鱼及乌鳢等。常见两栖类有泽蛙、黑斑蛙、中国林蛙、花背蟾蜍、中华大蟾蜍、东方蛉蟾等。常见爬行类有鳖、乌龟、虎斑游蛇和火赤链蛇等。鸟类主要是游禽和涉禽，常见种类有小鸊鷉、绿头鸭、斑嘴鸭、针尾鸭、白骨顶、红骨顶、苍鹭、白鹭、池鹭、白腰草鹬等。

3.1.4　淡水湿地动物生态学调查方法

进入实习地，首先可将实习环境区分为水域、沼泽和湿生陆地，确定是静水还是流水，以及水生植物的分布概况，然后确定要进入的环境和实习内容，并选择需要的交通和调查工具，例如，进入水域不仅需要有小船，而且调查鱼类需要鱼网，调查桡足类等需要浮游生物网，调查底栖动物需要挖泥器等，用每网或数网（作为样方）捕获的动物种类数和生物量表示整个水域的动物群落结构；结合邻近陆地和湖中岛屿的动物区系的调查结果进行分析，既可评价不同调查方法及其结果的价值，水域、沼泽和湿生陆地动物群落的变化规律，从而以动物群落结构变化作为显而易见的指标评价水质状况，又可以水生动物、依赖淡水生活的动物群落和环境的动态变化评价周围工农业生产是否符合湿地保护和可持续发展要求，为淡水湿地环境的保护提供科学依据。

3.2　淡水水域常见无脊椎动物

3.2.1　原生动物门 Protozoa

3.2.1.1　纤毛纲 Ciliata

尾草履虫 ***Paramecium caudatum*** **Ehrenberg**（图 3-1）　体形似草鞋底。体长 180～300μm，宽 42～75μm，宽为长的 1/4～1/3。伸缩泡 2 个，位于体长 1/2 和 3/4 处。食物泡多。大核椭圆形，小核圆形，位于大核凹处。

生活在富含腐烂有机质的静水、流水或生活污水中。分布比较广泛。

双核草履虫 ***Paramecium aurelia*** **Ehrenberg**（图 3-2）　体短圆筒形，个体较小，后半部稍许膨大。末端钝圆，大核 1 个，小核 2 个，附着于大核的一侧或两侧。体长 150～180μm，宽 45～54μm。

生活于池塘及浅水湖泊等水体的腐烂植物较多处。世界性分布。

双叉尾毛虫 ***Urotricha furcata*** **Schewiakoff**（图 3-3）　体椭圆形，体长 22～25μm。胞咽漏斗状，胞口圆形。体被长短均匀，分布稀疏的体纤毛，后端有 2 根长尾毛。大核圆形，侧位，小核贴附其上，伸缩泡位于后端。

苔藓膜袋虫 ***Cylidium muscicola*** **Kahl**（图 3-4） 体呈宽短卵圆形。口围达体长的 2/3，伸缩泡在中部略偏后，大核在虫体前半部。体后端钝圆，有尾纤毛伸出。

钟形钟虫 ***Vorticella campanula*** **Ehrenberg**（图 3-5） 体呈宽阔的钟形，体长 70～122μm，固定收缩后的标本体长 54～56μm，柄长 120～176μm。体内充满暗色储藏颗粒，致使身体呈黑色。口围阔，直径为体长的 4/5。大核带形稍弯。

缩钟虫 ***Vorticella abbreviata*** **Keiser**（图 3-6） 体小，体长 35μm，固定收缩后的标本体长 26μm，宽为体长的 2/3。口围狭，核横位。虫体柄短。

附着生活于桡足类的幼体上。

瓶累枝虫 ***Epistylis urceolata*** **Stiller**（图 3-7） 体呈瓶形或瓮形。口围“缘唇”显著地丰厚膨大，故口周盘厚而高度隆起。群体大的由 100 以上个体组成。本体长 90～190μm，宽 48～90μm，柄总长 200～3040μm。

着生于螺、蚌等贝壳上，分布于静水、流水及沼泽、池塘和湖泊中。

3.2.1.2 肉足纲 Sarcodina

大变形虫 ***Amoeba proteus*** **Leidy** （图 3-8） 虫体大，体长 200～600μm，宽 100～120μm。体形不断改变，伪足指状。细胞核 1 个，盘状。

体内可有吃入的硅藻、绿藻等。分布广泛。

珊瑚变形虫 ***Amoeba gorgonia*** **Penard**（图 3-9） 虫体多变，体长静止时 50～60μm、行动时 60～100μm。指状伪足从“圆球”本体伸出，伪足末端浑圆。

生活于沉水植物较多的水体。分布广泛。

辐射变形虫 ***Amoeba radiosa*** **Dujardin**（图 3-10） 体直径 15～30μm。辐射状伪足 3～10 个，伪足最长者超过体长 4～5 倍。

栖息于水生植物、丝状藻体上。分布广泛。

普通表壳虫 ***Arcella vulgaris*** **Ehrenberg**（图 3-11） 背腹面观圆形，似表盖。壳直径 100～150μm，壳高 50～75μm，壳高约为直径 1/2。壳孔直径 30～45μm。指状伪足 5～6 个。伸缩泡 4～6 个。细胞核 2 个。

多生活在沼泽、池塘、浅水湖泊及溪流等水体的沉水植物丰富区。世界性分布。

放射太阳虫 ***Actinophrys sol*** **Ehrenberg**（图 3-12） 体球形，直径 25～50μm。外质透明有定形大空泡，内质颗粒状有小空泡。伪足多，细长挺直，从核附近辐射伸出。

浮游生物的重要组成部分，为鱼类的自然饵料。

3.2.2　腔肠动物门 Coelenterata

水螅 ***Hydra***（图 3-13）　身体圆柱状，体壁由 2 层细胞构成，内部为消化循环腔。基盘附着于水中物体上，活动端星形口位于圆锥形垂唇上，口的周围有 6～10 条细长触手，为捕食器官。

生活在水草丰富、水流较缓的清澈淡水中。分布广，常采集、培养用作实验材料。

3.2.3　扁形动物门 Platyhelmintes

日本三角涡虫 ***Dugesia japonica***（图 3-14）　前端钝，尾端尖。背面黄褐到棕红褐色，腹面色浅。头三角形，两侧耳状突发达。眼点 1 对。腹面中间稍后有口和咽，咽长为体长的 1/5～1/6；咽的内肌带由厚内环肌层和薄外纵肌层组成，外肌带由外纵肌层和内环肌层组成。一条前肠干有 10～20 个侧支，两条后肠干各有 15～18 个侧支。生殖孔位于口和尾尖的中间。卵巢 2 个，位于肠的第 2、3 突膨部之间；睾丸位于卵巢后部。

分布于我国中部、北部和台湾。

山地细涡虫 ***Phagocata vivida***（图 3-15）　体前线截状，中央稍弓形，两侧耳突十分显著。尾部钝尖或圆形。背面浅灰色到黑色。2 个眼点。前肠干有 10～12 分支，两后肠干各有 10～12 侧支。咽内肌带由宽内环肌层连接咽腔内上皮和一窄的外纵肌层，外肌带由薄的外纵肌层和内环肌层组成。1 对卵巢，较大，位于肠第 2 分支的下部。睾丸位于卵巢到体后端的腹部和背部。

栖息于终年常流水的河川源头和冷泉溪流中的石块下。分布于我国北方。

3.2.4　轮虫动物门 Rotifera

转轮虫 ***Rotaria rotatoria*** **Pallas**（图 3-16）　体长 450～1050μm，刺戟 28～40μm。头冠有 2 个明显轮盘，向前展开；头冠缩入时吻可伸出。足末端的 3 个趾比较长。

栖息于沼泽、池塘及浅水湖泊的沉水植物之间，底栖爬行，也可自由游动。分布较广。

台杯鬼轮虫 ***Trichotria pocillum*** **O. F. Mulller**（图 3-17）　头与躯干圆筒形，长 155～176μm，侧缘光滑无锯齿，躯干后半部柱形。第 1 足有 2 根长刺，长 38～42μm。趾长 69～84μm。末节下端中央有小刺。

广栖于沼泽、池塘及浅水湖泊中。

方形臂尾轮虫 ***Rachionus quadridentatus***（图 3-18） 又称花荚臂尾轮虫（*B. capsuliflorus* Pallas）。被甲宽 150μm，长 135μm。棘突 3 对。足孔位于一个显著管状突上，后端棘状突长 63μm。

广布于各类水体内，能适应生活于碱性水体。

3.2.5 环节动物门 Annelida

日本医蛭 ***Hiruda nipponia*** **Whitman**（图 3-19） 体狭长，长 30～50mm，宽 4.0～5.0mm。眼 5 对。背面有 6 道纵纹，中间 2 条最阔。体环 103 个。后吸盘碗状。

栖息于水田、沼泽、鱼塘等水体。可吸吮人血，应注意防除。分布较为广泛。

宽体金线蛭 ***Whitmania pigra*** **Whitmania**（图 3-20） 体长 60～130mm，宽 13～20mm。眼 5 对。背暗绿色具 5 条纵行的黑色间杂淡黄色的斑纹，背中线 1 条较深。腹两侧各有 1 条淡黄色纵纹。体环数 107 条。

能刺伤皮肤，但不吸血。分布普遍，水田及湖沼中常见。

腹平扁蛭 ***Glossophonia complanata*** **Linne**（图 3-21） 体长 15～30mm，宽 5.0～9.0mm。眼 3 对，第 2 对最显著。背中线两侧各有 1 条棕褐色的纵行斑点构成的线。体环 68 条。前、后吸盘小，圆形。

多栖息于池塘、河川等静水流中，受惊后蜷成球形。世界性分布。

3.2.6 软体动物门 Mollusca

3.2.6.1 瓣鳃纲 Lamellibrachia

圆顶珠蚌 ***Unio douglasiae*** **Gray**（图 3-22） 又称蛤蜊、杜氏蚌。壳长 55mm，高 25mm，长约为高的 2 倍，宽 18mm，壳薄而坚。壳顶位于壳前部 1/3～1/4 处。

栖息于湖泊、河流、水库及池塘沿岸。分布于我国中东部大部分省区。

三角帆蚌 ***Hyriopsis cumingii*** **Lea**（图 3-23） 又称水壶、江贝、翼蚌。壳长 190mm，高 90mm，宽 31～240mm。前背缘短小，尖角状，与前缘相连形成后背缘向上突起呈三角形帆状后翼。韧带长，铰合部发达。

栖息于常年水位不大、水质清、水流急、底质硬或沙底的湖泊及河流中。我国特有种，分布于河北、山东、安徽、江苏、浙江、江西、湖北、湖南等省。

剑状矛蚌 ***Lanceolaria gladiola*** **Heude**（图 3-24） 壳长 110mm，高 30mm，宽 20mm；壳厚、膨胀，两侧不等称，外形剑状。铰合部发达，左壳有拟主齿及侧齿各 2 枚，右壳有 2 枚拟主齿，1 枚侧齿。

栖息于湖泊、河流、池塘内。分布于河北、山东、安徽、江苏、浙江、江西、湖北、湖南等省。

圆背角无齿蚌 ***Anodota woodiana pacifica*** **Heude**（图 3-25）　壳长可达 180mm，高 115mm，宽 65mm。壳两侧不等称。后背缘有一钝角突起。韧带坚固。

分布于我国东部、东北各省区。

河蚬 ***Corbicula fluminea*** **Müller**（图 3-26）　壳长为 40mm，高 37mm，宽 20mm。壳两侧略等称。铰合部发达。左右两壳各有 3 枚主齿及弧形片状的前、后侧齿。左壳有前、后侧齿各 1 枚，右壳前、后侧齿各 2 枚。分布广、数量大。

栖息于我国大部分省区的淡水、咸淡水的江河、湖泊、沟渠、池塘内，尤以江河入海咸淡水交汇的江河中量大。分布于黑龙江、吉林、辽宁、河北、河南、山东、安徽、浙江、江苏、江西、湖北、湖南、福建、台湾、广东、广西、云南、四川、陕西、山西及甘肃、宁夏、内蒙古等省区。

湖球蚬 ***Sphaerium lacustre*** **Müller**（图 3-27）　壳长 11mm，高 9.0mm，宽 4.0mm。肩部薄而脆。贝壳两侧略等称。壳内部呈白色，无珍珠层。铰合部弱，壳有 1 枚主齿 2 枚片状侧齿，左壳有 2 枚主齿，前、后侧齿各 1 枚。

栖息于沼泽地区水塘、沟渠、河流及湖泊内，尤喜生活于近郊污水河道内。分布于内蒙古、新疆、黑龙江、河北、山东、江苏、江西等省区。

3.2.6.2 腹足纲 Gastropoda

中国圆田螺 ***Cipangopaludina chinensis*** **Gray**（图 3-28）　又称螺蛳、蜗螺牛。壳高约 60mm，宽 40mm；壳体圆锥形，螺层 6～7 个，缝合线明显。螺旋部高度大于壳口高度。生长线细密。卵圆形壳口上方有一锐角。厣角质，黄褐色。

栖息于湖泊、水库、河流、沟塘等多水草处。卵胎生。分布于我国大部分省区。

方形环棱螺 ***Bellamya quadrata*** **Benson**（图 3-29）　又称湖螺、石螺、金螺、豆田螺。壳高约 28mm，宽 15mm，厚而坚，螺层 7 个。壳顶尖。螺旋部高为 2/3 壳高。体螺层螺棱显著。脐孔不明显，有角质厣。

栖息于水深 0.7～1.5m 的湖、河沟及池塘中。分布于我国东南各省区。

钉螺 ***Oncomelania hupensis hupensis*** **Gredler**（图 3-30）　又称湖北钉螺。小型，壳高 7.0～10.0mm，宽 3.0～4.0mm，厚而坚，螺层 6～9 个。壳面有纵肋。有角质厣。

栖息于地势低洼水流缓慢的平原地区，如安徽、江苏、浙江、江西、湖北、湖南、广西、山东等地。

耳萝卜螺 ***Radix auricularia*** **Linnaeus**（图 3-31）　又称响螺、痕螺。壳高 24mm，宽 18mm，壳口高 21mm，宽 14mm，有 4 个螺层。螺旋部极短，体螺层极膨大。壳口大，外扩呈耳状。

栖息于 pH6.0～9.0 的水域环境中。分布于我国大部分省区。

尖口圆扁螺 ***Hippeutis cantori*** **Benson**（图 3-32） 壳大极端右旋，壳径 8.0～10.0mm，高 1.5～2.0mm，壳薄、外形扁圆盘状，螺层 4.5～5 个。

栖息于小溪、沟塘、稻田内，有时大量附着于水生植物根茎上。分布于我国东南各省区。

3.2.7 节肢动物门 Arthropda

3.2.7.1 桡足类 Copepoda

汤匙华哲水蚤 ***Sinocalanus dorrii*** **Brehm**（图 3-33） 雌体长 1.44～1.73mm，尾叉长为宽的 6 倍，内外缘有刚毛。内、外肢 3 节。雄体长 1.30～1.69mm，执握肢 23 节。第 5 右胸足第 2 基节内缘有匙状突；外肢 2 节，第 1 节外末角有刺，第 2 节基部内侧有突起，末端有钩状刺；内肢第 2 节有 1 根羽状刚毛，第 3 节 6 根刚毛。左胸足第 2 基节粗短，外末角有细刚毛；外肢第 1 节内缘有隆起，外末角有一短刺；内肢第 2 节基部突出，内缘末部附一长刚毛，第 3 节有 6 根长羽状刚毛。

纯淡水种类。栖息于亚热带和温带的湖泊、池塘和河流中。分布于我国福建、江西、湖南、湖北、浙江、江苏、上海、安徽、山东、河北、北京、天津、内蒙古。

球状许水蚤 ***Schmackeria forbesi*** **Poppe et Richard**（图 3-34） 尾叉长为宽的 3 倍，内缘具细毛。雌体长 1.15～1.40mm，生殖节长、大；单肢型左右对称。雄体长 1.06～1.20mm，单肢型左右不对称。

栖息于我国东部省区的湖泊、池塘及江河中，咸水中也可生活栖息。分布于山东、福建、湖南、湖北、浙江、上海、安徽、河南、河北、天津、内蒙古。

指状许水蚤 ***Schmackeria inopinus*** **Burckhardt**（图 3-35） 雌体长 1.25～1.40mm，尾叉本部较基部宽大，内缘有细长刚毛；尾刚毛 5 根，居中 1 根膨大；外肢第 1 节内末角有刺状突、背面有棘刺；第 2 节内末角有膨大棘，末端有一棘状长刺，基部背、腹面有小棘刺。雄体长 1.15～1.36mm；无刺状毛，尾刚毛不膨大；左足第 2 基节内缘镰刀状突起的后缘中部有 1 根三角形锐刺。外肢第 1 节呈长方形，内缘基部有细刚毛，第 2 节外缘末部有 1 短棘，内基角有 1 列细毛，内缘中部有指状突起。

生活在淡水、咸淡水及低盐度海水中。分布于山东、河北、天津、江苏、安徽、上海、浙江、广东、福建等省市。

模糊许水蚤 ***Schmackeria dubia*** **Kiefer**（图 3-36） 雌性体长 1.05～1.28mm，尾叉宽短，长约为宽的 2.5 倍。A_1 可达腹部的 2 或 3 节。雄体长 1.00～1.10mm，执握肢 20 节，第 14～17 节膨大。右 P_5 第 2 基节内基角有一棒状突，末端尖锐，有 1 根刺状毛。节内线有 3 个齿突。外肢第 1 节短小，有一突起及 1 根刚毛。左足第 2

基节向内的片状突短而宽。外肢第 1 节的内线突出呈三角形。

生活于咸淡水海港及沿海池塘中。分布于浙江、广东、海南、福建等东南各省。

翼突舌镖水蚤 *Ligulodiaptomus alatus* Shen et Sung（图 3-37）　雌体长 1.85～1.89mm，第 5 胸节后侧角向外扩展呈翼状，两角顶间距大于头胸中部的宽度；$A_1$25 节，向后转时末 2 或 3 节超越尾刚毛的末端。雄体长 1.63～1.66mm。第 4、5 胸节分界明显。执握肢 22 节，第 8、10～13 和第 15 节上各有一刺；第 5 右胸足内肢的末端钝圆。

生活于池塘中。分布于广西等地。

披针纺锤水蚤 *Acartia southwelli* Sewell（图 3-38）　雌体长 0.80～1.00mm，P_5 第 1 节短，第 2 节呈长方形，外末角有一刺状长刚毛。第 3 节钩状刺基半部较宽大、末部尖细向内曲折。雄体长 0.75～0.87mm，第 5 右胸足第 3 节有长刚毛 2 根。第 4 节内缘呈马蹄形。左胸足第 2 节长，外缘中部有 1 根刚毛。节末端有 1 根锐刺。

生活于盐水或咸淡水中。分布于广东、天津、海南等地。

秀刺小节猛水蚤 *Microarthridion litospinatus* Shen et Tai.（图 3-39）　雌性体长 0.49mm，头胸部卵圆形，较腹部宽，各体节含生殖节的第 1 节在内，后缘均具微细小刺。A_1 粗壮，分 6 节；A_2 分 4 节，外肢分 2 节。雄体长 0.45mm，A_1 分 6 节。

栖息于沿海淡水中。分布于福建等地。

同形拟猛水蚤 *Harpacticella paradoxa* Brehm（图 3-40）　雌体长 0.75mm。A_1 分 7 节，A_2 分 3 节，外肢分 2 节。P_5 末节长条状，长度为宽度的 3 倍。雄体长 0.67mm，A_1 分 7 节，A_2 及第 1～4 胸足与雌性的相似。P_5 分 2 节，P_6 节短小，末缘具刚毛 3 根。

栖息于泉水、水池及稻田中。分布于云南等地。

锯缘真剑水蚤 *Eucyclops serrulatus* Fischer（图 3-41）　雌体长 0.80～1.12mm。P_4 内肢第 3 节末端内刺为外刺的 1.4～1.5 倍。尾叉长为宽的 5 倍，外缘锯齿明显。A_1 分 12 节，末 3 节细长，有宽的透明膜。雄体长 0.60～0.80mm，P_6 内缘具一壮刺。

栖息于湖泊沿岸带及流动的江河、沟渠中，pH5.0～9.2 均可适应。世界性分布的广温性种类，分布于我国大部分省区。

大尾真剑水蚤 *Eucyclops macruroides* Lilljeborg（图 3-42）　雌体长 1.12～1.34mm，A_1 分 12 节，最末节外线具锯齿，末端锯齿细且密。P_4 内肢第 3 节末端的刺正常，内肢第 3 节长为宽的 3 倍。P_5 的内刺长为节本部的 1.3 倍。雄体长 0.84～0.85mm，尾叉长为宽的 5～7 倍；P_6 内刺长、大，约与中间及外侧的刚毛等长。

栖息于各种浅小类型水域及湖地沿岸的水草丛中，pH5.2～9.8 均可适应。分布于新疆、西藏及我国东部省区。

锯齿真剑水蚤 Eucyclops macruroides denticulatus Graeter（图 3-43）　雌体

长 1.16mm，第 4 胸足内肢第 3 节末端的内刺大于节本部，第 5 胸节后侧角环抱生殖节前部。P_5 节长大于宽。雄体长 0.67～0.74mm，P_6 具 1 个内刺及 2 个外刚毛，居中刚毛较内刺短而细，外侧刚毛较内刺长。

栖息于河流、池塘及湖泊沿岸的水草丛中。广温性种类，分布于新疆及我国东部省区。

近亲拟剑水蚤 *Pararyclops affinis* Sars（图 3-44） 雌体长 0.57～0.80mm，尾叉长为宽的 2.5 倍。P_5 内刺为节本部的 3.4 倍。A_1 分 11 节。雄体长 0.57mm，第 2～5 胸节后侧角钝圆。A_1 粗壮，15 节；P_6 具一内刺，居中一根刚毛粗壮且较内刺长，外侧刚毛短小，约为中央刚毛长的 1/2。

底栖生活于各种类型水域沿岸带的草丛中。分布于山东、黑龙江、广东、福建、云南、江西、新疆等省区。

3.2.7.2 枝角类 Cladocera

短尾秀体溞 *Diaphanosoma brachyurum* Liéven（图 3-45） 雌体长 0.85～1.20mm。A_1 能动，不分节。雄体长 0.68～0.84mm。A_1 基部粗壮，鞭状。

多生活于湖泊敞水区。为世界性分布种类。

长肢秀体溞 Diaphanosoma leuchtenbergianum Fischer（图 3-46） 雌体长 0.84～1.23mm。A_2 向后伸展时，外肢末端超过或达壳瓣后缘。额顶凸出锥形。

生活于湖泊敞水区及池塘。为世界性广布种。

寡刺秀体溞 *Diaphanosoma paucispinosum* Brehm（图 3-47） 雌体长 0.63～1.01mm，褶片长，缘有 7～9 根羽状刚毛，后方棘齿不超过 13 个。A_1 短，顶端有一根长触毛；A_2 外肢末端达壳瓣的后缘。雄体长 0.65～0.88mm；A_1 长、大。

栖息于湖泊及池塘内。分布于广东、台湾、江苏、湖北、四川等我国东南省区。

大型溞 *Daphnia*（*Ctenodaphnia*）*magna* Straus（图 3-48） 雌体长 2.20～6.00mm，头顶浑圆，无盔。壳刺短，壳面有菱形花纹，后腹部大，肛刺分前后 2 列，凹陷前列有 9～12 个刺（有时为 5～6 个），凹陷后列有 6～10 个刺。雄体长 1.75～2.50mm，A_1 长，前末角有 1 根长刚毛，后末角有 9 根嗅毛。P_1 有一钩和 1 根长鞭毛；肛刺 10 枚。

栖息于水草繁茂富营养的小水域、池塘水坑及海边低盐度的积水中。分布于我国大部分省区。

僧帽溞 *Daphnia*（*Daphnia*）*cucullata* Sars（图 3-49） 雌体长 0.80～3.00mm。壳刺长。A_2 长，肝刺 6～9 枚。雄体长 0.70～1.50mm，壳刺很长，A_1 长圆柱形，肛刺 6 枚。头形随季节不同而异，有圆顶形 *f. hermanni* Daday、凸额形 *f. berolinensis* Schoedler、尖盔形 *f. kahlbengensis* Schoedler、前曲形 *f. procurva* Poppe、不定形 *f. incerta* Richard。

生活于湖泊、水库敞水区和流速小的江河及池塘，酸性或碱性淡水域中。分布于山东、江苏、安徽、四川和云南等省区。

直额裸腹溞 ***Moina rectirostris*** **Leydig**（图 3-50）　雌体长 1.20～1.40mm；后背角稍凸，壳面网纹清晰；头大而短，第 1 触角长棒状；肛刺 9～15 枚。雄体长 0.80～1.00mm，后背角钝，复眼大，充满头顶，第 1 触角长达 1/2 体长，后腹部与雌性相同。

栖息于小型水域中，常在水质混浊并有淤泥的水域中大量出现。分布于我国大部分省区。

镰角锐额溞 ***Alonella excisa*** **Fischer**（图 3-51）　雌体长 0.31～0.54mm。后腹角有 2～3 个波状齿刻，壳面有网纹。胸肢 5 对。肛刺 9～11 枚。尾爪基部有 2 个爪刺。雄体长约 28mm。无肛刺。

栖息于湖泊或浅水池塘等的水草丛生处。分布于除我国华南和西北外的各省区。

小型锐额溞 ***Alonella exigua*** **Lilljeborg**（图 3-52）　雌体长 0.29～0.38mm，后腹角有 2 个锯齿，壳面有规则的多角形网纹；肛刺 6～9 枚，尾爪基部有 2 个爪刺。雄体长约 0.27mm，无肛刺，侧面有稀疏刚毛。

栖息于湖泊、池塘等的水草丛生处。分布于云南及长江中下游地区。

3.2.7.3　甲壳纲 Crustacea

3.2.7.3.1　鳃足亚纲 Branchiopoda

南京丰年虫 ***Chirocephalus nankinensis*** **Shen**（图 3-53）　雄体长 13.5～16mm，末节呈犁刀状。胸部 11 节，各附一叶状鳃足。腹部 7 节。尾叉瘦长，内、外缘具长刚毛。雌体长 10.6～20mm。无额附肢。尾叉短。胸部最后 5 节各有一背刺，最后 3 胸节和腹部（除尾节）各节两侧均有侧刺。

栖息于淡水中，常以腹面朝上游动。分布于太湖水域南京、杭州、苏州等地。

丰盛鲎虫 ***Triops granarius*** **Lucas**（图 3-54）　雄性背壳小而圆，长 11～13.5mm，背面中央纵行隆线短，前缘圆弧形，侧缘凸出，后缘内凹。裸出后体部约为背壳长的 1.5 倍。无肢后体部共 13～15 节。尾叉长 11～15mm，长于背壳，腹面具颗粒状突起。雌性背甲长 10～14mm，无肢后体部 10～11 节。尾叉长 12～15mm。

栖息于沼泽、稻田、鱼池及雨后临时积水洼中。分布于我国北方大部分省区。

鲎虫 ***Triops*** **sp.**（图 3-55）　俗称王八鱼。背壳后缘凹入，棘刺 58 枚。背部前端有复眼 1 对。雌性背壳长 29mm，宽 27mm；雄性背壳长 25mm，宽 19mm，尾叉长 27.5mm。体节与尾叉的柱形表面周生黄色小刺。

栖息于水坑、池塘底部，以爬行为主。雌性成体携卵，主要行孤雌生殖，越向南方雄体越多。分布北京、天津、河北、山东等地。

莱阳原蚌虫 ***Eocyzicus laiyangensis*** **Hu**（图 3-56） 壳具 18～20 条生长线。腹缘生短刺毛。具感觉乳突 22 个。内、外肢均 14 节。躯干肢 23 对。雄壳长 10.8～12.5mm，高 6.7～7.7mm，尾节背面具 8 枚小齿，尾刚毛位于 2、3 齿之间。雌体壳长 9～10.8mm，高 5.5～7.0mm，躯干肢 23 对，第 9、10 对躯干肢为携卵肢，尾节背线生有 18 个齿，尾刚毛自第 4 齿处伸出。

生活于鱼苗培育池及邻近水域。分布山东等东部省区。

3.2.7.3.2 软甲亚纲 Malacostraca

A 端足目 Amphipoda

长臂虾科 Palaemonidae

短腕白虾 ***Palaemon annandalei*** **Kemp**（图 3-57） 又称安氏白虾。体长 30～40mm，额角上缘末端无齿，鸡冠状隆起长于细尖部分。第 2 对步足指节长约为掌部的 2 倍，腕节不到 1/2 掌部长度。

栖息于通海之河的下游或河口的咸淡水中。分布于浙江以北省区。

秀丽白虾 ***Palaemon modestus*** **Heller**（图 3-58） 体透明，有棕色小点，额角上缘基部鸡冠状隆起具 8～13 枚齿，下缘 2～4 齿。腹部各节背面圆滑无脊。

栖息于湖泊及河流中，重要淡水经济虾。全国性分布。

中华米虾 Caridina denticulata Sinensis（图 3-59） 又称草虾、小虾米。体长 20～30mm。浓绿色，背面中央有一道不规则棕色纵纹。额角伸至或超过第 1 触角柄末端，下缘具 2～8 齿，上缘平直，具 11～24 齿，有 3～4 齿在头胸甲上。头胸甲有触角刺、颊刺。雄第 1 腹肢内肢膨大，呈卵圆形薄片。

栖息于湖沼、沟渠中，喜于水草丛中攀爬。分布于我国南北各省。

日本沼虾 ***Macrobrachium nipponense de*** **Hann**（图 3-60） 虾体青绿色并有棕绿色的斑纹，又称青虾。体长 4.0～8.0cm，头胸部粗大。头胸甲具触角刺、肝刺，额剑上下缘有锯齿。前 2 对步足钳状，雄性第 2 对可超过整个虾体的长度。

栖息于多水草的湖沼、河川水域，可在草丛中攀爬，冬季栖息于水下层或底层，或蛰伏于泥中。已人工养殖。各地均有分布。

克氏螯虾 ***Cambarus clarkia*** **Girard**（图 3-61） 俗称耗水虾。壳厚坚韧。雌虾体长 16.5cm，雄虾 9.9cm。体血红色，雌体鲜艳，头上方有黑色条纹相间。头部大，三角形，占体长的 1/2。额剑两侧有触角 2 对。第 1 对步足蟹螯形，自切再生后的螯肢一大一小。5 对步足中的前 3 对先端有小钳，后 2 对尖端呈爪状。末端腹节的附肢和尾节形成扇形。

栖息于河流、池沼，在河堤营穴，一穴可栖居 8～10 只虾。原产北美淡水中，我国江苏、安徽、山东等省有分布。

跳钩虾科 Talitridae

钩虾 ***Gammarus* sp.**（图 3-62）　体分头、胸、腹，但无头胸甲，复眼无柄，胸部由 7 节组成，腹部 6 节。体侧扁，弯曲呈钩状。

以底栖为主，水深时也可腹面朝下游泳。有时在岸边跳跃，故又称其为跳虾。

B　十足目 Decapoda

中华绒螯蟹 ***Eriocheir sinensis***（图 3-63）　俗称河蟹、毛蟹、螃蟹。头胸甲长 60mm，呈圆方形，背隆起，后半部较高。胃区前对称颗粒状突 6 个。额宽，额齿 4 个。雄蟹螯足大，掌节和指节基部密布绒毛，腕节内末角、长节背缘和步足长节具锐刺；最后 3 对步足背缘和第 4 步足背、腹缘具刚毛，腹甲呈三角形，第 7 节有 1 对交接器。雌蟹腹甲圆形，第 5 节有 1 对生殖孔。

栖息于水质清新、水草旺盛的泥岸或浅滩洞穴里，我国特有。分布于我国东部诸省。

红螯相手蟹 ***Sesarma haematocheir***（图 3-64）　头胸甲方形，胃、心区以横沟相隔。额后隆脊锋锐，外眼窝三角形。雄性螯足大，掌部高，鲜红色。步足末 3 节具黑色硬毛，末端弯向背外方。腹部三角形，尾节长方形。雌性腹部圆大，尾节嵌入第 6 节。

栖居于近海淡水河流泥岸或沼泽洞穴中。分布于山东、江苏、浙江、福建、台湾、广东等省区。

天津厚蟹 ***Helice tridens tientsinensis* Rathbun**（图 3-65）　头胸甲方形。螯足掌部高而光滑，第 1 对步足前节具绒毛，第 2 对步足前节绒毛稀少或无。雄性眼窝下腹缘隆脊由 5～6 颗光滑突起组成，中部膨大，内侧部具 10～15 个颗粒。雌性复眼窝下腹缘隆脊具 34～39 个细颗粒，中部不膨大。

穴居于沿海河口的泥滩或通海河流的泥滩泥岸。分布于我国沿海诸省。

3.2.7.4　昆虫纲 Insecta

3.2.7.4.1　襀翅目 Plecoptera

本目昆虫俗称石蝇。虫体柔软，略扁。黄褐色或黑色。头宽，咀嚼式口器。触角长丝状，由 25 100 节组成。复眼 1 对，发达。发育为不完全变态。

成虫，前胸大，方形，能活动。翅膜质，后翅大于前翅，静止时纵叠于背上；

前翅狭长半透明。腹部 11 节，尾须 1 对，长丝状、多节。成虫生活月余。飞翔力弱。多栖息于河湖两岸，以山溪涧较多。

稚虫，体扁，头部近三角形，触角 90 节。复眼 1 对，单眼 3 个。胸节大，分节明显；中后胸背板具有向后伸的翅芽。胸两侧有 6 对气管鳃。腹部 10 节。尾须 1 对，长而分节。足扁平，侧生缘毛。跗节 3 节，2 个爪呈镰刀状。栖息于含氧充足的清流石块下。对污染特敏感。为鱼类的天然良饵。

绿石蝇 ***Chloroperla*** **sp.**（图 3-66） 稚虫长 30mm。触角长。复眼大，1 对。胸节大，分节明显，3 对丝状气管鳃生于各节侧板上，足部密生长毛。

短尾石蝇 ***Nemoura*** **sp.**（图 3-67） 前胸下有管状气管鳃 1 对，足的第 2 附节较第 1 或第 3 节短。尾须 1 节。

3.2.7.4.2 蜉蝣目 Ephemerida

体纤弱。触角短、刚毛状。口器退化。翅膜质，薄而柔，翅脉很多；前翅大，后翅小或消失。尾须长丝状，有时具中尾丝。本目稚虫通称蜉蝣。状似蚕蛾。发育为不完全变态。全部水生，在水草中游泳，可在水底淤泥上爬行，可在黏土中挖掘通道。多在日落后羽化，此时的活动叫做“蜉蝣舞”，如 *Ephememptera* 稚虫。

蜉蝣科 Ephemeridae

蜉蝣 ***Ephemera*** **sp.**（图 3-68） 咀嚼式口器退化。翅膜质，翅脉网状，前大后小。尾须长而多节，具长中尾须。

台湾蜉蝣 ***Ephemera formosana*** **Ulmer**（图 3-69） 体细长而柔软，头部能自由活动，触角细小，刚毛状。复眼发达，雄虫接眼式，雌虫离眼式。翅膜质，翅脉网状，前大后小。足细长，基节短，腿节粗肥。尾须长，2～3 条。腹部具花纹。雄性抱握器 4 节，第 2 节长而向内弯曲。幼虫水生。

成虫“朝生暮死”，寿命极短。分布于广东、台湾等地。

四节蜉科 Baetidae

二翼蜉 ***Cloeon dipterum***（图 3-70） 与台湾蜉蝣相似。成虫前翅横脉较少，后翅退化或消失。复眼常具柄。分布于我国华北。

3.2.7.4.3 蜻蜓目 Odonata

豆娘科（蟌科）Coenagriidae

豆娘 ***Zygoptera* sp.**（图 3-71） 稚虫的腹末具 3 条细长尾片（尾鳃，气管鳃）。为常见种类。分布广泛。

黑河 ***Agrion atralum***（图 3-72） 稚虫（不计尾片）22mm。面罩形下唇扁平，中片具深沟和 2 个朝内侧突起，末端形成菱形口。复眼小。大触角长，第 1 节超过其余 6 节长 2 倍多。尾片长，匕首状；中片短于侧片，扁化；侧片有 1 个动钩和 3 个不动钩。

栖息于流水水域的植物间。分布广，为常见种类。

箭蜓科 Gomphidae

箭蜓 ***Sieboldius albardar* Selys**（图 3-73） 稚虫体粗壮。触角 4 节，第 3 节圆扇状。复眼分开。下唇中片前缘弧状，其上具列生刚毛。

生活于鱼池等水体，危害鱼苗及小鱼。

3.2.7.4.4 半翅目 Hemiptera 异翅目 Heteroptera

负子蝽（田鳖）科 Belostomatidae

体形大，扁阔。触角 4 节。缺单眼。膜片翅脉网状而数量多。腹末呼吸管扁而短，高等种类呼吸管可缩入体内。肉食性。

田鳖 ***Kirkaldyia deyrollei***（图 3-74） 体大，扁阔，褐色。触角较头短，隐于眼下沟中。复眼大，无单眼。刺吸式口器，喙短，5 节，略弯曲。前翅发达，脉纹明显。足扁。前足捕捉式；中后足游泳式，附节 2 节，爪 2 个。

栖息生活于池塘、稻田及溪流中，危害鱼类。分布较广。

负子虫 ***Sphaerodema* sp.**（图 3-75） 体中型，长 18～24mm，扁椭圆形。雄虫有背负卵至孵化的生殖习性。

白天潜藏于水草间，夜间飞出。为有害水生昆虫。分布较广。

桂花蝉 ***Lethocerus indicas***（图 3-76） 体大型，扁阔。翅脉网状而数量多。

栖息于鱼塘、水池中，危害鱼苗。分布较广。

蝎蝽科 Nepidae

体形通常细长，体两侧平行。头小，陷入前胸中。触角 3 节。喙短，3 节。前胸长，呈颈状。前足长而弯曲。腹末有呼吸管。

蝎蝽 *Nepa* sp.（图 3-77） 又称水蝎。触角短而隐。眼大。前足伸自前胸前方，适于捕握，胫节有沟，可容纳镰状跗节；中足、后足细长，跗节 1 节，有爪。腹末端伸出的 2 根呼吸管，俗称为尾。

广泛分布于各种养鱼水体中，捕食危害鱼苗。分布较广。

螳蝽 *Rantra* sp.（图 3-78） 虫体细长，40～50mm。尾端 2 根呼吸管与虫体体长相等。

藏匿于水草丛中，夜间可飞至陆地。养鱼苗种地常见，残害鱼苗。分布较广。

划蝽科 Corixidae

体扁长形，两侧平行。头短，喙极宽短。前胸宽阔，背板上有近于平行的黑色横纹。前翅革片部有不规则黑斑点。

小划蝽 *Sigra substriata*（图 3-79） 又称小风船虫。体长约 6.0mm；黄色。复眼黑色。前胸背面黑色横纹 7 条以上。

广泛分布于各种鱼苗培育池中，是苗种培育的敌害。分布较广。

划蝽 *Corixa* sp.（图 3-80） 个体外形有两种形态。前足短，中足细长，后足呈扁桨状。

时而水面呼吸、时而沉入水底，行动敏捷，可自池中飞走。是苗种养殖的敌害。分布较广。

仰蝽科 Notonectidae

体长形，背隆如船底状。触角 4 节。复眼大，缺单眼。前翅革片和爪片明显，膜片短，无翅脉。小盾片发达。后足长，桨状。腹中线侧槽覆以刚毛列。

大仰泳蝽 *Notonecta* sp.（图 3-81） 以长而发达的后足作桨，常背面向下、腹面向上仰泳。眼大。前足短，为捕捉足，中足握物。翅发达。

为苗种培育的敌害。分布较广。

黾蝽科 Gerridae

体中大形，灰黑色。触角和喙 4 节。前胸发达，中后足长，远离前足，后足腿节超过腹端。体腹面密生绒毛，捕食生活于水面。

背条水黾 ***Limnogonus fossarum***（图 3-82） 头长。触角显露，4 节。缺单眼，喙 4 节。前胸延长，翅革片与膜片不分。后足腿节很长，远超腹端。

适于奔驰于水面。分布范围较广。

水黾 ***Hydrometra*** **sp.**（图 3-83） 虫体细长如丝，头长数倍于头宽，触角细如丝，4 节。跗节 3 节。

栖息于池边及水面，常在水面上疾走如飞。分布范围较广。

水马虫 ***Gerris*** **sp.**（图 3-84） 俗称水拖车、水豆油、水和尚、水马、香油瓶。虫体长约 12mm，触角 4 节，中、后足长，跗节 2 节。

适于在水面游跑。分布较广，为常见种类。

3.2.7.4.5 鞘翅目 Coleoptera

龙虱科 Dytiscidae

体光滑流线型，背腹面隆起。触角丝状。下颚须短。后足特化为游泳足，基节与后胸腹板占腹面大半，中后足间距大于前中足间距。胸部腹面无针刺。

龙虱 ***Dylisis*** **sp.**（图 3-85） 成虫体椭圆而扁，幼虫即水蜈蚣。有 1 对钳状大颚，如蜈蚣毒螯。幼虫初为灰白色，蜕皮后长大。

可在水中自由游泳，并时而以尾部倒悬于水面行呼吸。性凶猛贪食，对鱼苗危害极大。龙虱已知有 260 多种。成虫常可飞至陆地。

水龟虫（牙甲）科 Hydrophilidae

形似龙虱。背隆起、腹面平。触角 6～9 节；末端 3～4 节锤状，有拒水性毛。下颚须长丝状，与触角等长。足长，胫节有长端距。

牙虫 ***Hydrophilus*** **sp.**（图 3-86） 体黑色。触角末节膨大。胸部腹中央有刺状突具细绒毛（龙虱则细长、丝状；光滑，无绒毛）。

在水草上爬行或慢游，将触角伸出水面呼吸。遇有争斗时口内吐出黑色液体。春末夏初产卵，5～10 天孵出幼虫。危害鱼苗、鱼卵。分布较广。

小头虫 ***Haliplus*** **sp.**（图 3-87） 体长 2.05mm。触角 10 节。后足基节扩展成大板片，将腹部前 2 节或 3 节的腹板掩盖。

多栖息于丝状藻类丛生处，以藻类为食，产卵于水草或丝状藻类上。幼虫常在漂浮的丝状藻类或水草上爬行。分布较广。

3.3 淡水湿地常见脊椎动物

3.3.1 淡 水 鱼 类

3.3.1.1 淡水鱼类分目检索

1. 体被硬鳞或裸露，歪形尾……………………………………………………鲟形目 Acipenseriformes
   体被圆鳞、栉鳞或裸露，正形尾……………………………………………………………………2
2. 体呈鳗形，左右鳃孔在喉部连为一，无偶鳍，奇鳍不明显……………………合鳃目 Synbranchiformes
   体非鳗形，有偶鳍，左右鳃孔不联合………………………………………………………………3
3. 背鳍 1 个，无鳍棘，侧线正常，两颌无牙，具咽喉齿，无脂鳍………………鲤形目 Cypriniformes
   背鳍无鳍棘，两颌具牙，具脂鳍体被骨板或裸露无鳞，具口须……………5.1 鲶形目 Siluriformes
   背鳍具鳍棘，体对称，眼在头两侧………………………………………………………………4
4. 第 2 眶下骨不后延为骨突，不与前鳃盖骨相连……………………………………鲈形目 Perciformes

5.1 背鳍小或缺，有须 2～6 条………………………………………………………………6.1 鲇科 Siluridae
    背鳍长，有须 8 条……………………………………………………………………胡子鲇科 Clariidae

6.1 第 1 背鳍特化为分离的鳍棘……………………刺鳅亚目 Mastacembeloidei 刺鳅科 Mastacembelidae
    第 1 背鳍存在时，不特化成吸盘或分离的鳍棘，眶下骨扩大……………攀鲈亚目 Anabantoidei

3.3.1.2 常见淡水鱼类

3.3.1.2.1 鲤形目 Cypriniformes

背鳍 1 个，腹鳍腹位，鳍具假棘。体背圆鳞或裸露。具鳔管、韦伯氏器。多数具咽齿而无颌齿，多为淡水鱼类。

A 鲤形目鱼类分科检索

1. 吻部无须或仅有 1 对吻须……………………………………………………………………………2
   口前部具 2 对或更多吻须……………………………………………………………………………5
2. 偶鳍前部不分枝，鳍条 1 根…………………………………………………………………………3
   偶鳍前部不分枝，鳍条 2 根以上………………………………………………裸吻鱼科 Psilorhynchidae
3. 无下咽齿，头侧具有 2 对鳃孔……………………………………………………双孔鱼科 Gyrinocheilidae
   有下咽齿，头侧仅有 1 对鳃孔………………………………………………………………………4
4. 下咽齿 1 行，数十个；背鳍基长，分枝鳍条超过 50 根……………………胭脂鱼科 Catostomidae
   下咽齿 1～4 行，每行不超过 7 个；背鳍分枝鳍条少于 30 根…………………6.1 鲤科 Cyprinidae
5. 头和体前部侧扁或圆筒形，偶鳍正常……………………………………………………鳅科 Cobitidae

头和体前部平扁，偶鳍扩大向腹面两侧平展……………………………………平鳍鳅科 Homalopteridae

6.1 鳃膜与峡部相连；鳃耙正常，无鳃上器；眼位于头纵轴偏上方……………………………………6.2

鳃膜不与峡部相连；鳃耙多，有鳃上器；眼位于头纵轴偏下方……………………………………

……………………………………………………………………………………鲢亚科 Hypophthalmichthyinae

6.2 臀鳍长，15～25 根鳍条；腹中线有皮棱（无皮棱，则鳍条 19～21）………鳊亚科 Abramidinae

臀鳍短或适中，至多 14 根鳍条；无纵皮棱（华鳊属除外）……………………………………6.3

6.3 臀鳍具锯齿状鳍棘，背鳍至少 11 根鳍条……………………………………鲤亚科 Cyprininae

臀鳍无锯齿状鳍棘，背鳍至多 14 根鳍条……………………………………………………6.4

6.4 臀鳍基部及肛门两侧有特大鳞……………………………………裂腹鱼亚科 Schizothoracinae

臀鳍基部及肛门两侧无特大鳞………………………………………………………………6.5

6.5 臀鳍具 7～14 个分枝鳍条 ……………………………………………………………………6.6

臀鳍通常具 5～6 至多 7～8 个分枝鳍条……………………………………………………6.8

6.6 口周缘为特殊软骨质，下颌横直锐利；背鳍具一光滑鳍棘………………鲴亚科 Xenocyprininae

口周缘无特殊软骨质，下颌不横直锐利………………………………………………………7

6.7 体细长；背鳍、臀鳍无鳍棘；臀鳍起点在背鳍基部之后……………………………………

……………………………………………………………雅罗鱼亚科（青草亚科） Leuciscinae

体卵圆形；背鳍、臀鳍常具鳍棘；臀鳍起点在背鳍基部之下………………鳑鲏亚科 Rhodeinae

8. 咽齿 3 行（少数为 2 行）；臀鳍 5 根分枝鳍条（少数 6 条以上），背鳍具鳍棘……………

……………………………………………………………………………………鲃亚科 Barbinae

咽齿 1～2 行（少数 3 行）；臀鳍常具 6 根分枝鳍条（少数 5 条），背鳍无鳍棘………………

……………………………………………………………………………………鮈亚科 Gobioninae

B 鲤形目鱼类

鲤科 Cyprinidae

青鱼 ***Mylopharyngodon piceus*** **Richardson**（图 3-88） 体长筒形，体背部、体侧上半部及各鳍条青黑色，腹部灰白，各鳍黑色。吻尖，口端位，上颌较下颌略长。咽喉齿 1 行。鳞大，鳞式：39～45，6～7 / 4～5。雌鱼鳍条光滑，鳍尖稍短，腹部松弛、稍膨大；雄鱼鳍棘有粗糙感，鳍尖稍长，腹部较收紧，不膨大。

栖息于中下层水域，嗜食螺、蛤蜊等，为我国四大家鱼之一。几乎遍及全国各水系。

草鱼 ***Ctenopharyngodon idellus*** **Cuiver et Valenciennes**（图 3-89） 体圆筒状。全身茶黄色，背部青灰，腹部灰白，偶鳍灰黄色，其余各鳍淡灰色。吻宽钝，口端位，额面较平，上颌较突出。咽喉齿 2 行。鳞大，鳞式：39～46，6～8 / 4～6。雌鱼腹部松弛，膨大，鳍尖稍钝，鳍条光滑；雄鱼腹部收紧，鳍尖稍尖，鳍条有珠星。

栖息于各层水域，食物以水草为主，为我国四大家鱼之一。分布几乎遍及全国各水系。

鲢鱼 ***Hypophthalmichthys molitrix*** **Cuiver et Valenciennes**（图 3-90） 俗称鲢子、白鲢。体侧扁，背部淡青色、腹下方银白色，鳍灰色。胸部至肛门间有发达腹棱。口端位，口裂稍斜，末端不达眼前缘下方。鳞细小，鳞式：101～128，28～32/16～20。胸鳍较小，后缘不超过腹鳍基部。雌鱼腹膨大，呈卵巢轮廓，鳍条光滑；雄鱼鳍条中、基部锯齿状。

栖息于中上层水域，嗜食浮游生物，为我国四大家鱼之一。分布于我国东部主要水系。

鳙鱼 ***Hypophtha lmichthys nobilis*** **Richardson**（图 3-91） 俗称花鲢、胖头鱼。体侧扁，背微黑，体侧有黑斑点，腹银白色。头大，约占 1 / 3 体长。口端位，口裂倾斜末端达眼前缘之下。腹鳍至肛门间有腹棱。鳞小，鳞式：95～115，20～24 / 13～16。胸鳍超过腹鳍基部。雌鱼腹部膨大，鳍条光滑；雄鱼腹不膨大，内侧鳍条呈钝刀口状。

栖息于中上层水域，结群捕食浮游生物，为我国四大家鱼之一。分布于我国东部各水系。

鲤鱼 ***Cyprinus carpio*** **Linnaeus**（图 3-92） 体长而侧扁，腹部圆。背灰黑或黄褐色，体侧带金黄色，腹灰白色。口须 2 对。鳞式：34～38，5～6 / 5～6。背鳍硬棘有锯齿，尾鳍下叶常带橘红色。雌鱼腹部饱满，肛门及生殖孔略红凸出，胸鳍光滑；雄鱼光泽鲜艳，腹部较小，胸鳍、腹鳍及鳃盖有珠星。肛门及生殖孔下凹。

栖息于下层水域，杂食性，为池塘、稻田养鱼重要对象。分布遍及全国各主要水系。

鲫鱼 ***Carassius auratus*** **Linnaeus**（图 3-93） 体侧扁，宽而高。体为银灰色，背部较深，下部较白，大鱼有金黄色光泽。头小吻短，无口须。背鳍、臀鳍的硬棘后缘具锯齿。鳞大，鳞式：27～30，5～6 / 5～6。雌鱼腹部膨大，可见卵巢轮廓；雄鱼身体狭长，胸鳍和鳃盖上有白色追星，腹部扁平。

栖息于下层水域，杂食性，适应性强，为我国主要养殖鱼种。分布遍及全国各水系。

鳊鱼 ***Parabramis pekinesis*** **Basilewsky**（图 3-94） 又称长春鳊。体略高而侧扁，长菱形，全身银白色，背部青灰而有绿色光泽。胸鳍基部至肛门间有腹棱。背鳍起点约位于体中，后于腹鳍。鳞式：51～62，11～12 / 9。雌鱼腹部膨大，柔软，泄殖孔常稍突出；雄鱼腹部较小，成熟时挤压腹部有白色精液流出。

栖居于水域底层，喜食水草、螺蛳等，为重要人工养殖鱼类。分布我国东部各水系。

团头鲂 ***Megalobrama amblycephalua*** **Yih**（图 3-95） 俗称武昌鱼。体长菱形，背前部特别隆起，体灰黑，有几条灰白色条纹。腹棱不完全，自腹鳍至肛门。鳞式：

50～58，11～13 / 9。雌鱼腹部膨大，柔软，泄殖孔常稍突出，有时红润，第 1 鳍条薄而直；雄鱼腹部较小，第 1 鳍条较肥厚，呈波浪形弯曲。

栖居于敞水区中下层，杂食性，为重要人工养殖对象。已经移殖到全国各地。

麦穗鱼 ***Pseudorasbora parva*** **Temminck et Schelegel**（图 3-96）　又称罗汉鱼。体长 50～70mm，长而侧扁，腹部圆而无棱。体上部稍黑，下部较淡，鳞片后缘有黑色小点。头上下平扁。口小，无须，吻上有许多角质点。背鳍短，无硬棘，起点约与腹鳍相对。

栖居于池塘、河流较静水域底层，喜结群活动。遍布于全国各地的池塘、河沟中。

红鳍鲌 ***Culter erythropterus*** **Basilewsky**（图 3-97）　又称巴刀。体长，侧扁；银白色，臀、尾鳍红色。头背面平直，下颌突出并上翘，口上位，口裂呈垂直状。胸鳍至肛门间有腹棱。胸鳍长，末端可达腹鳍。繁殖期，雄鱼头部珠星明显。

栖居于江河、湖泊中，捕食小鱼等小型动物和水生植物。食用鱼类。分布于全国各地。

鳅科 Cobitidae

泥鳅 ***Misgurnus anguillicaudatus*** **Cantor**（图 3-98）　体长圆柱形。体上部灰色，下部白色，体侧有不规则的小黑点，尾鳍和背鳍斑点小，尾柄基部上方有一显著小黑点。头小而尖。口下位，具 10 个小须，4 个在下唇上。

常栖居于河湖及池沼的泥底中，以小虾、昆虫幼虫和藻类为食。分布遍及全国。

3.3.1.2.2　鲇形目 Siluriformes

体裸露无鳞。有触须数对。一般有脂鳍，胸鳍和背鳍常各有 1 个强棘。

鲇科 Siluridae

鲇鱼 ***Parasilurus asotus*** **Linnaeus**（图 3-99）　又称鲶鱼。体长形，前部圆胖、后部侧扁。口宽，颌须 2 对，上颌须较下颌须长。体表无鳞，背鳍短小，臀鳍长，与尾鳍下叶相连，鳍式 D4～5；A66～90；PI-12～14；V11～13。

栖居于中下层水域，肉食性，喜潜伏于水底。为食用鱼类。分布遍及全国各主要水系。

鲿科 Bagridae

黄颡鱼 ***Pseudobagrus fulvidraco*** **Richardson**（图 3-100）　又称革牙。体青

黄色杂有黑斑块；前部平扁，后部侧扁。头部4对触须，无鳞，侧线平直。胸鳍、背鳍各有一硬刺。背鳍后方有一短于或等于臀鳍的脂鳍。DII-6～7；A19～23；PI-7～9；V6。

栖居于淡水中，以鱼虾、水生昆虫等为食。雄鱼有营窝、孵卵习性。分布于我国东部各水系中。

3.3.1.2.3 合鳃目 Synbranchiformes

体形似鳗。背鳍、臀鳍和尾鳍相连，无鳍棘和偶鳍。左右鳃裂移至腹面合成1条横缝。

合鳃鱼科 Synbranchidae

黄鳝 ***Monopterus albus*** **Zuiew**（图3-101） 体长圆柱形，无鳞，黄褐色，身体满布黑色小斑点。尾侧扁。鳃孔在头下部联合成横裂，鳃小不发达，用咽壁呼吸。无偶鳍。奇鳍退化为皮褶，尾鳍尖细。

穴居潜伏于岸边泥窟中，捕食小动物。幼雌鱼性逆转后为雄鱼。遍布我国东部各水系。

3.3.1.2.4 鲈形目 Perciformes

鲈科 Percidae

鳜鱼 ***Siniperca chuatsi*** **Basilewsky**（图3-102） 又称桂花鱼。体纺侧扁形，背部隆起，棕黄色，腹灰白色，体侧有褐色斑点及斑块。自吻端穿过眼眶至背鳍前下方有一条斜向上的棕黑色带纹，侧面有2黑纵纹。头大吻尖。口大，下颌向上突起，牙齿密。鳃盖骨有2根扁平棘。鳞片细小，侧线在尾柄部呈月状弯曲。背鳍具13根硬棘和13～15根软鳍条，腹鳍胸位，胸鳍、臀鳍、尾鳍圆形；2～4条暗棕色圆斑连成带纹；鳍式DXII-14；AIII-9；PI-13；VI-6。

栖息于河、湖和溪流中，为我国特产鱼类，肉食性；夜晚在干流和支流流水处产卵。

乌鳢科 Ophiocephalidae

乌鳢 ***Ophiocephalus argus*** **Cantor**（图3-103） 又称黑鱼、乌鱼。曾单列为鳢形目 Ophiocephaliformes。体灰黑色，前部略呈圆筒形，体侧有黑色条纹。头部稍扁平，有鳃上器。体后部稍侧扁。头、躯干鳞片相似，鳞式：62～67，7～8/17。

尾鳍圆形。

肉食性。分布于我国东部各水系中。

3.3.1.2.5　鲟形目 Acipenseriformes

吻发达，口腹位。歪形尾。体裸露或被硬鳞。仅尾上具背鳍。

鲟科 Acipenseridae

中华鲟 ***Acipenser sinensis*** **Gray**（图 3-104）　体形似鲨。有喷水孔。口内无齿，口前触须 4 条。体被 5 纵行大型骨板，背鳞 10～17，侧鳞 31～42，腹鳞 10～12+2。背鳍位于腹鳍后方。

栖息于底层水域，以小动物为食，有江河、河海洄游现象。分布于长江及东海沿岸。

3.3.2　两栖纲 Amphibia

3.3.2.1　无尾目 Anura

3.3.2.1.1　两栖类常见科检索

1. 弧胸型肩带 ······ 2
   固胸型肩带 ······ 4
2. 脊椎骨后凹型，有肋骨 ······ 盘舌蟾科 Discoglossidae
   脊椎骨前凹型,无肋骨 ······ 3
3. 尾杆骨骨髁 2 个，趾蹼发达 ······ 4
   趾、指末 2 节间无间介软骨，上颌无齿，有耳后腺 ······ 蟾蜍科 Bufonidae
   趾、指末 2 节间有间介软骨，上颌有齿，无耳后腺 ······ 雨蛙科 Hylidae
4. 荐椎横突柱状 ······ 5
   荐椎横突宽大 ······ 姬蛙科 Microhylidae
5. 趾、指末 2 节间无间介软骨 ······ 蛙科 Ranidae
   趾、指末 2 节间有间介软骨，指末节背面可见“Y”形骨迹 ······ 树蛙科 Rhacophoridae

3.3.2.1.2　常见无尾两栖类

蟾蜍科 Bufonidae

花背蟾蜍 ***Bufo raddei*** **Strauch**（图 3-105）　体长 60mm；皮肤粗糙，头及背

满布疣粒，四肢及腹平滑。头宽于长。吻钝圆，吻棱显著。耳后腺大而扁。鼓膜明显。前肢粗短，指、趾端黑色，两掌突外大内小，指长顺序3、1、2、4；后肢短，趾间半蹼。雄蟾背橄榄黄色，灰色疣粒上有红点，故名花背蟾蜍；雌蟾背浅绿有酱色花斑，疣粒上有红色点。

黄昏时活动觅食，捕食害虫。分布于我国东北、山东、河北、山西、陕西、内蒙古、甘肃、江苏等地。

中华大蟾蜍 ***Bufo b. gargarizans*** **Cantor**（图3-106）　俗名癞蛤蟆。皮肤粗糙，体背布满瘰疣。头宽大于头长；耳后腺大而长，鼓膜明显。无齿。前肢无蹼，指长顺序为3、1、4、2，两掌突外大内小；趾间有蹼。雄性较小，内侧3指有黑色婚垫；雌性色浅，瘰疣乳黄色，腹面乳黄有棕色或黑色花斑。大蟾蜍在我国还有华西和岷山亚种。

白天隐居，夜出觅食，对农业有益。早春产卵于静水中。广泛分布于全国各地。

盘舌蟾科 Discoglossidae

东方铃蟾 ***Bombina orientalis*** **Boulenger**（图3-107）　体长45mm。皮肤粗糙，背灰棕色或绿色，有黑色斑点和绿色刺疣花纹；腹面黑色，有醒目的橘红色或橘黄色斑。头扁平，长宽相等。吻圆无棱。鼓膜不明显。舌短圆，有犁骨齿。指短，指长顺序3、4、2、1，趾短扁。雄性趾间具蹼，前肢粗壮，内侧3指基部有婚刺；雌性趾间缺刻深。

生活于山区溪流、静水附近。分布于我国东北、山东、河北、江苏等地。

蛙科 Ranidae

黑斑（侧褶）蛙 ***Pelophylax nigromaculata*** **Hallowell**（图3-108）　或称青蛙。头扁，吻钝圆。眼圆突出。鼓膜大，鼻孔小。有2条背侧褶，其间有4～6行短肤褶，背脊线浅色，背面黄绿、深绿或带灰褐色，有黑斑，后肢黑斑显著。腹面白无斑。前肢短，指长顺序3、1、2、4，关节下瘤明显；趾间几为全蹼。雄性有1对咽外声囊，第1指基部有婚垫。

栖息于池塘、河岸边草丛中，捕食昆虫。为常见蛙类。我国大部分省区均有分布。

金线（侧褶）蛙 ***Pelophylax plancyi*** **Lataste**（图3-109）　体长约50mm，雄性略小。头略扁，长宽几乎相等。吻钝圆，吻棱不明显。鼓膜大，金黄色。体背侧有疣粒，有2条宽厚的黄色背侧褶，背面绿色或橄榄绿色，股后有黄色和酱色纵纹各1条；腹面光滑，鲜黄色，肛部有疣粒。指、趾端尖圆，指长顺序3、1、4、2，第1、3指几乎等长，关节下瘤明显。后肢粗短，趾间近全蹼。雄蛙第1指基部有婚垫。

栖息于池塘或池沼附近。分布于山东、河北、河南、山西、安徽、浙江、湖南等地。

泽蛙 ***Euphlyctis limnocharis*** **Boie**（图 3-110）　体长 50mm，雄蛙略小。头长宽相等；吻尖圆，吻棱圆。背皮纵褶分散、长短不一，无背侧褶；体侧有圆疣，后肢背面有小疣。背棕灰或灰橄榄金色，有深棕色斑纹；腹面白色。四肢有横斑纹；前肢短，指长顺序 3、1、4、2，关节下瘤及掌突发达；后肢短，趾间有半蹼。上下唇缘有 6～8 条深色纵纹。雄性咽部黑，有单一咽下外声囊，鸣声似敲木梆声。第 1 指上婚垫发达。

栖息于池沼、田野，昼夜活动觅食。分布于山东、河南、长江流域及以南地区。

中国林蛙 ***Rana chensinensis*** **David**（图 3-111）　俗称“哈士蟆”。头长宽几乎相等；吻钝圆，吻棱、颌腺明显。有细小痣粒。颞部背侧褶曲折明显，在鼓膜上方斜向外侧折向中线向后伸达胯部。背棕灰色，有黑色斑点，鼓膜处三角斑明显。腹乳白色，有灰色斑点。四肢横纹清晰，前肢短壮，指端圆，指长顺序为 3、1、4、2，关节下瘤及内外掌突明显，后肢长，趾端钝圆，蹼发达。雄性较小，第 1 指上婚垫发达。

栖息于阴湿树丛和山溪、农田中。集群冬眠于河水深处。分布于我国东北、山东、河北、河南、山西、陕西、内蒙古、甘肃、江苏等地。

日本林蛙 ***Rana japonica Güenther***（图 3-112）　头长大于宽，吻尖圆，吻棱明显，鼓膜为眼径的 2 / 3。有少量扁圆疣，背侧褶窄而明显，自眼后直达胯部。背及体侧草黄、绿黄或浅棕色，有深灰色小点，鼓膜处三角黑斑明显。四肢有横纹。腹面光滑，乳黄色或乳白色。指趾端圆，指长顺序 3、1、4、2，关节下瘤及掌突发达。后肢细长，胫附关节向前达鼻、吻之间或超过吻端，左右跟部重叠，内跖突发达，外跖突缺或极小。雄蛙几乎为全蹼，第 1 指上灰白色婚垫发达；雌蛙蹼缺刻大。

栖居于山区池边草丛间。分布于河南、江苏、安徽、浙江、湖北、贵州、江西、湖南等地。

沼蛙 ***Hylarana guentheri*** **Boulenger**（图 3-113）　体长 70mm，头长大于宽，吻钝圆，吻棱明显，口角后端有浅色颌腺。鼓膜明显。背面棕色，沿背侧褶有黑色纵线，后端有小疣，体侧有黑斑，腿部细粒成行，有黑色横纹，股后方有灰黑色花斑，腹面白色。指长顺序 3、1、4、2，关节下瘤及掌突发达，指端无横沟；趾端有横沟，除第 4 趾外为全蹼。雄性有 1 对外声囊，上臂基部前方有肾形腺体，婚垫不明显。

生活于稻田、静水附近。国内分布于四川、云南、湖北、安徽、江苏、江西、海南、广西等地。

棘胸蛙 ***Paa*（*P.*）*spinosa*** **David**（图 3-114）　又称石鸡、石蛙、山鸡。个体大，体长 100～140mm，粗壮、肥硕。皮肤粗糙，体侧无侧疣。吻钝圆，四肢粗壮，指、趾端膨大呈圆球状，趾间具全蹼。背黑棕色或淡棕色，有浅色斑纹；腹面肉色，有灰褐色云状斑。雄蛙胸部具密集小刺。

栖息于华南高山深谷、阴凉安静、清水长流的山溪水坑或洞穴中。食用价值高，医用前景广阔，已被人工养殖。

虎纹蛙 ***Hoplobatrachus rugulosa***（图 3-115） 俗称水鸡。成体长 100mm。吻端钝尖，下颌前缘有 2 个齿状骨突。鼓膜明显。体背多为橄榄色，个别浅黄色。背部皮肤粗糙，有多条长短不一的纵行肤棱，无背侧褶。胫跗关节向前可伸达眼或肩部，指、趾末端钝尖，趾间全蹼。雄性具 1 对咽侧外声囊。

栖息于平原及半山区稻田、库塘、沟渠或沼泽地。捕食昆虫。4～8 月产卵于静水中，漂浮孵化。分布于河南、安徽、江苏、浙江、四川、湖北、福建、广东、香港等地。

姬蛙科 Microhylidae

北方狭口蛙 ***Kaloula borealis*** **Barbour**（图 3-116） 俗称“气蛤蟆”。头小，吻短圆。体长 40mm。皮肤光滑，背浅棕或橄榄棕色，有黑色斑点。腹面淡肉色。体侧、咽、前后肢有圆形花纹。枕部有横肤沟。肛周有颗粒。前肢细长，指长顺序 3、4、2、1，关节下瘤及掌突发达；后肢粗短，趾短，具半蹼。雄性有单一咽下外声囊，胸部皮肤腺大。

终年穴居于土壤中，夏季聚集到临时水坑中产卵繁殖。分布于我国的东北、山东、河北、陕西、湖北、江苏、浙江等地。

饰纹姬蛙 ***Microhyla ornata*** **Duméril et Bibron**（图 3-117） 体长 24mm；头略呈三角形，长宽几乎相等，吻尖圆，吻棱、鼓膜不显著。皮肤光滑，背部灰棕色，有小疣粒。对称深棕色斜花纹由两眼睑向后延伸到体后端。四肢背面有横纹，腹面白色。眼后枕部有横肤沟。前肢细弱，指长顺序 3、4、2、1，关节下瘤及内外掌突显著；后肢长、趾细长，趾间具蹼。雄性咽部色深，有单一咽下外声囊。

栖息于水田和园圃的泥窝、土穴、草丛中。分布于河南、江苏、山西、陕西、云南、贵州、湖北、台湾、广东、海南等地。

雨蛙科 Hylidae

中国雨蛙 ***Hyla chinensis*** **Günther**（图 3-118） 雄蛙长 28mm，雌蛙长 39mm。头宽大于长，吻宽圆而高，吻棱明显。鼓膜圆。背绿色光滑。体侧腹面白色，体侧有黑斑，胸腹及股腹面密布扁平疣。指端有吸盘和横沟，第 1 指基有浅棕色婚垫，第 2、4 指和 3、5 趾几乎等长；趾端有吸盘，指基和趾间有蹼。雄蛙有一咽下外声囊，咽部色深。

白天伏于树根附近，夜间栖息于灌木上。分布于河南、江苏、陕西、四川、浙江、江西、湖北、湖南、福建、台湾等省区。

树蛙科 Rhacophoridae

斑腿树蛙 ***Rhacophorus leucomystax*** **Gravenhorst**（图 3-119）　头长宽几乎相等，吻略尖圆，吻棱明显，犁骨齿窄长。体长 60mm，扁平。背面光滑，褐黄色到深棕色，有 4 条黑色纵纹，腹乳白色，满布颗粒状扁平疣，股背面有 3～4 条横纹，大腿后方及肛门有网状棕色斑，体色因环境而异。指趾端膨大成吸盘，指长顺序 3、4、2、1，指间无蹼，关节下瘤及掌突显著；后肢长，趾间蹼约为 1/3。雄性第 1 指基有乳白色婚垫。

生活于我国东南省区草丛、树上。分布于安徽、浙江、江西、湖南、云南、福建等省区。

红蹼树蛙 ***Rhacophorus rhodopus*** **Liu et Hu**（图 3-120）　体背红棕色，有“X”形深棕色斑，体长小于 54mm。指、趾间具猩红色满蹼，外侧蹠间蹼发达。前臂和跗蹠部外侧皮肤褶显著。鼓膜明显。雄性吻端斜尖，趾指末端吸盘和横沟显著。吸盘背面可见“Y”形趾、指末端骨节。鼻骨小，蝶筛骨显露，额顶骨宽，前臂及跟部皮肤批膜。

栖息于山区有灌丛、芦苇的水塘附近，多栖于树上，具滑翔能力。4～8 月间大雨后夜晚产卵，卵附着在水塘上方植物枝叶上。分布于西藏、海南、广西等热带、近热带地区。

角蟾科 Megophryidae

崇安髭蟾 ***Vibrissaphora liui*** **Pope**（图 3-121）　别名刘氏髭蟾，俗称角怪。体长 70～90mm，头宽扁，吻棱显著，鼓膜隐蔽。瞳孔纵裂，眼球上半黄绿色、下半蓝紫色。上唇及颊部橘红色。背部棕褐色，有不规则黑色斑，具极细网状肤棱。胫跗关节前达肩部。指趾端圆，趾间具微蹼。雄性个体上唇多具 2 枚（2～6 枚）黑色角质刺，具单个咽下外声囊。蝌蚪背面在体、尾交界处有一醒目“V”形金黄色斑。

栖息于山涧流溪及其附近阴湿处，白天隐伏，夜间觅食昆虫。我国特有种，分布于福建、浙江、广西、湖南、江西、广东等地。

3.3.2.2 有尾目 Caudata

隐鳃鲵科 Cryptobranchidae

大鲵 ***Megalobatrachus davidianus*** **Blanchard**（图 3-122）　俗称娃娃鱼。头部疣粒显著，头扁平而宽阔、长宽约相等，吻长而钝圆；鼻孔近吻端；眼径小，无眼睑；

口裂大，上下颌有细齿。体大而扁平，长 600～700mm。皮肤光滑，棕褐色，背面有深色大黑斑，腹面色较浅。体侧有肋沟 12～15 条。尾侧扁，尾长为 1/3 体长。四肢短而粗壮，4 指，第 2、3 指略长于 1、4 指；5 趾，趾长顺序为 3、2、4、5、1；趾间有微蹼。

生活于清澈山谷溪流中。分布于河北、陕西、湖北、安徽、江苏、浙江、四川、贵州、福建、广东等地。

蝾螈科 Salamandridae

东方蝾螈 ***Cynops orientalis*** **David**（图 3-123） 体长约 70mm。头扁平，长大于宽。吻钝圆，唇褶显著，鼻孔近吻端，口裂在眼后角下方，颌有细齿。体背和体侧黑而有蜡光，满布小痣粒。腹面朱红色。躯干圆。四肢细长，前肢 4 指，指长顺序 3、2、4、1；后肢 5 趾，趾长顺序 3、4、2、5、1，无蹼。尾侧扁稍黑色，尾长约等于 1/2 体全长。

喜欢生活于清寒无污染静水中。分布于河南、湖北、安徽、江苏、浙江、江西、湖南、福建等省区。

3.3.3 爬行纲 Reptilia

3.3.3.1 龟鳖目 Testuddinata（或 Chelonia）

3.3.3.1.1 淡水龟鳖目爬行动物分科检索

四肢有爪，背腹甲被革质盾片……………………………………………………鳖科 Trionychidae
四肢有爪，背腹甲被角质盾片，趾、指分界明晰，具 4～5 爪……………………龟科 Testudinidae

3.3.3.1.2 常见龟鳖类爬行动物

龟科 Testudinidae

乌龟 ***Chinemys reevsii*** **Gray**（图 3-124） 又称草龟、金龟。头顶前部平滑，头后被粒鳞，眼后至颈侧具 3 条黑边黄绿色纵纹。背腹甲直接相连。背棕色或黑色，背甲椭圆，3 条纵脊棱，成体不显著，后缘非锯齿状；腹甲平坦，后缘锯齿状。腹甲色浅，盾片有大黑斑。四肢及尾橄榄色，基部有小黄斑。雄龟黑色，斑纹不明显。

栖息于河流、湖泊等处。分布于山东、河北、河南、甘肃、云南、湖北、安徽、浙江、福建、广西等地。

鳖科 Trionychidae

鳖 ***Trionyx sinensis*** **Wiegmann**（图 3-125）　俗称团鱼、甲鱼。吻延长成管状，头颈可缩入壳内。背甲卵圆形，覆革质皮肤，满布疣粒；腹甲光滑平坦。背橄榄色；腹面乳白色，有对称色斑，喉部色淡。四肢扁平各具 3 爪，指、趾间有蹼，外侧 2 指趾隐没在蹼间。

喜欢生活于湖泊、池沼、江河中。肉为名贵补品，鳖甲入药，已人工驯养成功。分布于全国大部分省区。

3.3.3.2 有鳞目 Squamata 蛇亚目 Serpentes

3.3.3.2.1 常见蛇类分科检索

1. 上颌有毒牙；腹鳞较大，宽度超过相邻背鳞的 3 倍；眼被透明膜；尾圆柱形……2
   上颌无毒牙；腹鳞较大，宽度超过相邻背鳞的 3 倍；眼被透明膜；尾圆柱形……游蛇科 Colubridae
2. 上颌具前沟牙，瞳孔圆形，头椭圆形；体尾粗细均匀，背面以黑褐色、红棕色为主具黑色横斑，或呈黑白色、黑黄色相间横斑……眼镜蛇科 Elapidae
   上颌具管牙，瞳孔直立椭圆形，头呈三角形；体粗尾短，背面无上述色斑……蝰科 Viperidae（有颊窝为蝮亚科，无颊窝为蝰亚科）

上唇鳞式为 3–2–3 即上唇鳞 8 枚，第四、五 2 枚入眶，前后各有 3 枚上唇鳞。

颞鳞式 1(2)+2(1)即颞前鳞 1 或 2 枚，颞后鳞 2 或 1 枚。

背鳞式为 17–17–15 行即背鳞颈部 17 行，中段 17 行，肛前 15 行。

3.3.3.2.2 常见蛇类

游蛇科 Colubridae

黄脊游蛇 ***Coluber spinalis*** **Peters**（图 3-126）　体细长，约 800mm。背绛红色，正中有 1 条镶黑边鲜明黄色纵带,体侧有几条深色纵线；腹淡黄色。头顶中央有镶黑边黄纵纹；吻背具 2 或 3 条黄横纹；眶前鳞 1 枚，眶后鳞 2 或 1 枚；颞鳞式 2+2(3)；上唇鳞式 3–2–3；背鳞式 17–17–15 行；腹鳞 182～199 枚；肛鳞纵分为二；尾下鳞 83～97 对。卵生。

生活于平原、丘陵等开阔地带。分布于我国东北及山东、河北、河南、山西、陕西、内蒙古、甘肃、新疆等地。

虎斑游蛇 ***Natrix tigrinalateralis*** **Berthold**（图 3-127）　俗称水青蛇。全长约

800mm。体翠绿色或草绿色，体侧前段有黑、红色交互排列的斑块；体腹面淡黄绿色，下唇和颈侧白色。眶前鳞2枚，眶后鳞3或4枚；颞鳞式为1(2)+2(1)； 上唇鳞式为2–2–3；背鳞式为19–19–17(15)行；腹鳞146～160枚；肛鳞纵分为二；尾下鳞51～74对。

生活于山野、草原、水边和各种湿地等处，白天活动捕食。分布于我国大部分省区。

赤链蛇 ***Dinodon rufozonatum*** **Cantor**（图3-128） 也称火赤链蛇。头部黑色，鳞缘绯红；枕部具"∧"形红斑；体背黑褐色，有70多条红色横纹；腹鳞浅黄无斑，两侧杂以暗褐色斑点。眶前鳞1或2枚，眶后鳞2枚；颞鳞式为2＋3；上唇鳞8或7枚，上唇鳞式为2–3–3或3–2–3或2–2–3；背鳞式为19(21)－17(19)－15(17)；腹鳞184～225枚；肛鳞1枚；尾下鳞45～95对。

生活于田野或村庄附近，傍晚活动捕食。分布于我国东北、华东和长江以南各省区。

红点锦蛇 ***Elaphe rufodorsata***（图3-129） 俗称水蛇。全长1m，头背有3道"∧"形黑褐色斑，体背淡红褐色，前段有4行中心红色、边缘棕黑色斑点，向后斑点断续形成4条纵线达尾端；3条浅色纵纹夹于4条纵线间，正中一条红棕、两侧灰棕色；腹面黄棕色，密布黑色方斑。眶前鳞1枚，眶后鳞2枚；颞鳞式2(1、3)+3（2、1）；上唇鳞式2–2 3或3–2–3或2–2–2；背鳞式21(19～23)－21(19)－17(15)行；腹鳞162～186枚；肛鳞纵分为二；尾下鳞47～64对。

半水栖，以螺、蛙、鱼为食。卵胎生。分布于我国东北及东南各省。

白条锦蛇 ***Elaphe dione*** **Pallas**（图3-130） 又称枕纹锦蛇。全长1m以上。体背灰褐色或灰橄榄色，有3条白色纵纹及若干短横纹。头背面有1粗大暗褐色"∩"形斑；眼后有黑纹；腹面灰白色或灰褐色，具黑斑点。眶前鳞1或2枚；眶后鳞2或3枚；颞鳞式2(3、1)＋3(4、2)；上唇鳞式3–2–3或4–2–3式；背鳞式25(23、21)－25(21～27)－19(17～21)行，中段7～19行具微棱；腹鳞175～204枚；尾下鳞59～77对。

生活于我国东北、华东及内蒙古新疆地区的平原山区。分布于我国东北及河北、山东、山西、甘肃、内蒙古、江苏、四川、青海、新疆等省区。

黑眉锦蛇 ***Elaphe taeniura*** **Cope**（图3-131） 全长1.5～2m。背灰绿色或棕灰色，前段有黑色梯形斑纹，中段至尾端有4条黑色纵纹；腹部灰白色，但前端、尾部及体侧为黄色。上唇、咽喉部黄色，眼后黑纹延向颈部似黑眉。眶前鳞1或2枚，眶后鳞2或3枚；颞鳞式2(1、3)＋3(4、2、5)；上唇鳞式4–2–3或3–2–3或5–2–3；背鳞式25(23～27)－25(23、21)－19(17)行；腹鳞225～267枚；肛鳞纵分为二；尾下鳞76～122对。

栖息生活于河边、住宅附近，捕食蛙、鼠等小动物。分布于辽宁、河北、山西、陕西、甘肃以及长江流域以南的广大地区。

玉斑锦蛇 ***Elaphe mandarina*** **Cantor**（图 3-132）　也称玉带蛇。全长约 1m，头背有 3 道黑斑；背紫灰色，躯干有 20～33 个、尾部有 6～11 个黑色菱形斑，斑块边缘及中心为黄色；体侧有紫红色点。腹灰白色，黑横斑左右交错或对称。眶前鳞 1 枚、眶后鳞 2 或 1 枚；颞鳞式 2(1) + 3(2)；上唇鳞式 2–2–3，或 3–2–3，或 2–1–3；背鳞式 23(2l～25) –23(21) –19(17～21)行；腹鳞 181～236 枚；肛鳞纵分为二；尾下鳞 58～76 对。

生活于山区森林中，以鼠类等小动物为食。分布于我国大部分省区。

中国水蛇 ***Enhydris chinesis*** **Gray**（图 3-133）　全长 700mm。体粗尾短。背深灰色，有 3 纵行不规则小黑点；背鳞最外行暗灰色，外侧 2～3 行红棕色；腹鳞前半暗灰色、后半黄白色；上唇缘黄白色。鼻间鳞 1 枚；上唇鳞式 3–1–3 式；背鳞式 25–23–19 行；腹鳞 135～155；尾下鳞 35～52 对。为后沟牙微毒蛇类。

生活于平原、丘陵地带。为水栖蛇类。分布于江苏、浙江、江西、福建、广东、台湾、湖北等省区。

蝰科 Viperidae

腹蛇 ***Agkistrodon halys*** **Pallas**(图 3-134)　俗称草上飞、七寸子。全长约 700mm。头三角形、颈细区分明显；背面灰褐色，有两行黑褐色圆斑；腹面灰白色，密布棕褐色细点。背鳞外侧及腹鳞间有 1 行黑褐色不规则粗点。上颌骨具管状毒牙。眶前鳞 2 枚，颞鳞式为 2 + 4(3)；上唇鳞式 2–1–4、或 2–1–3 或 3–1–4；背鳞式 2l（23）–2l–17（15）行；腹鳞 137～173 枚；肛鳞 1 枚；尾下鳞 29～54 对。

生活于平原及低山地带，以鼠、蛙、鸟等为食。卵胎生。分布于我国大部分省区。

竹叶青 ***Trimeresurus stejnegeri*** **stejnegeri**（图 3-135）　全长 2m 多；头三角形，头顶青绿色；体侧和体背草绿色，体侧有黄白色各半或红白色各半的纵线；腹面黄白色；眼橘红色；尾端焦红色。上颌有管状毒牙。头背有细鳞，无对称性大鳞；上唇鳞式 9(8) –12；背鳞式 21(19～23) –19(21) –15(13)行；腹鳞 150～178 枚；肛鳞 1 枚；尾下鳞 54～80 对。

喜欢栖息于山区树丛中，以蛙、蜥蜴、鸟、鼠等为食。卵胎生。分布于吉林、安徽、浙江、湖北、江西、四川、甘肃、云南、广西、海南、福建等省区。

眼镜蛇科 Elapidae

眼镜蛇 ***Naja naja*** **Linnaeus**（图 3-136）　身体全长 1m 多；头与颈区分不明显；头黑褐色；颈部有 1 对白边黑心的眼镜状斑。躯干部黑褐色，有黄白色环纹 15 个；

腹部黄白色或淡褐色。眶前鳞 1 枚，眶后鳞 2 或 3 枚；颞鳞式 2 + 3；上唇鳞为 2–2–3；背鳞式 23–21（19）–15 行；腹鳞 160～196 枚；肛鳞纵分为二；尾下鳞 38～54 对。具有前沟型毒牙。

栖息活动于平原丘陵地带，激怒时前半身竖起，颈部膨大“呼呼”作声。捕食鼠类等小动物。分布于浙江、安徽、湖北、湖南、江西、贵州、云南、广西、广东、福建、台湾等地。

银环蛇 ***Bungarus multicinctus*** **Blyth**（图 3-137） 全长约 1m；头部椭圆形、黑色；躯干及尾部黑褐色，尾末端尖细；背面有黑白色相间环纹，躯干部白环 20～50 个，尾部白环 7～17 个；腹部乳白色或有黑褐色细斑。无颊鳞；眶前鳞 1 枚，眶后鳞 2 枚；颞鳞式为 1+2；上唇鳞式 2–2–3；背鳞通身 15 行；腹鳞 203～231 枚；肛鳞 1 枚；尾下鳞单行 37～55 对。具前沟型毒牙。

生活于各种水域附近，以鱼、蛙、蛇、鼠为食。分布于安徽、江西、浙江、湖南、四川、云南、贵州、广西、福建、海南、台湾等省区。

3.3.4 淡水湿地常见鸟类

3.3.4.1 淡水常见鸟类的野外鉴别及分目检索

3.3.4.1.1 淡水鸟类的野外鉴别

1. 在大面积水域中游泳取食，脚短而具蹼，尾短、尾脂腺发达……2（游禽）
   栖于浅水、沼泽地及岸边地面上，喙、足和颈长，趾细长，在泥泞中行走……8（涉禽）
2. 纯白似鹅，游泳时长颈向上伸与水面垂直………天鹅（嘴基黄斑超过鼻孔为大天鹅，否则为小天鹅）体多纯黑色……3
   体非纯白或纯黑色……5
3. 鸭形，游泳时身体大部分露出水面，颈部前倾伴有规律伸缩动作……4
   嘴尖长钩状，腿极靠后，栖止时如直立；游泳时身体大部分浸于水中……鸬鹚
4. 额甲白色……白骨顶
   额甲红色……黑水鸡
5. 鸥形，多灰白色，翅尖，善持续飞行，常在离水面不高处翱翔，扇翅较慢；游泳时尾端翘起，翅长，伸达尾后上方……鸥类
   鸭形，很少灰白色，直线飞行，颈直伸，扇翅急促；陆上步行笨拙，左右摇摆……6
6. 嘴尖锥状，体多褐色，无翼镜，常结小群，叫声如水笛；游泳时看不到尾；遇敌时常潜水逃避，间或贴水面短距离飞翔，双脚直伸于尾后，极明显……䴙䴘类
   嘴扁平似鸭，雄鸟羽色鲜艳，具翼镜；春秋结成大群，叫声“嘎嘎”；游泳时尾明显可见；遇敌时突然起飞，飞翔距离长，扇翅声甚大，脚不显露……7
7. 体大，腿长；多为暗褐色，不具翼镜，嘴基厚；游泳时尾常上翘似天鹅，迁徙时列队成“人”

或"一"形，扇翅较慢；与相近种的区别为黑嘴，嘴尖具橙黄色斑；嘴较头短……………豆雁
体较前者小，腿短；雄鸟颜色鲜艳，多具翼镜，嘴基部扁平；游泳时身体与水面平行，迁徙时队形不定，扇翅较急……………野鸭类

8．体大、中型，腿与颈显著长；栖止稳重，很少奔跑；结小队飞行，双翅扇动慢而轻盈……………9
体中、小型，多为灰色或沙土色，腿、颈较前者短；行进常快速奔跑，遇敌时则停立不动，借保护色迷惑敌人；常结大群飞翔，方向不定；翅角明显，伴有"滴利"之叫声……………10

9．栖止及飞翔时，颈基部呈显著的"S"形弯曲，双翅扇动极柔软……………鹭类
栖止时颈基部"S"形弯曲不明显，飞翔时颈伸直，双翅扇动坚强如板状，体暗色……………灰鹤、黑鹳

10．体形似雉，黑白二色，足趾特别长……………水雉
体形似燕，尾分叉、基部白色……………燕鸻
体形似鹬……………11

11．眼极度后移，头项具黑纵纹，尾羽14枚……………扇尾沙锥
眼正常……………12

12．喙短而直，末端膨大，体大如鸫，背褐腹白，颈部有黑环，眼圈鲜黄……………金眶鸻
喙细长末端纤细……………13

13．体大，褐色，喙特长而下弯，腰白……………白腰杓鹬
体中型，背灰褐色，腹白；喙直较腿短……………14

14．尾根白色……………林鹬，白腰草鹬
尾根不白，飞时翅上具明显白带……………矶鹬

3.3.4.1.2　淡水水域常见鸟类分目检索

1．脚适于游泳，蹼较发达……………2
脚适于步行，蹼不发达或付缺……………4

2．趾间具全蹼……………鹈形目 Pelecaniformes
趾间不具全蹼……………3

3．嘴形平扁，具嘴甲；雄性具交接器……………雁形目 Anseriformes
嘴不平扁，无嘴甲，翅形短圆，尾羽短，前趾各趾两侧附有叶状蹼膜……………䴙䴘目 Podicipediformes

4．颈和脚较长，胫下部裸出，后趾发达，与前趾在一平面上；眼先裸出……………鹳形目 Ciconiiformes
颈和脚较长，胫下部裸出，后趾退化，存在时位置高于其他趾；眼先被羽……………5

5．翅短圆，第1枚初级飞羽较第2枚短，趾间无蹼；眼先被羽或裸出……………鹤形目 Gruiformes
翅形尖，第1枚初级飞羽较第2枚长，趾间蹼膜不发达；眼先被羽……………鸻形目 Charadriiformes

3.3.4.2 淡水水域及邻近生境常见鸟类

3.3.4.2.1 䴙䴘目 Podicipediformes

䴙䴘科 Podicipedidae

小䴙䴘*Podiceps ruficollis* Vroeg（图 3-138） 又称水葫芦。形似鸭而小。夏羽头部和上体黑褐色，颈侧和耳羽栗红色，腹部白色。游泳时，水面仅见头部，遇惊善潜水；飞翔紧靠水面，两脚伸于尾后。分布于我国大部分省区。

3.3.4.2.2 鹈形目 Pelecaniformes

鸬鹚科 Phalacrocoracidae

鸬鹚 *Phalacrocorax carbo* Linnaeus（图 3-139） 又称鱼鹰。通体黑色，杂有花纹，肩和翼具青铜色金属反光，下肋部有一白色块斑。嘴尖长，先端有钩，喉囊较小。颊、颏和上喉白色形成半环状。眼周和后侧裸露皮肤黄色。

栖止时身体似直立，飞翔时颈腿伸直。被训作捕鱼。遍布我国各种水域。

鹈鹕科 Pelecanidae

斑嘴鹈鹕 *Pelecanus philippensis* Gmelin（图 3-140） 俗称鹈鹕、塘鹅。大型水禽，体白。嘴宽大，喉囊大型。眼先裸露，皮肤、喉囊淡橘黄色。后颈长窄而蓬松的淡白色羽延伸到枕部成为冠羽，缀粉黄色。胸部披针形长羽黄色。初级飞羽和次级覆羽黑色，尖端色淡。下体白色，腰、肋、肛周和尾下覆羽白色，缀有葡萄红色。下体淡褐色。翅和尾褐色，尾上覆羽淡褐色、尾下白色。冬羽头、颈、背灰色，腰、下背、两肋白色，羽轴黑色。

栖息于水域附近和沼泽地带，单独或小群生活。分布于我国较大面积水域和滨海地带。

3.3.4.2.3 鹳形目 Ciconiiformes

A 鹳形目分科属检索

1. 中趾爪内侧具栉状缘……………………………………（3.1）鹭科 Ardeidae
   中趾爪不具栉状缘……………………………………2

2. 嘴粗厚侧扁，无鼻沟……鹳科 Ciconiidae
   嘴匙状或筒状，鼻沟几乎伸至嘴端……鹮科 Threskiornithidae

3.1 尾羽 12 枚……3.2
   尾羽 10 枚……3.7

3.2 体羽全白……白鹭属 *Egretta*
   体羽非全白……3.3

3.3 两翅白色……3.4
   翅非白色……3.5

3.4 嘴峰较跗蹠短……牛背鹭属 *Bubulcus*
   嘴峰较跗蹠长……池鹭属 *Aedeola*

3.5 胫裸出部较后趾（不连爪）长……鹭属 *Ardea*
   胫裸出部较后趾（不连爪）短……3.6

3.6 嘴峰较跗蹠长……绿鹭属 *Batorides*
   嘴峰与跗蹠等长……夜鹭属 *Nycticorax*

3.7 中趾连爪较嘴峰长……麻鳽*Botaurus*
   中趾连爪较嘴峰短……3.8

3.8 体形小，翅长小于 170mm……苇鳽属 *Ixobrychus*
   体形大，翅长大于 170mm……黑鳽*Dupetor*

B 常见鹳形目鸟类

鹭科 Ardeidae

苍鹭 ***Ardea cinerea*** **Linnaeus**（图 3-141） 俗称灰鹭、青庄、老等。头颈白，头侧及枕部黑色，上体苍灰，下体白，前颈下部有黑色纵纹。前胸两侧各有一块大的紫黑色斑。

飞翔时头颈缩成“Z”形，两腿向后伸直，两翅扇动缓慢。常单腿立于浅水中，多见于沼泽、湖边、海岸浅滩。遍布全国。

大白鹭 ***Egretta alba*** **Linnaeus**（图 3-142） 体形较大，体羽白色，头有短小羽冠。繁殖期，肩、背上有成簇蓑羽，长超过尾部，无羽冠、胸饰蓑羽。眼圈的皮肤、眼先裸露部分和嘴黑色，嘴基黑绿色；胫裸露部分淡红灰色，跗蹠和趾黑色。

在河川、海滨、沼泽及稻田等处觅食活动。群巢于树丛间。几乎遍布全国。

夜鹭 ***Nycticorax nycticorax*** **Linnaeus**（图 3-143） 体长约 620mm，头颈粗胖，头顶及枕部黑色具绿辉；下体白色；繁殖期有 2 枚白色羽毛垂于脑后。

夜出活动，白天多隐藏于林中或沼泽间。除青海、新疆外，我国各地均有分布。

池鹭 ***Ardeola bacchus*** **Bonaparte**（图 3-144） 俗称红毛鹭。体羽白色，冠羽、后颈和前胸栗红色；背和肩的蓝黑色蓑羽向后伸至尾羽末端。嘴黄色，尖端黑；眼先裸露皮肤黄绿色；脚暗黄色。

在山东及其以南各省繁殖。遍布我国大部分省区。

绿鹭 ***Butorides Striatus*** **Linnaeus**（图 3-145） 头顶、羽冠绿黑色并具金属光泽；颏及喉白色。眼下端有一黑色直线延达颈侧；颈及背部蓑羽灰色。翼和羽黑色，翼缘白色，翼上覆羽绿色，飞羽黑褐色，羽缘青铜绿色，羽端具黄白色斑。跗蹠与趾黄绿色。

多见于山区溪流或灌木丛中，常夜出觅食。分布于我国东北东南部，华东、华南、海南岛及台湾等地区。

黄斑苇 ***Ixobrychus sinensis*** **Gmelin**（图 3-146） 俗称水骆驼。眼先裸露部淡黄色，嘴黄、嘴峰褐色，跗蹠和趾黄绿色。雄鸟前额至枕部、冠羽黑色。头和颈侧黄白色沾棕色；后颈棕红色；肩羽黄棕褐色，背、腰和尾上覆羽灰色，尾羽黑色。下体颏至尾下覆羽淡黄色，颏和喉部淡白色；颈基部有大块黑斑；胸侧羽缘栗红。翅上覆羽黄褐色，飞羽黑色，羽端略沾棕色。雌鸟上体栗红色，尾羽和翼羽色同雄鸟，胸下具淡褐色纵斑。

栖息于芦苇、水草丰富的湖泊、水库等处。分布于我国东北、华北和江南大部分地区。

鹳科 Ciconiidae

白鹳 ***Ciconia ciconia*** **Linnaeus**（图 3-147） 体长约 1200mm。两翅大都黑色，站立时，较长黑色最内侧飞羽遮住尾部呈黑色，全身其余部分为白色。眼先、眼周、颏部裸露皮肤朱红色。嘴黑色，下嘴腹面红色；腿和脚红色，4 趾在一个平面上。

飞翔时，头颈及两腿伸直。见于大型水域、浅滩，在林区高大乔木上营巢。分布于我国大部分省区。

黑鹳 ***Ciconia nigra*** **Linnaeus**（图 3-148） 大型涉禽。雌雄相似。嘴长而直，基部粗厚，先端渐细。鼻孔小，裂缝状。眼周裸露皮肤红色。头、颈和上体、尾均呈黑色，带有紫色和绿色光辉。颈下部羽毛延长，形成蓬松状颈领。胸、颈部与上体相同，胸部浓褐呈青铜色辉光。下体余部白色。虹膜深褐色，嘴、颊裸区呈红色，跗蹠赤褐色。

喜欢栖息于无干扰的山区森林、沼泽、草原和河流附近和库塘、沼泽地带。单独或成少数群体在溪河附近活动觅食。繁殖于山东、新疆、青海、甘肃、河南、辽宁及其以北地区。在山西、河南、湖北、江西、长江中下游以南越冬。

3.3.4.2.4 雁形目 Anseriformes

A 雁形目分科属检索

1. 后趾不具瓣蹼……2
后趾具狭形瓣蹼……5
后趾具有宽形瓣蹼……9
2. 颈较体长或等长……天鹅属 *Cygnus*
颈较体短……3
3. 后趾稍长，上体辉亮，雄鸟嘴基具肉冠……瘤鸭属 *Sarkidiornis*
后趾长度居中，上体无辉亮，雄鸟嘴基无肉冠……4
4. 喉、胸等白、灰、黑或斑驳色，头顶、后颈非黑色；上嘴缘齿突明显……雁属 *Anser*
喉、胸栗褐色，头顶、后颈黑色；上嘴缘齿突不外露……黑雁属 *Branta*
5. 嘴形短厚似鹅，嘴峰长小于 31mm……6
嘴形长而稍平，嘴峰长超过 31mm……7
6. 不具羽冠，初级飞羽外缘非银灰色……棉凫属 *Nettapus*
头具羽冠，初级飞羽外缘银灰色，雄鸟翅具一对帆状饰羽……鸳鸯属 *Aix*
7. 跗蹠前缘被网状鳞，初级飞羽较次级飞羽稍长……树鸭属 *Dendrocygna*
跗蹠前缘全部或仅下部被盾状鳞，初级飞羽远较次级飞羽长……8
8. 体形较大，翅长超过 280mm，内侧次级飞羽外翈有棕栗色……麻鸭属 *Tadorna*
体形小，翅长 280mm 以下，内侧次级飞羽外翈无棕栗色……鸭属 *Anas*
9. 嘴侧扁……秋沙鸭属 *Mergus*
嘴平扁……10
10. 尾呈凸尾状，由硬羽所成；上嘴基部至鼻孔处膨起……硬尾鸭属 *Oxyura*
尾非凸尾状，尾羽不硬；上嘴不具上述特征（海番鸭属雄鸟例外）……11
11. 初级飞羽基部或多或少呈白色……12
初级飞羽纯暗褐色……13
12. 脚淡红色或橙黄色，嘴缘栉突长而显著，雄鸭嘴红，具羽冠……赤嘴潜鸭属 *Netta*
嘴和脚不为红色，嘴缘栉突形短而不显著……潜鸭属 *Aythya*
13. 跗蹠长小于嘴裂，雄鸭头部具有成块硬羽……绒鸭属 *Somateria*
跗蹠长等于嘴裂或较长，雄鸭头部不具硬羽……14
14. 体羽几乎纯深黑（♂）或暗褐色（♀），雄性上嘴基部有疣状突……海番鸭属 *Melanitta*
体羽非纯深黑（♂）或暗褐色（♀），嘴基无疣状突……15
15. 嘴甲占上嘴整个先端，鼻孔近嘴基……16
嘴甲小，仅占嘴端 1/3～1/2 的部分，鼻孔近嘴端……鹊鸭属 *Bucephala*
16. 头无明显羽冠，腹和尾下覆羽暗色，中央尾羽不突出……丑鸭属 *Histrionicus*
头具明显羽冠，腹和尾下覆羽白色，雄鸟中央尾羽延长而突出……长尾鸭属 *Clangula*

B 常见雁形目鸟类

鸭科 Anatidae

豆雁 ***Anser fabalis*** **Latham**（图 3-149） 又称大雁。体大于鸭。嘴黑色，近先端有一黄色斑。头颈灰棕色，背和肩羽暗棕色，腹部浅灰色，尾上覆羽和尾下覆羽白色。

繁殖季节栖息于湖泊、森林河谷和苔原地带，冬季栖息于开阔平原、沼泽、江河、湖泊及沿海和农田附近。结群飞行常排成“一”字形或“人”字形。几乎遍布全国。

鸿雁 ***Anser cygnoides*** **Linnaeus**（图 3-150） 上体浅灰褐色，颈背有一条红棕色长条纹。嘴黑，雄雁上嘴基部有一疣状突。

集群活动于多草的沼泽、河川、湖泊。飞行时常在高空排成“V”字形，颈伸长，两只脚垂挂在腹面。分布于我国大部分省区。

大天鹅 ***Cygnus cygnus*** **Linnaeus**（图 3-151） 又称黄嘴天鹅。体大型，白色。嘴黑色，基部黄斑沿嘴缘向前伸于鼻孔之下。颈长几乎与体长相等。

游泳时颈部伸直与水面呈直角，飞翔时颈前伸与体呈一直线。活动于大型湖泊、水库等地。分布于我国大部分省区。

赤麻鸭 ***Tadorna ferruginea*** **Pallas**（图 3-152） 体较鸭大，通体赤黄色。雄鸟颈基有黑色颈环。翅上覆羽白色，初级飞羽黑色，次级飞羽的外羽片铜绿色，形成明显翼镜。雌鸭稍淡，头顶和头侧几乎为白色，颈部无黑色领环。

栖息于江河、湖泊及附近的草原、沼泽等生境，主要生活在内陆淡水区域。分布于新疆、西藏、内蒙古和东北、华北及长江流域，遍及全国。

花脸鸭 ***Anas Formosa*** **Georgi**（图 3-153） 小型鸭类。面部翠绿、白、黄色斑相间，额枕部黑褐具淡棕色羽端，眼后翠绿色宽纹至后颈下部合并，两带间有白狭纹；眼周黑宽纹斜连黑色喉部；余部淡黄色。上背和两肋灰有黑褐色波状细纹，下背及腹褐色。初级飞羽、翅上覆羽暗褐、大覆羽具棕色宽羽端。翼镜铜绿色，后缘为黑色和白色，前缘为大覆羽棕色斑。胸部葡萄红色杂有黑褐色小圆斑。腹白色，尾下覆羽黑褐色具淡棕色先端。

常集群生活栖息于沼泽、湖泊、水塘等地，夜间成群觅食。遍布我国东部各省区。

绿头鸭 ***Anas platyrhynchos*** **Linnaeus**（图 3-154） 中大型鸭类。头颈辉绿色，颈基具白色领环；翼镜紫蓝色；雄鸭尾羽边缘白色，飞时清晰可见。雌鸭头顶和枕黑色，杂有棕黄色羽缘条纹。上体黑褐色，棕黄色羽缘形成“V”形斑，两翅羽色与雄性相似。腹部浅棕色，散布有褐色条纹和斑块。

栖息于水生植物茂盛的湖泊、池沼、水库及河口等地。晨昏或夜间在浅水处、沼泽地或农田等处觅食。几乎遍布全国。

斑嘴鸭 ***Anas poecilorhyncha*** **Forster**（图 3-155）　中大型鸭类。上体暗褐色具棕白色羽缘；胸部淡棕白色杂有褐色斑，具黑褐色羽缘。头顶、额、枕部暗褐色。颊、上颈淡黄白色有暗褐色小斑点。嘴蓝黑色，先端黄色。眉纹黄白色，贯眼纹黑褐色。翼镜金属蓝绿色，翼镜后缘有黑白色边。尾下覆羽近黑色。

常集群在沿海、湖泊、水库、河流等处活动。遍布我国大部分省区。

鸳鸯 ***Aix galericulata*** **Linnaeus**（图 3-156）　雌雄异色。雄鸟艳丽，头颈部具绿、白、栗色羽冠，眼后有白色眉纹。颏和喉纯栗色。上胸及胸侧暗紫色，下胸至尾下覆羽乳白色，下胸两侧黑色，具两条白色斜带。翅有栗黄色的直立帆羽。雌鸟头背灰褐色，无羽冠和帆羽。眼周白色，其后有一白色纹与眼周白圈相连形成的独特白色眉纹。

栖息于溪流、湖泊、沼泽、水库等处。繁殖在我国东北北部，越冬在长江中、下游各省。

中华秋沙鸭 ***Mergus squamatus*** **Gould**（图 3-157）　又称鳞肋秋沙鸭。体小于绿头鸭。喙尖形。鼻孔位于嘴峰中部。冠羽长，呈双冠状，黑色。雄鸟头和上背黑色，下背、腰、尾上覆羽、翼镜和下体白色，体侧有黑色鳞状斑。雌鸟头棕褐色，上体蓝黑色，下体白色。两肋和胸侧有黑灰色鳞状斑。尾上覆羽白色，具粗的黑灰色波状斑。

栖息于低山丘陵地带的河流、水塘等处；营巢于树洞中。分布于我国东部沿海各地。

3.3.4.2.5　鹤形目 Gruiformes

A　鹤形目

1. 足具 3 趾……………………………………………………………………2
   足具 4 趾……………………………………………………………………3
2. 体形大，翅长超过 200mm，尾羽 16～18 枚；爪短扁为趾甲………………鸨科 Otididae
   体形小，翅长小于 100mm，尾羽 12 枚；爪小而曲……………………三趾鹑科 Turnicidae
3. 头顶被羽，后趾与前趾平置……………………………………………秧鸡科 Rallidae
   头上有裸出部，后趾位置较前趾高………………………………………鹤科 Gruidae

B 常见鹤形目鸟类

鹤科 Gruidae

丹顶鹤 ***Grus japonensis*** **Müller**（图 3-158） 全身体羽几乎近纯白色。站立时，黑色次级飞羽和三级飞羽长而弯曲呈弓状，向后盖在白色尾部。裸露头顶朱红色。颈大部分褐黑色，眼后、耳羽至枕白色。裸露胫部、跗蹠及趾灰黑色。

栖息于开阔平原、沼泽、湖泊等地带。分布于我国东部各省区。

灰鹤 ***Grus grus*** **Linnaeus**（图 3-159） 体羽主要为灰色。头顶及翅尖黑色。头顶裸出部朱红色，具稀疏黑色短羽。两颊至颈侧灰白色。喉、前颈和后颈灰黑色。三级飞羽灰色、先端略呈黑色，延长弯曲成弓状羽端，羽枝分离呈毛发状。后趾小而高。

常见鹤类，栖息于沼泽、草原、沙滩及近水丘陵等近水多样栖息环境。小群或家群活动，性怯机警。分布几乎遍布全国。

秧鸡科 Rallidae

骨顶鸡 ***Fulica atra*** **Linnaeus**（图 3-160） 又称白骨顶。通体灰黑色。头具白色裸出骨顶。内侧飞羽灰白色羽端形成明显白色翼斑。颏、喉黑色，杂有白色。胫裸出部、跗蹠、趾和瓣蹼绿黑色。

栖息于苇塘、沼泽等处，常在水面上游水。遍布全国。

黑水鸡 ***Gallinula chloropus*** **Linnaeus**（图 3-161） 俗称红骨顶。头、颈、背、胸、上腹蓝黑色；下腹中央白色，两肋灰黑褐色，具宽阔的白色长条状斑。尾羽黑褐色，羽端黑。尾下覆羽两侧白色，中央黑色。上嘴基部至额板深红色。脚黄绿色。

栖息于沼泽、苇塘和稻田等处，营巢于水边浅水芦苇丛或水草丛中。国内分布较广。

普通秧鸡 Rallus aquaticus Linnaeus（图 3-162） 额、头顶及后颈黑色；上体暗灰褐色，无白斑；颌、喉灰白色；胸部黄褐；腹部和尾下覆羽黑色，具白色横斑。

栖息于苇丛、水草丛中；在地面营巢繁殖。善做短距离低飞。几乎遍布全国。

3.3.4.2.6 鸻形目 Charadriiformes

A 鸻形目分科检索

1．鼻骨呈全鼻型，跗蹠前后缘被网状鳞……………………………………………………石鸻科 Burhinidae

鼻骨裂鼻型，跗蹠具网状鳞或盾状鳞 …… 2
2. 鼻孔卵圆形，无鼻沟；嘴形宽阔；中爪具栉缘 …… 燕鸻科 Glareolidae
鼻孔直裂，有鼻沟；嘴形细狭；中爪不具栉缘 …… 3
3. 脚趾特别延长，后爪较后趾长 …… 雉鸻科 Jacanidae
脚趾正常，后爪不长于后趾 …… 4
4. 趾具瓣蹼 …… 瓣蹼鹬科 Phalaropodidae
趾不具瓣蹼 …… 5
5. 跗蹠后侧（Numenius 除外）具盾状鳞，前缘被盾状鳞 …… 6
跗蹠后侧具网状鳞，前缘也具网状鳞 …… 7
6. 鼻沟长不及上嘴的一半；嘴先端突，向下曲；雌鸟大而鲜丽 …… 彩鹬科 Rostratulidae
鼻沟长超过上嘴的一半；嘴形直，有点下曲；雄雌羽色大小相同 …… 鹬科 Scolopacidae
7. 嘴端隆起 …… 鸻科 Charadriidae
嘴端不具隆起 …… 8
8. 跗蹠较中趾（连爪）长数倍 …… 反嘴鹬科 Recurvirostridae
跗蹠较中趾（连爪）仅稍长 …… 蛎鹬科 Haematopodidae

B 常见鸻形目鸟类

蛎鹬科 Haematopodidae

蛎鹬 ***Haematopus ostralegus*** **Linnaeus**（图 3-163） 又称海喜鹊。额、头、颏、喉、颈、肩、背和上胸黑色；下胸至尾下覆羽和两肋白色。腰、尾上覆羽和尾羽基部白色。尾余部黑色。翅上覆羽、初级飞羽黑褐色，从第 5 枚初级飞羽起外翈基部有白斑；次级飞羽白色；三级飞羽黑色；翅下覆羽黑色。

喜欢栖息于港湾、湖泊和沼泽地。分布于我国山东、河北、黑龙江、辽宁等省和沿海一带。

雉鸻科 Jacanidae

水雉 ***Hydrophasianus chirurgus*** **Scopoli**（图 3-164） 俗称水山鸡、长尾水雉。嘴蓝灰色，尖端浅淡。额、头顶白色；枕部黑斑向颈侧延伸成黑线；后颈金黄色。肩、背棕褐具古铜色光泽；腰和尾上覆羽黑色。颏、喉、头侧白色；喉以后下体棕褐色。初级飞羽黑褐，其他飞羽缘白色，尖端黑色；翅上覆羽白色；小翼羽先端黑色。脚蓝绿色。

栖息于草原地区的湖泊、水库、沼泽地和水田池塘。营巢于水上植物茎叶上。我国分布于浙江、河北、江苏、江西、福建、湖北、湖南、广东、海南、广西、台湾等省区。

鸻科 Charadriidae

金眶鸻 ***Charadrius dubius*** **Scopoli**（图 3-165） 比麻雀稍大。上体灰褐色，下体除胸黑色外，余白色。眼四周金黄色。下嘴基部黄色；嘴基狭带与头顶前部、眼先、眼下连接耳区带斑黑色，带斑之间及周缘白色，后颈具白领状环带，后环带黑。腿和趾黄色。

栖息于河湖岸边、海滨沙滩，奔跑迅速。几乎遍布全国。

凤头麦鸡 ***Vanellus vanellus*** **Linnaeus**（图 3-166） 又称田鸡。黑色冠羽细长向上翘。眼先、眼上和眼后灰白色，上体灰绿色，背绿褐色有光泽；下体白色，上胸具黑色宽带斑。

栖息于低山丘陵、山脚平原和草原地带的湖泊、水塘、沼泽、溪流和农田地带，集群活动。遍布全国大部分省区。

鹬科 Scolopacidae

白腰杓鹬 ***Numenius arquata*** **Linnaeus**（图 3-167） 俗称大杓鹬、弯嘴鹬。上体、肩、背黑褐色，羽缘棕褐色、灰白色形成纵纹；腰羽纯白色，尾上覆羽纯白，羽干黑褐色；颏、喉、前胸灰白色，羽干黑褐色形成纵纹；下腹、尾下覆羽纯白色。嘴黑褐色，头顶灰白色；眉纹灰白色，杂以黑褐色纵纹。脚青铅色。

喜集群活动于湖滩、江河两边潜水区、海边滩涂，分布于东北、山东、内蒙古、新疆、河北、河南、江苏、甘肃、青海、安徽、福建、台湾、广东、海南等省区。

白腰草鹬 ***Tringa ochropus***（图 3-168） 头顶、后颈和前额黑褐色。上体、腹、翅下覆羽灰黑褐色，具白色细点。体侧白有黑褐色横斑。下体白色。腿、趾绿。中央尾羽贯以宽阔黑褐色横斑带，最外侧尾羽几乎纯白色或稍缀黑点斑。飞行时尾基部白色明显。

栖息于河湖岸边和沼泽地。分布于我国大部分省区。

扇尾沙锥 ***Capella gallinago***（图 3-169） 体长约 260mm。嘴细直而尖，尖端弯曲。上体黑褐色，杂以棕色、白色和土黄色的横斑和纵纹；下体白；喉、前胸淡黄色；眼上眉纹白色，眼下纹黑褐色伸到眼先；尾羽基部灰黑色，末端白色。

栖息于河湖等浅水处。飞翔迅速，常一高一低，呈波浪形前进。遍布全国。

矶鹬 ***Tringa hypoleucos*** **Linnaeus**（图 3-170） 体长 180mm。上体橄榄褐带古铜色光泽，具狭黑褐纵纹和斑纹。眉纹白。下体颊、喉、前颈和胸灰白色，缀黑褐羽干纹。尾羽绿褐、中央尾羽缀黑褐色横斑，外侧尾羽有白色横斑，羽端缘白色。脚淡绿色。

栖息于低山丘陵和山脚平原一带的水域附近。我国繁殖于东北、西北部，越冬于长江流域、西南、东南沿海各省。

燕鸻科 Glareolidae

普通燕鸻 ***Glareola maldivarum*** **Forster**（图 3-171）　上体棕褐色或灰褐色；下体棕白色或棕黄色，胸棕褐色，向腹部渐淡。颊部、眼下、颈侧至喉部后缘有半环状黑色细纹。尾基白斑由中央向两侧尾羽扩展形成“V”形斑。

栖息于草原中的沼泽地、河湖边及农田等近水湿地，多集群活动。分布于我国东北全境、河北、云南、广东、福建、台湾和海南等东部各省区。

反嘴鹬科 Recurvirostridae

黑翅长脚鹬 ***Himantopus himantopus*** **Linnaeus**（图 3-172）　俗称长脚娘子。嘴黑色。雄鸟额、眼先、颊部白色；头顶、枕黑褐色；项颈和后颈灰褐色，羽端缘具灰白色点斑。肩、上背、初级飞羽、翅下覆羽均为黑色，具闪光金属光泽。次级飞羽、翅下覆羽为黑色，羽端缘淡灰褐色；尾羽淡灰褐色，上、下体余部为纯白色。长脚橙红色。

栖息于开阔平原草地中的湖泊、浅水塘和沼泽地带。常集群活动。分布于我国东北、山东、内蒙古、河北、河南、山西、甘肃、青海、台湾、广东、福建等地。

3.3.4.2　佛法僧目 Coraciiformes

A　佛法僧目分科检索

1. 嘴形粗厚而直……………………………………………………………………2
   嘴细长而下曲……………………………………………………………………4
2. 嘴上通常具盔突………………………………………………犀鸟科 Bucerotidae
   嘴上无盔突………………………………………………………………………3
3. 嘴短，翅形长圆，有 10 枚飞羽；尾脂腺裸出…………………佛法僧科 Coraciidae
   嘴长，翅形短圆，有 11 枚飞羽；尾脂腺被羽………………（5）翠鸟科 Alcedinidae
4. 头具羽冠，尾脂腺被羽，尾羽 10 枚，后爪较中爪长……………戴胜科 Upupidae
   头无羽冠，尾脂腺裸出，尾羽 12 枚，后爪较中爪短……………蜂虎科 Meropidae

5.1　羽衣黑白相杂……………………………………………………鱼狗属 *Ceryle*
　　羽衣非黑或白……………………………………………………………………2
5.2　尾较嘴长，翅形短圆……………………………………………翡翠属 *Halcyon*
　　尾较嘴短，翅形尖长……………………………………………翠鸟属 *Alcedo*

B 常见佛法僧目鸟类

翠鸟科 A1cedinidae

普通翠鸟 ***Alcedo atthis*** **Linnaeus**（图 3-173） 头顶、颈、头侧浅黑色，各羽均具亮蓝色横斑。体背蓝绿色；腹部棕色。嘴直而强。耳羽锈红色；颈侧具白色斑块。

常见于水域边低垂树枝或岩石上，或鼓动双翅悬于水面上空，或低掠水面直线快速飞行，边飞边叫。分布于我国大部分省区。

蓝翡翠 ***Halcyon pileata***（图 3-174） 体长 300mm。头顶黑色，颈部白领圈与喉白色相连；上体深蓝色具光泽，初级飞羽黑褐色、内翈基部白色，除第 1 枚外，余外翈基部具蓝白色斑，中部为蓝色。下体橙棕色，尾下覆羽黑褐色。

常在河流、池塘附近多树处觅食。分布于我国大部分省区。

4 陆地动物实习

陆地实习环境指的是离水域较远的那些地方，如草原及森林、山地丘陵等环境类型，在不同的环境类型中生活着各种不同的动物类群。那里是了解自然、研究生态规律和集中或分散进行远程和近郊野外实习的好去处。

4.1 陆生动物的实习环境

在多种多样的陆生动物实习环境中，受人类干扰比较重的环境类型有农田、居民区和动物园等，农田和居民区作为半人工自然景观，因食物丰富、隐蔽和繁殖条件优越，常招引各类动物；受人类干扰较少的环境有草原、山地森林灌丛和平原林区，有各种森林、草原动物栖息，是动物实习最方便并可随时进行实习的重要场所，也可结合课堂教学过程随时随地进行课外活动式的野外实习，培养野外工作能力。

4.1.1 农田生境类型

农田生境有明显的季节变化，植物群落单一、隐蔽条件差、人为干扰大，但有较好的食物供给等特点，形成了农业害虫、食谷鸟类、啮齿动物等为多见的农田特有动物群。动物的群集活动，有的给农业生产造成严重的破坏，有的则捕食有害动物给农业生产带来益处。害虫和天敌在长期的自然选择过程中，形成环环相扣的食物链、食物网，维持着农田生态平衡。主要的农业害虫有蝗虫和棉铃虫等。常见两栖类有花背蟾蜍、中华大蟾蜍、黑斑蛙等。常见爬行类有红点锦蛇、赤链蛇、虎斑游蛇、黑眉锦蛇、丽斑麻蜥、山地麻蜥等。常见鸟类有喜鹊、黑卷尾、珠颈斑鸠、戴胜、灰椋鸟、白头鹎、白鹡鸰、红隼、鸢等。常见兽类有黑线姬鼠、大仓鼠、黑线仓鼠、社鼠等。

4.1.2 居民区生境类型

随着城镇生态工程建设的实施，园林绿化使城镇与近郊自然环境有机地结合起来，不仅改善了人类居住的生态环境，也使城镇具有食物充足、小生境类型多样、隐蔽场所多、敌害少等特点，成为园林昆虫、某些鸟类和小型兽类栖居繁殖的良好场所。动物不仅对维持城市生态系统的平衡发挥重要作用，而且有助于改善人类文化生活。常见两栖类有中华大蟾蜍、花背蟾蜍等。常见爬行类有无蹼壁虎、黑眉锦蛇等。常见鸟类有麻雀、喜鹊、家燕、金腰燕、楼燕、白鹡鸰、黑枕黄鹂等。常见兽类有刺猬、黄鼬、小家鼠、褐家鼠、黑线姬鼠及蝙蝠等。

4.1.3 动 物 园

随着自然生态环境的破坏与改观，鸟、兽等许多大中型动物丧失了其固有的栖息环境，在野外已很难看到它们的身影。动物园、野生动物世界及各种各样的饲养场引进和驯养了当地、外地，甚至是外国的许多动物。由于观赏识别和观察方便，这些地方便成为驯养、观察、研究这些动物的重要场所。不仅有助于研究经济动物的活动、食性、繁殖规律与驯养方式，而且容易研究其生境选择和分布活动规律，为成功驯化更多的野生动物提供科学依据，促进野生药用、观赏和毛皮等动物的家化驯养过程，使它们尽快成为广泛饲养的经济动物，为动物资源的保护、开发利用和持续发展奠定了基础，也是动物学科普知识和实习的重要基地。

4.1.4 草原草地生境类型

我国的草原资源十分丰富，草原约占 1/5 以上的国土面积。草原大致可分为北方大草原、高寒草原和新疆山地草原等几个大区。除此以外，还有大量分散分布的山坡、平原草地。山东半岛地处温带落叶阔叶林地带，散有一定量的山坡、平原沼泽草地。山坡荒草地食物单一、缺少天然隐蔽所，形成简单山坡草地动物区系；平原沼泽草地主要分布于黄河三角洲和南四湖、东平湖等地，由于挺水植物生长旺盛，人为干扰少等特点，不仅栖息的动物物种多，而且种的个体数量也比较丰富。该区常见的动物除各种昆虫外，还有两栖类的花背蟾蜍、黑斑蛙等，爬行类的丽斑麻蜥、白条锦蛇和黄脊游蛇等，鸟类的云雀、黄胸鹀、大苇莺、风头麦鸡、各种野鸭、苍鹰及鸢等，哺乳类的黑线仓鼠、中华鼢鼠、旱獭、布氏田鼠、黄鼠、狐及狼等。

4.1.5 森林生境类型

我国广茂的森林大致可分为寒温带针叶林、温带落叶阔叶林、亚热带常绿阔叶林及热带雨林四种类型。山东半岛属温带落叶阔叶林地带，由于长期农业开发，原始森林已荡然无存，代之以次生演替和人工林为主的平原、山地森林景观，形成针叶林或阔叶林，或针阔混交林等不同森林生境。森林生境类型沟谷溪涧交错，水平格局多样，森林垂直片层发达，具有动物食物的种类数量多、天然的栖息、隐蔽和活动场所多样，以及温度、湿度波动范围小等环境特点，因此森林动物的种类和数量多而丰富。除了大量的节肢动物外，常见两栖动物有中华大蟾蜍、花背蟾蜍、黑斑蛙、中国林蛙、东方蛉蟾等，常见爬行类有虎斑遊蛇、黑眉锦蛇、红点锦蛇、赤链蛇、蝮蛇、丽斑麻蜥、山地麻蜥、石龙子等，常见鸟类有环颈雉、喜鹊、灰喜鹊、大杜鹃、乌鸦、黑卷尾、三道眉草鹀、黑枕黄鹂、黑枕绿啄木鸟、大山雀等，常见哺乳类有狐、獾、黄鼬、刺猬、社鼠、黑线姬鼠、仓鼠等。

4.1.6　山地丘陵生境类型

这是以地形地貌划分的环境类型，常包含上述五类等多种类型的生境。由于山体大小、高度、坡度、阴阳面等的不同，不仅形成森林、草地、裸岩、川流等自然景观，而且有面积大小不等的果园、农田、池塘和居民点等人为景观。森林、草原等陆生动物和依赖淡水生活的动物构成了复杂的动物群落，不同生境动物种类组成的调查，有助于比较研究小尺度生境变化和环境梯度变化对动物生态分布的影响。山区是较理想的陆生动物实习地点。

4.2　常见陆生无脊椎动物

4.2.1　常见蛛形纲（Archnida）动物

4.2.1.1　蝎目 Scorpionida

东亚钳蝎 *Buthus martensii*（图 4-1）　尾节形状似问荆的茎，故称问荆蝎。黑褐色，腹面浅黄色，幼蝎暗青色。外骨骼骨化。具头胸甲，身体前扁平长椭圆形，前腹部宽，7 节；后腹部狭，5 节，附肢退化。第 1、2 对附肢有螯，脚须强大。尾刺基部球形、端部针状。腹部第 1 对附肢愈合成生殖板，第 2 对特化为栉状器。卵胎生。

栖息于干旱地区的石块下，捕食小动物。毒腺分泌神经毒素。分布于我国各地丘陵山区。

4.2.1.2 蜘蛛目 Araneae

4.2.1.2.1 中突蛛亚目 Mesothelae

七纺器蛛 ***Heptathela* sp.**（图 4-2） 腹部保留分节背板，具 2 对书肺，7～8 个纺器，第 7 纺器与最后一对愈合，体表可见 6 个纺器，第 1 纺器接近后书肺。

4.2.1.2.2 背突蛛亚目 Opisthothelae

圆蛛科 Araneidae

大腹圆蛛 ***Araneus ventricosus*** （图 4-3） 体大、腹圆。雌蛛 20～25mm，雄蛛小于 20mm，黑色或黑褐色。结几何形车轮状网，与地面垂直。

漏斗蛛科 Agelenidae

漏斗网蛛 ***Agelenopsis* sp.**（图 4-4） 体中型，为游猎蛛类。在草丛中结漏斗形网，网上平面中央凹陷形成漏斗状。

跳蛛科 Salticidae

跳蛛 ***Salticid* sp.**（图 4-5） 体强壮，善跳。中眼 2 个，巨大。跗节具 2 爪。不结网。

4.2.1.3 蜱螨目 Acarina

棉红蜘蛛 ***Tetranychus bimaculatus***（图 4-6） 又称红蜘蛛、红叶螨。头胸部与腹部愈合，体节消失。体壁与附肢前突形成假头。

栖息于棉株上。螯肢针状，刺吸棉株汁液使其枯红而死。农业害虫。分布于各产棉区。

4.2.2 常见多足纲（Myriapora）动物

4.2.2.1 蜈蚣目 Scolopendromorpha

少棘蜈蚣 ***Scolopendra subspinipes* mutilans**（图 4-7） 头和第 1 背板金黄色，故称金头蜈蚣。体长 110～130mm，墨绿或黑褐色。1 对触角细长。8 只单眼。第 1 对附肢为颚肢，前腿节大，有距状突，跗节与前胸跗节愈合成钩状螯，毒钩有孔通毒腺。腹板、步足黄色，足端黑、爪状，躯干 21 节。尾足长有短棘。

栖息于多石少土的低山地带和平原，居于背风向阳的松土斜坡下或树洞、树根等较暖和的地方，为常见药用蜈蚣。分布于江苏、浙江、河南、湖南、四川等省。

4.2.2.2 倍足目 Diplopoda

马陆 *Julus* sp.（图 4-8） 体圆柱形，体壁因含钙质而坚硬。头由前 5 个体节愈合形成，触角短，6～8 节。1 对大颚，1 对小颚愈合形成颚唇。1 个颈节无附肢，胸部 3 节具 1 对附肢，腹部每节有 2 对附肢，最后 1～5 节无附肢。

栖息在潮湿场所，以枯枝烂叶为食。有臭腺，可分泌特殊气味物质。分布广泛。

4.2.2.3 蚰蜒目 Scutigeromorpha

大蚰蜒 *Thereuopoda* sp.（图 4-9） 又称花蚰蜒。体长约 25mm，灰白色。头圆形。复眼大，触角长。第 1 躯干节的附肢为颚足，后续 15 对步足，跗节分成小节，第 17 节为生殖节，生殖肢雌虫 1 对，雄虫 2 对。

栖息于阴湿温暖地带，分布于我国中南各省。

4.2.3 昆虫纲 Insecta

4.2.3.1 昆虫分类的基本知识

依翅的有无、变态类型、口器构造、触角形状、跗节特征等，昆虫分类有不同的系统。2 个亚纲、34 目分类系统各目主要特征简介如下。

4.2.3.1.1 昆虫纲成虫分目检索

1．无翅，或有极退化的翅··························2
有翅··························27
2．无足，头胸愈合；寄生于其他昆虫体内，仅头胸部露出寄主腹节外
··························捻翅目（蛸）Strepsiptera
有足，头和胸部不愈合；不寄生昆虫体内··························3
3．腹部除外生殖器和尾须外，无其他附肢··························7
有其他附肢··························4
4．无触角，腹部 12 节，第 1～3 节各有一对短小附肢··························原尾目 Protura
有触角，腹部最多 11 节··························5
5．腹部 6 节或少，第 1 腹节有腹管突，第 3 节有握钩，第 4 节或第 5 节有分叉弹器··························

……………………………………………………………………………………………弹尾目 Collembola

腹部多于 6 节，无上述 3 对附肢，但有成对的针突或突胞等附肢……………………………6

6. 有 1 对长而分节的尾须或坚硬不分节的尾铗，无复眼……………………………双尾目 Diplura

除 1 对尾须外，还有 1 条长而分节的中尾须，有复眼……………………………缨尾目 Thysanura

7. 头延长呈喙状……………………………………………………………………长翅目 Mecoptera

头正常形………………………………………………………………………………………………8

8. 口器为咀嚼式…………………………………………………………………………………………9

口器为刺吸式、舐吸式或虹吸式等…………………………………………………………………22

9. 腹部末端有 1 对尾须（或呈铗状）……………………………………………………………10

腹部无尾须……………………………………………………………………………………………19

10. 尾须呈坚硬不分节的铗状………………………………………………………革翅目 Dermaptera

尾须不呈铗状……………………………………………………………………………………11

11. 前足第 1 跗节特别膨大，能纺丝……………………………………………纺足目 Embioptera

前足第 1 跗节不特别膨大，不能纺丝………………………………………………………12

12. 前足为捕捉足………………………………………………………………………螳螂目 Mantodea

前足非捕捉足……………………………………………………………………………………13

13. 后足为跳跃足……………………………………………………………………直翅目 Orthoptera

后足非跳跃足……………………………………………………………………………………14

14. 体扁………………………………………………………………………………………………15

休不扁，长筒形…………………………………………………………………………………16

15. 前胸背板大，常盖住头的全部；尾须分节……………………………………蜚蠊目 Blattaria

前胸背板不盖住头部，尾须长不分节，啮齿类体表寄生虫……………重舌目 Diploglossata

16. 触角念珠状………………………………………………………………………………………17

触角丝状，非念珠状……………………………………………………………………………18

17. 跗节 4～5 节，尾须 2～6 节。社群性昆虫……………………………………等翅目 Isoptera

跗节 2 节，尾须不分节……………………………………………………………缺翅目 Oraptera

18. 体细长杆状；尾须短小，不分节……………………………………………竹节虫目 Phasmida

体非杆状；尾须长，8～9 节………………………………………………蛩蠊目 Grylloblattodea

19. 跗节 3 节以下……………………………………………………………………………………20

跗节 4 节或 5 节…………………………………………………………………………………21

20. 触角 3～5 节，外寄生于鸟类和兽类体上………………………………………食毛目 Mallophaga

触角 13～15 节，非寄生性……………………………………………啮虫（蝎）目 Corrodentia

21. 腹部第 1 节并入后胸，第 1 和第 2 节紧缩或呈柄状………………………膜翅目 Hymenoptera

腹部第 1 节不并入后胸，也不紧缩……………………………………………鞘翅目 Coleoptera

22. 体密被或密生鳞片，口器为虹吸式……………………………………………鳞翅目 Lepidoptera

体无鳞片，口器为刺吸式、舐吸式或退化………………………………………………………23

23. 跗节 5 节……………………………………………………………………………………………24

跗节 3 节以下……………………………………………………………………………………25

24. 体左右侧扁……………………………………………………………………蚤目 Siphonaptera

体不侧扁……………………………………………………双翅目 Diptera

25. 跗节端部有能伸缩的泡，爪很小……………………………缨翅目 Thysanoptera

跗节端部无能伸缩的泡………………………………………………26

26. 足具 1 爪，适于攀附在毛发上，外寄生于哺乳动物…………………虱目 Anoplura

足具 2 爪，1 爪则寄生于植物上，体球状、介壳状，常被蜡质胶质等分泌物……………………………………………………………………同翅目 Homoptera

27. 有翅 1 对……………………………………………………………28

有翅 2 对……………………………………………………………36

28. 前翅或后翅特化成平衡棒…………………………………………29

无平衡棒……………………………………………………………31

29. 前翅形成平衡棒，后翅很大…………………………捻翅目（雄）Strepsiptera

后翅形成平衡棒，前翅很大…………………………………………30

30. 跗节 5 节……………………………………………………双翅目 Diptera

跗节仅 1 节（雄介壳虫）……………………………………同翅目 Homoptera

31. 腹部末端有 1 对尾须………………………………………………32

腹部无尾须…………………………………………………………34

32. 尾须细长多节或另有 1 条多节的中尾须，翅竖立………………蜉蝣目 Ephemerida

尾须不分节，多短小，翅平覆背……………………………………33

33. 跗节 5 节，后足非跳跃足，体细长如杆或扁宽如叶片………………竹节虫目 Phasmida

跗节 4 节以下，后足跳跃足…………………………………直翅目 Orthoptera

34. 前翅角质，口器为咀嚼式……………………………………鞘翅目 Coleoptera

前翅膜质，口器非咀嚼式……………………………………………35

35. 翅上有鳞片…………………………………………………鳞翅目 Lepidoptera

翅上无鳞片………………………………………………缨翅目 Thysanoptera

36. 前翅全部或部分较厚，为角质或革质，后翅为膜质……………………37

前翅与后翅均为膜质…………………………………………………44

37. 前翅基半部为角质或革质，端半部膜质…………………………半翅目 Hemiptera

前翅基部与端部质地相同，或某部分较厚但不如上述…………………38

38. 口器为刺吸式………………………………………………同翅目 Homoptera

口器为咀嚼式…………………………………………………………39

39. 前翅有翅脉…………………………………………………………40

前翅无明显翅脉……………………………………………………43

40. 跗节 4 节以下，后足为跳跃足或前足为开掘足……………………直翅目 Orthoptera

跗节 5 节，后足非跳跃足，前足非开掘足………………………………41

41. 前足为捕捉足………………………………………………螳螂目 Mantodea

前足非捕捉足………………………………………………………42

42. 前胸很大，盖住头的全部或大部……………………………蜚蠊目 Blattaria

前胸很小，头部外露，体似杆状或叶片状…………………………竹节虫目 Phasmida

43. 腹部末端有 1 对尾铗，前翅很小，不能盖住腹部中部………………革翅目 Dermaptera

腹部末端无尾铗，前翅一般较长，盖住大部或全部腹节……………………鞘翅目 Coleoptera
44．翅面全部或部分披有鳞片，口器为虹吸式或退化………………………鳞翅目 Lepidoptera
翅上无鳞片，口器非虹吸式……………………………………………………………45
45．口器为刺吸式………………………………………………………………………46
口器为咀嚼式、嚼吸式或退化…………………………………………………………47
46．下唇形成分节的喙，翅缘无长毛………………………………………同翅目 Homoptera
无分节的喙，翅极狭长，翅缘有长缘毛……………………………缨翅目 Thysanoptera
47．触角极短小而不显著，刚毛状…………………………………………………………48
触角长而显著，非刚毛状………………………………………………………………49
48．腹末端有 1 对多节的长尾须或另有一多节中尾须，后翅很小……………蜉蝣目 Ephemerida
尾须短而不分节，后翅与前翅大小相似……………………………………蜻蜓目 Odonata
49．头部向下伸呈喙状……………………………………………………长翅目 Mecoptera
头部不延伸呈喙状………………………………………………………………………50
50．前足第 1 跗节特别膨大，能纺丝…………………………………纺足目 Embioptera
前足第 1 跗节不特别膨大，也不能纺丝……………………………………………………51
51．前、后翅相等，翅基各有 1 条横肩缝（翅易沿此缝脱落）……………等翅目 Isoptera
前、后翅不相似或相差很多，无肩缝…………………………………………………52
52．后翅前缘有 1 排小的翅钩列，用以和前翅相连……………………膜翅目 Hymenoptera
后翅前缘无翅钩列…………………………………………………………………………53
53．跗节 2～3 节……………………………………………………………………………54
跗节 5 节……………………………………………………………………………………56
54．触角念珠状，翅脉退化…………………………………………………缺翅目 Zoraptera
触角丝状，翅脉显著………………………………………………………………………55
55．前胸很小如颈状，无尾须……………………………………啮虫（蛄）目 Corrodentia
前胸不小于头部，腹末有 1 对尾须……………………………………襀翅目 Plecoptera
56．翅面密被明显的毛，口器（上颚）退化…………………………毛翅目 Trichoptera
翅面上无明显的毛，有毛则生在翅脉和翅缘上，口器（上颚）发达……………………57
57．后翅基部宽于前翅，休息时后翅于发达臀区折起；头为前口式…………广翅目 Megaloptera
后翅基部不宽于前翅，无发达的臀区，休息时也不折起；头为下口式………………58
58．头长；前胸圆筒形，很长；前足正常；雌虫针状产卵器伸向后方………蛇蛉目 Raphidiodea
头短；前胸如长则前足为螳螂样捕捉足；雌虫无针状产卵器，如有，则弯在背上……………
……………………………………………………………………………脉翅目 Neuroptera

4.2.3.1.2 昆虫纲幼虫分目检索

1．口器缩入头内，咀嚼式；足发达；无翅；体微小……………………………………2
口器外露，如缩入头内则为刺吸式；体圆筒形；无足；或具翅芽……………………4
2．无触角，前足长于中后足；腹部 9～12 节，腹末无附器…………………原尾目 Protura
有触角，前足不长于中、后足；腹末具尾铗或弹器………………………………………3

3．触角 8 节以上；腹部 9～11 节，末端具 1 对丝状尾须或尾铗……………………双尾目 Diplura
触角 8 节以下；腹部 6 节以下，分节不明显，无尾铗，腹末具弹器………弹尾目 Collembola
4．被鳞；腹部 2～9 节，具成对囊状突或针突；腹末具 2 条长尾须和 1 条中尾须…………………………………………………………………………………………缨尾目 Thysanura
体不被鳞片；腹部无囊状突或针突；腹末有或无长尾须……………………………………5
5．攀缘足；口器刺吸式，缩入头内；胸部分节不明显，体小…………………………虱目 Anoplura
非攀缘足；或口器不缩入头内………………………………………………………………6
6．口器刺吸式或锉吸式……………………………………………………………………7
口器咀嚼式，或不发达……………………………………………………………………9
7．口器锉吸式，跗节端部具端泡…………………………………………缨翅目 Thysanoptera
口器刺吸式，形成分节的喙；跗节无端泡…………………………………………………8
8．喙着生于头前端，第 4～6 腹节具臭腺孔………………………………………半翅目 Hemiptera
喙着生于头下后方，腹部无臭腺孔……………………………………………同翅目 Homoptera
9．无腹足，具胸足，跗节 2～5 节；复眼发达，具翅芽及生殖器………………………………10
腹足 3 对以上；无复眼、外生翅芽及外生殖器，跗节 1 节（极少 2 节）或无胸足…………21
10．下唇延长成分节、末端有钩适于捕捉的脸盖（mask），水生，称“稚虫”…………………………………………………………………………………………………蜻蜓目 Odonata
下唇不延长成脸盖…………………………………………………………………………11
11．胸腹部具气管鳃，水生，称“稚虫”……………………………………………………12
无气管鳃，陆生……………………………………………………………………………13
12．气管鳃着生于腹部，少数在胸部；腹末具 2 条长尾须，或 1 条长中尾须………………………………………………………………………………………蜉蝣目 Ephemerida
气管鳃着生于胸部或头胸间，很少着生于腹部，腹末仅有 2 条长尾须…襀翅目 Plecoptera
13．触角短，3～5 节，体长扁形，头比前胸宽…………………………………食毛目 Mallophaga
触角 5 节以上………………………………………………………………………………14
14．前足第 1 跗节特别膨大……………………………………………………纺足目 Embioptera
前足跗节不膨大……………………………………………………………………………15
15．前胸小于中后胸，触角丝状，无尾须…………………………啮虫（蛄）目 Corrodentia
前胸等于中后胸，如小于中后胸则具尾须…………………………………………………16
16．跗节 5 节…………………………………………………………………………………17
跗节少于 4 节………………………………………………………………………………19
17．前胸宽大于长，盖住头部，触角丝状，步行足……………………………蜚蠊目 Blattaria
前胸长大于宽………………………………………………………………………………18
18．前胸细长，前足捕捉式……………………………………………………螳螂目 Mantodea
前胸短，体细长如竹节状，或扁阔叶状，步行足…………………………竹节虫目 Phasmida
19．下口式，后足跳跃足或前足开掘足……………………………………直翅目 Orthoptera
前口式，步行足……………………………………………………………………………20
20．腹末具 1 对尾铗，体坚硬………………………………………………革翅目 Dermaptera
腹末具短小分节的尾须，体柔软……………………………………………等翅目 Isoptera

21. 具分节的胸足……………………………………………………………………………22
　　无胸足，在胸节部位常具部分小突起………………………………………………32
22. 腹足 2 对以上………………………………………………………………………23
　　无腹足，或具 1 对臀足……………………………………………………………25
23. 头每侧单眼 6 个以上，集合似复眼，1～8 或 3～8 腹节具腹足，具臀吸盘……………
　　…………………………………………………………………………长翅目 Mecoptera
　　头每侧单眼少于 6 个，或无单眼……………………………………………………24
24. 腹足 2～5 对，具趾钩；头每侧单眼 6 个………………………鳞翅目 Lepidoptera（部分）
　　腹足 6～8 对，无趾钩；头每侧单眼 1 个……………………膜翅目 Hymenoptera（部分）
25. 胸足跗节具 1 爪或无爪……………………………………………………………26
　　胸足跗节具 2 爪……………………………………………………………………29
26. 水生；具臀足，腹部具丝状或刷状气管鳃，常居于沙质巢筒中…………毛翅目 Trichoptera
　　陆生，如水生，则腹末无臀足………………………………………………………27
27. 下唇具吐丝器，头部具额侧片…………………………………………鳞翅目 Lepidoptera
　　下唇无吐丝器，头部无额侧片………………………………………………………28
28. 头部具 1 对单眼，触角细小 7 节…………………………膜翅目 Hymenoptera（部分）
　　单眼多于 1 对，如 1 对或无单眼，则触角短，少于 7 节…………鞘翅目 Coleoptera（部分）
29. 上颚镰刀状，长于头部，与相似的下颚构成适于刺吸的管，无下颚须…脉翅目 Neuroptera
　　口器咀嚼式，若上颚镰刀状，下颚非上述形式，常具分节的下颚须…………………30
30. 腹侧具 7 对分节的足状气管鳃，腹末具 1 长丝状构造；水生……………广翅目 Megaloptera
　　无气管鳃，或气管鳃不分节，腹末无丝状构造………………………………………31
31. 腹末具成对铗状附器或其他附器，每侧单眼少于 6 个或无单眼…………………………
　　…………………………………………………………………鞘翅目 Coleoptera（部分）
　　腹末无附器，每侧单眼 7 个，口器咀嚼式，前口式……………………蛇蛉目 Raphidiodea
32. 寄生于动物体内或体外……………………………………………………………33
　　非寄生性幼虫………………………………………………………………………35
33. 头退化，口器仅具 1 对口钩；体末具 1 对气门，或前胸还有 1 对气门…………………
　　…………………………………………………………………………双翅目 Diptera（部分）
　　头不退化，如退化则无口钩，或无气门或有几对气门………………………………34
34. 整个幼虫期寄生于昆虫或其他节肢动物体内…………………膜翅目 Hymenoptera（部分）
1 龄幼虫寄生；雌幼虫头胸愈合，无附器；雄幼虫头胸分开，有足等附器…………………
　　…………………………………………………………………………捻翅目 Strepsiptera
35. 体细长，13 节，环生刚毛；具尾钩；无单眼，触角短，第 3 节尖锐……蚤目 Siphonaptera
　　体不如上述，若与上述相似，则触角末端球状，刚毛栉齿状，体 12 节……………………36
36. 腹具 1 对气门，如有数对气门，则最末 1 对较其他气门大数倍，或着生于特殊的管状突起处，或全无气门，头退化，无头幼虫具 1 对口钩………………………双翅目 Diptera（部分）
　　胸部具气门数对，最末 1 对不大于或稍大于其他气门…………………………………37
37. 下唇具吐丝器，老龄幼虫具额侧片；幼虫潜叶、蛀果或钻茎………………………………
　　……………………………………………………………鳞翅目 Lepidoptera（部分）

下唇无吐丝器，头无额侧片……………………………………………………………………38
38．气门 10 对，2 对在胸部………………………………………………膜翅目 Hymenoptera（部分）
气门少于 10 对，1 对在胸部………………………………………………………………………39
39．生活虫瘿中，体小粗短“C”形；头小，黑色上颚具齿，体节明显……………………………………………………………………………………膜翅目 Hymenoptera（部分）
幼虫非生活于虫瘿中，若生活于虫瘿中，则结构不如上述…………………………………………40
40．下唇退化，无下唇须；头不伸出胸部，或不发达，或甚小，体侧无纵褶，气孔 8 对（少数具 9 对）；生活于虫瘿、植物组织或菌、腐败植物中……………………………双翅目 Diptera（部分）
下唇具 2～3 节短下唇须；头缩入前胸内，体侧具纵褶；气门 9 对，幼虫有 2 种形式：①体粗小，“C”形，体具横褶 2～3 条；头及口器向下。生活于树皮下、植物组织或土中（象虫类及小蠹类）；②体粗大，长形；头自前胸伸出，前口式。生活于树皮下或树干内（天牛类）………………………………………………………………………………………鞘翅目 Coleoptera（部分）

4.2.3.2　常见昆虫纲动物

4.2.3.2.1　蜻蜓目 Odonata

体细长。触角短、刚毛状。咀嚼式口器。翅膜质，翅脉多，前、后翅大小、形状相似。幼虫水生。半变态。如蜻蜓、豆娘等。

大蜓科 Cordulegasteridae

成虫大型，体黑，粗壮，具宽彩色条纹。复眼接近或接触。生活在山谷溪流间。

双斑圆臀大蜓 ***Anotogaster kuchenbeiseri*** **Foerster**（图 4-10）　腹与后翅长，雄虫为 63mm 和 49mm、雌虫为 73mm 和 57mm。雄虫唇前缘黑色，有 2 个小斑。头顶、触角黑，额黑近前缘脊有 1 个黄白色横斑。复眼褐色。合胸黑色具黄色毛，两侧有黄色条纹，上端膨大、圆形、接近合胸脊，下端尖、斜向两侧达合胸领端。翅透明，翅痣及翅脉黑色，翅下方黄色条纹宽而倾斜。足黑色，基节外侧具黄色长形斑。腹部第 10 节及肛附器黑色，第 2～8 节前半部环状斑纹黄色。交合器前钩片扁阔，后钩片细长、向后弯曲。

栖息于近水岸边草丛中。分布于我国东部大部分省区。

蜻科 Libellulidae

体中小型，体色变化大。复眼在头上方接触。翅痣无支持脉。后翅三角室近于弓脉。

异色灰蜻 ***Orthetrum melania*** **Selys**（图 4-11）　前、后翅基具深褐色或黄

色斑，后翅斑大、近三角形。雄虫灰色。颜面、后头黑。胸部深褐色、背灰色。前胸后叶片状，缘具长毛。翅透明，翅脉黑色，翅痣黑褐色。足黑具刺。腹部第1～7节灰，其余腹节、肛附器黑色。雌虫黄色。颜面褐色。上唇黑、基缘具2个黑色斑。头顶黑色、后头褐色。前胸黑色，前叶上缘黄色。背板中央有2个黄色斑；合胸背侧面黄色，胸脊黑色，前方两侧黑色，宽条纹与合胸侧面第1条纹合并；腹部第1～6节黄色，两侧有黑色斑，第7、8节黑色。肛附器白色。

栖息于近水岸边的各种生境中。分布于我国东部各省区。

半黄赤蜻 ***Sympetrum croceolum*** **Selys**（图4-12） 雄虫唇基赤黄色；上颚基黄色；额黄褐色、后部淡褐色具黑色毛；具1黑色窄条纹，中央有1个黄褐色突起。胸部黄色或黄褐色；合胸背前方赤黄色具长细毛，侧面淡黄色具黄褐色短毛。翅透明；前缘区金黄色、后缘区白色；翅痣、翅褐色。足赤褐色具黑刺。第1～3腹节黄色，第2腹节具褐色横纹。肛附器黄色。腹部赤褐色，雌虫比雄虫色深；雌虫额部和腹部黑褐色部分明显。

寄主为蛾蝇等，分布于山东、北京、江苏、福建、广西等东部地区。

箭蜓科 Gomphidae

成虫大型，黑色，具黄色或绿斑纹交织排列。复眼较小，离眼型。翅透明，翅痣前下方具支持脉。雄性交合器人型外露，位丁第2、3腹节的腹面。

箭蜓 ***Gomphus*** **sp.**（图4-13） 头三角形，复眼发达，单眼3个。触角短，刚毛状，口器咀嚼式具竖齿。前胸小，中、后胸愈合。足较短有刺，跗节3节。膜质翅狭长，网状脉，具翅结和翅柄。休息时，翅平置两侧或竖立于背，不能折迭。腹部细长，末端较粗。

成虫捕食昆虫，为农业益虫。分布于我国东部省区。

豆娘科（蟌科）Coenagriidae

体形小，细长。翅窄长，有翅柄，端部圆。翅痣多为菱形，有支持脉。具方形、五边形翅室。第8～10腹节比第1腹节短。

六色蟌 ***Agrion sexlineaton***（图4-14） 体瘦长。头横宽。翅基狭窄，前后翅的翅形、脉序相似，休息时4翅直立体背。体色有蓝、绿、红、黄等金属光泽。

色蟌科 Agriidae

体形较大，具深的色彩和绿色光泽。翅宽透明，黑、金黄或深褐色。翅痣不发达或缺。方室长，向前凸。Cu_2 脉在方室之后；M_{1a} 与 M_2 脉平行。

黑色蟌 ***Agrion atratum*** **Selys**（图 4-15）　体形较大，具深色或绿色光泽。额头暗绿色，中央凹陷；单眼两侧各具褐色斑；触角基部有褐色斑。胸部褐绿色、腹背紫褐色；翅宽而透明，黑色、金黄色或淡褐色，翅脉密集。足细长黑色，具长刺。7～10 腹节蓝绿色；腹面黑色。肛附器黑色，上肛附器端部弯曲，外方具 4～5 枚尖齿；内肛附器较上肛附器短直。雌虫胸侧第 3 条纹下半部及后胸后侧边缘黄色。

飞翔活动在池、沼、河流附近。分布较广。

绿腹色蟌 ***Agrion grandaeva*** **Selys**（图 4-16）　体形较大，闪蓝绿色金属光泽。额突出，褐色，中央凹陷；头顶褐色；触角基部黄色。胸部黑色，斑纹闪金属光泽。翅深茶褐色，微透明；翅脉序密集；无翅痣。足细长，黑色，具黑色长毛。腹部除第 8～10 腹节外各节端部具暗黄色斑。肛附器黑色，端部向内弯曲，具许多齿状刺；内肛附器较上肛附器短、直，末端具小齿。

分布于山东等省。

4.2.3.2.2　螳螂目 Mantodea

咀嚼式口器。头三角形，能活动。前胸长。前足为捕捉足。前翅为覆翅。通称螳螂。

螳螂科 Mantidae

螳螂 ***Mantis religiosa*** **Linnaeus**（图 4-17）　体长 45～55mm，淡绿色或茶褐色。头三角形。单眼 3 个，复眼卵圆形、突出，暗褐色。丝状触角细长，雄性的比雌性的粗。前胸背板侧缘齿列不明显，前端中央无纵沟。腹部细长。后翅长略超过前翅；雌虫前翅略带革质，雄虫薄而透明。前足捕捉足，基节等于或略长于前胸背板后半部，内侧基部黑色长圆形斑约占 1/3 基节长度；腿节内侧有 1 个黄色圆斑，周围淡黄色。

生活在植物上，捕食松毛虫、蛾类等昆虫，分布于山东、吉林、河北、广西、福建等省区。

大刀螂 ***Paratenodra sinensis***（图 4-18）　又称中华螳螂。体大型，长 83～104mm，黄褐或绿色。头小、三角形。复眼发达。口器咀嚼式。触角丝状。前翅革质，后翅膜质，平叠在腹部上。前足捕捉足，基节长，腿节膨大，侧面有沟，沟两侧有 1 列棘刺，胫节腹侧有刺，跗节 5 节具爪 1 对。中、后足适于步行。

栖息生活在植物上，捕食小虫，为捕食性益虫。分布较广。

广斧螳螂 ***Hierodula patelllfera*** **Serville**（图 4-19）　又称巨斧螂。体长 50～70mm，绿色。胸、腹部宽阔。前翅前缘较平滑。其余特征同中华螳螂。

栖息在植物上。为捕食性益虫。分布于我国东北各省、山东、河北、江苏、云南、福建等省区。

4.2.3.2.3　竹节虫目 Phasmida

体呈竹节状，中后胸极长；或叶状，中后胸不长。头小。触角长丝状。口器咀嚼式，复眼小。体绿色或褐色，高度拟态。

棒䗛科 Bacunculidae

体较大，细长，缺翅。前足与触角长。中、后足胫节末端缺三角区。跗节 5 节。

短肛䗛 ***Baculum*** **sp.**（图 4-20）　体长 83～95mm，暗绿色或黄绿色。头色较淡，倒卵形。复眼球形，复眼间有 1 对球形棘。触角黄褐色，较粗短；前胸背板长方形；中央纵起线明显。足细长，腿节、胫节绿色或淡绿色；跗节污黄色。腹部长几乎与头胸部总长相等。以卵越冬，卵鞘呈箱形。

危害胡枝子、锦鸡儿、山槐等。分布于山东等省区。

槐山䗛 ***Paraclitumnus robinius*** **Cai**（图 4-21）　体长 105～125mm，暗绿或暗褐色。头倒卵形。球形深褐色复眼间有 1 对粗壮头刺。触角短，仅达前足腿节中部；第 1～2 节深褐，余为黄褐色。前胸背板近方形，约 1/5 中胸长；中胸细长色淡，背板脊隆起不明显；后胸粗短色深。足细长，中、后足腿节末端有 3 对深栗色齿刺。腹长超过头胸长；第 5 腹节后逐渐明显变细，向上弯曲；尾盖片长，超过肛上板；腹尾部呈矛状。

危害槐、杏等林木。分布于山东、江苏、安徽、浙江等省区。

细皮䗛 ***Phraortes confucius*** **Westwood**（图 4-22）　体长 70～90mm，细长光滑，黄绿色。头顶平滑，长方形，比胸背长。触角细长，淡绿色，长达前足胫节末端。前胸短，宽、长相等，中间有向后曲的弧形横沟；中胸长为前胸的 5 倍；后胸粗短，为中胸长的 2 / 3。中胸前方至腹部第 9 节有明显脊隆起线。足细长，腿、胫节为绿色，跗节末端暗褐色；中、后足腿节下缘有齿状刺。腹末端腹瓣下长上短，向上曲翘如船。

分布于山东、河南、江苏、安徽等省的山丘地区。

4.2.3.2.4　直翅目 Orthoptera

体形粗壮。咀嚼式口器。触角短，丝状或剑状。前胸背板发达，常盖住中胸背板。前翅为覆翅，革质；后翅膜质。跗节 3 节，爪间有垫；后足多为跳跃足。

蝗科 Acridiidae

触角较体短，丝状或剑状。前胸背板发达，盖住中胸。跗节 3 节，爪间有中垫。

日本黄脊蝗 ***Patanga japonica*** **I. Bolivar**（图 4-23）　体长 36～56mm。体黄褐色或暗褐色。前翅狭长，后翅本色基部呈红色。前胸背板沿中隆线处有明显的黄色纵条纹，向后延伸到前翅的臀脉域。前胸背板侧片具 2 个明显的黄色斑点，底缘黄色。后足腿节外侧沿上隆线具黑色纵纹。胫节无外端刺。

农业害虫。分布于山东、河北、江苏、安徽、浙江、广西、广东、福建、云南、台湾等省区。

隆额网翅蝗 ***Arcyptera coreana*** **Shiraki**（图 4-24）　体长 27～36mm。体黄褐色或褐色。头大而短，颜面隆起宽平。前胸背板宽平；后横沟明显，横断中隆线和侧隆线在中部向前突出。前翅发达，端部黑色，后翅几乎呈黑色。后足腿节上侧具 3 个暗色斑纹。腿节端部和胫节近基部均具 1 个淡色环。胫节无外端刺。

危害林木。分布于山东、辽宁、河北、陕西、江苏、安徽、浙江、福建、台湾、广西等省区。

山东雏蝗 ***Chorthippus shantungensis*** **Chang**（图 4-25）　体长 23～27mm。体黄褐色或暗褐色。颜面倾斜，颜面隆起明显。头顶宽短，额顶窝狭长。前胸背板前缘平直，后缘弧形；中、侧隆线明显，呈水字形；后横沟明显割断中隆线和侧隆线。前翅较短，顶端未达到或接近后足腿节的顶端；胫节顶端无外端刺。

危害农作物。分布于山东、辽宁、河北、陕西、江苏、安徽、浙江、福建、台湾、广西等省区。

红褐斑腿蝗 ***Catantops pinguis*** **Stal**（图 4-26）　体长 25～35mm，黄褐或红褐色。前胸背板后缘沿后胸背板侧片具 1 条淡色斜纹。前胸背板中隆线较低，无侧隆线，3 条横沟都隔断中隆线。后足腿节外侧上缘具 2 个完整的暗色斜条纹，中部 1 个较大，端部 1 个呈斑点状，内侧红黄色具暗褐色斑纹；胫节红黄色，胫节刺顶端为黑色。

农业害虫。分布于山东、河北、甘肃、四川、江苏、安徽、湖北、福建、广西、广东等省区。

东亚飞蝗 ***Locusta migratoria manileusis*** **Meyen**（图 4-27） 体形较大，黄褐色或绿褐色。前胸背板马鞍形，盖及中、后胸。体腹面具细绒毛。触角短，丝状。跗节 3 节，第 1 跗节具足垫。翅发达，前翅革质，后翅膜质折叠于前翅下，善飞。

栖息于农田和灌丛草丛中，群居迁飞易引起蝗灾。分布于我国中东部许多省区。

大青蝗 ***Chondracris rosea*** **De Geer**（图 4-28） 又名棉蝗。体大型、粗壮，墨绿色，触角丝状，细长。复眼长卵形。脊纵纹黄色。前胸背板中隆线明显，被 3 条横沟切断；前胸腹板突长圆锥形。后翅基部玫瑰红色，后足胫节红色。

栖息于棉田和山岗地区，危害棉花和树木。分布于我国东部各省区。

黄胫小车蝗 ***Oedaleus infernalis*** **Saussure**（图 4-29） 体小型，黄褐色。头比前胸背板短，前胸背板中部缩窄有“X”形斑纹，后部较前部钝宽。雄虫后足腿节底侧红色，胫节基部黄色常杂红色；雌虫的后足腿节底侧及胫节黄褐色。前翅具黑色斑纹；翅发达。

危害禾本科植物。分布于我国北方部分省区。

中华稻蝗 ***Oxya chinensis*** **Thunberg**（图 4-30） 体中型，黄绿色、褐绿色或背面黄褐色、侧面绿色；复眼后方沿前胸背板侧隆线各有 1 条黑褐色纵带。复眼卵形，灰黄褐色。丝状触角超过前胸背板后缘。前胸腹突锥状较尖；中胸腹板侧叶较狭处等于中隔最狭处的 2～4 倍。后足胫节上侧内缘具 9～11 个间距相等的刺。翅发达。

喜栖息于低湿农田草地，善飞，为重要农业害虫。分布于我国东部各省区。

笨蝗 ***Haplotropis bruneriana*** **Saussure**（图 4-31） 体粗糙具不规则颗粒状突起，黄褐色或暗褐色。头短、三角形，头顶低凹，向前倾斜，侧隆线发达。触角丝状。前胸腹板前缘隆起，背板中隆线为圆弧形片状隆起，前后缘呈角状突出。翅退化为鳞片状，倒置。后足腿节粗短，胫节具内外端刺。

栖息于山区丘陵草地，喜向阳山坡，只能跳跃。危害农作物和苗木。分布于我国东部各省区。

中华蚱蜢 ***Acrida cinerea*** **Thunberg**（图 4-32） 又称中华剑角蝗、异色剑角蝗。雄虫体长 31～42mm，雌虫 52～74mm。绿色或黄色。头圆锥形，长于前胸背板；颜面向后倾斜，颜面隆起在中单眼处变窄有明显纵沟；头顶长。剑状触角短，基部数节宽。复眼褐色，长卵形。前胸背板宽平，中隆线和侧隆线几乎平行；腹板平坦。前翅发达，超过足腿节端部；后翅短三角形。后足腿节细长，具尖刺；胫节外缘有刺 27～35 个。雄性下生殖板锥形；雌性的后缘有 3 个几乎等长的圆形突起，产卵瓣粗短。

危害林木和农作物。分布于山东、山西、河北、陕西、江苏、安徽、浙江、江西、福建、广西等省区。

中华负蝗 ***Atratomorpha sinensis*** **I. Bolivar**（图 4-33）　又名短额负蝗。体细长，19～35mm；草绿色或黄绿色。头长锥形，短于前胸背板；颜面倾向于头顶成锐角。触角粗短，剑状。复眼后具 1 列小圆颗粒。雌虫中胸腹板侧叶间中隔宽大于长；雄虫较狭，方形。前翅狭长，超出后足腿节部分为 1/3 全翅长，顶端尖锐。

栖息在路边杂草间，飞翔力不强，危害农作物和果树。分布于我国中东部各省区。

螽蟖科 Tettigoniidae

触角丝状，超过 30 节。跗节 4 节。产卵器特别发达，剑状或镰刀状。前足胫节基部有听器。拟态保护色强。

纺织娘 ***Mecopod elogata*** **Linnaeus**（图 4-34）　又称长翅纺织螽。中等大小，触角 30 节以上，比体长；复眼发达；口器咀嚼式，上颚发达。前胸腹板凸起或有刺 1 对，背侧片基部黑色。前翅纵列有黑色圆纹。前足股节基部具听器。雄虫具发音器，由前翅摩擦发音。雌虫产卵器呈刀状。

危害农作物及蔬菜。分布于山东、山西、江苏、浙江、广东、广西等省区。

土蝈蝈 ***Alanticus*** **sp.**（图 4-35）　体土褐色或暗褐色，长 22～25mm。复眼后方沿前胸背板两侧至后胸末端有 1 条黑色条纹。前胸背板较平坦。触角丝状。复眼位于触角基部外侧，无单眼。后足发达，腿节基部外侧有 1 个大黑斑。雄虫前翅短，翅脉黑色；雌虫翅退化。雌虫产卵管剑状略上翘，约为体长的 4/5。

取食植物嫩叶，捕食昆虫。分布于我国山东等地。

懒螽 ***Deracantha onos*** **Pallas**（图 4-36）　体暗褐色或黄褐色，长 36～55mm。翅退化。复眼小、突出。触角生于复眼下缘、近唇基缝而远离后头，触角窝间距为触角第 1 节宽的 2 倍。前胸背板宽大、平滑，前、后缘稍凹，中部隆起。腿节下侧具小刺，胫节下侧具大刺，胫节两侧具端刺；后足不能跳跃。腹部最后 1 节背板具圆形中央凹，两侧具 1 对短锥状向外弯刺。雄性下生殖板三角形，顶端稍凹；产卵管长为前胸背板的 2 倍。

栖息于山区林地，危害农作物和林木。分布于我国东北、华北及华东等地。

蟋蟀科 Gryllidae

体多小型。黑褐或黄色，背腹稍扁平。丝状触角极长。跗节 3 节。前足胫节听器外侧大于内侧。产卵器外露，针状或矛状。

斗蟋 ***Scapsipedes miasdo*** **Aaussure**（图 4-37） 体小，黑褐色。头顶漆黑反光，头后有 3 对橙黄纵纹，前端无横纹相连。前胸背板黑褐色，横形。后翅不发达。雄虫发音镜略长方形，有 1 条曲成直角的横脉将镜室分为 2 室。产卵管比后足腿节长。

喜栖息于湿润旱田砖石下，危害树苗、蔬菜等。分布于山东、辽宁、河北、陕西、四川、云南、江苏、安徽、广西等省区。

油葫芦 ***Gryllus testaceus*** **Walker**（图 4-38） 体中型。头后半部黑色。前胸背板有 2 个月牙纹，中胸腹板中央凹，三角形。后翅伸出腹端。前足胫节内外具听器。后足胫节每边有 5～8 枚刺。尾须长不分节。雄性前翅具发音器；雌性产卵瓣细长。

农林业害虫。分布于我国中东部各省区。

姬蟋蟀 ***Gryllus chinensis*** **Weber**（图 4-39） 体中型，黑褐色，额中央具一黄白色横纹或丁字形彩斑纹，头后方具黑纵纹 5 条。翅小。后足胫节每边有 5～6 根刺。听器位于前足胫节外方。

农业害虫，观赏昆虫。分布范围较广。

蝼蛄科 Gryllotalpidae

黑或褐色，被短细毛。触角比体短，多于 30 节。前足为开掘足；跗节 2～3 节。后翅宽，纵卷呈尾状伸过腹部。尾须很长。

非洲蝼蛄 ***Gryllotalpa Africana*** **Pal. de Beauvois** （图 4-40） 又名小蝼蛄。体形小，30mm 以上。触角短于身长。前翅短；后翅宽而柔软，伸出腹端。前足胫节下缘平直，胫节齿短形；后足胫节内缘有 3～4 个刺。雌虫产卵器不露出体外。

分散活动，农业害虫。分布于我国中东部各省区。

华北蝼蛄 ***Gryllotalpa unispina*** **Sauss**（图 4-41） 体形粗大，40mm 以上，黄褐色。触角短于身长。前翅短；后翅宽而柔软，伸出腹端。前足为开掘足，腿节下缘弯曲，胫节齿长形；后足胫节内缘有 1～2 个刺。雌虫产卵器不露出体外。

农业害虫。分布于我国华北、华东和西北地区。

4.2.3.2.5 同翅目 Homoptera

刺吸式口器，喙基向头下后方伸出。前后翅同厚，静止时折叠成屋脊状。无尾须。

蝉科 Cicadidae

3 个单眼三角形排列。触角在复眼前方。前足腿节膨大，下缘具刺。雄性具发音器。

蚱蝉 ***Cryptotympana atrata*** **Fabricius**（图 4-42）　又名黑蝉或马猴。体形大，长约 55mm；漆黑色。触角短丝状。单眼 3 个。前、后翅膜质，翅脉粗。雄性腹部第 1 节具发音器。幼虫生活在地下，俗称知了猴，前足开掘足，黄褐色。

幼虫栖息于地下，成虫危害树木。能爬行，蝉蜕可做中药。分布广泛。

蟪蛄 ***Platypleura kaempferi*** **Fabricius**（图 4-43）　又名知了。体较小，前翅有浓淡不同的暗褐色云状斑；后翅黄褐色。幼虫较小。

栖息于各种森林生境，危害林木。广泛分布于我国东南沿海各省。

沫蝉科 Cercopidae

单眼 2 个。后足胫节具 1～2 个粗刺，端部有小刺群。若虫背板向下包并愈合形成腔，体后部腺体排出黏液与气门排出气体形成泡沫，若虫埋藏其中。

稻沫蝉 ***Callitetix versicolor*** **Fabr.**（图 4-44）　又名雷火虫、泡沫虫。体细小、黑有光泽。前翅基部有 2 个白斑，翅中部外侧雌虫 2 个红斑、雄虫 1 个大红斑。

栖息于稻田甘蔗区，危害水稻、甘蔗等。分布于我国南方各省区。

叶蝉科 Cicadellidae

体小狭长。2 个单眼位于头顶前缘与颜面交界处。后足胫节有 1～2 列短刺。

大青叶蝉 ***Tettigella viridis*** **Linnaeua**（图 4-45）　又名大绿浮尘子。体长 8～10mm。头黄绿色，顶部有 2 个黑点。前胸前缘黄褐色，其余部分深绿色。前翅绿色，顶端半透明。个体发育渐变态。

危害林木及果树。分布于我国北方。

二点叶蝉 ***Cicadula fascifrons*** **Stal**（图 4-46）　体长 3～4mm，淡黄绿色。头顶 2 个小黑圆点，其前方有 2 条黑横纹，复眼内侧各有 1 短纵纹。单眼橙黄色。小盾片基部有 2 黑斑，中央具 1 细沟。

危害水稻、小麦等禾本科植物及胡萝卜、大豆、大麻等。分布于我国各地。

黑尾叶蝉 ***Nephotettix cincticeps*** **Uhler**（图 4-47）　体长 4.5～5.5mm，绿色。复眼间有黑带相连，翅端 1/3 处雄虫黑褐、雌虫淡褐或灰白色。

栖息于稻田区、茶区，危害农作物和萝卜、茶树等。分布于我国大部分省区。

蜡蝉科 Fulgoridae

体色艳丽。额颊间隆起达于唇基，额前伸如象鼻。触角 3 节，生于眼下，基部 2 节球状，鞭节刚毛状。后足胫节有齿。

斑衣蜡蝉 ***Lycorma delicatula*** **White**（图 4-48） 体附有白色蜡质粉，体长 14～17mm。前翅小，基部淡褐色、顶端黑色，翅面有 20 余个黑色斑点；后翅基部鲜红色，顶端黑色，有 7～8 个黑色斑点。

栖息于树干或枝叶上，可跳跃助飞行，危害果树及农作物。分布于我国北方大部分地区。

象蜡蝉科 Dictyopharidae

头延长呈象鼻状。触角不明显。后足胫节有 3～5 个侧刺，跗节有 1 列小刺。翅狭长，前翅具明显翅痣，翅脉多。

象蜡蝉 ***Dictyophora patruelis***（图 4-49） 体中型。头延长呈象鼻状。单眼 2 个。足与翅均狭长；翅脉在端部多分叉至横脉，略呈网状，前翅有明显翅痣。

危害水稻及禾本科作物。分布于各稻区。

飞虱科 Delphacidac

体小型，有长翅型和短翅型个体；灰黄或灰白、褐色。后足胫节末端大距明显可动。

稻褐飞虱 ***Nilaparvata lugens*** **Stal.**（图 4-50） 体小型，黑褐色，有油状光泽；有长翅型及短翅型两种体形。额中脊连接。触角短，锥状。翅透明。爪片末端黑褐色，能跳跃；后足胫节末端有一显著能活动的扁平距。

危害水稻、小麦、玉米等。分布于各稻区。

白背飞虱 ***Sogatella furcifera*** **Horvath**（图 4-51） 体小型，分长翅型和短翅型两种体形。长翅型，体长 4～5mm，头黄白色，头顶突出显著。前胸背板黄白色，中央有不明显的 3 条隆起线；小盾片中央黄白色，雄虫两侧黑色、雌虫暗茶褐色。前翅半透明微带乳白色，两翅会合线中央有 1 黑斑。短翅型雄虫很少见。雌虫体肥大，长 4mm 左右；体色灰黄至淡黄色。翅短，仅及腹部一半，其余与长翅型相同。

危害水稻、小麦、甘蔗等。分布于我国大部分地区。

粉虱科 Aleyrodidae

小型，体被白色细粉状蜡质，翅不透明。触角 7 节，第 2 节膨大。幼虫、成虫腹末背面有管状孔为显著特征。

橘绿粉虱 ***Dialeurodes citri***（图 4-52）　体小型，表面被白色蜡粉。触角 7 节。单眼 2 个，复眼的小眼分为上下两群。翅薄透明，翅脉少。

危害柑橘叶片。分布于我国盛产柑橘的地区。

蚜科 Aphidoidae

体小柔软。被白色蜡质分泌物。显著特征是触角 6 节，3～6 节上有感觉圈；腹部第 6 节腹管和肛上板之后突出圆锥形尾片。

棉蚜 ***Aphis gossypii*** **Glover**（图 4-53）　体形随季节不同而异。分有翅胎生雌蚜、无翅胎生雌蚜、无翅产卵雌蚜、有翅雄蚜、干母几种形态。体小，柔软，触角长，群居。

危害棉花、瓜等，越冬在花椒、石榴等木本植物上。分布遍及全国。

绵蚧科 Margarodidae

腹管退化。翅脉简单。蜡腺发达分泌白色绵状物。有性蚜无翅，口器退化。

吹绵蚧壳虫 ***Icerya purcharsi*** **Maskell**（图 4-54）　雌虫体呈卵圆形，橘红色，背面突出，常被白色蜡粉，边缘有白毛，趴俯于叶背面。体分节明显，触角 9～11 节，足发达。腹部有气门 2～8 对。肛管硬化，肛裂 3 个。雄虫体长 2.8mm 左右，橘红色，身上略有白粉，翅褐色，触角 7～13 节。

危害果树及树木。分布于我国北方地区。

蚧科　Coccidae

腹末有臀裂，肛板 2 块，三角形。体壁坚实。喙短，简单。雄幼虫分泌白蜡。

褐蚧 ***Coccus hesperidum*** **Linnaeus**（图 4-55）　雌虫体长约 4mm，棕褐色或棕红色。椭圆形，背部稍上凸，不分节。有足和触角。无腹部气门。

危害各种果树和花卉。分布于我国中东部各省区。

4.2.3.2.6　双翅目 Diptera

舐吸式口器或刺吸式口器。只具前翅，后翅变成平衡棒，如蚊、蝇、虻等。

大蚊科 Tipulidae

形似蚊，体大细长。足长、易断。中胸背板有“V”形沟。翅2臀脉达翅缘。

稻大蚊 ***Tipula aino*** **Alexander**（图4-56） 体长14～18mm，淡褐色。头大，无单眼，触角13节，雌性丝状，雄栉状。中胸背板有“V”形缝。翅透明狭长，具显著翅痣，前缘有淡褐色纹；平衡棒细长。足细长易脱落。

幼虫水生。危害稻秧和植物的幼根。

瘿蚊科 Cecidomyiidae

体小。触角念珠状，环生放射状细毛。复眼左右相遇。翅宽多毛，仅3～5条纵脉。

麦黄吸浆虫 ***Contarinia tritici*** **Kirby**（图4-57） 虫体极小，姜黄色。触角念珠状，鞭节上各有2个节，每节着生2圈环毛。翅透明而脉少，多纵脉无横脉。足细长，胫无距。雄虫外生殖器基部无齿。雌虫产卵器长，伸出时为身长的2倍。

产卵于麦颖间或花上。危害小麦。分布于我国北方小麦产区。

麦红吸浆虫 ***Sitodiplosis mosellana*** **Gchin**（图4-58） 结构与麦黄吸浆虫相似。雌虫橘红色，全身密被细毛；伪产卵器伸出为1/2体长；雄虫外生殖器基部具齿。

毛蠓科 Psychodidae

体小、多毛。翅宽、多纵脉，顶角尖，休息时覆于背上。似蛾。

白蛉子 ***Phlebotomus*** **sp.**（图4-59） 体小多毛，褐色。头小无单眼。触角长为头胸部长度之和，13～16节，有轮生毛。翅宽顶角尖，纵脉粗被密毛，无横脉。

休息时呈屋脊状。足细长有密毛。传播黑热病。分布于我国东部省区。

摇蚊科 Chironomidae

稻摇蚊 ***Chironomus oryzae***（图4-60） 体长2.5mm，黄色。口器不发达，无单眼。胸背有3条纵线，腹部细长，各节背面具黑斑。雌虫粗短。雌触角细长，多毛；雄触角羽状。翅狭长，无色，斜走的前横脉明显。中后足胫节有梳状构造。

幼虫危害水稻幼根、幼芽。分布于我国产稻区。

蚊科 Culicidae

体小。雄触角环毛状。复眼大。喙细长前伸。翅狭长，顶角圆。翅缘、翅脉具鳞片。

中华按蚊 ***Anopheles hyrcanus*** （图 4-61）　体细长，褐色，多毛及鳞片。头小近球形。复眼大，无单眼。刺吸式口器，下颚须和吻管长。翅狭长，边缘和翅脉上具鳞片。雄蚊下吻尖端膨大，触角具环毛。

传播疟疾。分布范围较广。

虻科 Tabanidae

体粗壮。头大，半球形。触角第 3 节最大，端部 4～8 节。翅腋瓣大，翅脉 R_5 远离顶角。

牛虻 ***Tabonus amaenus***（图 4-62）　体大形，灰黑色。胸部背面有 5 条灰色纵线；腹部各节的后缘白色。头大、半球形。复眼大，雄虫接眼式；雌虫离眼式。翅大透明，平衡棒显著；翅脉均匀，翼瓣大。后足胫节无端距。

雌虫吸食哺乳动物的血，传播疾病。分布范围较广。

食虫虻科 Asilidae

头胸大，头顶向下凹。腹细长、锥形。触角 3 节，末端具端刺。足长，爪间突刺状。

食虫虻 ***Antipalus* sp.** （图 4-63）　体细长，多毛。复眼突出，头在复眼间凹入。喙坚硬适于刺吸。足粗，爪垫大，爪间突刚毛状。

肉食性种类，捕捉蝇、鳞翅目昆虫等。分布范围较广。

食蚜蝇科 Syrphidae

似蜜蜂。具黄黑相间横斑。翅具伪脉，M 脉外端与翅缘平行，M_{1+2} 末端合为 1 条。

（黑带）食蚜蝇 ***Syrphus balteatus*** **Geer**（图 4-64）　体中型，形似蜜蜂，具鲜明色斑。头大，触角 3 节，芒状、红黄色。雄虫接眼式具单眼。胸部背面黑色，灰白色粉被间有 4 条黑纵纹，外侧 2 条宽阔伸达后缘。腹部棕黄色被淡黄色毛，各背板中央有黑色横带；腹面黄色，第 2、4 腹板有圆形黑斑。部分翅脉与翅外缘平行。幼虫体末端有长呼吸管，故称鼠尾蛆。

为各种蚜虫的天敌。全国性分布。

黄潜蝇科 Chloropidae

体小，少毛；淡黄绿色有斑纹。翅无臀室。幼虫气门在两侧。

麦杆蝇 ***Meromyza saltatrix*** **Linnaeus**（图 4-65）　体小，黄绿色，有灰色长毛。复眼黑色。胸背板上有 3 条深褐色平行纵纹，中间 1 条最长。腹部浅灰黑色，各节近前缘色较深。

幼虫寄生于小麦茎内。分布于我国各产麦区。

潜蝇科 Agromyzidae

体小，淡黑色或淡黄色。翅宽具臀室。具口鬃和单眼后鬃。幼虫体背面前气门靠近。

豌豆潜叶蝇 ***Phytomyza atricornis*** **Meigen**（图 4-66）　体灰色。头大、额阔。触角第 3 节球形，背侧刚毛 2 根，小盾片刚毛 4 根。翅阔。足黑，腿节末端白色。

幼虫危害豌豆和油菜。

蝇科 Muscidae

触角芒羽状，生于第 3 节基部。脊纵条黑。翅脉 M_{1+2} 末端向上弯。幼虫栖息于粪便中。

舍蝇 ***Musca domestica vicina*** **Macq.**（图 4-67）　又称饭蝇。体长 3～8mm，灰色。胸背面有黑纵条纹，不具下后侧刚毛；腹部多毛。头大，能活动，口器舐吸式。复眼大，雌虫离眼式；雄虫接眼式。触角羽状。半衡棒小。

幼虫生活在粪便中，害虫。分布于我国各地。

丽蝇科 Calliphoridae

体蓝色或绿色具光泽。触角芒多毛。胸部具下侧片鬃，背侧鬃 2 条。

红头丽蝇 ***Calliphora vomitoria***（图 4-68）　具绿色光泽，头红色，胸部具下后侧刚毛；腹部大，末端有粗毛。复眼发达。翅有很大腋瓣。

幼虫生活在尸体或粪便中，传染多种疾病。分布于我国各地。

麻蝇科 Sarcophagidae

体银灰色。触角芒基部羽状，端部无毛。胸背有明显黑褐色条纹。腹背有黑色斑纹。

麻蝇 ***Sarcophaga carnaria***（图 4-69）　体大，身上有粉和刚毛。胸部背

面有暗黑色条纹；腹部背面杂有黑色斑纹或银色云斑。眼大、红色。翅腋瓣大。足粗大。

幼虫生活在腐肉或动物体内。分布范围较广。

果蝇科 Drosophilidae

体长 3～4mm，淡黄，复眼红色。触角芒羽状，第 3 节椭圆或圆形。前缘脉有缺刻。

黄果蝇 ***Drosophila melanogaster*** **Meigen**（图 4-70）　体小，小于 5mm。腹部短。额上有长毛。眼红色。触角第 3 节球形或卵形，芒上有细毛。前缘脉边缘有缺刻。

危害果实。分布于我国中东部各省区。

4.2.3.2.7 半翅目 Hemiptera（异翅目 Heteroptera）

前翅为半鞘翅，质部相互重叠；后翅膜质，短于前翅；静止时，翅平覆于腹部之上。刺吸式口器。渐变态。无尾须。如蝽，盲蝽等。

蝽科 Pentatomidae

头小，三角形。触角 5 节。小盾片三角形，超过爪片。半鞘翅有爪片、革片、膜片。

硕蝽 ***Eurostue validus*** **Dallas**（图 4-71）　体椭圆形，棕褐有金属光泽，密布细刻点。触角 3 节黑色、末节橘黄色。喙黄褐色，外侧及末端茶褐色。前胸背板前缘蓝绿色。小盾片皱纹明显，侧叶蓝绿色，末端匙状。腹部背面紫红色、侧缘蓝绿色、接缝处微红色。足深褐色，跗节稍黄，腿节末端有 2 枚锐刺。老龄若虫长 255mm，扁椭圆形，浅绿色。

危害果树。分布于我国中东部各省区。

大臭蝽 ***Eurostus validus***（***Metonymia gladulosa*** **Wolff** 图 4-72）　大型，深褐色或棕红色。头顶有皱纹，侧片长于中片。触角 4 节。单眼红色。前胸背板及小盾片中部有皱纹，中胸小盾片大。

危害果树，分布范围广泛。

麻皮蝽 ***Erthesina fullo*** **Thunb.**（图 4-73）　又称黄斑蝽。头黑色，狭长。前胸背板及小盾片棕黑色，有粗刻点，并散布有黄白色细斑点。前胸下侧前线具臭腺孔。前足胫节加宽。老龄幼虫全身具白色粉末，头、胸、翅芽黑色，腹部灰褐色。

危害油菜、甜菜、烟草、果树及树木。分布范围较广。

稻盾蝽 ***Eurygaster sinica***（图 4-74） 体中型，深棕色。头侧缘发达。触角 6 节。复眼发达，有单眼。小盾片发达。

危害麦类、水稻和其他禾本科植物。分布范围广泛。

赤条蝽 ***Graphosoma rubrolineata* Westwood**（图 4-75） 体中型。触角棕黑色，基部 2 节红黄色。背有红黑色相间纵条纹，头部 2 条，前胸背板 6 条，纵条有时为淡黄色或淡红黄色。前盾片具 5 条白色纵纹，中间 1 条向前伸达头中叶，向后达小盾片末端。

危害蔬菜等农作物。分布范围较广。

稻黑蝽 ***Scotinophora lurida***（图 4-76） 体黑色，长椭圆形。头侧叶与中叶等长，侧叶前端分开。前胸背板横向，侧缘有刺突。小盾片长达腹端，宽度不能全盖腹侧。

分布江苏以南各地。

二星蝽 ***Eusarcoris guttiger* Thunberg**（图 4-77） 又称背双星。体中等，卵圆形，长宽几乎相等。黄褐色或黑褐色，有铜色光泽。头尖端圆，侧叶较中叶长或等长。小盾片长度与前翅革片相等，腹面突出；基角多有两个黄色小圆斑。

危害高粱等多种农作物。分布于我国各地。

金绿宽盾蝽 ***Poecilocoris lewisi* Distant**（图 4-78） 体宽椭圆形；金绿色有光泽，体背有红褐色斑纹。前胸背板有 1 个近横置的日字形纹，小盾片几乎全覆盖腹部，背面隆起似龟背，有花纹。腹下侧缘金绿色，余部黄色。足黄褐色有金绿色光泽。

危害侧柏、栎、臭椿、柳等。分布于山东、黑龙江、辽宁、河北、陕西、四川、云南、江西等省区。

茶翅蝽 ***Halyomorpha halys* Stal**（图 4-79） 体椭圆形，略扁平；茶褐色或黄褐色，有黑色点刻。触角黄褐色，第 3 节端部、第 4 节中部、第 5 节大部为黑褐色。前胸背板前缘有 4 个黄褐色小斑点。翅茶褐色，翅基部和端部翅脉颜色较深。腹部侧接缘黄黑色相间，腹面黄白色。

危害泡桐、榆、桑、梨、桃、苹果、山楂等。分布于山东。

弯角蝽 ***Lelia decempunctata* Mostschulsky**（图 4-80） 体长 12～22mm。体宽大，近椭圆形。黄褐色密布黑色小斑点。前胸背板中区 4 个黑点横列等距，排成 1 条线；侧角大，向外突出成尖。小盾片基部中间及中区各有 2 个黑点，4 点相对排列，基角各有 1 个下陷黑点，共有 10 个点，故称“十点蝽”。膜片浅烟褐色。足黄褐色，腿节散布小黑点，胫节两端、跗节及爪黑色。腹部腹面浅黄红色。

危害榆、杨、刺槐等。分布于山东、黑龙江、吉林、陕西、四川、西藏、安徽、浙江、江西等省区。

菜蝽 ***Eurydema dominulus*** **Scopoli**（图 4-81） 体椭圆形，橙黄或橙红色。头黑色；侧缘上卷。橙黄色或橙红色。前胸背板有 6 块黑斑，前 2 块横置，后 4 块斜长。小盾片基部中央有 1 个三角形大黑斑，近端部两侧各有 1 小黑斑。足黄色、黑色相间。侧接缘黄橙色与黑色相间。体腹面淡黄色，每腹节两侧各有 1 个黑斑，中央靠前缘处各有 1 个黑横斑。

危害刺槐等。分布于山东、黑龙江、山西、河北、陕西、贵州、江苏、浙江、江西、福建、广东等省区。

谷蝽 ***Gonopsis affinis*** **Uhler**（图 4-82） 体长椭圆形，黄褐色至红褐色。触角紫红色，第 1 节淡黄色，第 5 节末端红黑色。前胸背板前缘锯齿状，侧角平伸，末端较尖，在两侧角之间有 1 条淡黄色的横脊。小盾片中央有 1 条淡黄色纵纹，其两侧各有 1 条呈串球状的淡黄色纵纹。前翅革质部紫红色。

危害刺槐、栎类。分布于山东、陕西、贵州、江苏、浙江、湖南、福建、广西、广东等省区。

盲蝽科 Miridae

触角和喙 4 节。翅有缘片和楔片，膜片有 1～2 个翅室，翅脉消失。足跗节 3 节。

三点盲蝽 ***Adelphocoris fasciaticollis*** **Reuter**（图 4-83） 体暗黄具黑褐色斑纹，被白色细毛。头紫褐色。触角紫褐，约与体等长，第 1 节短而粗，各节末端色较浓。复眼大，暗紫色。喙尖端黑色，长达后腿基节中央。前胸背板近前缘有 2 个椭圆形横黑斑，近后缘有黑色横纹。小盾片与前翅三角形楔片构成 3 个黄绿色明显楔形斑，故称。

危害棉花等农作物。分布于我国大部分地区。

黑点盲蝽 ***Deraeocoris punctulatus*** **Fallen**（图 4-84） 又称黑食蚜盲蝽。前胸背板有橘皮状小黑点，前胸前端具淡黄色环状颈片。中胸小盾片顶角淡色，中央黑色。前翅革片、基角、中央、末端和楔片顶角处各有 1 个黑斑。爪垫刚毛状，爪弯曲，基部分裂。

捕食蚜虫，为农业有益种类的昆虫。分布范围较广。

缘蝽科 Coreidae

头较胸狭短。头侧触角 4 节。前胸背板和足有叶状突或尖角。足长，后足腿节粗大。

稻蛛缘蝽 ***Leptocorisa variconis*** **Fabr.**（图 4-85） 体细长，黄绿微带褐色。

体表密布小刻点。触角第2～4节基部蜡黄，先端深褐色，第3节黄褐色。翅革质部前沿绿色，其余茶褐色，膜质部浓褐色。腹面白色。外形似蜘蛛。

危害稻、麦、谷、桑等农作物。分布范围较广。

点蜂缘蝽 ***Riptortus pedestris*** **Fabricius**（图4-86） 体狭长，黄褐色至黑褐色，被白色细绒毛。复眼前头部呈三角形，后部细缩如颈。头、胸部两侧黄色斑纹呈点斑状或消失。前胸背板及胸侧板具黑色颗粒；前胸背板前缘具领片、后缘有2个弯曲；侧角刺状。腹部侧接缘稍外露，黄黑相间。足与体同色；后足腿节粗大，有黄斑，腹面具4个长刺和几个小齿，胫节向背面弯曲。腹下有许多小黑点。

危害刺槐等。分布于山东、辽宁、河北、陕西、四川、江苏、安徽、浙江、福建、广东等省区。

猎蝽科 Reduviidae

体长形。有细颈，头小能活动。喙强短3节，前胸腹板足间有纵沟。膜翅有2翅室。

环斑猛猎蝽 ***Sphedanolestes impressicollis*** **Stal**（图4-87） 体长17～18mm；黑色被短毛，光亮。触角第1节最长，具2个浅色环纹。各足腿节具2～3个黄色环斑，胫节具1个。腹部腹面中部及侧接缘各节端半部黄色或浅黄褐色。

捕食鳞翅目昆虫。分布于山东、河北、贵州、江苏、安徽、浙江、福建、江西、广西、广东等省区。

黑红猎蝽 ***Haematoloccha nigrorufa*** **Stal**（图4-88） 体长约12mm。头小，紫黑色。前胸背板紫红色有光泽，中央有1条十字形沟。小盾片黑色，端部延伸呈叉状突起。前翅革片前缘与膜片交界处紫红色，其余黑色。腹部侧接缘各节前半部、体下周缘为紫红色，其余黑色。足紫黑色有光泽。本种花纹有变异。

捕食昆虫。分布于山东、山西、河北、陕西、四川、江苏、浙江、江西、台湾、广西、广东等省区。

裙腹猎蝽 ***Agriosphodrus dohmi***（图4-89） 体黑有光泽。头略长于前胸背板。喙末端缩在前足基节沟内。腹侧缘扩大如围裙，暗白色，每节有黑色斑。前脚背板无刻点，中央有一纵走凹线。

为捕食性益虫。分布范围广。

4.2.3.2.8 脉翅目 Neuroptera

咀嚼式口器。触角形状不一，多数丝状。前胸短。翅膜质，后翅臀区小，翅脉网状，在翅缘处多分叉。幼虫多为捕食性，如草蛉、蚁蛉。

粉蛉科 Coniopterygidae

体、翅被白色蜡粉。翅展 3～10mm。咀嚼式口器，下颚须和下唇须发达。复眼大。长丝状触角 16～43 节。纵翅脉少于 10 条，不分叉，前区横脉至多 2 条。

黄腹粉蛉 ***Coniopteryx pulverulenta***（图 4-90）　体小型。触角念珠状。前后翅相似。腹部黄色。

幼虫捕食蚜虫、介壳虫、粉虱及红蜘蛛等，为益虫。分布范围较广。

草蛉科 Chrysopidae

体细长，草绿、黄或灰色。头小，丝状触角长于体，复眼有光泽。翅透明，前后翅脉相似，前区横脉少于 30 条。

丽草蛉 ***Chrysopa formosa*** **Brauer**（图 4-91）　体绿色，头部有 9 个小黑斑，头顶 2 个，触角间 1 个。触角第 1 节黄褐色，第 2 节黑褐色。前、后翅前缘近末端有 1 黑斑。

捕食蚜螨等昆虫，为益虫。分布于新疆和我国中东部各省区。

大草蛉 ***Chrysopa septempunctata*** **Wesmael**（图 4-92）　体黄绿色。头部有 2～7 个黑斑，常见为 4 或 5 斑。唇基两侧各有 1 线斑。触角下各有 1 个大黑斑。翅透明，端部尖；翅脉网状、多黑毛，大部分为黄绿色，但前翅前缘横列及翅后缘基半部翅脉为黑色。

捕食害虫，为益虫。分布于我国大部分省区。

中华草蛉 ***Chrysopa sinica*** **Tjeder**（图 4-93）　体黄绿色。头部黄白色；两颊及唇基两侧各有 1 个黑斑。触角灰黄色。胸腹背面有黄色纵带。翅狭，端部尖，透明有黑斑，翅痣黄白色；网状翅脉黄绿色，有黑色短毛。

捕食害虫，为益虫。分布于我国大部分省区。

蚁蛉科 Myrmeleontidae

条斑次蚁蛉 ***Dendroleon lineatus*** **Fabricius**（图 4-94）　体长 30～34mm。头黄色，头顶有 2 横列黑斑。前胸背板黄色，两侧具黑边，中央有 2 条黑纵带。中、后胸黑色，具黄斑。翅痣黄色，翅脉大部分为黄色，有黑褐色点。后翅近端部有 1 个黑褐色条斑，雌虫明显，雄虫不明显或消失。胫节中央外侧有 1 条黑纹；胫节有 1 对很长的红褐色端距。

捕食昆虫。分布于山东、吉林、辽宁、内蒙古、山西、河北等省区。

4.2.3.2.9 鞘翅目 Coleoptera

体坚硬。前翅为鞘翅，后翅膜质。咀嚼式口器。如金龟子、瓢虫、叶甲等通称甲虫。

鳃金龟科 Melolonthidae

体大型。体色有黑、褐、蓝、绿等色。触角鳃叶部3～7节，腹末2节外露。上唇骨化，外露。后足胫节端距接近，爪对称。

黑绒金龟 ***Serica orientalis*** **Motsch.**(图4-95) 幼虫称蛴螬。体长8～10mm，卵形，黑褐色或黑紫色。体具细刻点、绒毛及光泽。触角9节，雌虫棒节短。鳃片3节。鞘翅具9条纵沟纹。前足胫节具2齿，足有爪1对，每爪上有1锐齿。

有害昆虫，危害林木和果树。分布于我国大部分省区。

大黑鳃金龟 ***Holotrichia diomphalia*** **Bates**（图4-96） 体长16～21mm，长卵形，黑褐色或黑色具光泽。触角10节，鞘翅有纵隆线各3～4条。前足胫节外侧有尖齿 3个，内侧有1端棘，足有爪1对，每爪有1锐齿。

农林有害昆虫。分布较广。

华头脊金龟 ***Holotrichia sinenses*** **Hope**（图4-97） 体长20～22mm。绛褐色，有光泽，无体毛。头部黑褐，唇基前缘上卷，中央内凹。头顶两复眼间有隆起横脊。前胸背板外侧扩展，有明显边框，刻点细密。鞘翅纵肋不明显。前臀板外露，臀板微隆起。后足胫节细长，端距2枚着生于内侧。

危害柳树、杨树。分布于山东、江苏、浙江、福建等省区。

鲜黄鳃金龟 ***Metabolus tumidifrons*** **Fairmaire**(图4-98) 体长13～14mm；椭圆形，向后略扩展，光滑无毛，鲜黄色，有光泽。头部亮黑色。前胸背板横长方形，侧缘无细齿，有稀疏线毛。鞘翅纵肋Ⅰ、Ⅱ较明显。前足股节外缘3齿尖。中、后足胫节略膨大，外侧中部有具刺横脊，端部内侧有2距。二爪等长，有深的分裂。

危害杨树、麻栎。分布于山东、辽宁、河北、山西、浙江、江西、湖南等省区。

丽金龟科 Rutelidae

体中型，体色有蓝、绿、褐、黄、赤等，带光泽。似鳃金龟科，但爪不对称，后足爪明显。鞘翅有膜质边缘。

铜绿丽金龟 ***Anomal corpulenta*** **Motsch**（图4-99） 体长18～21mm，具铜绿色光泽。复眼黑色。触角及足黄褐色。前胸背板两侧黄、中部铜绿色。鞘翅

4 条纵肋明显。雄虫腹部深褐色，雌虫乳白，末节有 1 条棕色横带。

食叶害虫，危害豆类及多种树木。分布于我国东北、华北和华东等地。

亮绿彩丽金龟 ***Mimela splendens*** **Gyllenhal**（图 4-100） 体长 16.5～21mm；光亮无毛，青绿色间有暗绿、紫绿色个体。唇基前缘微上卷。前胸背板横阔有边框。小盾片半圆形，边缘刻点细密。鞘翅有细密纵列刻点。臀板光亮，刻点稀疏。腹面光亮。

危害栎、栗、柞树、榆、杨、柳树。分布于山东、辽宁、山西、甘肃等省区。

无斑丽金龟 ***Popillia mutans*** **Newman**（图 4-101） 体长 9～14mm；蓝色、蓝黑色、墨绿色或红褐色，带强烈金属光泽。唇基近半圆形，前缘上卷弱。前胸背板隆拱；侧缘中部外扩呈弧状。鞘翅有 6 条低凹刻点沟线；在小盾片后侧方各有 1 个深横陷。腹部第 1～5 节两侧具白色毛斑。臀板向后强烈隆凸，无白毛斑。

危害葡萄、柿等。分布于山东、辽宁、山西、河北、河南、陕西、福建、广东等省区。

花金龟科 Getoniidae

体中大型，阔而背扁平。上颚小，藏于唇基下。小盾片大。翅外缘凹入。中胸腹板有圆形向前突出物。

单色花金龟 ***Rhomborrhina unicolor*** **Motschulsky**（图 4-102） 体长 19～22mm；草绿色、紫蓝色或浅红褐色，有光泽。前胸背板梯形，后缘中央略呈弧形内凹，侧缘有明显边框。鞘翅侧缘在肩角后明显内弯，外缘及后缘皱纹和刻点细密。

危害梨树、栎、榆树。分布于山东、甘肃、江西、云南等省区。

小青花潜 ***Oxycetonia jucunda*** **Fald.** （图 4-103） 又称小青花金龟。体长 11～15mm，卵圆形，体色及斑点变化大，多为暗绿色。头长形，黑褐色，密布小刻点。前胸背板梯形，刻点不规则，中盘粗大，两侧各有 1 白斑，具白边、褐色短毛。鞘翅有 10 条不规则刻点；外缘有 3 个白斑，中间 1 个较大。腹面具黑色光泽。前足胫节具 3 齿。

果树和灌木害虫。分布于我国大部分省区。

白星花潜 ***Liocola brevitarsus*** **Lewis** （图 4-104） 又称白星花金龟。体长 18～24mm，黑铜色、紫铜色或绿色，具光泽，前胸背板和鞘翅具弧形白色绒点斑。头方形具隆线，触角暗赤褐色，短而粗。小盾片长三角形，鞘翅中后部近翅缝处深陷、侧缘肩角后明显内曲。雄虫腹板有菱形压陷，纵沟深，臀板短宽，两侧有白斑。

危害农作物及树木。分布于我国大部分省区。

鹿角花金龟 ***Dicranocephalus bowringi*** **Pascoe**（图 4-105） 背隆起，背及胸部腹面有黄色分泌物。前胸背板长大于宽。黑色背中央隆脊八字形。鞘翅侧缘直，肩角与端角黑色。5 节跗节黄褐色，端部黑色，内侧齿状。黑色爪等长。雄虫唇基有成对长角突，头侧有淡黄斑；腹板赤褐色。雌虫唇基近长方形，前缘内凹，两侧角尖；后足胫节 3 齿，端距 2 枚；跗节有 5 束黄色毛斑，三角形臀板端部被细毛，基部有黄斑。

危害林木。分布于山东、甘肃等地。

天牛科 Cerambycidae

体长、背略扁。触角着生于额突上，超过 1/2 体长。复眼环绕触角基部呈肾形凹入。胫节具 2 端刺。雌大于雄，而触角较短。

栗山天牛 ***Massicus raddei*** **Blessig**（图 4-106） 体大型，黑色，被灰黄色绒毛。触角、复眼间纵沟延伸到头顶，头顶处深陷。雄虫触角约为体长的 1.5 倍；雌虫触角约达鞘翅末端。前胸背板宽大于长，两侧圆弧，胸面具不规则横纹，小盾片宽三角形。鞘翅两侧缘近于平行，端部略收狭，端缘圆弧，缝角呈短刺状。

危害栎类、桑等。分布于山东、黑龙江、辽宁、河北、河南、陕西、四川、江苏、浙江、江西等省区。

黄带蓝天牛 ***Polyzonus fasciatus*** **Fabricius**（图 4-107） 体狭长，蓝黑色。头部密布刻点及皱纹，额中央具纵沟。触角略长于体。前胸宽略大于长，密布粗刻点，侧刺突小而尖锐。小盾片三角形，具刻点。鞘翅两侧缘平行，端缘圆弧，翅面刻点细密，被灰色短毛，中部具 2 条黄色宽横带。体腹面密被银灰色毛。

危害黄荆、玫瑰等。分布于山东、山西、河北、陕西、贵州、江苏、浙江、福建、湖北等省区。

光肩星天牛 ***Anoplophora glabripennis*** **Motschulsky**（图 4-108） 体长 18～39mm，黑具金属光泽。头被灰白色微毛及稀疏细刻点。小盾片半圆形，被白色短毛。前胸横宽；侧刺突粗壮，先端尖。鞘翅肩部光滑，无瘤状颗粒；翅面具稀疏细刻点和灰白色毛斑；端缘圆弧形。体腹面及足密被灰白色短毛。

危害杨、柳、槐、梨等。分布于山东、辽宁、山西、河北、陕西、贵州、江苏、湖北、浙江等省区。

星天牛 ***Anoplophora chinensis*** **Forster**（图 4-109） 体黑色具光泽，长 19～39mm。头被灰白色微毛，额及头顶中央有细纵沟，触角长，3～11 节基部有淡蓝色毛环，雄性超出 4～5 节。鞘翅各具白斑点约 20 个，翅基具密颗粒。

危害林木果树。分布于我国大部分省区。

二斑黑绒天牛 ***Embrik Strandia bimaculata*** **White**（图 4-110） 体中型，黑

色。头部具细小刻点。前胸背板宽大于长，侧刺突短钝，胸面刻点粗糙。小盾片三角形，刻点细密。鞘翅两侧缘近于平行；翅面刻点细密，中部由黄色绒毛组成1个宽横斑，横黄斑内隐约可见3条纵脊纹。

危害花椒、吴茱萸等。分布于我国山东、河南、陕西、四川、云南、江苏、浙江、福建、广西等省区。

桑天牛 ***Apriona germari*** **Hope**（图 4-111）　体长 26～51mm，体黑密被黄褐色短毛。头部中央有一纵沟。前胸有不规则横纹，中央有一浅沟，侧面中央有一刺突。鞘翅基部有黑色光亮的颗粒突起。足黑色，具灰白色短毛。

重要果树及桑田害虫。分布于我国中东部各省区。

皱绿橘天牛 ***Chelidonium gibbicolle*** **White**（图 4-112）　体长 27～29mm，蓝绿色具光泽。头具皱纹刻点，额区中沟伸向顶区。前胸背板瘤状突明显，有规则横皱纹。鞘翅深绿色，光泽暗。

危害柑橘等果树。分布于我国华北、华东、华南各省区。

桃红颈天牛 ***Aromia bungii*** **Fald.**（图 4-113）　体长 28～37mm，黑色光亮。头密布刻点，头顶后方刻点粗，额前缘有1个宽横凹，中央具细纵沟。触角蓝紫色，雄虫远长于体，雌虫约等长。前胸背板酱紫色，宽大于长；侧刺突发达，顶端尖锐；胸面具4个光滑瘤突，前、后缘具横皱纹。鞘翅肩宽向端部渐窄，翅面光亮。

危害林木果树。分布于山东和我国大部分省区。

锹甲科 Lucanidae

触角10节，肘状，端部3～6节向一侧延伸。上颚发达（尤以雄虫）似鹿角状。头前口式，性二态显著，雄虫头大，约为前胸大小。

大锹甲 ***Odontolabis siva***（图 4-114）　体长 30～45mm，长椭圆形，黑色具光泽。上唇不明显，下颚和唇舌隐于唇颌下。雄虫发达上颚鹿角状。头大，复眼大，膝状触角端部呈栉状。前胸侧腹缝显著，第1腹板完整，中间不被后足基节窝分割，前胸背、侧板愈合。鞘翅盖于全腹。幼虫蛴螬形，乳白色。

危害林木，分布于我国各地林区。

悌陶锹甲 ***Dorcus titys*** **Hope**（图 4-115）　体长 25～31mm；黑色，具金属光泽。头宽扁，长方形，中央有2个小角突；上颚约超过头长之半，外缘平直，内缘中部具1个三角形大齿。前胸背板横宽，略宽于头及鞘翅。鞘翅狭长，刻点排列整齐成行。前足胫节外侧具1排三角形齿，中、后足胫节外侧中央具1个尖齿。

危害麻栎、榆。分布于山东青岛、泰安、菏泽等地。

巨锯锹甲 ***Serrognhathus tianus*** **Boisduval**（图 4-116） 体长 30～45mm；黑色。头横宽，与前胸背板等宽。头与前胸背板具瘤状小颗粒。鞘翅肩刺小而突出，侧缘中部之后弧形收狭。大型雄虫体表光滑，上颚长大，端部向内弯曲，内侧近基部和近顶端各具 1 个大齿，两大齿间散布较多小齿，唇基中央缺刻较深；小型雄虫鞘翅两侧缘近于平行，刻点清晰，上颚较短，小齿较少，仅基部具 1 个大齿，唇基中央缺刻浅。

危害榆等。分布于山东、辽宁、河北、四川、云南、江苏、浙江、江西、福建、广西、广东等省区。

象甲（虫）科 Curculionidae

头前部延长呈鼻状突，末端着生口器。触角丝状、棒状，或锤状而有膝状弯曲。

中华长毛象 ***Enaptorrhinus sinensis*** **Waterhouse**（图 4-117） 体长 7～10mm；长形，黑色被灰褐色及白色鳞片。喙细长，两侧平行，端部略宽。前胸布瘤状颗粒，两侧圆弧形，密布白色鳞片，中沟明显，具 1 条白纵纹。鞘翅狭长。翅背面扁平、微凹，布灰色略带铜光的圆形鳞片；侧面垂直，密布灰白色带金属光泽的鳞片；翅被黑褐色长毛。后足胫节及跗节着生灰黄色绒毛。

危害板栗、苹果、梨树等。分布于山东、北京、浙江、江西等省市。

沟眶象 ***Eucryptorrhynchus chinenses*** **Olivier**（图 4-118） 体长 13.5～16.5mm；黑色。喙细长，端部宽。眼上缘深沟散布白鳞片，头腹面具横皱纹，中央具纵沟。前胸背板宽大于长，背面有大型瘤状颗粒和红褐色鳞片，后角被白鳞片，具中隆线。小盾片近圆形，被黑鳞毛。鞘翅肩部宽、向端部收窄，行纹宽，刻点大略呈方形；肩被白鳞片，基部中间及沿中缝被红褐色鳞片，端部 1/3 被乳白或黄褐色鳞片。腿节棒状，具钝齿。

危害臭椿等。分布于山东、北京、天津、山西、河北、陕西、四川、上海、湖南等省市。

臭椿沟眶象 ***Eucryptorrhynchus brandti*** **Harold**(图 4-119) 体长 10~12mm。体形和色泽与沟眶象相似。本种较前者小，喙中隆线两侧无沟。额中央不具凹陷。前胸、鞘翅肩部及端部 1 / 4 密被白色或灰白色鳞片。

危害臭椿等。分布于山东、黑龙江、北京、山西、河北、陕西、四川、江苏、上海等省市。

谷象 ***Sitophilus granaries***（图 4-120） 体小，吻细长，基部粗。前胸背板长。胫节脊和沟细长。前胸椭圆形刻点较稀。鞘翅无斑纹，无后翅。体赤褐色具金属光泽。

危害米谷。分布范围较广。

米象 ***Sitophilus oryzae*** **Linnaeus**（图 4-121）　体长 2.3～3.5mm，红褐色或黑褐色，具光泽。前胸圆形刻点较密。鞘翅上有 2 对横纹，后翅发达。

储粮害虫。分布较广。

叶甲科 Chrysomelidae

形似天牛，但触角短于 1/2 体长，不着生在额突上。复眼不环绕触角。

黄守瓜 ***Aulacophora femoralis*** **Motschulsky**（图 4-122）　体黄褐色，长 6～9mm，椭圆形。复眼、上唇、后胸腹面和腹部呈黑色，余部橙黄色，有光泽。触角丝状。复眼间具弧形沟。鞘翅较软，密布刻点。足腿节、跗节细长。腹末节黄褐色，雌虫末端呈弧形凹陷，臀板末端三角形突出，后足第 1 跗节长为第 2、3 跗节之和。

危害葫芦科和十字花科植物、果树。全国各省区均有分布。

黄狭条跳甲 ***Phyllotreta vittula***（图 4-123）　体长 1.5～1.8mm，椭圆形，两侧缘平行。头胸部具绿色光泽，头小；触角丝状，末端稍膨大。前胸背板密布刻点。鞘翅上的刻点排列成行，鞘翅中央有一弓形黄色纵纹，纵贯全翅。后足腿节膨大，能跳跃。

危害十字花科植物。分布较广。

瓢虫科 Coccinellidae

成虫卵圆形或椭圆形，背半球形，翅有红、黄、黑等色和不同斑纹。头小，藏于前胸下。触角短锤状。足短，跗节式 4-4-4。多为农林益虫。

七星瓢虫 ***Coccinella septempunctata*** **Linnaeus**（图 4-124）　体长 5～7mm，卵圆形。头黑色。额与复眼连接缘上有 1 个圆形淡黄色斑。复眼黑色，内侧有淡黄色小点。触角栗褐色，11 节，锤节紧密。前胸背板黑色，前缘中部内凹，两侧隆线明显；前角有淡黄色斑。鞘翅橙红色或橙黄色，有 7 个星斑，位于小盾片下方的斑由两鞘翅每边一半组成。鞘翅基部靠小盾片两侧各有 1 个小三角形白斑。足黑色。

捕食蚜虫等，为益虫。分布范围较广。

二星瓢虫 ***Adalia bipunctata*** **Linnaeus**（图 4-125）　体卵圆形。头、复眼黑色，复眼内侧各有 1 个半圆形黄斑。黄白色前胸背板上有“M”形黑斑。鞘翅橙红色或黄褐色，中央各有 1 个黑斑；向浅色型变异时鞘翅上黑斑缩小至消失；向深色型变异时鞘翅基色为黑色，两鞘翅上共有 12 个浅色斑，或有 4 个、2 个浅色斑。足黑色至黑褐色。

捕食蚜虫。分布于山东、北京、河北、江苏和福建等省区。

龟纹瓢虫 ***Propylaea japonica*** **Thunberg**（图 4-126） 体长 3.8～4.5mm。体黄色，有龟纹状黑斑纹。复眼黑色。触角 11 节，黄褐色。前胸背板中央有 1 个大黑斑。小盾片三角形，黑色。足黄褐色。雌虫胸部腹面黑色；头黄色，前额有 1 个三角形黑斑，或全头黑色；鞘翅黑色；鞘翅肩胛有 1 个斜形长斑，中部有 1 斜置方斑与鞘缝 2/3 处黑色部相连。雄虫前额黄色，基部在前胸背板下为黑色；鞘翅有中央黑色纵纹及近外缘前后 2 个小黑斑；前、中胸腹面淡黄色，中、后胸侧片白色，腹中部黑色，边缘黄褐色。

捕食蚜虫等。分布于山东、黑龙江、内蒙古、甘肃、福建、广西等我国大部分省区。

双七瓢虫 ***Coccinula quatuordecimpustulata*** **Linnaeus**（图 4-127） 体长 3～4mm，体卵圆形。头黄色。复眼黑色。触角黄褐色。口器大部分为黄色。前胸背板黑色，前角有黄斑沿侧线狭窄向后延伸。小盾片黑色。鞘翅黑色；各有 7 个黄斑排成内、外 2 行。腹面黑色，缘折及中胸后侧片、后胸前侧片的后半部和第 1 腹板外侧黄色。前、中足腿节末端及胫节红褐色，后足胫节末端及跗节红褐色。爪黑色。雄虫头顶黑，第 5 腹板后缘内凹；雌虫头黑而复眼附近有黄色斑，第 5 腹板后缘齐平。

捕食蚜虫。分布于山东、河北、山西、陕西、甘肃和新疆等地。

四斑毛瓢虫 ***Scymnus*（*Scymnus*）*frontalis*** **Fabricius**（图 4-128） 体长 2.7～3mm，长卵圆形；密生金黄色细毛。头、胸背、复眼黑色。触角、口器红黄色。小盾片黑红色。头部刻点疏而深，前胸背板上刻点浅而密。前胸背板纵隆线伸达前缘；中胸腹板前缘内凹。鞘翅黑色，刻点最深，各有 2 个红黄色斑；前斑大、斜椭圆形，后斑小、近三角形。

捕食蚜虫、蚧类。分布于山东、河北、新疆和福建等地。

异色瓢虫 ***Leis axyridis*** **Pallas**（图 4-129） 体长 5.4～8mm；卵圆形。背面光滑无毛，色泽及斑纹变异大。头部橙黄色或橙红色以至黑色。前胸背板色浅，有 1 个“M”形星斑。小盾片橙黄色至黑色。鞘翅上各有 9 个黑斑，或变异很大。腹面色泽有变异，中部黑色，外缘黄色或褐黄色。鞘翅近末端 7/8 处有一明显的横脊痕。

捕食松干蚧、蚜虫等。分布于山东、黑龙江、辽宁、河南、陕西、四川、浙江、福建、广西等省区。

黑缘红瓢虫 ***Chilocorus rubidus*** **Hope**（图 4-130） 体长 5.2～6.0mm，近圆形。前胸背板侧缘平直，两角钝圆。头部、前胸背板及鞘翅周缘黑色，背中央枣红色。小盾片黑色，黑色与枣红色分界线不明显。胸、腹部红褐色，胸部中央色较深。鞘翅缘折完整，直至末端。

捕食桃球蚧、白蜡虫等。分布于山东、黑龙江、辽宁、北京、河北、河南、江苏、浙江、湖南等省区。

芫菁科 Meloidae

长筒形，黑色、灰色，可有黄褐色横纹，被毛。后头缢缩如颈。丝状或念珠状触角11节。前足、中足基节大，左右接触，后足基节横形，爪2叉状。鞘翅柔软，端部分离。

白条芫菁 ***Epicauta gorhami*** **Marseul**（图4-131）　体长10.5～18.5mm，体、足和触角黑色。头红色，复眼内侧有1对圆形黑瘤。雄虫触角中部数节扁平向外展宽，锯齿状，雌虫触角丝状。前胸长大于宽，近后缘有1个三角形凹陷。雄虫前足第1跗节基部细，端腹面展宽呈斧状。腹部腹面各节后缘有1条白色横纹。

危害树木，幼虫捕食蝗卵。分布于山东、江苏、安徽、浙江、江西、福建等省区。

暗头豆芫菁 ***Epicauta obscurocephala*** **Reitter**（图4-132）　体长11.5～17mm，黑色。头略呈三角形，额中央红色纵纹达唇基部，额至头顶中央有1条凹陷白色纵纹。触角短丝状，黑色，仅第1节内侧橙黄色。前胸背板长大于宽，中央有1条由灰白色毛组成的纵纹。鞘翅边缘及中部各有1条灰白色毛组成的纵纹。雄虫后胸腹板中央有1个椭圆形光滑的凹陷，腹板中央有纵沟，光滑无毛。雌虫腹面全无毛。

危害豆科植物，幼虫捕食性。分布于山东、北京、山西、宁夏、浙江、江西等省市。

眼斑芫菁 ***Mylabris cichsori*** **Linnaeus**（图4-133）　头略呈方形，密布小刻点，额中央有1条光滑纵纹。触角短，末端数节膨大呈棒状。前胸背板长稍大于宽，前端狭。鞘翅基部有1个圆形黄斑，如眼状，肩胛外侧有1个小形黄斑；鞘翅中部及端部为黑色横带，基部及中部和中部及端部之间为2条黄色横带。雄虫腹部末节后缘弧形，雌虫平直。

危害果树，幼虫捕食蝗卵。分布于山东、江苏、河北、浙江、广东、福建等省区。

虎甲科 Cicindelidae

体有金属光泽和斑纹，下口式，头比胸宽，触角生于额区复眼间，复眼突出。

中国虎甲 ***Cicindela chinensis*** **de Geer**（图4-134）　体长17～21mm。绿色或蓝绿色，具强烈光泽。触角丝状，11节，棕褐色，被灰白短毛，基部4节蓝绿色。唇基黑、上唇蜡黄、缘黑色，中央有1条黑纵纹，前缘5个齿。上颚强大，内缘3个大齿；雌虫基半部、雄虫基部2/3背面蜡黄色和少许黑色。翅蓝黑色，满布深蓝色细小颗粒和较大点刻，沿鞘翅基部、端部、侧缘和翅缝翠绿色，距翅基1/4处有宽横带；每翅3个金色斑，基部外侧肩胛下小斑椭圆形，中部斜横斑两端粗中间细，距翅端部约1/4处有横椭圆形斑。

捕食性。分布于山东、河北、四川、云南、江苏、浙江、江西、广西、广东等省区。

步甲（步行虫）科 Carabidae

体黑或褐色有光泽。头小于胸，前口式。触角细长丝状，着生于上颚基与复眼间。

短鞘气步甲 ***Pheropsophus jessoensis*** **Morawitz**（图4-135） 体长14～20mm。头、前胸背板黄色，鞘翅及小盾片黑色。头顶黑斑三角形。前胸背板近长方形；前缘、后缘及中央黑色，黑色部分呈"I"形纹。鞘翅近长方形，末端平截不盖及腹部末端。肩胛及中部有明显黄斑。翅缘黄色，每鞘翅有7行条沟。腹部黑色。足黄色。

捕食地下害虫。分布于山东、辽宁、河北、江苏、浙江、江西、福建、四川、广西、广东等省区。

4.2.3.2.10 鳞翅目 Lepidoptera

虹吸式口器。体、翅具鳞片。如蛾、蝶类，其飞翔、觅食活动有助于植物授粉。幼虫期是取食生长期，为害虫期。危害方式多样。蚕类则具有经济价值。

蝙蝠蛾科 Hepialidae

前后翅脉相同，前翅后缘有指状翅轭，细长。触角极短，雌性念珠状，雄性栉齿状。

蝙蝠蛾 ***Phassus excrescens*** **Butler**（图4-136） 体中型，粗壮，长35～44mm，翅展81～90mm。色暗具云状纹。头小。触角短，念珠状。雄虫栉状。口器退化，下唇须小。前胸与中后胸相等。前翅狭长，后翅小，前缘及中室有小黑纹，前后翅脉序相同。足短无距。傍晚近地飞行似蝙蝠，故名蝙蝠蛾。幼虫粗壮有皱纹，毛在毛疣上。

危害果树、林木和作物。分布范围较广。

透翅蛾科 Aegeriidae

翅透明，前翅狭，无臀脉。触角膨大棒状，端部细。腹末扇形，鳞片丛明显。

苹果透翅蛾 ***Conopia hector*** **Butler**（图 4-137） 体中型，细长，紫黑色。触角端部膨大，具小毛丛。前翅狭，中央透明，外缘具狭细黑斑纹；后翅大部分透明，亚前线脉藏在前翅褶内。腹部第 4～5 节背面有黄带，雄虫腹部末端有尾毛丛。幼虫圆柱形，淡黄色，体节之间有深凹，背面有 1 条明显的红线。

危害多种果树。分布范围较广。

麦蛾科 Gelechiidae

头鳞毛平贴。触角第 1 节刺毛排成梳状。下唇须向上弯过头顶。前翅披针状，翅后缘有长缘毛。有卷叶、潜叶和钻蛀习性。

棉红蛉虫 ***Pectinophora gossypiella*** **Sauunders**（图 4-138） 体形小，长 6.5mm，展翅 12mm；棕黑色。头部鳞毛平贴。触角第 1 节栉毛排成梳状。下唇须向上弯曲伸过头顶，末节细长。翅臀脉 1 条，翅后缘具长缘毛。前翅狭长端部尖锐，有黑褐色横带 4 条；后翅菜刀形，银白色。幼虫各节背面有 4 个淡黑色小毛瘤，3 龄后渐现红色斑。

棉花的主要害虫。分布于全国大部分地区。

菜蛾科 Plutellidae

翅狭长，前翅后缘毛长，突出似鸡尾。触角前伸。后翅 M_1、M_2 翅脉共柄。

小菜蛾 ***Plutella maculipennis***（图 4-139） 体细长。头部黄白色，胸、腹部灰褐色。下唇须伸向上方。翅细长具长缘毛，休息时突出如鸡尾。前翅前半部浅褐色，散布褐色小点，后半部从翅基到外缘具一弯曲波状纹；后翅银灰色。幼虫纺锤形，头黄褐色，胸腹部绿色，背中线深棕色。

危害十字花科植物和蔬菜。分布范围较广。

谷蛾科 Tineidae

体小，色暗。头毛直立。下颚须长向前伸。翅狭长，翅脉分离。后足胫节有距。

谷蛾 ***Tinea granella*** **Linnaeus**（图 4-140） 体小型，色暗。头具粗短直立毛。触角柄节有刚毛环。下颚须长，5 节；下唇须向前伸。翅展 20mm 以下；前翅灰白色，中央褐色，散生不规则黑褐纹；后翅灰色具长缘毛。

储粮害虫。潮湿储粮场所多发生。分布范围较广。

豹蠹蛾科 Zeuzeridae

中大型蛾类，中胸、腹部很长。白色或灰白色。触角雌性锯齿状，雄性基部双栉状，端部锯齿状。翅狭长，翅中脉在中室内分叉。

茶豹蠹蛾 ***Zeuzera leuconotum***（图 4-141） 体大，粗壮，色暗。触角双栉齿状。下唇须短小，缺下颚须及吻。前翅具黑斑点，有小翅室。腹部后端尖、有毛，腹部各节黑色，后缘白色。

危害果树等。分布范围较广。

刺蛾科 Eucleidae

体中等，短而粗壮、多毛。翅宽密被厚鳞片；前翅脉 R_1、R_2、R_3 共柄或在中室外愈合。后翅脉 S_c+R_1 和 R_s 在中基部愈合，无横脉相连。

褐刺蛾 ***Thosea baibarana***（图 4-142） 体、翅密布暗褐色鳞毛。头扁。雄虫触角第 1 节有白色鳞片，雌虫触角内侧由基部到中央灰白色，外侧近顶端部棕色。前翅有 2 条褐纹。前足腿节基部具有白丛毛。幼虫身体背、侧面天蓝色，背部有 2 条淡红棕色纵纹，每节有枝刺 4 个。

危害果树和树木。幼虫毒刺毛对人有危害。分布范围较广。

斑蛾科 Zygaenidae

中小型蛾类。触角丝状或棒状，雄蛾多为锯齿状。前翅外缘圆，中室有不分叉 M 脉干，A 脉 2 条。后翅有翅缰、中室 M 脉干，臀区大，有 A 脉 3 条。

梨星斑蛾 ***Illiberis pruni*** **Dyar**（图 4-143） 又名星毛虫、梨叶斑蛾。体小，体、翅灰黑色，具青蓝色光泽。具单眼，喙发达。雄虫触角双栉状，雌虫锯齿状。吻长，下唇须短。翅半透明具稀毛，翅脉黑褐色，R 脉无共柄。后胫具短距。

幼虫卷叶危害梨树。分布于山东及我国大部分省区。

卷蛾科 Tortricidae

体褐色或棕色。前翅近方形，休息时合拢呈钟罩形，有条纹、斑纹，翅脉从中室或翅基发出不合并；后翅臀脉 3 支。

苹果卷蛾 ***Adoxophyes orana*** **Fischer**（图 4-144） 又称棉褐带卷蛾。体小型，黄褐色。下唇须第 1 节被三角形厚鳞。翅脉不合并成叉状，从基部或中室直接伸出；后翅 S_c+R 不与 R_c 接触，臀脉 3 支。幼虫圆柱形，绿色，趾钩环式，前胸气门前的骨片或疣上有 3 根毛，肛门上方有臀栉。

危害果树等。分布于山东及全国绝大部分省区。

梨小食心虫 ***Grapholitha molesta*** **Heinrich**（图 4-145） 体小型，体、翅灰褐色，翅混有白色鳞片。下唇须第 2 节具有鳞片，第 3 节短而钝。前翅前缘有 10 多组白色短斜纹，近中室端部有小白点，外缘有 7 个并排的小黑绒斑点；后翅灰褐色。幼虫头灰褐色，两侧具云雾状斑。前胸背板淡黄褐色，成熟幼虫淡红色。

危害多种果树，使新树梢枝叶枯死折断。分布于全国。

螟蛾科 Pyralididae

体中小型，瘦长。前翅三角形，翅脉 M_1、M_2 远离，各从翅中室两角发出。

玉米螟 ***Ostrinia furnacalis*** **Guenee**（图 4-146） 体中型、细长，黄褐色，鳞片细密。下唇须相当长。翅基 1/3 处有棕色条纹及褐色波纹状线，外侧有锯齿状黄线斑。足细长。幼虫细长，背中线明显。各节毛片圆形，趾钩 3 序缺环。

危害玉米、高粱等。分布范围较广。

枯叶蛾科 Lasiocampidae

中型或大型、粗壮多毛。雄虫触角栉状。无翅缰，前翅 R_4 长而游离，R_5 与 M_1 共柄，M_2 远离 M_1；后翅肩角扩大，肩脉 1～2 条。

赤松毛虫 ***Dendrolimus punctatus*** **Butl.**（图 4-147） 翅展时雌性长 51～87mm，雄性长 47～62mm。触角鞭节黄色。雌蛾前翅窄长，色纹变化大；外缘倾斜，中、外线和亚外线斑列内侧有白斑纹；外线锯齿状，外侧白斑纹鲜明；亚外线斑列前 3 个斑三角形齿状、明显。后翅中间 1 个淡色斑纹。老熟幼虫长 50～70mm。深褐色，长毒毛灰白色；体被灰白、黄棕或棕红色纺锤形鳞片。中、后脑背面有蓝黑色带光泽毒毛丛组成的横带。

危害各种松树等林木。分布于山东、辽宁、河北、江苏等省区。

杏枯叶蛾 ***Odonestis pruni*** **Linnaeus**（图 4-148） 又称苹毛虫。体大，橘红色。触角栉齿状。无吻、下颌须及单眼。下唇须具短密毛。前翅内、外线黑褐色，有小翅室及肩脉，中室白斑大而明显。后翅无翅缰，基角扩大，具肩脉，有 2 条不明显褐色斑纹。幼虫粗壮多长毛，体色暗，背面具黑色毛瘤。

危害果树。分布于山东、东北各省、河北、江苏、安徽、湖北等省区。

大蚕蛾科 Saturniidae

体大肥壮，体色鲜艳。触角栉状。翅有透明眼斑，前翅 M_2 在 M_1 和 M_3 中间；后翅肩角发达，可有尾状突，S_c+R_1 与 R_5 不相连。

绿尾大蚕蛾 ***Actias selene ningpoana*** **Felder**（图 4-149） 翅展 115～160mm。全体密被白色绒毛。头部两侧及前胸前缘紫红色；中胸背面有 1 条紫红色横带。前、后翅粉绿色；翅脉暗绿色；亚端线淡褐色，几乎与外缘平行；中室端有 1 个透明眼状斑。后翅向后延伸呈尾状，末端卷折。各足胫节、跗节紫红色。

危害果树及林木。分布于山东、黑龙江、河北、河南、陕西、四川、江苏、安徽、浙江、福建等省区。

蓖麻蚕蛾 ***Philosamia cynthia ricinia*** **Donovan**（图 4-150） 体密布长软毛。触角短栉状。无单眼。翅黄褐色，中室有 1 条淡色带横跨前后翅；前翅中室顶角有 1 个黑斑，中室端部有 1 个斜细弧形透明斑；后翅中室端部有透明斑。幼虫粗壮多枝刺。

可用蓖麻饲养缫丝。

蚕蛾科 Bombycidae

体中型，粗壮多毛。触角栉状。前翅外缘有波状弯曲，M_1 与 R_5 分离；后翅 S_c+R_1 以横脉与中室相连。

家蚕 ***Bombyx mori*** **Linneaus**（图 4-151） 体中型，纯白色。无吻、单眼。触角双栉齿状。后足胫节仅有 1 对短距。前翅第 2 中脉自中室尖端正中发出。幼虫食桑叶。

为重要饲养昆虫，用于缫丝。

尺蛾科 Geometridae

体瘦长。翅大而薄，前、后翅颜色相似，静止时平放。前翅 R_5 与 R_4 共柄，后翅翅脉 S_c+R_1 与 R_s 在中室处有并接。

丝棉木金星尺蛾 ***Calospilos suspecta*** **Warren**（图 4-152） 翅展 32～40mm。体橙黄色。头棕褐色。前翅银白，外缘有连续浅灰色纹；外线成行浅灰色斑上端分叉，下端有红褐色大斑；中线斑不成行，上端有 1 个大斑，中有圆形斑；翅基有 1 深黄褐色花斑。后翅外缘有不连续的浅灰色斑；外线浅灰色斑上端分 2 叉，下端为灰色大斑；中线灰斑上端大、下端小；翅基黄褐色花斑较小。翅反面色浅，斑纹和正面相同。胸背两侧黄白色；腹背有 3 列黑褐色纵斑，两侧各有 2 列黑褐色纵斑。

危害榆、杨、柳、丝棉木、卫矛等。分布于山东、黑龙江、辽宁、山西、河北等省区。

桑尺蛾（蠖） ***Hemerophila atrilineta*** **Butler**（图 4-153） 触角黑灰色，双栉状。前、后翅斑连续且散有黑色短纹；前翅褐色，中部色深，外缘钝锯齿状，波状亚端线褐色，内外横线细而曲折；后翅外横线为黑波浪纹状。幼虫灰褐色，背面散有小黑点。

危害桑树。分布于我国大部分省区。

天蛾科 Sphingidae

体大型，粗壮，似梭形。触角末端钩状，前翅大而狭长，外缘斜形，后翅小，M_c+R_1与R_s中室中部有小横脉相连。

鹰翅天蛾 ***Oxyambulyx ochracea*** **Butler**（图 4-154）　翅展 90～110mm。体、翅橙褐色。触角间及胸背两侧绿褐色。下唇须及胸部的腹面橙黄色。前足胫节外侧白色。前翅基部有 1 个小黑点，1 条不显著的纹和上下 2 个褐绿色斑组成内线，褐绿色波状中线和外线不明显；顶角弓状下弯像鹰翅，端区有 1 个月牙形褐绿色大斑。后翅橙黄色。中带及外缘带棕褐色。

危害枫杨等。分布于山东、辽宁、河北、江苏等省区。

洋槐天蛾 ***Clanis deucalion*** **Walker**（图 4-155）　体红褐色，长 25～34mm；翅展 108mm。头顶至胸背中央有 1 条棕黑色纵纹。腹部背面棕褐、两侧及体翅腹面黄褐色。足胫节外侧银白色。前翅红褐，前缘中央大斑呈半圆形，棕黑色波状斑纹组成 6 条横线，斑纹色深且清晰，顶角角状斑近三角形。后翅棕黑色，前、后缘黄色，外缘红褐色。

危害豆科植物。分布于山东、辽宁、江苏、浙江、四川等省区。

栗六点天蛾 ***Marumba sperchius*** **Ménéntriés**（图 4-156）　体灰褐色，长 28～39mm，翅展 78～94mm。胸背有棕黑色宽带。前翅灰白色至灰褐色，中室内、外各有 3 条黑褐横线，中室端有 1 个褐斑，臀角有 2 个黑斑，外缘脉间内陷呈锯齿状，缘毛白，但脉端缘毛黑色外突，前翅反面中部之前布红色细长毛。后翅桃红色，臀角灰白有 1 对黑斑相连，反面有 3 条细横线。幼虫腹足褐色端部上方有白色环。

危害栎、核桃等。分布于山东及我国东北、华东、华南部分省区。

豆天蛾 ***Clanis bilineata*** **Wakk.**（图 4-157）　体色鲜艳，具较多鳞片并具斑纹。前翅狭长，前缘近中央有较大的半圆形褐绿色斑，中室横脉处有 1 个淡白色小点，沿第 2 径脉走向有褐绿色纵带。后翅暗褐色，基部有赤褐色斑，后角附近枯黄色。老熟幼虫黄绿色，腹两侧各有 7 条黄色斜纹。

危害豆科植物和刺槐等。分布范围较广。

灯蛾科 Arctiidae

体小至中型，红或黄色，具条纹或斑点。前翅M_2、M_3与C_u接近；后翅S_c+R_1

与 R_s 在中室处有一长段并接。夜间活动，有趋光性。

红腹白灯蛾 ***Spilarctia subcarnea*** **Walker**（图 4-158） 翅展 40～42mm。头、胸黄白色。前翅黄白色，具 1~3 列黑点。后翅微带红色，缘毛白色。腹部背面除基节与端节黄白色外，其余红色；腹面黄白色；腹部两侧及背面有黑点列。前、中足腿节红色，其余黑色。幼虫浅黑色，背线淡黄色。具长毛。

危害桑、木槿及十字花科蔬菜等。分布于山东、吉林、山西、河南、四川、江苏、湖南等省区。

肖浑黄灯蛾 ***Rhyparioides amurensis*** **Bremer**（图 4-159） 翅展 42～46mm。下唇须上方黑色，下方红色。触角黄色，其余黄褐色。前翅黄色；前缘基部黑色；中线在前缘及后缘各有 2～3 个小黑点；亚端线不清，有时可见 2～3 个黑斑。后翅红色，斑纹不甚一致，中室中部常有 1 个黑点；中室端部有 1 条弯曲黑纹；亚端线由 3～4 个黑斑组成；缘毛黄色。前翅反面红色，斑纹清晰。腹部红色，背面及侧面具有黑点列。

危害栎、柳等。分布于山东、黑龙江、辽宁、河北、陕西、四川、湖北、浙江、江西、湖南等省区。

花布灯蛾 ***Camptoloma interiorata*** **Walker**（图 4-160） 翅展 32～36mm；体翅鲜黄色。触角黑色。前翅前缘从翅基至顶角有 6 条黑纹斜向臀角；臀角有 1 鲜红色大斑向翅基放射出 4 条红线；外缘下半部的缘毛上有 3 个黑点。后翅金黄色无斑。腹部金黄色；雌蛾腹末有红色毛簇，大而显著。

危害栎、柳。分布于山东、黑龙江、辽宁、河北、四川、江苏、安徽、湖南、浙江、福建、广东等省区。

夜蛾科 Noctuidae

中、大型蛾类，体粗壮多毛，暗色。前翅有斑纹，中室后缘翅脉 4 支、上外角有 R 脉形成副室；后翅白色或灰色，S_c+R_1 与 R_s 基部分离。

小地老虎 ***Agrotis ypsilon*** **Rottemberg**（图 4-161） 体中型，粗壮，色暗，具鳞片和毛。具单眼。腹部背面灰色、腹面灰褐色。前翅棕褐色，有环状纹、肾纹和棒状纹各 1 个，肾纹处还有 1 尖端向外的楔状纹，亚端线内侧有两个黑色楔状纹；后翅灰白色，纵脉及缘线褐色。幼虫黑褐稍带黄色，体表密布黑色颗粒，腹末肛上板有 1 对黑纹。

危害多种林木、农作物及蔬菜等。分布于全国。

毒蛾科 Lymantriidae

体中型。雄触角栉齿状。胸、腹、前足多毛。雌虫腹末有成簇的毛。后翅 S_c+R_1

与 R_s 在中室基部并接。休息时前足伸在前面。

舞毒蛾 ***Lymantria dispar*** **Linneaus**（图 4-162） 体粗壮肥大，黄褐色。触角栉齿状。雄蛾前翅淡褐有褐色线纹，中室中央有 1 黑点，横脉纹黑褐色；后翅黄棕色，横脉纹和外缘色暗。雌蛾前翅黄白色、后翅淡黄色。幼虫黑褐色，头部浅褐色，有八字形黑纹，背线黄褐色。前 5 节两侧有蓝斑，后 6 节各有 2 个红色斑，其上着生棕黑色短毛。

危害果树、林木等。分布于我国大部分省区。

舟蛾科 Notodontidae

体多暗褐色。喙不发达，无下颚须、单眼。雄蛾触角栉形。前翅 M_2 居中，后缘亚基部有后伸鳞片，后翅 S_c+R_1 与 R_s 靠近或由横脉相连。跗节基部有 1 钝齿。

刺槐掌舟蛾 ***Phalera grolei*** **Moore**（图 4-163） 翅展 86mm 左右。头顶和触角基部毛簇白色。胸背暗褐色，中央有 2 条、后缘有 1 条黑褐色横线。腹背黑褐色，每节后缘具灰黄白色横带，末端 2 节灰色。翅基片灰褐、内侧具黑边。前翅暗灰褐、前缘色暗，近顶角有 4 条灰黄色纹；顶角掌形斑暗棕色，斑内缘、弧形平滑有 5 条黑色横线；缘毛棕色。后翅暗褐色，可见 1 条模糊浅色外带；脉端缘毛较暗，其余灰褐色。

危害刺槐。分布于山东、吉林、河北、河南、陕西、四川、江苏、福建、广西、广东等省区。

羽蛾科 Pterophoridae

白星鸟羽蛾 ***Deuterocopus albipunctatus***（图 4-164） 体细小，长 6mm；翅 12mm 左右，体、翅均橙黄色。腹部有黄白色斑点及条纹，腹面白色。翅具翅裂似鸟羽。足细长有距。幼虫体具毛瘤和次生毛，腹足长，趾钩半环状。

危害葡萄等。分布于各葡萄产区。

弄蝶科 Hesperiidae

体黑褐色。左右触角分离，末端钩状。翅具白斑或黄斑，前翅 5 支 R 脉从中室伸出。

直纹稻弄蝶 ***Parnara guttata*** **Bremer**（图 4-165） 因幼虫吐丝缀叶作苞茧，又称直纹稻苞虫。体小，肥壮。头大。体黑有金黄色光泽。翅深棕色，前翅 8 个白色透明斑排列呈弧形；后翅 4 个白斑直线排列。幼虫绿色，头褐色，中央有“M”型褐斑。

危害水稻等农作物。分布范围较广。

凤蝶科 Papilionidae

体色鲜艳，底色黄或绿色者有黑斑；黑色者有蓝、绿、红色斑。后翅外缘波状或有尾状突。前翅 R 脉分 5 支，中室与 A 脉基部有横脉。

麝凤蝶 ***Byasa alcinous*** **Klug**（图 4-166） 别名麝香凤蝶。体长约 20mm。体黑色，两侧和末端有红色毛，翅狭长，淡黑色，翅脉和翅室间条纹黑色，后翅外缘附近黑色，有 4～5 个红色半月形大斑，尾状突长。

危害马兜铃、萝摩、木防己等。分布于山东、陕西等省区。

柑橘凤蝶 ***Papilio xuthus*** **Linnaeus**（图 4-167） 体淡黄色，背面有宽大黑色纵纹。触角和前后翅黑色。前翅近前缘有 8 个半月形黄斑，中室外方有 1 列黄斑，自前缘向下逐渐增大，翅基部近前缘处有 5 条黄色纵条纹，其外方有 2 个黄斑。后翅斑纹同前翅，但在臀角处有 1 个橙黄色圆斑，内有 1 个小黑点。

危害柑橘、花椒等。分布于山东、黑龙江、河北、陕西、江苏、福建、湖南、广东等省区。

金凤蝶 ***Papilio machaon***（图 4-168） 大形蝶类。翅三角形，金黄色，前、后翅外缘有黑色宽带，带中前翅有 8 个、后翅有 6 个金黄色新月斑；前翅基部 1/3 为黑色；后翅外缘波浪状，后角具 1 尾状突。幼虫光滑无毛，色彩鲜艳，具臭腺。

危害伞形花科植物，飞行迅速。分布范围较广。

碧凤蝶 ***Popilio bianor*** **Cramer**（图 4-169） 翅展约 116mm。翅、体黑色，鳞片金绿色。雄蝶前翅中室后方翅脉上有黑色天鹅绒状鳞毛；反面端部色较淡；后翅基半部鳞片蓝色，后半部绿色，蓝色鳞片沿外线组成半月形斑。雌蝶前翅中室后方翅脉无黑色绒状鳞片；后翅基半部鳞片白色，外缘半月形斑橘红色。老熟幼虫体浓绿色。侧面有淡色条纹；后胸有黑色眼状斑；各节背面有 1～2 对具黑环青色斑。

危害柑橘、花椒等。分布于山东、陕西、甘肃、福建等中东部各省区。

玉带凤蝶 ***Papilio polytes*** **Linnaeus**（图 4-170） 翅展 95～100mm。体、翅黑色。雄蝶前翅外缘有 7～9 个黄白小斑；后翅中室外方 7 个大黄斑呈横弧列。雌蝶前翅无斑纹；后翅外缘有半月形小红斑，中室外方有大黄斑，臀角有红色眼状纹，但常有变化。老龄幼虫绿色，后胸前缘有 1 条齿状黑线纹，中间有 4 个灰紫色斑点，腹部侧 3 条蓝黑斜带延伸至背面，后 2 条斜带在腹背断开或消失。

危害柑橘、花椒等。分布于山东、陕西、四川、广东等中东部各省区。

粉蝶科 Pieridae

体中型，白色或黄色。爪有齿或分2叶。A脉前翅1支、后翅2支，有黑色圆斑。

菜粉蝶 ***Pieris rapae*** **Linneaus**（图4-171） 前、后翅基部黑有白色边缘，顶角有三角形黑斑，近外线处有2个圆形黑斑。幼虫俗名菜青虫，圆柱形，细长，绿色，头大，表面有很多小突起及次生毛，每体节有4～6环。

危害十字花科植物。分布范围较广。

蛱蝶科 Nymphalidae

体中大型，前足退化，跗节雄蝶1节、雌蝶4～5节。前翅R分5支，A脉无分支。飞行迅速，静止时，不停地扇动4翅。

重环蛱蝶 ***Neptis alwina dejeani*** **Oberthur**（图4-172） 翅展62mm。体、翅黑色。前翅沿外线有1列半月形白斑，内方7个白斑弧形排列；中室内有1条白色长形斑纹；中室端外上方有4个大白斑。后翅有2条由白斑组成的横带纹，内侧白斑大。翅展开白斑连成马蹄状2条重环带纹。幼虫头部茶褐色，有1对圆锥状突起；胴部绿色，中、后胸及第2、7、8腹节各有1对红褐色钩状突；第5腹节上有红褐色斜纹。

危害李、杏等。分布于山东、黑龙江、陕西等地。

小环蛱蝶 ***Neptis hylas emodes*** **Moore**（图4-173） 翅展约41mm。体翅黑褐色。前翅外缘小白斑组成2条横线纹，与中室之间有6个较大白横斑组成的横带纹，中室内有1条近长三角形纵白条纹，其外有1个近三角形白斑。后翅有由白斑组成的2条横带纹，外缘和2条带纹间各有1条不明显白细线，展翅时，内带纹与前翅横带纹连成环状带纹。

危害豆科植物。分布于山东、浙江、陕西等省区。

大豹蛱蝶 ***Fabriciana adrppe vorax*** **Butler**（图4-174） 体翅黄褐色，长约25mm。翅的斑纹和灿豹蛱蝶的相似。前翅反面橙红色，顶角带暗绿色，其附近有2条银白色线纹，后翅端部带暗绿色，沿外缘的横列黑斑近圆形，后翅反面暗绿色，为许多银白色横带所划分，基半部的带纹为黑绿色。

分布于山东、山西、陕西等省区。

大红蛱蝶 ***Pyrameis indica***（图4-175） 体大型，色斑艳丽。前足退化，短小。翅角锤状部特别膨大。前翅顶角钝，黑褐色，翅基和近内缘茶褐色，中央有1个大而不规则橘黄色斑，近顶角区有7～8个白色斑纹排成半圆形；后翅卵圆形，暗褐色，近外缘橘黄色，内侧有黑色斑1列，其内有大黑斑1列。幼虫体上有成对棘刺。头黑生有锥形毛疣，胴部背面黑，腹黄褐多有黄白色斑点。

危害榆、麻等栽培植物。分布于山东、黑龙江、内蒙古、宁夏、陕西、湖北等地。

灰蝶科 Lycaenidae

小型蝶类。触角和眼有白环。翅反面灰色，有眼斑。前翅 R 脉分 3～4 支，后翅 A 脉 2 支，常有纤细尾状突。

红灰蝶 ***Lycaena phlaeas diamio*** **Seitz**（图 4-176） 翅展约 31mm。前翅朱红色、外缘有黑褐色宽带，中室中央和端部各有 1 个黑褐点，排列成波弧形；反面色淡。后翅黑褐、外缘有朱红宽带，带外缘有 4～5 个黑点；反面灰褐、外缘色淡，波状横纹朱红色，亚缘处小黑点排成横波纹状，翅基有小黑点。前、后翅斑纹同正面。

危害蓼科植物。分布于山东、浙江、山西、陕西等省区。

琉璃灰蝶 ***Celastrina argiolus*** **Linnaeus**（图 4-177） 翅展约 30mm。前、后翅蓝灰缘毛白色；雄蝶外缘有 1 条黑褐色狭带，雌蝶前缘和外缘黑褐色宽带相连，占翅面大部分。前、后翅反面灰白色，外缘有 1 列褐色圆斑，内侧有 1 列半月形褐色斑，前翅内方有 3～4 个黑褐斑排成 1 列，后翅此列黑褐斑较多，排列不规则。

危害豆科植物及果树等。分布于山东、陕西等省区。

兰灰蝶 ***Everes argiades***（图 4-178） 又称豆小灰蝶。体小，纤弱而美丽。触角有白色环。眼周白色。雄性前足退化，前、后翅紫蓝色，后缘有 1 条棕色带；前翅无斑点，后翅后缘近臀角处有 2～3 个棕色斑点。雌性前足发达，翅棕色，基部略呈蓝紫色；后翅臀角处有 2～3 个棕色斑点和 1 条橘黄色带。

幼虫危害大豆等农作物。分布范围较广。

彩灰蝶 ***Hysudra selira*** **Moore**（图 4-179） 翅展 34mm。体、翅黑褐色，反面青灰白色。前翅基半部有紫色光泽，中室外有 1 个大型橙红色斑；反面外线及其内侧有 3 条镶白边的褐色横带纹，中室端部有 2 条并列褐色短斜纹。后翅有紫色光泽，臀角有 2 个朱红色圆斑，臀角圆形突出朱红色，尾状突长、末端白色；反面斑纹同前翅，但近臀角处和紧靠 3 条横带下有 2 个朱红色圆斑，上边 1 个内有小黑点，臀角圆突，黑色。

危害苹果、桃等。分布于山东、陕西等地。

斑蝶科 Danaidae

中大型。前足退化，雌蝶跗节末端膨大。前翅 A 脉分叉，R 脉分 5 支，其中

3 支或 4 支共柄，从中室伸出，R_4止于翅前缘。

金斑蝶 ***Danaus chrysippes*** **Linneaus**（图 4-180） 体型较大，艳丽，橙褐色具黑斑纹。触角上无鳞片，呈棒状。前足退化；雄蝶前足端部呈球形。前翅亚前缘脉基部分叉，后翅有香腺，中室封闭。

幼虫危害观赏植物和药材等。分布范围较广。

环带锦斑蛾 ***Pidorus euchromioides*** **Walker**（图 4-181） 翅展 25mm 左右。体蓝黑色。头顶与颈板红黄色。触角双栉状。前翅蓝黑色闪光，自前缘中部有 1 条黄色宽带斜向臀角，缘毛与翅面同色；后翅黑色，后缘有蓝色闪光，自前缘中部有 1 条不规则黄色宽带伸至中室下角后，沿中室下方折向翅基，缘毛端部灰白色。

危害油茶、苹果、梨等。分布于山东、江苏、安徽、浙江、江西、湖南、福建等省区。

眼蝶科 Satyridae

小、中型。翅反面有眼状斑。前翅基部 1～3 翅脉特别膨大。前足退化。

珍眼蝶 ***Coenonympha amaryllis*** **Cramer**（图 4-182） 体长约 18mm，翅展约 36mm。翅土黄。前翅反面外缘线银白色，外缘部淡色区内有 4 个眼状黑斑，外围黄褐色环，中央有 1 个小白点。后翅反面线纹同前翅，淡色区内有 6 个眼状纹，第 2 个很小。

危害莎草科植物。分布于山东、陕西、山西等省区。

蛇眼蝶 ***Minois dryas*** **Linnaeus**（图 4-183） 翅展约 56mm。体、翅黑褐色。前翅前缘与中室间有 2 个大型黑色眼状斑；反面色淡，眼状斑有暗黄色边。后翅外缘内下方有 1 个小型黑色眼状斑；反面的细波状纹交错排列，外线内方有 1 条暗色细带，其内下方有 1 个小型黑色眼状斑。眼状斑中央有 1 个白点。幼虫头圆形，褐色，有许多深的凹点，6 条黑褐色纵纹。胴部背面淡褐、背线黑褐色，亚背线带由许多黑褐色细线组成。气门上线黑褐色，气门下线黄褐色。

稻黄褐眼蝶 ***Mycalesis gotoma*** **Moore**（图 4-184） 体中型，暗褐色。前足退化。前翅基部翅脉膨大，顶角处有 1 个小形眼斑，近边线的下方有较大眼斑。后翅上面 2 个眼斑，反面 5 个眼斑。幼虫体绿色，头部有 1 对角状突起，尾端分两叉。

危害稻类及竹叶。分布于产稻区和南方竹林区。

4.2.3.2.11 膜翅目 Hymenoptera

口器咀嚼式或嚼吸式。翅膜质，后翅小，前缘有小钩与前翅相连，翅脉变异大，雌虫产卵器发达。如蜂、蚁等。

叶蜂科 Tenthredinidae

丝状触角7～10节，第3节较长。前翅有缘室2个。前足胫节有2端距。

小麦叶蜂 ***Dolerus tritici*** **Chu**（图4-185） 体阔无腹柄，长8～9.8mm。黑色，但前胸背板、中胸盾片及侧板、翅基片等处赤褐色，后胸背面两侧各有1个白色小斑。雌虫触角较腹部短，雄虫与腹部相等。前翅具翅痣，翅室多。前足胫节尖端具2距。

危害小麦。分布于各小麦产区。

梨叶蜂 ***Callroa matsumotonis*** **Harukawa**（图4-186） 体长8mm，翅展12mm；蓝黑色具光泽。前胸背板后缘中部向前凹陷；中胸隆起，盾片发达，盾形。翅透明。前翅翅痣内侧至外缘烟云状，后翅臀区发达。足基节、转节、腿节褐色，胫节基半部污白、端半部至跗节为褐色；胫节端距长短各1个，中、后足端距上方还有1个长距。

危害梨等果树。分布于山东等地。

茎蜂科 Cephidae

梨茎蜂 ***Janus piri***（图4-187） 体长约9mm，细弱圆筒状，黑色。头大，复眼显著。前胸背板后缘平直。前胸背板后缘两侧、中胸侧板、足基节端部、转节、胫节黄色。前足仅有1距，后足节有端距2个。

危害梨树。分布范围较广。

土蜂科 Scoliidae

体大多毛，黑色，腹部第1、2节间缢缩，具有色条纹。前胸背板侧面观三角形。翅脉不达翅缘，后翅具臀脉。

金毛长腹土蜂 ***Campsomeris prismatica*** **Smith**（图4-188） 雌虫体长20～25mm；黑色，密生黄褐色体毛。前胸背板黑色；毛长而密。胸腹节中区有密刻点，侧面有密毛。腹部第1～4节背板后缘有浅色毛带；第5～6节刚毛黑色。翅浅烟黄色。雄虫体长11～20mm；黑有蓝色光泽，密被淡黄色长毛。唇基边缘、前胸背板后部及两侧、前足、中足腿节端部和胫节外侧黄色。小盾片有2个黄斑。胸腹节水平区密生褐色长毛。翅透明。腹部第1～4节背板和第2～4节腹板的后缘有黄色横带。尾刺3枚，中刺较长。

捕食金龟子幼虫。分布于山东、江苏、安徽、浙江、江西、福建和广东等东部省区。

树蜂科 Siricidae

大型。膝状触角 17～30 节。前胸背板前后缘高度凹入。腹部圆筒状，各节有黑色环纹。前足胫节有 1 个端距。末节臀板中央形成角状突。

扁足树蜂 ***Sirex gigas***（图 4-189）　体长 25～55mm，大型，圆筒状。头阔颈细。丝状触角黄色，约为 1/2 体长，头下面、胸和足黄或红黄色，末端粗刺为带鞘的产卵器。

林业害虫。分布范围较广。

蓝黑树蜂 ***Sirex Juvencus Juvencus*** **Linnaeus**（图 4-190）　雌虫体长 14～30mm；蓝黑色有金属光泽。触角基部黄褐，余黑色。腿节黄褐色，胫节、跗节色淡。翅透明，翅痣深褐色。雄虫体长 12～28mm；蓝黑色，腹部末端黄褐色。后足胫节、跗节黑褐色。

危害松树。分布于黑龙江、内蒙古、甘肃和山东等省区。

红腹树蜂 ***Sirex rufi-abdominis*** **Xiao et Wu**（图 4-191）　雌虫体长 18～34mm。触角黑色，头、胸、腹大部分蓝黑色。腹部背板第 1、9 节、足的基节、转节、腿节及第 5 跗节蓝黑色，腹部第 2～7 节红褐色。翅基部无色透明，端部烟褐色，以 $1R_1$ 室色最深。雄虫体长 14～22mm，腹部背板第 1～2 节蓝黑色，第 3 节前带黑色，其余各节红褐色。前、中足基节、转节、腿节及第 5 跗节黑色；后足除腿节端部及第 4 跗节红褐色外均为黑色。

危害松属植物。分布于山东、浙江、安徽等省区。

姬蜂科 Ichneumonidae

前翅 2 条回脉，3 个盘室。前缘脉和亚前缘脉合并，前缘室消失。腹部细长或侧扁。

满点黑瘤姬蜂 ***Coccygomimus aethiops*** **Curtis**（图 4-192）　体黑满布密刻点。触角梗节、唇基赤褐色。头横向，与胸部均具刻点和棕色细毛，侧毛棕黑色。前胸背板达翅基片，胸腹节前部中央有 2 个脊痕，无腹柄。前翅无缘室，有翅痣及 2 条逆行脉。足黑褐色，前足跗节、中足腿节和胫节（雄）黄褐色、（雌）赤褐色。产卵器伸出并上举。

寄生性益虫。全国性分布。

茧蜂科 Braconidae

体小型至中型。前翅 1 条回脉，2 个盘室。产卵器外露，与身体等长。

中华茧蜂 ***Bracon chinensis***（图 4-193） 体小，头胸部黄色。触角丝状，柄节短圆柱形。腹部黑色，每节背板上有 1 个白色斑。前翅只 1 条逆行脉。产卵器与腹部等长。

寄生性益虫。分布范围较广。

黄愈腹茧蜂 ***Phabaerotoma flava*** **Ashmead**（图 4-194） 体长 7～9mm，黄褐色。头近方形。单眼、复眼黑色。触角暗褐色，23 节，鞭节长于宽。胸部具强皱，小盾片有刻点；并胸腹节具网皱，有 1 个齿状侧突。翅透明，翅痣和前翅痣暗褐色；前翅翅痣端部 2/5 处伸出 R 脉，第 1、2 段比为 1∶5，第 1Cu 肘间横脉长度为第 2 肘间脉的 3.5 倍，与回脉相交使第 1、2 肘室呈三角形。腹部背板 3 节，具规则狭条刻，第 1 背板 2 条背中脊明显。

寄生性益蜂，常在灯下被发现。分布于山东、辽宁、河南、安徽、江苏、浙江、湖北、湖南、福建等省区。

小蜂科 Chalcididae

体形大。黑色有黄或橙色斑纹。后足腿节膨大，后胫节弯曲。腹部卵圆形末端尖削。

广大腿小蜂 ***Brachymeria obscurata*** **Walker**（图 4-195） 体长 6mm，黑色，腹侧面略显红色。头胸部多网状大刻点，复眼前无脊，后脊明显；触角 13 节。腹卵圆形无柄，腹部光滑，末端裂开。翅透明，只 1 条翅脉，褐色，翅片黄色，无明显翅痣。后足腿节特别胀大，腹面有齿列，跗节 5 节，胫节弯曲有 2 距。前胸背板不伸达翅基片。

寄生性益虫。分布于山东、浙江、湖南、福建等省区。

纹翅小蜂（赤眼蜂）科 Trichogrammatidae

前翅宽，翅有成行微毛和缘毛，后翅后缘缘毛最长。卵寄生。

稻螟赤眼蜂 ***Trichagramma japonicum*** **Ashmead**（图 4-196） 体小，不超过 1mm。雄虫黑褐色，触角黄褐色，触角毛长约为鞭节的 2.5 倍。翅臀角缘毛约为 1/5 翅宽。雌虫黄褐色，粗短无腰。眼红色。触角 5 节，第 1 节长为宽的 2 倍，柄节淡黄色。前翅阔，后翅狭，边缘具缘毛，翅面具微毛成行排列。跗节 5 节，腹末端钝圆。

捕食多种昆虫。分布于山东、江苏、浙江、安徽、四川等省区。

蚁科 Fomicidae

触角膝状弯曲，胸腹部连接处有 1～2 节，呈结节状。群居，多型性昆虫。

黄猄蚁 ***Oecophylla smaragdina*** **Fab.**（图 4-197）　体小，黄色。有翅型个体前胸背板向后延伸达翅基。胸部第 1 节或第 1～2 节为小形结。触角膝状。颚发达，翅透明，翅脉简单。多态性，有蚁后、雄蚁、工蚁、兵蚁之分。

常见种，是柑橘害虫天敌。分布于柑橘产区。

黑木工蚁 ***Componotus japonicus*** **Mayr**（图 4-198）　大型工蚁，体长 11～13mm，黑色，具细密网状刻点。头、胸绒毛短，腹部密而长，散生粗刺毛，绒毛和刺毛棕褐色。头大而两侧凸，后头具凹缘；前缘双凹；触角沟明显，触角 12 节，柄节长的 1/2 超过头顶。前胸宽，前端凸圆；后胸窄稍凸，后半部陡截。足粗壮，腿节和胫节扁平。腹短，椭圆形，每节后缘棕黄色，腹柄扁平，近扇形。雄蚁体形小，长约 10mm。触角 13 节。

寄主是鞘翅目、鳞翅目、膜翅目昆虫。分布于辽宁、山东、江苏、浙江等省区。

螯蜂科 Dryinidae

体小似蚂蚁。触角 10 节，着生于口器附近。胸部细长，前足长，雌性为捕捉足。中后足小。前翅有闭室，后翅脉简单、无闭室。腹部圆球形或卵圆形，基部有柄。

日本螯蜂 ***Haplogonatopus japonicus*** **Esaki et Hashimoto**（图 4-199）　又称稻虱螯蜂。体小，形似蚂蚁。雄虫体黑色。具翅，前翅有若干翅脉，具闭室；后翅具臀叶，无闭室。胸部较宽。足黄褐色。雌虫无翅，体黄褐色，头顶、触角黑色。触角生于口器附近，10 节。胸部细长。前足长，腿节胀大，跗节第 5 节与爪合成铗状捕捉足。

稻田常见。分布范围较广。

胡蜂科 Vespidae

体中至大型。黄、棕褐色有黑色斑纹，或黑有褐色斑纹。触角膝状。前胸背板伸达翅基片。足转节 1 节，中足胫节有 2 距。翅狭长，静止时褶起。腹柄简单。

普通长脚胡蜂 ***Polistes olvaceus***（图 4-200）　体大，光滑无毛，体黄色具黑色带。头和胸等宽。眼大。上颚强大有齿。触角膝状，细长。翅狭长，休息时纵折起来。足较长，爪简单。中足胫节有 2 短距。腹部无柄。

筑革质大巢于树上，中药名露蜂房。分布范围较广。

日环胡蜂 ***Vespa mandarinia joponia*** **Radoszakowski**（图 4-201） 雌虫体长 30～40mm。头窄于胸，略宽于前胸背板前缘。2 触角窝之间呈三角状平面隆起。头橘黄色。单眼棕色，倒三角形排列于 2 复眼之间。触角柄节棕黄色、鞭节黑色。前胸背板前线两侧黄色，余为黑褐色；中胸背板黑褐色。翅棕色。足黑褐色，仅膝部及前足胫节背面棕色。腹部除第 6 节橙色外，各节背板棕黄色与黑褐色相间。雄虫近似雌虫。

捕食性昆虫。分布于辽宁、山东、浙江、江西、四川、福建、广西等东部各省区。

北方黄胡蜂 ***Vespula rufa rufa*** **Linnaeus**（图 4-202） 雌虫长 14mm。头、胸等宽。额顶黑色，触角窝间有 1 个黄色横斑。触角黑色。前胸背板黑色弧形，两侧各有 1 个黄色窄斑；中胸背板、小盾片黑色，近前缘两侧各有 1 个黄斑。足基节、转节黑色；前足腿节基部黑色，跗节棕色；中、后足跗节棕色，中足胫节黄色，后足胫节前黄色、后绿棕色。第 1 腹节背板中央黑色，缘部黄色；第 2 背板基部黑色，两侧及端部边缘黄色；第 3～5 背板黑有棕色毛；第 6 背板三角形，中央黑色，两侧黄色。雄虫似雌虫，腹部 7 节。

捕食性昆虫。分布于山东、河北、江苏、浙江等省区。

常见黄胡蜂 ***Vespula vulgaris*** **Linnaeus**（图 4-203） 雌虫长 13～16mm。头窄于胸；头、触角黑色，触角窝间有倒梯形黄斑。唇基黄被黑色长毛，中央有倒“T”形黑斑。前、中胸背板黑色，两侧有黄色条纹。黑色小盾片矩形，两侧前缘具黄色横斑，被黄色长毛。前足腿节基部 2/3 黑色、余部棕黄色，胫节前缘棕色、后绿黄色，跗节棕色；中足腿节黑色，胫节黄色，跗节棕色。后足腿节黑色、端部前缘有小黄斑，胫节、跗节棕黄色。腹部第 1 节背板黑色，有黄色横带，第 2～5 节背板基部内黑色，边缘有 1 个内缘呈 3 个凹陷的黄色横斑。

捕食性昆虫。分布于山东等地。

泥蜂科 Sphecidae

腹部纺锤形，腹柄明显。前胸背板不伸达翅基片。前足适于开掘，后足跗节柱状。后翅具臀叶，多有 2 个闭室。

红腰泥蜂 ***Ammophila aemulans***（图 4-204） 又称细腰蜂。体细长，黑色，有微毛。头大，复眼大。腰部具红斑，腹柄细长。前胸背板横条状。翅狭，前翅有 3 个亚缘室。足细长，前足适于开掘，中足胫节有 2 个距。做泥质巢。

捕捉昆虫的幼虫。分布范围较广。

红足沙泥蜂 ***Ammophila atripes atripes*** **Smith**（图 4-205） 雌虫体长 24～30mm，黑色。触角柄节、腹柄、第 1 节背板、足腿节、股节和附节基部红褐色，

触角第 2 节和上颚暗红色或黑色，腹部有蓝绿色金属光泽。雄虫体色同雌虫，但触角柄节、腹柄和足黑色，仅第 1 节背板下侧红黄色。头胸被白色长毛，额中下部和两侧、唇基有毡毛。足有爪垫。

捕食蛾类昆虫。分布于我国大部分省区。

熊蜂科 Bombidae

或为蜜蜂科熊蜂属 *Bombus*（郑乐贻）。

熊蜂 *Bombus speciosus*（图 4-206） 体大粗壮，黑色密被杂色毛。触角膝状，雄蜂比雌蜂长。复眼长，距上颚基缘远。腹部圆球形。后足胫节有 2 枚端距，具携粉篮。

飞行时翅震动发生嗡嗡声。分布范围较广。

木蜂科 Xylocopidae

中至大型，强壮多毛。黑色有青绿色光泽，头横宽。触角短小，膝状。翅狭长，有褐色斑。足短而强壮，多毛。前中足胫节有 1 个距，后足有 2 个距。腹部粗大无柄。

木蜂 *Xylocopa ruficeps*（图 4-207） 体中型，粗壮，黑色。生有密毛，具有金属光泽；缘毛蓝黑色，软毛白色。头阔，触角短，膝状。翅狭长有虹彩，前翅亚缘室 3 个，第 1 个比第 2 个短。后足胫节有端距 2 个。无腹柄。

常在干燥树上钻孔营巢，危害木材。分布范围较广。

黄胸木蜂 *Xylocopa appendiculata* Smith（图 4-208） 雌虫体长 24～25mm，雄虫体长 24～26mm，黑色。额脊明显。雄虫触角 13 节，雌虫 12 节。颅顶端缘、颊、中胸、腹部第 1 节背板两侧被黄色长毛。翅褐带紫色光泽。前翅具 3 个亚缘室，第 2 室窄小，三角形。雄虫复眼大。唇基、额、上颚基部及触角鞭节前侧鲜黄色，雌虫头部黑色。

危害各种干木材。分布于全国各地。

切叶蜂科 Megachilidae

切叶蜂 *Megachile humilis*（图 4-209） 体中型，形似蜜蜂，但较粗壮。色暗，具金属蓝紫色缘毛及黄褐色和红色软毛。前翅具 2 个大小相似亚缘室。后足胫节有端距。腹部无柄。雌蜂花粉刷位于腹部腹面。

在树木及柱梁上钻孔营巢，储存食物。危害木材及建筑物。分布范围较广。

蜜蜂科 Apidae

前胸背板不伸达翅基片。黄褐色至黑褐色。头与胸等宽。复眼椭圆形，有毛。后足胫节扁平有长毛，形成花粉篮；跗节第 1 节扁阔，内侧有短刚毛，形成花粉刷。

中华蜜蜂 ***Apis cerana*** **Fab.**（图 4-210） 体褐红色，有密毛，雄性复眼椭圆形。前、中足各有 1 端距，后足无端距，为携粉足。前翅狭，有 3 个亚缘室，前缘室长，腹部毛少，第 6 节弯曲，有小齿。雌虫具螯针。有多态性，如蜂王、雄蜂、工蜂等。

可人工饲养的益虫。分布全国各地。

4.2.3.2.12 蜚蠊目 Blattaria

鳖蠊科 Corydiidae

体背面隆起，胸部有毛。如有翅，后翅臀域小，翅 1 或 2 次褶叠。适于旱生。

地鳖虫 ***Eupolyphaga sinensis*** **Walker**（图 4-211） 雌雄异形。雄虫有革质和膜质翅 2 对，胸、背部 3 条月牙形横纹中的 2、3 条弧角为 40°，腹部有 6 条横纹，腹末端尾须间有 1 条横纹连接。雌虫无翅，腹部宽扁，胸背部横纹弧角为 70°，腹部横纹 4 条，腹末端横纹离尾须较远。

爬行时，雄虫 6 足竖起，雌虫 6 足伏地。雌若虫腹部较宽。全国各地进行人工养殖。

4.2.3.2.13 革翅目 Dermaptera

体狭长而扁。头前口式，活动自如，有“Y”形蜕裂线。咀嚼式口器。触角丝状。复眼圆形。前胸背板略方形。后翅翅脉放射状。

蠼螋 ***Labidura riparia*** **Pallas**（图 4-212） 体长 13～17mm。坚硬光滑，略扁，深棕褐色。头色淡，中央头壳缝清晰。触角 25 节以上，淡黄色。前胸背板宽略大于长。前翅翅尖呈截断状，后翅折覆于前翅下仅露出 1～2mm。足淡黄色，3 对足相似，第 2 跗节伸至第 3 跗节下方。腹部腹节明显，两尾铗基部腹端背面各有 1 个黑色瘤状突起。

危害幼芽、根及捕食小型昆虫。分布于山东、山西、河北、河南、江苏等省区。

4.2.3.2.14 广翅目 Megaloptera

齿蛉科 Corydalidae

体中大型。头前口式，咀嚼式口器。单眼 3 个。触角多念珠状。足跗节各节圆柱状。

中华斑鱼蛉 ***Neochauliodes sinensis*** **Walker**（图 4-213）　体长 20～30mm。头黄褐色，头顶三角形有小瘤突。前胸长方形，前缘至中央有三角形黄斑，中、后胸各有 1 对大黑斑。前翅半透明淡黄褐色，前缘基部和翅痣两边各有 1 个大褐斑，Sc 与 R 脉间有 1 列褐点；翅中部及外缘褐斑连成斜带。后翅似前翅，前缘基部无褐斑，臀区宽大。

捕食小型昆虫。分布于山东、河北、四川、贵州、云南、浙江、江西、台湾等省区。

4.3 常见陆生脊椎动物

4.3.1 常见陆生爬行动物

有鳞目　Squamata 蜥蜴亚目 Lacertilia

4.3.1.1 常见蜥蜴类分科检索

1.头顶有对称排列大鳞，有活动眼睑……………………………………2
头顶无对称排列大鳞，无活动眼睑……………………………………壁虎科 Gekkonidae
2.有股窝或鼠蹊窝，腹鳞近方形……………………………………蜥蜴科 Lacertidae
无股窝或鼠蹊窝，腹鳞近圆形……………………………………石龙子科 Scincidae

4.3.1.2 常见蜥蜴类

蜥蜴科 Lacertidae

丽斑麻蜥 ***Eremias argus*** **Peters**（图 4-214）　全长约 15cm。鼓膜裸露。头被对称大鳞。体背粒鳞，暗青褐色，有 12～16 列具黑环黄圆斑，四肢也有此斑；雄性圆斑清晰、腹面橘红色，雌体圆斑不清晰，腹面白色。肩前有皮肤皱褶形成领围；腹面平滑，鳞大，斜向中线排列。后肢有股窝 8～12 个，两列股窝在肛前有 6～12 枚鳞片相隔。

栖息于沙土、麦田等处。分布于东北、山东、河北、河南、陕西、内蒙古、宁夏、青海、江苏等地。

山地麻蜥 ***Eremias brenchleyi*** **Güenther**（图 4-215） 俗称麻蛇子。体粗短，四肢短小。背鳞小颗粒状，腹鳞大、方形，纵行排列。大腿内侧具股窝。尾长为体长 1.5 倍。

栖息于山地草丛间。分布于东北、华北、华东一带。

北草蜥 ***Takydromus septentrionalis*** **Güenther**（图 4-216） 头体长约 70mm。背腹具方形棱鳞，背面棕绿色，自背中段起有大鳞 6 纵行，腹面灰白色，腹中段起有 8 纵行鳞片；体侧下方绿色。尾细长有棱，为头体长的 3 倍。吻部较窄。鼓膜裸露，头背大鳞对称排列，额片 3 对。鼠蹊窝 1 对。雄性体侧有不规则的深色斑。

栖息于丘陵或低山草丛间。分布于山东、吉林、陕西、河南、安徽、江西、福建、湖南、贵州等地。

石龙子科 Scincidae

石龙子 ***Eumeces chinensis*** **Gray**（图 4-217） 又称石龙蜥。全长约 250mm。头部棕色，额顶鳞发达，有上鼻鳞，无后鼻鳞；后颌鳞前后 2 枚。眶上鳞第 1 枚明显小于第 2 枚。鼓膜深陷。背部土色，有 3 条浅灰色纵线；体侧红棕色，有分散黑斑点；腹面白。尾长约为头体长的 1.5 倍，周身鳞列 24 或 26 行，肛前大鳞 1 对，尾下正中 1 行鳞扩大。雄性额部显著隆起肿状，颈侧和体侧红棕色更显著。

栖息于山区、海岛草丛中。分布于山东、江苏、安徽、浙江、湖南、四川、贵州、海南、广西等省区。

蓝尾石龙子 ***Eumeces elegans*** **Boulenger**（图 4-218） 全长 250mm。背深黑色，有 5 条黄色纵纹，正中 1 条在顶鳞处分叉向前达吻部，其余分别在眼上方和眼下方向后沿体侧达尾部，在尾后端纵纹消失，尾部为蓝色。

栖息于山区杂草间。分布于河南、江苏、安徽、浙江、江西、湖南、福建、广西、四川、云南、贵州等地。

蝘蜓 ***Lygosoma indicum*** **Gray**（图 4-219） 又称铜石龙子、铜楔蜥。吻凸圆，吻与眼间距等长。颊鳞 2 枚，眶上鳞 4 枚，上唇鳞 7 枚。背古铜色，1 条黑脊纹不连续，两侧细点成行，头至尾基两侧各 1 条 3～4 行鳞组成的黑色纵带，上带窄浅色、下浅色。纵带宽带棕红色杂有细黑点，头、背及四肢有细黑点；腹面色浅无斑。肛前鳞 2 片，较大。

栖息于平原、山区草丛或石缝中。分布于河南、安徽、江苏、陕西、浙江、湖南、福建、广西等省区。

壁虎科 Gekkonidae

无蹼壁虎 ***Gekko swinhonis*** **Güenther**（图 4-220） 吻斜扁，吻鳞达鼻孔，后方大鳞 3 枚。体和尾几乎等长。背灰棕色被细鳞，疣鳞大而少，12～14 纵行；胸腹鳞大；尾背鳞环状排列。背、尾及四肢有深色横纹。指、趾膨大，具爪。雄性肛前窝 6～8 个。

栖息于住宅区，夜间活动取食。分布于山东、山西、陕西、河北、河南、江苏、浙江等省区。

蛤蚧 ***Gekko gecko*** **Linnaeus**（图 4-221） 又称大壁虎。体形较大，全长 300mm 以上，头及体背具细粒鳞，杂有排列成行的大疣鳞，尾鳞排列成环状，胸鳞大，指、趾端膨大。因其鸣声似“蛤一蚧”而得名。

季节和温度与蛤蚧的生长发育、活动状态、生存、数量和分布关系密切。为重要药用动物，现已饲养。分布于广西、广东、福建、台湾等省。

纵斑蜥虎 ***Hemidactylus bowringii*** **Gray**（图 4-222） 又称蝎虎、原尾蜥虎。躯干部背面有 4～5 条断续浅褐色纵斑，故名。体形较小，背腹扁平。头顶无对称性排列大鳞，体覆粒鳞，背鳞小呈平砌状、腹鳞大呈覆瓦状排列。指和趾膨大有蹼，底部具双行褶瓣，五指、趾均有爪。夜间活动，捕食昆虫。产卵于缝隙中。

栖息于墙壁、石壁等处。分布于福建、广东、海南、台湾、香港和澳门等地。

4.3.2 鸟纲 Aves

4.3.2.1 鸟类分目检索

1. 脚适于游泳，蹼发达……………………………………2
脚适于步行，蹼不发达或付缺……………………………………7
2. 鼻呈管状……………………………………鹱形目 Procellariiformes
鼻不呈管状……………………………………3
3. 趾间具全蹼……………………………………鹈形目 Pelecaniformes
趾间不具全蹼……………………………………4
4. 嘴形平扁，具嘴甲，雄性具交接器……………………………………雁形目 Anseriformes
嘴不平扁，无嘴甲，雄性不具交接器……………………………………5
5. 翅形尖长，尾羽正常……………………………………鸥形目 Lariformes
翅形短圆，尾羽短，后趾存在……………………………………6
6. 向前 3 趾间具膜状蹼……………………………………潜鸟目 Gaviiformes
前趾两侧附有叶状或瓣状蹼……………………………………䴙䴘目 Podicipediformes
7. 颈和脚较长，胫下部裸出，蹼膜不发达……………………………………8

颈和脚较短，胫部全被羽，无蹼……10
8．后趾发达，与前趾在同一平面上，眼先裸出……鹳形目 Ciconiiformes
后趾退化，存在时位置高于其他趾，眼先被羽……8
9．翅短圆，第 1 枚初级飞羽较第 2 枚短，趾间无蹼，眼先被羽或裸出……鹤形目 Gruiformes
翅尖，第 1 枚初级飞羽较第 2 枚长或等长 (麦鸡属 *Vanellus* 例外)，眼先被羽……鸻形目 Charadriiformes
10．嘴和爪特强锐而弯曲，嘴基具蜡膜……11
嘴和爪均平直或仅稍微曲，嘴基不具蜡膜……12
11．蜡膜裸出，眼侧位；外趾不能反转 (鹗属 *Pandion* 例外)；尾脂腺被羽……隼形目 Falconiformes
蜡膜被硬须掩盖，两眼向前；外趾能反转；尾脂腺裸出……鸮形目 Strigiformes
12．3 趾向前，1 趾向后 (后趾有时付缺)，各趾多彼此分离……17
趾不具上述特征……13
13．足前趾型，嘴短阔平扁，无嘴须……雨燕目 Apodiformes
足非前趾型，嘴强而不平扁 (夜鹰目 Caprimulgiformes 例外)，常具嘴须……14
14．足对趾型……15
足非对趾型……16
15．嘴强直呈凿状，尾羽通常坚挺尖出……䴕形目 Piciformes
嘴端稍曲，不呈凿状，尾羽正常……鹃形目 Cuculiformes
16．嘴形短阔，鼻通常呈管状，中爪具栉缘……夜鹰目 Caprimulgiformes
嘴不如上述，鼻不呈管状，中爪不具栉缘……佛法僧目 Coraciiformes
17．嘴基柔软被蜡膜，嘴端膨大而具角质（沙鸡属 *Syrrhaptes* 除外）……鸽形目 Columbiformes
嘴全被角质，嘴基无蜡膜……18
18．雄性有距突，后爪不较其他爪长……鸡形目 Galliformes
无距突，后爪较其他爪长……雀形目 Passeriformes

4.3.2.2 陆地生境常见鸟类

4.3.2.2.1 隼形目 Falconiformes

隼形目分科检索

1．外趾能反转，趾底多突刺，不具副羽……鹗科 Pandionidae
外趾不能反转，趾底不具突刺，具副羽……2
2．上嘴具单个齿突……隼科 Falconidae
上嘴两侧无齿突，或具双齿突……3.1 鹰科 Accipitridae
3.1 头顶被绒毛，或裸出……秃鹫属 *Aegypius*
头顶被羽……3.2
3.2 胫与跗蹠等长……3.3

胫较跗蹠长……3.4
3.3 跗蹠约为嘴峰长的2倍，跗蹠后面无盾状鳞……鹞属 *Circus*
跗蹠长度适中，后面具盾状鳞……鹰属 *Accipiter*
3.4 跗蹠后面具盾状鳞……鵟属 *Buteo*
跗蹠后面具网状鳞……3.5
3.5 嘴形强大……3.6
嘴形较弱……3.9
3.6 跗蹠全部被羽……3.7
跗蹠下部裸出……3.8
3.7 头无羽冠……雕属 *Aquila*
头具纵羽冠……鹰雕属 *Spizaetus*
3.8 跗蹠裸出部不及中趾长……海雕属 *Haliaeetus*
跗蹠裸出部超过中趾长度……鵟鹰属 *Butastur*
3.9 尾叉状，外侧尾羽较中央者长……鸢属 *Milvus*
尾稍圆，外侧尾羽较中央者短……蜂鹰属 *Pernis*

常见隼形目鸟类

鹰科 Accipitridae

鸢 *Milvus korschun* Gmelin（图 4-223）　又称老鹰。全身暗褐色。耳羽黑色。初级飞羽基部白色，展翅翱翔时，翅下白斑明显，翅端分叉。尾叉状。

善滑翔于山谷间，成圈状飞行，捕食小动物。遍布全国，各地多为留鸟。

苍鹰 *Accipiter gentilis* Linnaeus（图 4-224）　背石板苍灰色，下体污白色，翅下覆羽和腋羽白色具黑褐色横斑，胸、腹和两肋至覆腿羽具黑褐色横斑和黑褐色羽干纹。头顶侧和枕黑褐色。眉纹白杂以黑纹。尾羽暗灰褐色具4条宽阔的黑褐色横斑，羽端白色。飞翔时，尾细长，呈圆尾形。

栖息于针叶林、阔叶林或混交林中。多单独活动、觅食。扇翅与滑翔交替进行直线飞翔。除海南省外，遍布全国各地。

雀鹰 *Accipiter nisus* Linnaeus（图 4-225）　体长280～380mm，比苍鹰小。上体青灰色，下体白色，颌和喉部满布褐色羽干纹，胸、腹和两肋密布暗褐色细横纹。尾长有4条黑横带。

栖息于林缘地带。单独活动。空中圆状飞翔，扇翅与短距离滑翔交替进行。繁殖于东北、内蒙古、新疆。越冬于四川、贵州、云南、广西、广东和海南。

普通鵟 *Buteo buteo* Linnaeus（图 4-226）　体长约550mm。羽色变异大，上下体暗色或淡色，缀以棕白斑，有大型斑点。翼下有淡色粗斑。尾端圆形，尾羽具4、5条不显著的黑褐色横斑。在旷野盘旋飞翔。

栖息于开阔山野、农田及村落附近。分布于东北各省、河北、河南、青海、新疆、长江以南各省区。

隼科 Falconidae

红脚隼 ***Falco vespertinus*** **Linnaeus**（图 4-227） 大小似鸽。雄鸟青灰色。颌、喉和颈侧灰白色，脚红色。尾下覆羽和覆腿羽棕红色。脚、趾橙黄色。飞翔迅速。翅前缘的白色明显。

栖息于低山疏林、林缘、山脚平原和丘陵地区，常停在空中鼓翼窥视猎物，捕食小型动物。遍布我国大部省区。

红隼 ***Falco tinnunculus*** **Linnaeus**（图 4-228） 小型猛禽。背、肩和翅上覆羽砖红色，具近三角形黑斑，腰和尾上覆羽，蓝灰色；胸、腹和两肋棕黄色，胸和上腹缀黑褐色细纵纹，下腹和两肋具黑褐色矢状斑。头颈蓝灰色，具纤细黑色羽干纹；前额、眉纹棕白色，眼下有黑色宽髭纹。颌、喉棕白色。初级飞羽黑褐色，三级飞羽砖红色；翅下黄白色具黑褐色横斑。尾蓝灰色，具宽阔的黑色次端斑和窄的白色端斑。嘴蓝灰、尖端黑、基部黄色。脚深黄色，爪黑色。

栖息于林缘、林间空地、疏林旷野、河谷和农田。白天觅食。分布于我国大部分省区。

4.3.2.2.2 鸡形目 Galliformes

雉科 Phasianidae

鹌鹑 ***Coturnix coturnix*** **Linnaeus**（图 4-229） 背黑褐色，杂以浅黄色羽干纹；腹面灰白，颊、颌及喉赤褐色，喉中央常具黑褐色纹。翅长而尖，尾短。

栖息于近山平原、低地、山脚至丘陵地带，为广栖性种类。遍布全国各地。

环颈雉 ***Phasianus colchicus*** **Linnaeus**（图 4-230） 又称山鸡、野鸡、雉鸡。雄鸟颈部紫绿色具鲜明的白色颈环；上体褐色带金属光泽，尾羽长而具横纹，中央尾羽蓝灰色，外侧尾羽棕色。雌鸟较小，羽色暗褐，具斑，尾较短。

喜欢栖息于山脚、丘陵的林缘灌林、杂草丛生地带。遍布全国各地。

4.3.2.2.3 鸽形目 Columbiformes

沙鸡科 Pteroclidae

毛腿沙鸡 ***Syrrhaptes paradoxus*** **Pallas**（图 4-231） 体长约 250mm。喉和

后颈基部两侧有锈红色块斑。通体沙黄色，背部混杂黑色横斑；腹部沙棕色，具黑色斑块。翅、尾尖长大，翅覆羽先端栗色形成翼斑。脚和趾被短羽。

结大群在开阔地带活动觅食。分布于内蒙古、东北、华北、西北及山东。

鸠鸽科 Columbidae

山斑鸠 ***Streptopelia orientalis*** **Latham**（图 4-232） 头颈灰褐略带红色，后颈基部两侧各有 1 块灰黑色斑。上体灰褐色，羽缘栗红色显著；下体葡萄红褐色。尾羽褐色，羽端具宽灰色斑。鸣声“咕咕—咕咕”。

多在平原或山区林地栖息，常结小群在地面上边走边觅食。遍布全国。

珠颈斑鸠 ***Streptopelia chinensis*** **Scopoli**（图 4-233） 上体褐缀棕红色羽缘。额淡灰，头顶、颈枕红色；颈基部后、侧领圈宽阔黑色，羽端有白点状斑。飞羽深褐色，羽缘淡。颏灰白色；胸羽、腹羽葡萄红色；肋和腋羽银灰色。中央尾羽暗褐、外侧尾羽黑色，羽端具灰白色宽斑。飞翔时，尾羽展开呈扇状并有 1 个弧形白斑。鸣声“咕咕—咕”。

栖息于丘陵林区和多树平原及城市绿地。分布于我国东南大部省区。

4.3.2.2.4 鹃形目 Cuculiformes

杜鹃科 Cuculidae

大杜鹃 ***Cuculus canorus*** **Linnaeus**（图 4-234） 因鸣声二声一度，似“布谷”故称布谷鸟。上体暗灰色。腹部白色，具细宽黑褐色横斑纹。翅缘白具褐色细斑纹。翅下覆羽横斑显著而整齐。尾黑末端缀白，羽干两侧和羽缘具半圆形白斑。

常栖息于开阔林地、近水林间。遍布我国大部分省区。

四声杜鹃 ***Cuculus micropterus*** **Gould**（图 4-235） 体似大杜鹃，但腹部黑色横斑粗宽，斑纹间距较远。黑褐色尾羽近端具宽阔的白横斑，羽干两侧和羽缘具小白斑。

栖匿于山地或平原树林间。鸣声似四声一度。森林鸟类。分布于我国大部分省区。

4.3.2.2.5 鸮形目 Strigiformes

鸱鸮科 Strigidae

长耳鸮 ***Asio otus*** **Linnaeus**（图 4-236） 俗称猫头鹰、夜猫子。头侧有耳

状长羽。上体棕黄色，羽干纹黑褐色；下体棕黄色，腹部具清晰纵纹和横纹。中央 1 对尾羽尖长。

栖息于山地、平原林中，捕食鼠类和昆虫。分布于我国大部分省区。

斑头鸺鹠 ***Glaucidium cuculoides*** **Vigors**（图 4-237） 上体、头颈及翼上覆羽暗褐色，密布棕白色细横斑。喉具大型白色块斑。尾黑褐色，先端白色，具 6 条白色横斑。

栖息于山地近河谷林中。分布于江苏、山东、陕西、浙江、湖南和我国西南、华南等地。

4.3.2.2.6 夜鹰目 Caprimulgiformes

夜鹰科 Caprimulgidae

普通夜鹰 ***Caprimulgus indicus*** **Latham**（图 4-238） 俗称贴树皮、怪鸱。全身灰褐色，杂以黑褐色斑。嘴裂宽大，有须。喉部具白斑。初级飞羽 10 枚，第 2 枚最长。尾羽 10 枚。雄鸟翅尖和尾尖也具白斑。

栖息于山地疏林，常在黄昏时捕食空中昆虫。分布于我国大部分省区。

4.3.2.2.7 雨燕目 Apodiformes

雨燕科 Apodidae

白腰雨燕 ***Apus pacificus*** **Latham**（图 4-239） 俗称雨燕、野燕。体羽黑褐色，羽次端黑色，端缘白色。腰具白斑。嘴黑，颌、喉白色，具黑色羽干纹。两翅较尖长。

栖息于陡峻的山坡、悬崖。喜在高空集群飞翔。遍布全国。

楼燕 ***Apus apus*** **Linnaeus**（图 4-240） 又称北京雨燕。似家燕而稍长。体羽几乎为纯黑褐色，上体具白色羽缘。前额白。喉部灰白色。翅长，展开如镰刀形向后弯曲。

晨昏和暴雨前后在高空或掠地疾飞，边飞边叫，集群捕食昆虫。营巢于建筑物。分布于我国东北、山东、新疆、青海、内蒙古、河北、山西、河南、陕西、四川等大部分省区。

4.3.2.2.8　佛法僧目 Coraciiformes

佛法僧科 Coraciidae

三宝鸟 ***Eurystomus orientalis*** **Linnaeus**（图 4-241）　头至颈黑褐色，全身蓝绿色，翅上有显著淡蓝色横斑。颏黑色，喉和胸黑色沾蓝色，具钴蓝色羽干纹，其余下体蓝绿色。嘴和脚朱红色。尾黑缀有蓝色。

喜栖息于高大树梢上，常在天空中翻飞捕食，边飞边叫。分布于我国大部分省区。

戴胜科 Upupidae

戴胜 ***Upupa epops*** **Linnaeus**（图 4-242）　头颈部棕红色，能伸展呈扇形的长羽冠具黑色端斑。嘴长向下弯曲。腰白色，翅、尾黑具白色横斑；飞行波浪状。白斑明显。

栖息活动于农田、荒地和林缘。遍布全国各地。

4.3.2.2.9　䴕形目　Piciformes

啄木鸟科 Picidae

蚁䴕 ***Jynx torquilla*** **Linnaeus**（图 4-243）　贯眼纹暗色，上体银灰色，杂以黑褐色虫蚀状细纹或粗斑纹。头背中央有 1 个黑褐色斑块。下体近白色杂以横斑。对趾型。

常在地面觅食，不会攀缘树干，故有“地啄木鸟”之称。遍布全国。

黑枕绿啄木鸟 ***Picus canus*** **Gmelin**（图 4-244）　俗称火老鸦。体羽绿色。枕与后颈灰色而具黑纹，后颈具 1 个黑块斑。腰和尾上覆羽黄绿色。翼下覆羽为黑白相间的横斑。雄鸟头顶红色。

栖息于林区，攀缘啄食害虫。飞行路线大波浪式。分布于山东、江苏、山西、安徽、江西、湖北、陕西等省区。

斑啄木鸟 ***Dendrocopos major*** **Linnaeus**（图 4-245）　颊白色，体背黑、腹面白。黑色翅上具显著大白斑。尾下覆羽深红色。趾对趾型。雄鸟头后具红斑。

栖息于疏林区，攀缘捕食害虫，飞行路线小波浪状。分布于我国大部分省区。

4.3.2.2.10 雀形目 Passeriformes

百灵科 Alaudidae

云雀 ***Alauda arvensis*** **Linnaeus**（图 4-246） 体较麻雀大。短羽冠竖起时才能看到。上体砂棕色，具暗黑褐色羽干纵纹。腹面色淡，最外侧尾羽白色。

栖息于开阔平原。骤然起飞螺旋形直冲云霄，边飞边叫。遍布我国大部分省区。

燕科 Hirundinidae

家燕 ***Hirundo rustica*** **Linnaeus**（图 4-247） 俗称燕子。上体蓝黑色呈金属光泽。前额深栗色，颌、喉栗红色。腹白无斑纹。尾深叉状。

常迅速急转弯飞翔，用泥营巢于屋檐下。夏季遍布全国各地。

金腰燕 ***Hirundo daurica*** **Linnaeus**（图 4-248） 眼后上方至颈侧栗黄色。头后杂以栗黄色。上体蓝黑，腰具显著栗黄色横带斑；下体棕白色，杂黑纵纹。尾深叉状。

栖息于山间村落和城镇。多在天花板下营袋状巢。夏季几乎遍布全国。

鹡鸰科 Motacillidae

白鹡鸰 ***Motacilla alba*** **Linnaeus**（图 4-249） 脸颊部白。体羽黑白相间；上体黑色；胸部有明显大黑斑，下体余部白色。尾上覆羽两侧白色，尾黑色，最外侧 2 对尾羽全白或内缘有少许黑斑。

栖息活动于水域附近，栖止时，尾部不停地上下摆动。遍布全国。

山鹡鸰 ***Dendronanthus indicus*** **Gmelin**（图 4-250） 俗称刮刮油。头、颈橄榄褐色。颏、喉白。上嘴黑褐色。眉纹细白。背部橄榄绿色。下体白色，前胸有黑色半环带，胸中央纵斑两侧有不连续的褐斑。飞羽、覆羽黑褐色，末端白色形成两道翼斑。外侧尾羽黑褐色。最外侧尾羽外翈白。下嘴、跗蹠、爪棕褐色。

栖息活动于林区，“嘎吱，嘎吱”鸣声清脆。遍布我国大部分省区。

黄鹡鸰 ***Motacilla flava*** **Linnaeus**（图 4-251） 上体黄绿色，下体黄色。飞羽和覆羽黑褐具乳黄色羽缘，形成 2 条黄白色翼斑；颌白色。尾羽黑褐色，外侧 2 对尾羽白色。

栖息活动在近水沼泽草地、旷野、耕地附近。广布于全国各地。

伯劳科 Laniidac

红尾伯劳 ***Lanius cristatus*** **Linnaeus**（图 4-252）　额部、头顶前部浅灰褐色，头侧黑斑由嘴基贯眼部伸达耳羽。喉部纯白。背部灰褐色。腹棕白色。尾羽棕红色。

栖息于丘陵山地、平原林区中，捕食害虫，常站立枝头。遍布全国，有 9 个亚种。

虎纹伯劳 ***Lanius tigrinus*** **Drapiez**（图 4-253）　头颈蓝灰色。额、眼先黑色延伸至眼周、颈侧形成宽阔纵带。体背部棕红色，密布虫蠹状、波状黑横纹。下体白色。雌鸟仅背部淡棕红色，胸侧和肋部具黑色横纹。

栖息于山区林间和开阔林地，捕食害虫。遍及我国东部大部分省区。

鹎科 Pycnonotidae

白头鹎 ***Pycnonotus sinensis*** **Gmelin**（图 4-254）　俗称白头翁。头颊部黑色；耳羽棕褐色，头后部和枕部白色。嘴黑色。颏、喉白色。上体暗灰色，具黄绿色羽缘形成暗纵纹；胸部具不明显的灰褐色宽带。脚黑色。

栖息于灌丛和林缘地带，冬季多集群活动。捕食害虫。遍布华北、长江以南广大地区。

黄鹂科 Oriolidae

黑枕黄鹂 ***Oriolus chinensis*** **Linnaeus**（图 4-255）　枕部有宽阔黑枕纹。全身金黄色。雌鸟体色较淡。双翅和尾羽黑色，缀以黄斑。尾羽除中央 1 对外，均具黄色先端，愈向外侧黄色区愈大，最外侧尾羽黄色区约占羽长的一半。

栖息于丘陵山区、平原的乔木林间。为重要观赏和森林益鸟。几乎遍布全国。

卷尾科 Dicruridae

黑卷尾 ***Dicrurus macrocercus*** **Vieillot**（图 4-256）　通体羽毛黑色，具蓝绿色光泽；尾长，叉状，外侧尾羽先端向上弯。嘴和脚均黑色。

栖息于平原、低山林区，以村落附近为多。常栖息于树的顶枝上。几乎遍布全国。

椋鸟科 Sturnidae

灰椋鸟 ***Sturnus cineraceus*** **Temminck**（图 4-257）　嘴橙红，先端黑褐。头顶、颈部黑色，前额杂以白羽。颊和耳羽污白杂以黑羽。体灰褐色，腰部具白斑。尾黑呈平截状。脚橙黄色。

栖息于农田林缘次生阔叶林内。杂食性。常集大群活动。几乎遍布全国。

鸦科 Corvidae

喜鹊 ***Pica pica*** **Linnaeus**（图 4-258） 体羽黑色稍映紫辉。腰部有一灰白斑；两肩各有一块白斑；翅白端斑飞翔时略呈圆形。下体自胸以上黑色，腹、两肋纯白色。尾长，尾羽凸状。

栖息于平原、村落疏林地带，多成对或结小群活动。营巢于高大乔木上。遍布全国。

灰喜鹊 ***Cyanopica cyanus*** **Pallas**（图 4-259） 俗称山喜鹊、马尾鹊、长尾巴郎子。头、颈黑色，与颈项交界处颜色较白，呈领圈状。背部灰色；翅、尾天蓝色。下体灰白色。尾长，尾羽具宽阔的白色羽端斑。

栖息于开阔林间，跳跃步行，捕食昆虫。几乎遍布全国。

红嘴山鸦 ***Pyrrhocorax pyrrhocorax*** **Linnaeus**（图 4-260） 俗称山老鸹。体纯黑色具蓝色光泽。双翅和尾黑色闪烁蓝绿色光泽。雌鸟体羽蓝色光泽暗淡。嘴和脚朱红色。

栖息于山区，结群营巢于悬崖凹处。分布于长江以北。

寒鸦 ***Corvus monedula*** **Linnaeus**（图 4-261） 耳羽和后头具白细轴纹。后颈、颈侧、上背、胸、腹部、两肋白色，其余体羽黑色具紫蓝色光泽。肛羽具白色缘。嘴、脚黑色。

栖息于村镇、农田地带，营巢于岩洞、树洞中。几乎遍布全国。

白颈鸦 ***Corvus torquatus*** **Lesson**（图 4-262） 俗称白脖老鸹。后颈、颈侧、上背至胸部白色形成明显白领圈，其余体羽纯黑色，上体有紫蓝色反光，翅和尾羽具铜绿色金属光泽。幼鸟白色颈领圈不显著，黑色体羽无光泽。嘴、脚和爪均黑色。

栖息于开阔田野、河滩、村落附近。摄食昆虫、弃物、腐尸等，遍布我国东部各省区。

秃鼻乌鸦 ***Corvus frugilegus*** **Linnaeus**（图 4-263） 成鸟嘴基裸露，被灰白色鳞状皮膜。通体亮黑色有紫绿色金属光泽。嘴、脚黑色。

栖息于平原、低山阔叶林内。集群活动，啄食害虫。广布于长江以北的东部地区，秋季见于华南沿海各省。

大嘴乌鸦 ***Corvus macrorhynchos*** **Wagler**（图 4-264） 嘴粗大。喉和上胸羽毛锥针状。后颈羽毛柔软松散如发状，羽干不明显。体羽黑色。嘴和脚均黑色。

栖息于低山平原开阔地带和山林地区，村落附近。喜食腐食。遍及全国。

鹪鹩科 Troglodytidae

鹪鹩 ***Troglodytes troglodytes*** **Linnaeus**（图 4-265）　眉纹黄白色。体羽赤褐色，具暗色横斑。腹部、两肋和尾下覆羽均呈乳白色，缀黑褐或黄褐色横斑纹。尾短小，覆羽尖端白，停立时，尾部高举。

栖息于林区，活动于河谷溪流附近的灌丛中。嗜食农林害虫。几乎遍布全国。

鸫亚科 Turdidae

北红尾鸲 ***Phoenicurus auroreus*** **Pallas**（图 4-266）　头、后颈和上背石板灰色，下背黑色。前额基部、颈侧、喉和上胸黑色。胸、肋至尾下覆羽橙棕色。翅内侧的覆羽和飞羽黑色；外侧覆羽和飞羽暗褐；次级飞羽基部横贯白色块斑。中央 1 对尾羽黑褐色，其余尾羽橙棕色。

栖息于灌丛、林区。营巢于岩石缝隙间或树洞中，捕食昆虫。分布于我国东北、内蒙古、山东、河北、山西以及长江以南东部各省区。

蓝矶鸫 ***Monticola solitarius*** **Philippensis**（图 4-267）　俗称麻石青、矶鸫。眼先和颊部、耳羽和颈侧黑色。上体辉蓝色。颏、喉至前胸部深蓝色；胸、腹肋、翅下覆羽和尾下覆羽栗红色。尾羽、飞羽黑褐色，翢缘缀以蓝色。嘴、脚黑褐色。

栖息于多岩石的丘陵、山区溪流两旁。营巢于岩石缝隙和洞穴中。几乎遍布全国。

斑鸫 ***Turdus naumanni*** **Temminck**（图 4-268）　嘴黑褐色。眉纹棕白色，眼先和耳羽黑褐色。上体前黑色后棕色；下体白色有栗点斑，胸具黑领圈。尾下面棕红色。脚淡褐色。

栖息于开阔山坡草地或丘陵疏林等处，成群活动。几乎遍布全国。

虎斑地鸫 ***Zoothera dauma*** **Holandre**（图 4-269）　又称顿鸡。嘴暗褐色。颏、喉和胸棕白色。上体橄榄褐色，羽轴棕白色、羽缘黑色，次端浅棕色；腹部和尾下覆羽黑褐色。中央尾羽橄榄褐色，外侧尾羽渐转为黑色，端缘白色。脚棕白色。

栖息于茂密灌丛或低矮的混交林中。捕食昆虫和浆果。分布我国东部各省区。

画眉亚科 Timaliidae

画眉 ***Garrulax canorus*** **Linnaeus**（图 4-270）　额基黄色，头顶、眼先、颊和颧纹黑色。白色眼圈和眉纹明显。耳羽银灰色。上体橄榄褐色，头、上背具黑褐色纵纹。

栖息于林区、灌丛，喜结群活动，杂食性。分布于华东大部、华中、西南、华南等地。

莺亚科 Sylviinae

大苇莺 ***Acrocephalus arundinaceus*** **Temminck**（图 4-271） 俗称苇札子。嘴黑褐色。眉纹淡黄。上体棕褐色，下体黄白色，胸部微具淡灰褐色纤细的纵纹。脚铅褐色。

栖息于沼泽湿地、芦苇塘中。食昆虫。常于苇枝顶端“嘎嘎叽”鸣叫。几乎遍布全国。

黄眉柳莺 ***Phylloscopus inornatus*** **Blyth**（图 4-272） 体型瘦小。眉纹淡黄色。头顶中央纵贯纹黄绿色。上体橄榄绿色；腹白带绿黄色。翅具两条白斑。

栖息于林间，活动于杨柳枝芽、灌丛中捕食害虫。遍布全国，在我国东北、内蒙古繁殖。

黄腰柳莺 ***Phylloscopus proregulus***（图 4-273） 头顶中央纵贯纹、眉纹绿黄色。上体橄榄绿色。腰部黄色横带宽阔、明显；翅上具两道显著的黄绿色横斑。

栖息于阔叶林、针叶林间，活动于近顶树枝上。捕食害虫。分布于东部各省区。

褐柳莺 ***Phylloscopus fuscatus***（图 4-274） 嘴基的暗褐色纵纹形成贯眼纹，并延伸至后头。眉纹前部白色，后端带棕色。颊和耳羽褐和棕色相杂。上体橄榄棕色。腹部近中央白色沾棕色。

栖息于林区、灌丛、林缘草地、村庄附近。捕食果林害虫。分布于我国东部各省区。

极北柳莺 ***Phylloscopus borealis***（图 4-275） 俗称柳串儿。淡黄色眉纹显著。嘴基橄榄绿色纵纹经两眼达枕部，颊和耳羽淡黄色。上体橄榄绿色；下体近白色沾绿黄色。翅上有一道白斑。尾黑褐色。

栖息于树林、灌丛中。农林益鸟。不在国内繁殖，分布几遍全国。

鹟科 Muscicapidae

北灰鹟 ***Muscicapa latirostris*** **Raffles**（图 4-276） 又称宽嘴鹟，比柳莺稍大。白色眼圈明显。上体灰褐色。腹近白色。黑褐色翅上淡色斑纹明显。尾羽黑褐色。

栖息于针、阔叶林中，突然飞起捕捉昆虫后返回原栖枝上。分布于我国大部分省区。

山雀科 Paridae

大山雀 ***Parus major*** **Linnaeus**（图4-277）　又称白脸山雀、呼呼黑。较麻雀稍小。头黑色，面颊部具大型白斑。上体灰蓝色，上背沾绿色。腹白色，中央贯以黑色纵带纹。

栖息山地阔叶林和针叶林间，鸣声如“吱吱嘿”。嗜食害虫。遍布全国，有6个亚种。

煤山雀 ***Parus ater*** **pekinensis**（图4-278）　额、头顶和后颈黑色。嘴黑色；颏、喉黑色；眼先黑色，颊、耳羽和颈侧白色。后颈中央具大型白斑。背蓝灰色，腰和尾上覆羽棕褐色；胸污白色，其余下体乳白色。尾羽黑褐色。跗蹠铅黑色。

栖息于山地针叶林、针阔混交林间。营巢天然洞穴中。分布于黄河、长江流域各省。

绣眼鸟科 Zosteropidae

暗绿绣眼鸟 ***Zosterops japonica***（图4-279）　俗称粉眼。前额乳黄色，脸和耳羽黄绿色，眼周有白色羽圈，故名“绣眼”，眼先沿眼下方有一黑褐色细纹。头顶、背、翅、尾羽黄绿色；下体、喉及上胸部柠檬黄色，下胸及两肋苍灰色，腹部中央近白色。飞羽黑褐色，尾上覆羽草绿色。

常栖息于山地林区，在树枝间营杯状巢，分布于我国大部分省区，有3个亚种。

文鸟亚科 Ploceinae

树麻雀 ***Passer montanus*** **Stejneger**（图4-280）　头侧和喉有黑斑。头顶栗褐色。上体布满黑褐色纵纹，胸、腹淡灰白色。覆羽黄白色羽端在翼上形成2道显著横纹。

栖息于居民点附近，集群活动。营巢于墙洞中。繁殖期捕食害虫。遍布全国。

雀科 Fringillidae

燕雀 ***Fringilla montifringilla*** **Linnaeus**（图4-281）　俗称虎皮雀。头、后颈、上背黑色，肩羽及小覆羽橙黄色，下背、腰及尾上覆羽白色。颌、喉、胸橙黄色。下体余部白色沾棕色。嘴圆锥形，嘴基黄色，嘴尖黑褐色。

栖息于树林中，集群活动常发出嘈杂颤音。嗜食害虫。迁徙时几乎遍布全国。

金翅雀 ***Carduelis sinica*** **Linnaeus**（图 4-282） 体型似麻雀。背橄榄褐色，腰金黄色，翅黑具金黄色斑，翅下金黄斑显著。下体暗黄色，下腹近白色。尾羽基部黄色，末端黑色。

栖息于林中或杂木林中。多营巢于松树上。鸣声单调，繁殖期鸣声婉转动听，为观赏鸟。几乎遍布全国，有 3 个亚种。

黄雀 ***Carduelis spinus*** **Linnaeus**（图 4-283） 背暗绿色。腰具黄绿色斑。翅具黑色、黄色花斑；下体前金黄色，后灰白色具黑褐色斑。雄鸟头顶和喉部各有 1 个黑块斑；头顶杂黑褐纵纹。

栖息于林间，活动于树顶端；集群迁徙。为观赏笼鸟。几乎遍布全国。

朱雀 ***Caepodacus erythrinus*** **Blyth**（图 4-284） 俗称红麻料。雄鸟颌、喉及腹暗红色。头、后颈亮红色。上背暗褐色，下背至腰暗红色，暗色轴斑杂有蔷薇红色。下体红色。尾羽暗褐色，羽缘红棕色。雌鸟头橄榄褐色。背黄绿灰色，下体黄白色。

栖息于山区、平原的林间、灌丛，或河川附近。营巢于灌木密枝处。几乎遍布全国。

黑头蜡嘴雀 ***Eophona personata*** **Hartert**（图 4-285） 俗称蜡嘴。嘴粗壮，橙黄色，尖端黑褐色。额、头顶至颊、喉部黑色。背肩灰褐色、腰灰色。胸灰褐色、腹部黄白色，两肋、腹侧橙黄色。飞羽和尾黑色，飞羽羽端具白斑。雌鸟无黑色，体色较淡。

结群栖息于山区和平原林区。为观赏笼鸟。分布于东南各省区，在东北地区繁殖。

锡嘴雀 ***Coccothraustcs coccothraustes*** **Linnacus**（图 4-286） 额、头顶浅黄褐色向后渐浓，颈项棕黄色，后颈有 1 条宽阔灰带，肩背赤褐色，腰浅黄褐色。胸肋灰红色，腹灰白色。嘴粗壮锡褐色。初级飞羽黑外翈近中间有大白斑。尾羽黑褐色，内翈羽端白色，外翈黑栗色。

栖息于林缘地带，结群或单独活动，鸣声响亮，营巢于树上或荆棘间。常被笼养观赏。分布于东部各省，在东北、内蒙古繁殖。

鹀亚科 Emberizidae

三道眉草鹀 ***Emberiza cioides*** **Brandt**（图 4-287） 头顶栗红色，头两侧黑白相间条纹明显；喉灰色。背部栗红具黑色纵纹。胸部棕红色具栗色横带；腹黄白色。雌鸟胸部无栗红色横带。

栖息于低山丘陵林缘、灌丛。常活动于草丛、灌丛等处。几乎遍布全国。

黄胸鹀 ***Emberiza aureola*** **Pallas**（图 4-288）　雄鸟头、背栗红色。上胸深栗色横带完整，下体鲜黄色。翅上白色中覆羽形成白斑。外侧 2 枚尾羽有楔形白斑。雌鸟上体棕褐或暗褐色。下体淡黄色，无胸带。繁殖期捕食昆虫，迁徙时危害农作物。

栖息于河谷草甸、疏林区。营巢于沼泽草丛中。繁殖在东北、内蒙古一带。遍布全国。

赤胸鹀 ***Emberiza fucata*** **Pallas**（图 4-289）　眉纹黄，耳羽栗色，两颊与额、喉淡黄色。上体栗褐色，具黑褐色羽干纹。初级飞羽黑褐色，具栗黄至黄白色细缘斑。胸部有 1 条栗色横带。腹白沾黄，两肋棕白色，具黑褐色纵纹，尾下覆羽棕白色。尾黑褐色，中央尾羽暗褐色，外侧 2 枚尾羽具楔状白斑。雌鸟前胸不具黑带，体色较淡。

栖息于沼泽地疏林、灌丛，多单独活动。分布于我国内蒙古、东北至长江中下游以南地区。

灰头鹀 ***Emberiza spodocephala*** **Pallas**（图 4-290）　俗称青头。头、颈暗绿灰色，上体橄榄褐色有黑色条纹，下体黄色。尾羽黑褐色，外侧 2 枚尾羽具白色楔状斑。

栖息于山地林缘、河谷、草甸、灌丛等处。几乎遍布全国。

小鹀 ***Emberiza pusilla*** **Pallas**（图 4-291）　俗称鬼头儿。头栗具粗冠纹，两侧黑色、羽缘沾棕色，眼先及耳羽栗色。眉纹棕黄色。喉栗色。上体红褐具黑褐色羽干纹。翼黑褐色，羽缘和末端近白色或红褐色。下体灰白色，胸及两肋具纵纹。尾羽黑褐色，外侧 2 对具白色楔状斑。雌鸟头部栗色较浓。上体暗褐色较多。下体褐色。迁徙集聚成大群。

栖息于山麓平原林缘草地、矮林中。分布于我国东北、华北、西北、长江以南到华南各地。

4.3.3　哺乳纲 Mammalia

真兽亚纲 Eutherin 或称有胎盘亚纲 Placentalia

4.3.3.1　真兽类分目检索

1．具有后肢……2
无后肢……11
2．前肢特别发达，有翼膜适于飞行……翼手目 Chiroptera
前肢无翼膜……3
3．牙齿全缺，体被鳞甲……鳞甲目 Pholidota

有牙齿，体无鳞甲……………………………………………………………………………4
4．上下颌各具1对锄状门齿…………………………………………………………………5
门齿不呈锄状……………………………………………………………………………………6
5．上颌仅具1对锄状门齿……………………………………………………………啮齿目 Rodentia
上颌1对锄状门齿后面还有很小的门齿………………………………………………兔形目 Lagomorpha
6．四肢的指、趾分明，指、趾端有爪或扁甲……………………………………………………7
四肢的指、趾愈合，或有蹄……………………………………………………………………9
7．拇指、大趾与其他指、趾相对（除少数例外）……………………………………灵长目 Primates
拇指、大趾不与其他指、趾相对………………………………………………………………8
8．吻部尖而长，超出下唇很远；正中1对门齿显然大于其余各对……………食虫目 Insectivora
上下唇通常等长，正中1对门齿小于其余各对……………………………………食肉目 Carnivora
9．体形巨大，鼻特长而能卷曲……………………………………………………长鼻目 Proboscidea
体形大或居中，鼻不特别延长，不能卷曲……………………………………………………10
10．四肢仅第3或第4趾发达而有用………………………………………………奇蹄目 Perissodactyla
四肢的第3、4指、趾都发达有用…………………………………………………偶蹄目 Artiodactyla
11．同型齿或无齿，呼吸孔位于头顶，多数具背鳍，乳头腹位……………………鲸目 Cetacea
多为异型齿，呼吸孔在吻前端，无背鳍，乳头胸位……………………………………海牛目 Sirenia

4.3.3.2 常见哺乳动物

4.3.3.2.1 食虫目 Insectivora

猬科 Erinaceidae

普通刺猬 ***Erinaceus europaeus*** **Linnaeus**（图4-292） 嘴尖，耳短。头顶棘刺略向两侧分裂。体背密生棕白色相间硬棘刺；腹部有白色针毛，无棘刺。足爪较长。

活动于灌丛、市郊及村落附近，遇惊时，体卷曲为棘球状。以昆虫等小动物为食。分布于东北、华北、华东等东部省区。

鼹科 Talpidae

麝鼹 ***Scaptochirus moschatus*** **Milne-Edwards**（图4-293） 体长达130mm。头小吻细长；耳壳缺失；眼退化。背部毛色为深灰棕色，腹毛棕灰色；毛皮绒状，疏而短。前肢短健，足掌宽大向外翻转。

穴居，以甲虫及其幼虫为食。广布于山东、河北、山西、陕西、甘肃及内蒙古东部。

4.3.3.2.2　翼手目　Chiroptera

蝙蝠科 Vespertilionidae

蝙蝠 *Vespertilio superans* Thomas（图 4-294）　耳短宽，耳尖圆钝。体背毛色灰褐色具花白色细点。腹部毛色浅棕色。前臂长约 54mm，翼膜由趾的基部起始。尾发达，向后直达股间膜后缘。

身体挂栖于建筑物隙缝及树洞中。晨昏活动觅食。广布于东北、华东和内蒙古等地。

家蝠 *Pipistrellus abramus* Temminck（图 4-295）　耳短小，较宽，耳尖圆形，前折达眼与鼻孔中间；耳屏圆钝略向前弯转，内缘凹、外缘凸出。体背暗棕色，头部较深。腹毛基深棕色而毛端灰棕色。前臂长约 32mm。距缘膜发达，呈圆弧状。

栖息于城乡屋檐下或古房内，居民区多于山区、林区。遍布全国。

4.3.3.2.3　灵长目　Primates

猴科 Cercopithecidae

猕猴 *Macaca mulatta* Zimmermann（图 4-296）　体长 510mm，体色多为深棕色。额面及两耳肉色。具颊囊。臀胝明显，多为红色，雌性尤红。尾长约为 1/2 体长。

多群栖于树林峭壁处。白昼活动，杂食性，为重要实验、观赏动物。分布于西南、华南、长江流域、河南、山西、河北、陕西及青海南部。

金丝猴 *Rhinopithecus roxellanae* Milne-Edwards(图 4-297）　俗称仰鼻猴。吻部突出，鼻孔向上仰。脸部蓝色，眼圈白色。背部灰色夹有金黄色披肩长毛，胸腹及前肢内侧乳黄色，后肢内侧略深，雌猴色淡。头顶中央有黑色冠毛。

树栖群居。各地动物园均有驯养供观赏。分布于湖北神农架、陕西、四川及甘肃东南部。

4.3.3.2.4　鳞甲目　Pholidota

穿山甲科 Manidae

穿山甲 *Manis pentadactyla* Linnaeus（图 4-298）　又称鲮鲤。头圆锥状，

吻尖，耳小。体狭长，体背被覆瓦状排列的硬角质鳞片，鳞片间杂有稀粗毛。

穴居于丘陵及树林潮湿地带，舔食蚁类。分布于安徽、浙江、广东、广西、云南、海南等地。

4.3.3.2.5 兔形目 Lagomorpha

兔科 Leporidae

草兔 ***Lepus capensis*** **Linnaeus**（图 4-299） 又名野兔、蒙古兔。耳细长、尖端窄呈黑色，前折超过鼻端。背毛沙黄，毛尖黑色；腹白色。尾背面具黑斑，腹面白色。

夜间及晨昏活动于草地、灌丛及农田中。广布于长江以北各地。

华南兔 ***Lepus sinensis*** **Gray**（图 4-300） 又称短耳兔。耳短、无黑尖，后缘毛短、棕黄色。眼下方毛色暗黑，颊下部毛色淡。背部深棕色，中央毛长而较硬。腹近白色。尾浅棕色。

栖息于山坡及农田附近的灌丛、草丛中。分布于长江以南广大地区。

鼠兔科 Ochotonidae

达乌尔鼠兔 ***Ochotona daurica*** **Pallas**（图 4-301） 体长约 180mm。耳壳短圆，耳后具淡黄色斑。头部及身体背面毛色沙黄褐色。腹毛浅黄色、基部灰色。四足背面黄白色，掌面具浅棕色密毛。无尾。

群栖于草原密集洞穴中。破坏草场。分布内蒙古、河北、山西、陕西、宁夏、甘肃、青海等地。

4.3.3.2.6 啮齿目 Rodentia

啮齿类动物分科、分属检索

1．颌的两侧臼齿（含前臼齿）各 5/4，上臼齿 5 枚（除 *Ratufa*、*Rupestes* 等少数例外）………2

臼齿（含前臼齿）比 5/4 少，上臼齿少于 5 枚………3

2．前后肢间有皮翼………鼯鼠科 Petauristidae

前后肢间无皮翼………（11.1）松鼠科 Sciuridae

3．臼齿 4/4………4

臼齿比 4/4 少………6

4．体被硬刺………豪猪科 Hystricidae

体无硬刺………5

5．尾大而扁平，仅尾根着毛，余部被以鳞环……………………………………河狸科 Castoridae
尾甚退化……………………………………………………………………………豚鼠科 Caviidae
6．臼齿 4/4……………………………………………………………………………………………7
臼齿 3/3………………………………………………………………………………………………8
7．后肢较前肢长 2～2.5 倍；后足 5 趾正常，内趾较短，中蹠骨不并合；尾端无长毛束；栖息于林地或草地……………………………………………………………林跳鼠科 Zapodidae
后肢较前肢约长 4 倍；后足侧趾退化或不存在，中蹠骨并合；尾端有长毛组成“尾穗”；栖息于荒漠地……………………………………………………………………跳鼠科 Dipodidae
8．臼齿咀嚼面呈块状孤立齿环，耳与眼退化，尾短具稀毛，地下生活……竹鼠科 Rhizomyidae
臼齿咀嚼面不呈块状孤立齿环，耳与眼正常，尾长……………………………………………9
9．第 1、2 上臼齿咀嚼面具 3 个纵行齿尖，每 3 个并列齿尖形成横嵴，无颊囊……………………………………………………………………………………(10.1)鼠科 Muridae
第 1、2 上臼齿咀嚼面齿尖不排成 3 纵列，颊囊有或无……………………仓鼠科 Cricetidae
10.1　体形大，体长超过 130mm；后足长 30mm 以上……………………………家鼠属 *Rattus*
体形小，体长不及 130mm；后足长小于 25mm……………………………………………………2
10.2　上门齿无缺刻；第 1 上臼齿具 3 横嵴，各具 3 齿尖…………………………………………3
上门齿侧面观有一明显缺刻；第 1 上臼齿具 3 横嵴，第 3 嵴仅 2 齿尖……………………………………………………………………………小家鼠属（鼷鼠属）*Mus*
10.3　体长超过 90mm，耳正常，尾全被毛，吻突不甚短………………………姬鼠属 *Apodemus*
体长不及 80mm，耳短，尾端裸出，吻突特短……………………………………巢鼠属 *Micromys*
11.1　尾长不及 1/2 头躯干长，耳壳短小……………………………………………………………2
尾长远超过 1/2 头躯干长，耳壳长…………………………………………………………………3
11.2　体形粗大，体长 500mm；颊囊退化；尾短，丛毛状…………………………旱獭属 *Marmota*
体形细长，体长不及 500mm，颊囊存在；尾非丛毛状…………………………黄鼠属 *Citellus*
11.3　体形大，头躯干超过 250mm；体背无条纹；栖息于树上……………………巨松鼠属 *Ratufa*
体形适中，头躯干不及 250mm；体背不具条纹；除 *Sciurotamias* 属以外，均树栖……………4
体形小，头躯干不及 190mm；体背面具条纹；地栖…………………………………………………7
11.4　耳具丛毛，腹毛白色………………………………………………………………松鼠属 *Sciurus*
耳不具丛毛，腹毛一般非白色…………………………………………………………………………5
11.5　吻突短阔，鼻骨长较眼间距短；耳壳后无色斑；腹毛红色………赤腹松鼠属 *Callosciurus*
吻突长，鼻骨长度较眼间距长；耳壳后有色斑；腹毛非红色……………………………………6
11.6　耳壳后有白斑，腹部红色，树栖………………………………………长吻松鼠属 *Dremomys*
耳壳后有灰斑，腹部白色或浅黄色，地栖……………………………………岩松鼠属 *Sciurotamias*
11.7　耳壳背面具黑色与白色丛毛，头颅凸状………………………………………花松鼠属 *Tamiops*
耳壳背面不具丛毛，头颅低平…………………………………………………………花鼠属 *Tamias*

常见啮齿类动物

鼠科 Muridae

黑线姬鼠 ***Apodemus agrarius*** **Pallas**（图 4-302） 又称田姬鼠。毛色棕褐色、浅棕色或略带棕红色。头顶至尾基背部中央有 1 条黑纹。耳短，向前折不达眼部。前足掌中央 2 肉垫较小。体长 117mm，尾长约为体长的 2 / 3；尾上黑色、尾下白色。

栖息于田埂、灌丛、撂荒地等处，农业害鼠。主要分布于我国东部各省区。

社鼠 ***Rattus confucianus*** **Milne-Edwards**（图 4-303） 耳大而薄，向前折可达眼部。背棕褐色，夏季杂有白硬毛；腹面硫黄色。尾长大于或等于体长。尾上面棕褐色，下面白色，末端白色。

栖息于山地林区、灌丛间，农田附近。喜攀援。危害农作物。分布我国大部分省区。

褐家鼠 ***Rattus norvegicus*** **Berkenhout**（图 4-304） 又名大家鼠。体长约 175mm。背棕褐色至灰褐色，头及背部杂有黑毛。腹部灰白色。足背具白毛。尾短于体长，尾上黑褐色，尾下灰白色。

栖息于住宅、田野。杂食性。夜间活动，危害大且传播多种疾病。广布于全国各地。

小家鼠 ***Mus musculus*** **Linnaeus**（图 4-305） 体长约 70mm；背毛灰褐色至黑褐色，腹毛白色带灰黄色。上门齿内侧面有明显缺刻。尾长略短于体长，尾上棕褐色、尾下白色。

栖息于住宅、仓库及田野。杂食性。饲养驯化成小白鼠和车鼠 2 种变型。数量大，为农业害鼠且传播疾病。遍及全国。

黄胸鼠 ***Rattus flavipevtus*** **Milne-Edwards**（图 4-306） 耳长，前折可遮住眼。背毛棕褐色、基部深灰色。腹毛灰黄色、毛基浅灰色。胸部毛色黄，有时具白斑。前足背中央灰褐色，四周灰白色；后足背白色。尾细且超过体长。

栖息于屋内裂缝处，活动于农田。农业害鼠。分布于甘肃、陕西、河南及长江以南各省。

仓鼠科 Cricetidae

黑线仓鼠 ***Cricetulus barabensis*** **Pallas**（图 4-307） 俗称花背仓鼠、搬仓、地鼠。体较小家鼠肥壮。耳棕黑色，耳缘白边狭窄。背腹毛分界明显。体灰褐色，毛基部黑灰色。背部中央具黑纵纹。吻侧、腹部、足背均为白色。尾特短，为体长的

1/4。

广栖于草原、农田、山坡等处。有储粮习性。为农业害鼠。分布于我国东部各省区。

大仓鼠 ***Cricetulus triton* de Winton**（图 4-308）　体长超过 140mm。耳短而圆，有极窄的白边。体背棕灰色。腹及前后肢内侧为白色，或带土黄色。后脚掌裸露。尾黑褐色，尾尖白色，尾长超过体长的一半。

多见于坟堆荒地及田埂上，夜间活动。有储粮习性。分布于我国东北、华北和华东等地。

长爪沙鼠 ***Meriones unguiculatus* Milne-Edwards**（图 4-309）　体长小于 150mm。耳长为 1/2 后足长。头和体背灰棕色。胸腹部污白色。爪黑色，后足根裸露，足掌被密毛。尾短于体长，末端长毛形成毛束，尾上黑褐色，尾下棕色，尾端毛黑色。

喜居于沙质土壤中，为草原半荒漠害鼠，破坏草场。分布于内蒙古、辽宁、吉林、河北、山西、陕西、甘肃、宁夏等地。

东北鼢鼠 ***Myospalax psilurus* Milne-Edwards**（图 4-310）　体形粗壮，长超过 200mm。额、颊色淡，顶上有白斑，耳甚小。第 1 上臼齿内侧有 2 个凹缺。毛绒厚，背毛淡赭色，腹部灰白色或灰褐色，毛基灰色。前爪特发达，爪比指长。尾短秃而无毛。

栖息于平滩、丘陵、草原地带。穴居。毛皮有利用价值。分布我国东北、内蒙古、华北地区。

松鼠科 Sciuridae

松鼠 ***Sciurus vulgaris* Linnaeus**（图 4-311）　又称灰鼠。耳端具黑色簇毛。体形细长。体背毛灰色、灰褐色或黑褐色，腹毛白色。尾长而蓬松，超过 1/2 体长。

栖息于亚热带针叶林或针阔混交林。树栖，在树上营巢，以松子为主食。毛皮经济价值高。分布于黑龙江、吉林、内蒙古、新疆、河北等地。

赤腹丽松鼠 ***Callosciurus erythraeus* Pallas**（图 4-312）　耳无簇毛。背部和四肢外侧橄榄黄色，杂有黑毛。胸、腹及四肢内侧棕红色。尾长几乎等于体长，尾后半部毛长，黄黑毛色相间，形成不明显半环状。

栖息于雨林、山崖居民点附近，树栖，晨昏活动频繁。主食坚果。遍布东南各省。

岩松鼠 ***Sciurotamias davidianus* Milne-Edwards**（图 4-313）　耳端无簇毛。眼与耳间毛色较黄，眼周有白色圈。背部及四肢外侧青黄色，腹及四肢内侧浅灰黄色。后足蹠被毛。尾长超过 1/2 体长，尾毛蓬松而稀疏，尾端白毛较长。

栖息于山区树林或丘陵岩石地区，筑窝于岩石隙缝中。为我国特有动物，分布于河北、河南、甘肃、四川等地。

花鼠 ***Eutamias sibiricus*** **Laxmann**（图 4-314） 俗称花黎棒、豹鼠。体长 140mm，约等于尾长。体棕灰黄色，背面有 5 条明显黑纵纹。耳短小。前足掌裸，后足蹠被毛。

栖息于林间及多灌丛处。喜在倒木下、石洞中栖居。分布于东北及内蒙古、河北、陕西、河南、山西、甘肃、四川、青海及新疆等地。

达乌尔黄鼠 ***Citellu dauricus*** **Brandt**（图 4-315） 俗称草原黄鼠、地松鼠。上下唇及眼圈白色。眼大而圆，耳小。体肥硕，草黄杂褐黑色。尾短，不及 1/2 体长。

栖息于丘陵、平原的草地、耕地附近。穴居于沙质土壤。以植物茎、叶为食。危害牧草、农作物。分布于东北、山东、内蒙古、河北、山西、陕西等我国大部分省区。

跳鼠科 Dipodidae

五趾跳鼠 ***Allactaga sibirica*** **Forster**（图 4-316） 体长约 140mm。耳长超过 1/2 后足长。头背灰棕色，腹为白色。后足 5 趾，第 1、5 趾退化，趾端达其他 3 趾基部。尾长约为 1.5 倍体长，尾末端长毛组成尾穗，尾穗上段黑色末段白色。

栖息于草原及半荒漠地带。相近种三趾跳鼠（*Dipus sagitta*）后足仅 3 趾。广泛分布于我国北部地区。

4.3.3.2.7 食肉目 Carnivora

食肉动物分科检索

1．体形粗壮，各足均具 5 趾……………………………………………………2
体形细长，后足通常仅具 4 趾……………………………………………………4
2．体形较小，尾长超过 1/2 体长，臼齿 2/2，上臼齿阔度较长度大…………浣熊科 Procyonidae
体形较大，尾甚短，最后上臼齿最小阔度约等于 1/2 最大长度……………………3
3．吻短，先端至眼眶长度小于 1/2 最大颧间阔度……………………猫熊科 Ailuropodidae
吻长，先端至眼眶的长度大于 1/2 最大颧间阔度……………………………熊科 Ursidae
4．四肢短，体形较一般比例为长，多具臭腺…………………………………………5
四肢较长，多不具臭腺……………………………………………………………6
5．体形较小；臼齿 1/1 或 1/2，上臼齿横生，内叶较外缘为阔………………(7.1)鼬科 Mustelidae
体形较大；臼齿 2/2，上臼齿横生，内叶较外缘为狭……………………………灵猫科 Viverridae
6．臼齿 2/3 或 2/2，上臼齿具明显齿尖；下裂齿内侧具小齿尖与后跟突……………犬科 Canidae

臼齿 1/1，上臼齿退化无明显齿尖；下裂齿内侧无齿尖或后跟突；爪具屈伸性 ……………………………………猫科 Felidae

7.1 上裂齿（PM^4）前缘凹入呈“Y”形，上臼齿宽大于长……………………7.2

上裂齿三角形，上臼齿长大于宽……………………7.5

7.2 上裂齿内叶宽，具前后 2 齿尖；足适于掘土；腹面裸出；爪细长……………鼬獾属 *Melogale*

上裂齿内叶小，具单齿尖；足不适于掘土；腹面具毛；爪短而曲……………………7.3

7.3 前臼齿 3/3，体长 400mm 以下……………………鼬属 *Mustela*

前臼齿 4/4，体长 400mm 以上……………………7.4

7.4 体背黄褐与黑色，上唇不具纵沟……………………青鼬属 *Charronia*

体背深褐色，上唇具 1 纵沟……………………貂属 *Martes*

7.5 足适于游泳，趾间具蹼，尾长超过 1/2 体长……………………水獭属 *Lutra*

足适于掘土，趾间无蹼，爪强大；尾长不及 1/2 体长……………………7.6

7.6 喉黑，鼻垫与上唇间被毛，上臼齿近方形……………………獾属 *Meles*

喉白，鼻垫与上唇裸出，上臼齿斜方形……………………猪獾属 *Arctonyx*

常见食肉类动物

犬科 Canidae

狼 *Canis lupus* Linnaeus（图 4-317） 形似家犬，但吻尖、口阔。耳直竖。头部浅灰色，背毛黑、棕两色混杂。腹部和四肢内侧白色。尾短，尾毛蓬松而不弯卷，垂于后腿间。

栖息场所广泛，夜间活动。对畜牧业有害。皮毛有经济价值。分布遍及全国。

狐 *Vulpes vulpes* Linnaeus（图 4-318） 又名赤狐。较狼小。颜面部狭，吻尖。耳大，耳背黑褐色。体背红棕色，颈肩、体侧带黄色。腹部淡黄色。尾超过 1/2 体长，尾毛蓬松，尖端白色。赤狐的变种——银狐，毛黑带白色毛尖。

栖息于林地、丘陵，穴居，昼伏夜出。食性杂。著名毛皮兽。分布遍及全国。

貉 *Nyctereutes procyonoides* Gray（图 4-319） 体似狐似獾，粗胖。面颊两侧有明显的倒“八”字形黑纹，两颊横生长毛。背棕灰色，背中央杂有黑毛呈不明显纵纹。四肢短，浅黑色。尾短蓬松，腹面色淡。

栖息于近水树林、草原中，穴居。食性杂。去针毛的貉皮称貉绒，为名贵皮货。分布于我国东北及东南各省区。

熊科 Ursidae

黑熊 *Selenarctos thibetanus* G. Cuiver（图 4-320） 又名狗熊、黑瞎子。头宽，吻短。面毛棕黄色，下颏白色。体大，黑色有光泽，胸部有“V”形白带斑。

栖息于林区。食性杂。作为药用、观赏动物饲养。分布于我国东北、华北、西南、华南等地。

浣熊科 Procyonidae

小熊猫 ***Ailurus fulgens*** **F.Cuiver**（图 4-321） 又称九节狸。体长约 60cm。头部宽短似猫。外形似熊，体毛红棕色，头部、腹部和四肢棕黑色或锈红色。尾长而粗，有 9 个棕黑与棕黄相间的环纹，尾端黑色。

栖息于高山丛林中。杂食性。作为观赏动物饲养。分布云南、四川、西藏等地。

大熊猫科 Ailuropodidae

大熊猫 ***Ailuropoda melanoleuca*** **David**（图 4-322） 体肥壮，白色，但双耳、眼周及四肢黑色，前肢黑色在肩部中央相遇形成 1 个黑环带。幼仔全身白色，具长尾。

生活于高山原始竹林中，以竹为食。分布于四川西北部、陕西秦岭及甘肃南部。

鼬科 Mustelidae

青鼬 ***Martes flavigula*** **Boddaert**（图 4-323） 或称蜜狗。大小似家猫。头顶及颜面黑褐色，下颌白色。颈背棕黄色，颈侧橙黄色，向后渐变为黄褐色或黑褐色，臀部黑褐色。胸部棕黄色、腹部棕灰色或黄灰色。四肢及尾黑色或黑褐色。居树洞内，晨昏活动。

栖息于丘陵或山地林区。食鸟和鼠等动物。分布于我国东北、华北、华南及西南各省和西藏。

黄鼬 ***Mustela sibirica*** **Pallas**（图 4-324） 俗称黄鼠狼。鼻端、口角、额部白色杂有棕黄色毛。体细长，棕黄色或橙黄色，腹面色淡。眼周及两眼间棕褐色。尾毛蓬松。

多栖息于林间、平原与村落附近。夜间捕食鼠类。遇敌放臭气自卫。遍布全国各地。

艾鼬 ***Mustela eversmanni*** **Lesson**（图 4-325） 即艾虎。体较黄鼬稍大，但尾短而细。下唇、面颊、下颏及肛周白色。喉、胸、四肢黑褐色。体背淡棕色，腰背及臀部毛尖黑褐色。尾基部 2/3 毛色同背部，末端 1/3 黑褐色。

栖息于山地和草原，穴居。捕食啮齿类。分布于我国东北、山东、内蒙古、河北、山西、甘肃、四川、新疆等地。

水獭 ***Lutra lutra*** **Linnaeus**（图 4-326）　头扁而宽。喉、颈下部和胸部毛色淡带灰色。体背、尾棕褐色。腹毛长，浅棕色。四肢短圆，趾间有蹼。

栖息于江湖，筑洞于水边堤坡、灌丛和树根下。半水栖，捕食鱼类。几乎遍布全国。

獾 ***Meles meles*** **Linnaeus**（图 4-327）　又名狗獾。体长 450～550mm。头部有 3 条白色纵纹，鼻尖至头中央、两侧口角至后头各有 1 条，其间夹有 2 条黑棕色带斑。吻尖、鼻垫与上唇间被毛。体肥壮，背毛粗长，毛基白色，中间黑褐色，尖端白色，故黑棕色掺杂白色。体侧白色。下颏至腹部，四肢棕黑色。尾短，黄白色。

栖息于荒野及湖、溪边。善掘洞穴居。夜间活动，杂食性。分布东北、西北往南至云贵高原、福建等地。

猪獾 ***Arctonyx collaris*** **F. Cuiver**（图 4-328）　又称沙獾。体长 650～700mm。全身黑棕色杂以白色。鼻垫与上唇间无毛。耳缘白色。鼻尖到颈部有一白色纵纹，两颊从口角到头后各有一白色短纹。背毛基部白色，中段黑棕色，毛尖白色。四肢棕黑色。

栖息于平原到高山地带，习性似獾。分布于我国华南、西南、华东、华北及甘肃等地。

灵猫科 Viverridae

大灵猫 ***Viverra zibetha*** **Linnaeus**（图 4-329）　又称九节狸、麝香猫。体形长，颈侧至肩 3 条黑横纹间有 2 道白横纹。背中央至尾基有一黑纵纹，背中部起两侧各有一白狭纹。尾长超过 1/2 体长，白狭环与黑宽环相间构成环节状。雌雄会阴部有香腺。

栖息于灌丛中。分布自陕西秦岭南至广东、海南，东达浙江、江苏，西至四川、云南等地。

花面狸 ***Paguma larvata*** **Hamilton-Smith**（图 4-330）　又名果子狸。吻端至颈后有一白纵纹，眼后及眼下有一白斑，耳基部有月形白斑。背灰黄色，腹灰白色。四足及尾端黑色。

栖息于山林、裸岩等地洞穴中。昼伏夜出，以果类、小动物为食。分布于河北、陕西、四川、贵州、云南及东南各省。

猫科 Felidae

豹猫 ***Felis bengalensis*** **Kerr**（图 4-331）　俗称狸猫。形似家猫但稍大。额

部4条黑纹，内侧2条延伸至尾基部，外侧2条扩大至肩后成不规则的斑点。眼外侧后下方有2条黑纹，黑纹间有白色宽带；眼上下缘具白纹。耳背中央具白斑。喉后部有3～4列棕色斑带。体灰棕色。背、腹、四肢有纵行斑点，腰臀部斑点较小。

栖息于丘陵丛林中。独居或成对生活，以鸟类为主食。广泛分布于全国各地。

虎 ***Panthera tigris*** **Linnaeus**（图4-332） 俗称大虫、老虎、白额虎。额部黑色横纹略似王字。眼后角有1块显著白毛区。体毛淡黄，具黑色横纹。腰及臀横纹多而密。尾部约有10个黑环。

独居林中，晨昏活动。东北虎分布于长白山、兴安岭一带。华南虎分布于我国华南诸省。

金钱豹 ***Panthera pardus*** **Linnaeus**（图4-333） 似虎而小。体背棕黄，腹纯白色。体满布大小不同的黑斑或钱状斑环。尾长超过体长之半。善爬树，夜间活动捕食。

栖息于林区、筑巢于洞中。分布于东北及河北、山西、湖北、四川、浙江、福建、广东、贵州、云南等省区。

4.3.3.2.8 偶蹄目 Artiodactyla

偶蹄目动物分科和亚科检索

1. 上下颌具门齿，下颌犬齿强大且外突，臼齿丘齿型，无角，单胃……猪科 Suidae
仅下颌具门齿，下颌犬齿似门齿，臼齿月齿型，有角或无，复胃……2
2. 臼齿高冠，无上犬齿，雄性具虚角，雌性角小或无……牛科 Bovidae
臼齿短冠，上犬齿若存在牙状，雄性多具茸角……（3）鹿科 Cervidae
3.1 雄性上犬齿向下伸长呈獠牙状……3.2
无獠牙……3.4
3.2 雄性具茸角……麂亚科 Muntiacinae
雄性不具茸角……3.3
3.3 下门齿同形，无眶下腺，雄具麝腺……麝亚科 Moschinae
中央下门齿外缘呈角状，有眶下腺和鼠鼷腺，无麝腺……獐亚科 Hydropotinae
3.4 体小，头骨长小于225mm，茸角三岐状……狍族 Tribe Capreolini
体大，头骨长超过225mm，茸角非三岐状……3.5
3.5 角型简单，不及10个叉……真鹿亚科 Cervinae
角型复杂，常超过30个叉……3.6
3.6 雌雄具茸角，茸角基部非掌状……驼鹿族 Tribe Alcini
雄具茸角，茸角基部呈掌状……驯鹿族 Tribe Rangiferini

常见偶蹄目动物

猪科 Suidae

野猪 ***Sus scrofa*** **Linnaeus**（图 4-334）　似家猪，但吻部突出。背上鬃毛长而硬，毛色多棕黑色。耳直立。雄猪上下犬齿特发达，露于唇外向上翘，称獠牙。幼猪淡黄褐色，背部有 6 条黄色纵纹，称花猪。

栖息于灌丛、草地及混交林中。多夜间成群活动，杂食性，已被驯养。遍及全国各地。

鹿科 Cervidae

原麝 ***Moschus moschiferus*** **Linnaeus**（图 4-335）　又称獐子、麝鹿。体长 65～95cm。喉部白毛延至两肩，呈 2 条白色带纹。体深棕色，土黄 2 斑点排列成 4、5 纵行。腹色淡。雌雄均无角。臀比肩高。雄性上犬齿长大，突出口外。腹部具麝香腺。

栖息于多岩石或大面积混交林中。主食地衣、杂草。分布于东北大小兴安岭等地。

赤麂 ***Muntiacus muntiak*** **Zimmermann**（图 4-336）　又称黄麂、黄猄。体长 1.5m。下颏及喉淡白色，体红棕色。腋有白块斑。雄性具分叉小角；角尖向内弯，两尖相对。

栖息于山地丘陵的草丛、密林等处。独居，早晚活动频繁。植食性。分布于长江以南。

梅花鹿 ***Cervus nippon*** **Temminck**（图 4-337）　体中型。夏毛全身红棕色，白色斑点显著；冬毛厚密棕褐色，白斑点不显。臀部有 1 个明显白色块斑。雄性具 4 叉的角。

栖息于林间草地。植食性。原产东北、华北、华南等地。野生者少，各地多有驯养。

獐 ***Hydropotes inermis*** **Swinhoe**（图 4-338）　又称牙獐。小型鹿类，体长约 1m。无角。毛粗长，呈波状弯曲。体背侧棕黄色。耳背棕色，耳内侧灰白色。下颌和喉上部白色。尾短。雄性上犬齿突出口外。

栖息于河岸和湖边，草食性。我国特有种类。分布于长江流域各省。

狍 ***Capreolus capreolus*** **Linnaeus**（图 4-339）　俗称麅子。体长约 1m。耳短，宽而圆。冬毛灰棕色，夏毛红棕色，腹面淡黄色，臀部有 1 个白斑。尾短，隐于体毛内。雄性角在离主干基部 9cm 处分成前后 2 枝，后枝又分为 2 叉。

栖息于林缘疏林及缓坡灌丛中。群居，植食性。分布于我国东北、华北和西北各省区。

牛科 Bovidae

斑羚 ***Naemorhedus goral*** **Hardwicke**（图 4-340） 又名青羊、山羊。体长90～110cm。喉后部有1个大白斑。通体灰棕褐色。尾基近灰棕色，末端棕黑色。雌、雄都有短而直的角，两角基部靠近，斜向后方。

栖息于高山森林、山顶裸岩地带。单独或小群活动，数量很少。几乎遍布全国。

4.3.3.2.9 奇蹄目 Perissodactyla

马科 Equidae

体形高大；耳短小；颈鬣毛长而下垂；尾毛长而密生………………家马 *Equus caballus* Linnaeus
体形矮小；耳短小；颈鬣毛短而直立；尾毛始于尾根上部1/3处…野马 *Equus przewalskii* Poliakov
体细长；耳长大；颈鬣毛短硬；尾近末端丛生黑色长毛………………家野驴 *Equus asinus* Linnaeus
体细小；耳较马大；颈鬣毛短硬；尾上半部毛短，下半部有黑色长毛…野驴 *Equus hemionus* Pallas

野马 ***Equus przewalskii*** **Poliakov**（图 4-341） 面部长，耳小且直立能动，鼻孔大。颈部具长鬣毛，头顶有长鬃毛。四肢强健，仅第3趾发达，趾端具蹄。夏季四肢有明显横纹。毛色多样，有栗、枣红等色。6月交配，每窝产1仔。

栖息于荒漠草原地带。曾广泛分布。现分布于我国西北地区。世界各地均有驯养。

野驴 ***Equus hemionus*** **Pallas**（图 4-342） 面部较长，耳较马长大。颈鬣毛短硬。尾的上半部毛短而光滑，下半部有黑色长毛。

活动于草原沙漠、丘陵地带，分布广泛。作为观赏动物世界各地均有驯养。

4.3.3.2.10 长鼻目 Proboscidea

象科 Elephantidae

亚洲象 ***Elephas maximus*** **Linnaeus**（图 4-343） 体形较非洲象小，耳短小。长鼻端具单个指状突起（非洲象具2个突起）。雄象上颌门齿突出口外。皮厚多褶皱。

群居于热带森林中。植食性。常可驯化役用、观赏。分布于云南省南部。

5 实习论文

实习论文撰写是一个重要的教学环节，是培养学生综合能力的重要环节，应引起高度重视。野外实习记录了许多现象，获得了大量数据，只有对获得的数据和资料进行全面分析归纳，才能使学生透过现象抓住本质，提高学生的素质。如何从调查的现象中认识事物的本质，从获得的浩瀚数据中推断出事物间的联系，需要认真思考，反复推敲。因此，实习论文的写作是一种再创造劳动，需要有充分的准备。准确、简明的实习论义，除要求学生获取、拥有丰富的调查数据，还应教育学生结合并利用学过的动物学知识提出有价值的观点，自觉培养实际工作所需要的综合分析能力。

5.1 实习论文的选题、实施、写作和交流

实习论文作为学术论文的雏形，同样需要有正确、简明的特点，即要求论文概念明确、数据可靠、判断正确、推理严谨，使读者一目了然。要求学生以严格的科学态度，客观地、实事求是地进行实习调查、总结分析并发表自己的看法。因此，实习指导教师不仅要指导学生学会标本的采集、制作和保存方法，学会鉴定、识别采集和野外观察到的物种，而且要教学生学会数据的采集和进行简单的统计分析，完成实习论文的写作。

5.1.1 选择题目

由于实习地的选择一般都是教师预查后确定的，所以教师应提出一系列选题，介绍各选题的内涵，让学生自由或结合起来选择。同时要特别鼓励学生在实习实践中提出创新性的题目，做到一篇实习论文围绕一个有价值而论据充足的中心来开展调查，为总结论文打下良好的基础。

5.1.2 制定调查与实施方案

当学生选好题目后，教师应告诉学生完成选题需要查阅搜集的相关资料，确定调查和实施方法，制定调查和实施方案。

5.1.3 开展实习调查和实验、观察

根据制定的方案，各小组分工合作开展调查和实验，收集数据。

5.1.4 整理资料、撰写实习论文

实习论文是对实习期间收集的数据和资料进行分析研究的结果。要完成较高水平的实习论文的撰写不仅需要尽可能多的资料和文献，还需要作者在该领域中具有扎实的理论基础。

在对已有调查资料进行钻研、分析后，首先应构思出实习论文的写作提纲。将野外收集的大量数据（如生境的类型、样方数，以及采集到和观察到的动物种类、数量等）进行总结，制作图表。通过统计分析和数据转换，使图表一目了然、简洁而说明问题。完成了这些工作等于完成了实习论文的雏形，也有助于明确实习论文写作的思路和所要讨论的问题。在此基础上，按照科研论文的写作格式和要求撰写实习论文。

5.1.5 交 流 讨 论

实习即将结束时，在同学们完成野外调查和实习论文初稿的基础上，由教师或同学主持召开实习论文讨论会。通过讨论，既锻炼了同学进行专题报告和分析讨论的能力，又能进一步明确实习论文的思路和存在的问题，达到相互交流，共同提高的目的。对强化实习效果，培养大学生的动脑、动手和科学研究能力有一定帮助。

5.1.6 提交实习论文、评定实习成绩

经过充分讨论，对实习论文做进一步修改后，即可正式提交。根据论文的调查与研究情况、论文水平、讨论的参与程度等确定论文成绩，作为实习成绩的重要组成部分予以登记。

5.2 实习论文的基本格式

实习报告的类型很多，但最基本的类型是论文。论文是一份完整的工作总结，因受篇幅的限制，以及便于读者掌握主要内容，论文一般要按规定（《如动物学

报》）的标准格式撰写，并要十分简练，避免重复。实习论文与一般科研论文一样，包含标题、前言、地点和方法、结果与分析、结论等部分。

5.2.1 拟定写作大纲

正文是实习论文的核心，事先应确定一个写作提纲。即①实习地的区域和自然概况；② 调查采用的方法；③ 结果；④ 结果的分析与讨论；⑤ 小结。大纲的重点是结果和讨论。结果是论文的核心，讨论应围绕结果而展开。

5.2.2 论文的写作

实习调查的结果，可能有与前人工作不一致的地方或者有新的发现。学生可以提出讨论，阐述自己的观点，对一些新发现的现象也可提出假设或新的理论。讨论是分析问题的深入，讨论的问题要有意义，切不可将讨论写成平平淡淡的小结。

5.2.2.1 题　目

与其他论文一样，实习论文题目应尽量简明扼要，明确地表达主题。字数尽可能不超过 20 字，若题目不足以概括论文内容时，可采用附加标题的方法。标题可先列出几个，最后根据论文内容进行比较选择，确定最合适的题目。

5.2.2.2 署　名

论文署名是一项很严肃的事情。署名既表明实习论文的完成者，便于师生间的联系，更重要的是表示完成者对论文的内容、所列的数据和提出的观点负责，表示作者完成并拥有这篇文章，而抄袭他人作品是侵权行为。对论文完成过程中提供帮助的人，要在致谢中提出。

5.2.2.3 摘　要

摘要应包括主要的方法和结果，是论文内容的精华，能使读者用较少的时间抓住主要结论。摘要虽置于论文之首，但一般在论文完成后再写。

5.2.2.4 关 键 词

关键词是快速文献索引时用的词汇，一般不超过 5 个。通过关键词，可大致了解文章的主要内容，便于选择阅读。例如，一篇涉及某种动物分类、分布、食性、繁殖、迁移、集群、昼夜活动、天敌、行为等内容的文章，可用动物名、分类、分布和习性4个关键词。

5.2.2.5 引　　言

引言是论文正文的开头一段的文字说明。在引言中简要回顾已有的相关工作，提出问题，作为进行研究的理由，指出本研究在理论和实践上的意义。引言使读者对文章有个总的概念，便于理解文章的内涵。

5.2.2.6 实习区域概述

由于经纬度、气候条件、植被条件等地理条件对动物有强烈的影响，因而在不同地区形成不同的地方动物种群，在活动规律、习性、形态特征等方面有所不同。研究领域的描述是十分必要的，对实习内容有重要影响的内容，如研究领域的地理位置、主要气候条件、植被状况和动物群等，甚至当地的社会、经济、历史和习俗对动物有明显影响的也需要涉及。

5.2.2.7 调查与实验方法

简要叙述调查与实验所采用的方法，叙述要清晰、准确。

5.2.2.8 结　　果

结果是实习论文的核心，不仅反映实习期间认识动物的多少，而且是学生个人素质能力的具体体现。经过去伪存真、去粗存精的工作，在占有大量数据的基础上，结果应该是经过归纳、总结和统计处理过的成果。讨论是在所得结果的基础上进行的，因此，“结果和讨论”可结合在一起写。结果阐述应尽量采用表格、图解、照片等。对异常结果和数据也应给予重视，许多重要的发现常常由此而来。

实习论文可包括的内容，研究动物食性的有食物的组成、动物对食物的选择、对食物的利用率等，甚至包括食物的季节变化。研究动物分布的有生境类型或生境斑块、各生境和不同样方的动物种类和数量。研究动物行为的有行为谱、日活动规律和时间分配，以及行为与环境因素间的关系。

5.2.2.9 讨　　论

讨论是对所得结果进行解释和提高，从而总结“结果”所反映的规律，并把结果与其他作者的结果进行比较，比较时既尊重前人的研究贡献和成就，又不盲从，可以提出自己的一些假设和新观点，正确评估自己研究结果的意义和价值，实事求是地从讨论中肯定自己提出的新观点或新理论。

5.2.2.10　参 考 文 献

列出论文中参考的主要文献，注明作者姓名、论文题目、发表期刊或出版社、日期、刊号、页数等。

总之，实习论文是学生在老师指导下完成的实习研究和调查工作的总结，是一项很好的对同学进行的科研训练，应做到方法正确，获得的数据可靠，对问题分析得当，体现科学性和实践意义。

主要参考文献

陈义.1959.中国动物图谱（环节动物）.北京：科学出版社

成庆泰，郑葆珊.1987.中国鱼类系统检索.北京：科学出版社

鄂永昌，冯宇明.1988.生物标本制作法.北京：科学普及出版社

蔡帮华.1973.昆虫分类学.北京：科学出版社

堵南山.1993.甲壳动物学.北京：科学出版社

费梁，叶昌媛，黄永召.1990.中国两栖动物检索.重庆：科学技术文献出版社重庆分社

傅桐生，高伟，宋榆均.1987.鸟类分类及生态学.北京：高等教育出版社

韩茂森，束蕴芳.1995.中国淡水生物图谱.北京：海洋出版社

金杏宝，刘宪伟.1996.常见鸣虫的选养与观赏.上海：上海科技出版社

江静波.1982.无脊椎动物学（第二版）.北京：高等教育出版社

姜在阶，刘凌云.1986.海滨无脊椎动物实习手册.北京：北京师范大学出版社

井上宽，白水隆.昭和38年.原色昆虫大图鉴.北隆馆

刘凌云，郑光美.1998.普通动物学（第三版）.北京：高等教育出版社

卢秀新.1994.泰山蝶蛾志（上中下）.济南：山东科学技术出版社

李作龙，刘更.1989.生物标本的采集制作.北京：光明日报出版社

李嘉泳.1962.胶州湾潮间带地内动物的生态学观察.山东海洋学院学报（1）：136～177

马绣同.1957.海滨动物的采集和处理.北京：科学出版社

马绣同.1982.我国的海产贝类及其采集.北京：海洋出版社

毛乾盛，高翔，徐敬明，工洪江等.1992.简明动物学实习手册.济南.山东大学出版社

南开大学，中山大学，北京大学等四川大学，复旦大学.1985.昆虫学.北京：高等教育出版社

齐钟彦，马绣同.1989.黄渤海的软体动物.北京：农业出版社

任淑仙.1990.无脊椎动物学.北京：北京大学出版社

山东林木昆虫志编委会.1993.山东林木昆虫志.北京：中国林业出版社

四川省生物研究所两栖爬行动物研究室.1977.中国爬行动物系统检索.北京：科学出版社

宋鹏东.1989.大连沿海无脊椎动物实习指导.北京：高等教育出版社

盛和林，王岐山.1982.脊椎动物学野外实习指导.北京：高等教育出版社

谭邦杰.1955.哺乳动物图鉴.北京：科学出版社

田婉淑，江耀明.1986.中国两栖爬行动物鉴定手册.北京：科学出版社

王如才.1988.中国水生贝类原色图鉴.杭州：浙江科学技术出版社

夏武平.1988.中国动物图谱（兽类）.北京：科学出版社

忻介六，杨庆爽，胡成业.1985.昆虫形态分类学.上海：复旦大学出版社

杨德渐，王永良等.1996.中国北部海洋无脊椎动物.北京：高等教育出版社

杨安峰.1992.脊椎动物学（第二版）.北京：北京大学出版社

赵汝翼，赵大东.1965.大连习见无脊椎动物.北京：高等教育出版社
郑光美.1995.鸟类学.北京：北京师范大学出版社
郑宝珊.1987.中国动物图谱（鱼类）.北京：科学出版社
郑乐贻，归鸿.1999.昆虫分类.南京：南京师范大学出版社
郑作新.1987.中国动物图谱（鸟类）.北京：科学出版社
郑作新.1955.脊椎动物分类学.北京：中国财政经济出版社
中国科学院海洋研究所.1975.中国海洋鱼类原色图集.上海：上海人民出版社
钟觉民.1985.昆虫分类图谱.南京：江苏科学技术出版社
张汉光.1989.山东海滨无脊椎动物实习指导.北京：学术期刊出版社

汉、拉动物名词表

黑偏顶蛤 *Volsella atrata*（图 2-94）

黑绒金龟 *Serica orientalis*（图 4-95）

黑色蟌*Agrion atratum*（图 4-15）

黑水鸡 *Gallinula chloropu*（图 3-161）

黑尾鸥 *Larus crassirostris*（图 2-266）

黑尾叶蝉 *Nephotettix cincticeps*（图 4-47）

黑线仓鼠 *Cricetulus barabensis*（图 4-307）

黑线姬鼠 *Apodemus agrarius*（图 4-302）

黑线银鲛 *Chimaera phantasma*（图 2-218）

黑熊 *Selenarctos thibetanus*（图 4-320）

黑缘红瓢虫 *Chilocorus rubidus*（图 4-130）

黑枕黄鹂 *Oriolus chinensis*（图 4-255）

黑枕绿啄木鸟 *Picus canus*（图 4-244）

痕掌沙蟹 *Ocypoda stimpsoni*（图 2-171）

红螯相手蟹 *Sesarma haematocheir*（图 3-64）

红点锦蛇 *Elaphe rufodorasta*（图 3-129）

红腹白灯蛾 *Spilarctia subcarnea*（图 4-158）

红腹树蜂 *Sirex rufi-abdominis*（图 4-191）

红褐斑腿蝗 *Catantops pinguis*（图 4-26）

红灰蝶 *Lycaena phlaeas diamio*（图 4-176）

红螺 *Rapana thomasiana*（图 2-76）

红脚隼 *Falco vespertinus*（图 4-227）

红娘鱼 *Lepidotrigla microptera*（图 2-249）

红蹼树蛙 *Rhacophorus rhodopus*（图 3-120）

红鳍鲌 *Culter erythropterus*（图 3-97）

红隼 *Falco tinnunculus*（图 4-228）

红尾伯劳 *Lanius cristatus*（图 4-252）

红线黎明蟹 *Matuta planipes*（图 2-157）

红腰泥蜂 *Ammophila aemulans*（图 4-204）

红足沙泥峰 *Ammophila atripes*（图 4-205）

红嘴鸥 *Larus ridibundus*（图 2-267）

红嘴山鸦 *Pyrrhocorax pyrrhocorax*（图 4-260）

红头丽蝇 *Calliphora vomitoria*（图 4-68）

鸿雁 *Anser cygnoides*（图 3-150）

鲎 *Triops* sp.（图 3-55）

弧边招潮 *Uca arcuata*（图 2-166）

虎 *Panthera tigris*（图 4-332）

虎斑地鸫 *Zoothera dauma*（图 4-269）

虎斑游蛇 *Natrix tigrinalateralis*（图 3-127）

虎纹蛙 *Hoplobatrachus rugulosa*（图 3-115）

虎纹伯劳 *Lanius tigrinus*（图 4-253）

狐 *Vulpes vulpes*（图 4-318）

湖球蚬 *Sphaerium lacustre*（图 3-27）

花斑锉石鳖 *Ischnochiton comptus*（图 2-60）

花背蟾蜍 *Bufo raddei*（图 3-105）

花布灯蛾 *Camptoloma interiorata*（图 4-160）

花脸鸭 *Anas forosa*（图 3-153）

花鼠 *Eutamias sibiricus*（图 4-314）

花面狸 *Paguma larvata*（图 4-330）

花索沙蚕 *Arabella iricolor*（图 2-39）

画眉 *Garrulax canorus*（图 4-270）

华北蝼蛄 *Gryllotalpa unispina*（图 4-41）

华南兔 *Lepus sinensis*（图 4-300）

华头脊金龟 *Holotrichia sinenses*（图 4-97）

划蝽 *Corixa* sp.（图 3-80）

槐山蟉*Paraclitumnus robinius*（图 4-21）

环斑猛猎蝽 *Sphedanolestes impressicollis*（图 4-87）

环唇沙蚕 *Cheilonereis cyclurus*（图 2-36）

环带锦斑蛾 *Pidorus euchromioides*（图 4-181）

环颈雉 *Phasianus colchicus*（图 4-230）

獾 *Meles meles*（图 4-327）

黄鮟鱇*Lophius litulon*（图 2-260）

黄斑苇鳽*Ixobrychus sinensis*（图 3-146）

黄带蓝天牛 *Polyzonus fasciatus*（图 4-107）

黄腹粉蛉 *Coniopteryx pulverulenta*（图 4-90）

黄盖鲽 *Pseudopleuronectes yokohamae*（图 2-254）

黄果蝇 *Drosophila melanogaster*（图 4-70）

黄姑鱼 *Nibea albiflora*（图2-238）

黄海葵 *Anthopleura xanthogrammi*（图 2-20）

黄矶海绵 *Reniera japonica*（图 2-05）

肖浑黄灯蛾 *Rhyparioides amurensis*（图 4-159）

象蜡蝉 *Dictyophora patruelis*（图 4-49）

蝎蝽 *Nepa* sp.（图 3-77）

熊蜂 *Bombus speciosus*（图 4-206）

心形海胆 *Echinocardium cordatum*（图 2-200）

杏枯叶蛾 *Odonestis pruni*（图 4-148）

星虫状海葵 *Edwardsia sipunculoides*（图 2-18）

星天牛 *Anoplophora chinensis*（图 4-109）

锈凹螺 *Chlorostoma rustica*（图 2-68）

秀丽白虾 *Palaemon modestus*（图 3-58）

秀刺小节猛水蚤 *Microarthridion l.*（图 3-39）

许氏犁头鳐 *Rhinobatus schlegeli*（图 2-216）

须头虫 *Amphitnite rubra*（图 2-49）

鳕鱼 *Gadus macrocephalus*（图2-230）

Y

牙虫 *Hydrophilus* sp.（图 3-87）

牙鲆*Paralichthys olivaceus*（图 2-252）

亚洲象 *Elephas maximus*（图 4-343）

烟台腹蛤 *Gastrana yantaiensis*（图 2-127）

岩虫 *Marphysa sanguinea*（图 2-40）

岩松鼠 *Sciurotamias davidianus*（图 4-313）

眼镜蛇 *Naja naja*（图 3-136）

眼斑芫菁 *Mylabris cichsori Linnaeu*（图 4-133）

蝘蜓 *Lygosoma indicum*（图 4-219）

燕鳐鱼 *Cypselurus oxycephalus*（图2-229）

燕鸥 *Sterna hirundo*（图 2-268）

燕雀 *Fringilla montifringilla*（图 4-281）

朝鲜阳遂足 *Amphiura koreae*（图 2-202）

洋槐天蛾 *Clanis deucalion*（图 4-155）

夜光虫 *Noctiluca scintillans*（图 2-01）

夜鹭 *Nycticorax nycticorax*（图 3-143）

野马 *Equus przewalskii*（图 4-341）

野驴 *Equus hemionus*（图 4-342）

野猪 *Sus scrofa*（图 4-334）

江户布目蛤 *Protothaca jedoensis*（图 2-108）

异白樱蛤 *Macoma incongrua*（图 2-126）

异色灰蜻 *Orthetrum melania*（图 4-11）

异色剑角蝗 *Acrida cinerea*（图 4-32）

异色瓢虫 *Leis axyridis*（图 4-129）

蚁䴕 *Jynx torquilla*（图 4-243）

翼突舌镖水蚤 *Ligulodiaptomus alatus*（图 3-37）

银鲳 *Stromateodies argenteus*（图 2-246）

银环蛇 *Bungarus multicinctus*（图 3-137）

银鸥 *Larus argentatus*（图 2-264）

鹰翅天蛾 *Oxyambulyx ochracea*（图 4-154）

鹰爪虾 *Trachypenaeus curvirostris*（图 2-142）

巨刺缨虫 *Potamilla myriops*（图 2-45）

缢蛏 *Sinonovacula constricta*（图 2-119）

鲬 *Platycephalus indicus*（图 2-247）

鳙鱼 *Hypophthalmichthys nobilis*（图 3-91）

有孔虫 *Foraminiferida* sp.（图 2-02）

油葫芦 *Gryllus testaceus*（图 4-38）

疣荔枝螺 *Thais clavigera*（图 2-78）

玉斑锦蛇 *Elaphe mandarina*（图 3-132）

玉带凤蝶 *Papilio Polytes*（图 4-170）

玉米螟 *Ostrinia furnacalis*（图 4-146）

圆背角无齿蚌 *Anodota woodiana*（图 3-25）

圆顶珠蚌 *Unio douglasiae*（图 3-22）

圆球股窗蟹 *Scopimera globosa*（图 2-169）

鸳鸯 *Aix galericulata*（图 3-156）

鸢 *Milvus korschun*（图 4-223）

云雀 *Alauda arvensis*（图 4-246）

原麝 *Moschus moschdif*（图 4-335）

Z

杂色蛤仔 *Venerupis aregata*（图 2-112）

泽蛙 *Euphlyctis limnocharis*（图 3-110）

蚱蝉 *Cryptotympana atrata*（图 4-42）

獐 *Hydropotes inermis*（图 4-338）

沼蛙 *Hylarana guentheri*（图 3-113）

蛰龙介 *Terebella ehrenbergi*（图 2-48）

拉、汉动物名词表

A

Acanthomysis longirostris 长额刺糠虾（图 2-134）

Acanthochiton rubrolineatus 毛肤石鳖（图 2-57）

Acartia southwelli 披针纺锤水蚤（图 3-38）

Accipiter gentilis 苍鹰（图 4-224）

Accipiter nisus 雀鹰（图 4-225）

Acetes chinensis 中国毛虾（图 2-143）

Acipenser sinensis 中华鲟（图 3-104）

Acrida cinerea 异色剑角蝗（图 4-32）

Acrocephalus arundinaceus 大苇莺（图 4-271）

Actias selene ningpoana 绿尾大蚕蛾（图 4-149）

Actinophrys sol 放射太阳虫（图 3-12）

Adalia bipunctata 二星瓢虫（图 4-125）

Adelphocoris fasciaticollis 三点盲蝽（图 4-83）

Adoxophyes orana 苹果卷蛾（图 4-144）

Agelenopsis 漏斗网蛛（图 4-4）

Agkistrodon halys 腹蛇（图 3-134）

Agrion atralum 黑河蟌（图 3-72）

Agrion atratum 黑色蟌（图 4-15）

Agrion grandaeva Selys 绿腹色蟌（图 4-16）

Agrion sexlineaton 六色蟌（图 4-14）

Agriosphodrus dohmi 裙腹猎蝽（图 4-89）

Agrotis ypsilon 小地老虎（图 4-161）

Ailurus fulgens 小熊猫（图 4-321）

Ailuropoda melanoleuca 大熊猫（图 4-322）

Aix galericulata 鸳鸯（图 3-156）

Alanticus sp. 土蝈蝈（图 4-35）

Alauda arvensis 云雀（图 4-246）

Alcedo atthis 普通翠鸟（图 3-173）

Allactaga sibirica 五趾跳鼠（图 4-316）

Alonella excisa 镰角锐额溞（图 3-51）

Alonglla exigua 小型锐额溞（图 3-52）

Alpheus distinguendus 鲜明鼓虾（图 2-149）

Ammophila aemulans 红腰泥蜂（图 4-204）

Ammophila atripes 红足沙泥蜂（图 4-205）

Ammothea superba 海蜘蛛（图 2-186）

Amoeba gorgonia 珊瑚变形虫（图 3-9）

Amoeba proteus 大变形虫（图 3-8）

Amoeba radiosa 辐射变形虫（图 3-10）

Amphiporus punctatulus 针吻纽虫（图 2-29）

Amphitnite rubra 须头虫（图 2-49）

Amphiura koreae 朝鲜阳遂足（图 2-202）

Amphiura vadicola 滩栖阳遂足（图 2-203）

Anas forosa 花脸鸭（图 3-153）

Anas platyrhynchos 绿头鸭（图 3-154）

Anas poecilorhyncha 斑嘴鸭（图 3-155）

Anatina pechiliensis 渤海鸭嘴蛤（图 2-121）

Anguilla japonica 鳗鲡（图 2-225）

Anodota woodiana 圆背角无齿蚌（图 3-25）

Anomal corpulenta 铜绿丽金龟（图 4-99）

Anomia lischkei 中国金蛤（图 2-93）

Anopheles hyrcanus 中华按蚊（图 4-61）

Anoplophora chinensis 星天牛（图 4-109）

Anoplophora glabripennis 光肩星天牛（图 4-108）

Anotogaster k. 双斑圆臀大蜓（图 4-10）

Anser cygnoides 鸿雁（图 3-150）

Anser fabalis 豆雁（图 3-149）

Anthopleura midori 绿疣海葵（图 2-19）

Anthopleura xanthogrammi 黄海葵（图 2-20）

Antipalus sp. 食虫虻(图 4-63)

Aphis gossypii 棉蚜（图 4-53）

Aphrodita australis 澳洲鳞沙蚕（图 2-46）

Apis cerana 中华蜜蜂（图 4-210）

Apodemus agrarius 黑线姬鼠（图 4-302）

Apriona germari 桑天牛（图 4-111）

Apus pacificus 白腰雨燕（图 4-239）

Lethocerus indicas 桂花蝉（图 3-76）
Libitina japonica 日本棱蛤（图 2-103）
Ligia exotica 海岸水虱（图 2-179）
Ligulodiaptomus alatus 翼突舌镖水蚤（图 3-37）
Limnogonus fossarum 背条水黾（图 3-82）
Limnoria japonica 日本蛀木水虱（图 2-181）
Lineus torquatus 纵沟纽虫（图 2-27）
Lingula anatine 海豆芽（图 2-187）
Lingula murphiana 大海豆芽（图 2-188）
Liocola brevitarsus 白星花潜（图 4-104）
Lipotes vexillifer 白鳍豚（图 2-274）
Listriolobus brevirostris 短吻螠虫（图 2-53）
Littorina brevicula 短滨螺（图 2-70）
Locusta migratoria 东亚飞蝗（图 4-27）
Loligo japonica 日本枪乌贼（图 2-128）
Lophius litulon 黄鮟鱇（图 2-260）
Luidia quinaria 砂海星（图 2-196）
Lumbriconereis latreilli 带沙蚕（图 2-38）
Lunatia gilva 微黄镰玉螺（图 2-74）
Lutra lutra 水獭（图 4-326）
Lycaena phlaeas diamio 红灰蝶（图 4-176）
Lycorma delicatula 斑衣蜡蝉（图 4-48）
Lygosoma indicum 蝘蜓（图 4-219）
Lymantria dispar 舞毒蛾（图 4-162）

M

Macaca mulatta 猕猴（图 4-296）
Macoma incongrua 异白樱蛤（图 2-126）
Macrobrachium nipponense 日本沼虾（图 3-60）
Macrophthalmus dilatatum 宽身大眼蟹（图 2-168）
Macrophthalmus japonicus 日本大眼蟹（图 2-167）
Macrura reevesi 鲥鱼（图 2-222）
Mactra chinensis 中国蛤蜊（图 2-106）
Mactra quadrangularis 四角蛤蜊（图 2-105）
Mactra spectabilis 西施舌（图 2-107）
Mactra sulcataris 凹线蛤蜊（图 2-106）
Manis pentadactyla 穿山甲（图 4-298）
Mantis religiosa 螳螂（图 4-17）
Marphysa sanguinea 岩虫（图 2-40）
Martes flavigula 青鼬（图 4-323）
Martesia yoshimurai 吉村马特海笋（图 2-125）
Marumba sperchius 栗六点天蛾（图 4-156）
Massicus raddei 栗山天牛（图 4-106）
Matuta planipes 红线黎明蟹（图 2-157）
Mecopod elogata 纺织娘（图 4-34）
Megachile humilis 切叶蜂（图 4-209）
Megalobatrachus davidianus 大鲵（图 3-122）
Megalobrama amblycephalua 团头鲂（图 3-95）
Meles meles 獾（图 4-327）
Meretrix meretrix 文蛤（图 2-109）
Mergus squamatus 中华秋沙鸭（图 3-157）
Meriones unguiculatus 长爪沙鼠（图 4-309）
Meromyza saltatrix 麦杆蝇（图 4-65）
Metabolus tumidifrons 鲜黄鳃金龟（图 4-98）
Microarthridion litospinatus 秀刺小节猛水蚤（图 3-39）
Microhyla ornata 饰纹姬蛙（图 3-117）
Milvus korschun 鸢（图 4-223）
Mimela splendens 亮绿彩丽金龟（图 4-100）
Minois dryas 蛇眼蝶（图 4-183）
Misgurnus anguillicaudatus 泥鳅（图 3-98）
Mitrella bella 丽核螺（图 2-81）
Moina rectirostris 直额裸腹溞（图 3-50）
Monodonta labio 单齿螺（图 2-66）
Monopterus albus 黄鳝（图 3-101）
Monticola solitarius 蓝矶鸫（图 4-267）
Moschus moschiferus 原麝（图 4-335）
Motacilla alba 白鹡鸰（图 4-249）
Motacilla flava 黄鹡鸰（图 4-251）
Mugil cephalus 鲻鱼（图2-233）
Mugil soiuy梭鱼（图2-234）

Oxycetonia jucunda 小青花潜（图 4-103）

P

Paa（*P.*）*spinosa* 棘胸蛙（图 3-114）
Paguma larvata 花面狸（图 4-330）
Pagurus japonicus 日本寄居蟹（图 2-152）
Palaemon annandalei 短腕白虾（图 3-57）
Palaemon carinicauda 脊尾白虾（图 2-145）
Palaemon modestus 秀丽白虾（图 3-58）
Palaemon gravieri 葛氏长臂虾（图 2-144）
Panthera tigris 虎（图 4-332）
Panthera pardus 金钱豹（图 4-333）
Papilio machaon 金凤蝶（图 4-168）
Papilio Polytes 玉带凤蝶（图 4-170）
Papilio xuthus 柑橘凤蝶（图 4-167）
Parabramis pekinesis 鳊鱼（图 3-94）
Paracaudina chilensis 海老鼠（图 2-206）
Paraclitumnus robinius 槐山蝬（图 4-21）
Paralichthys olivaceus 牙鲆（图 2-252）
Paramecium caudatum 尾草履虫（图 3-01）
Paramecitum aurelia 双核草履虫（图 3-02）
Pararyclops affinis 近亲拟剑水蚤（图 3-44）
Parasilurus asotus 鲇鱼（图 3-99）
Paratenodera sinensis 大刀螂（图 4-18）
Parnara guttata 直纹稻弄蝶（图 4-165）
Parthenope validus 强壮菱蟹（图 2-176）
Parus major 大山雀（图 4-277）
Parus ater pekinensis 煤山雀（图 4-278）
Passer montanus 树麻雀（图 4-280）
Patanga japonica 日本黄脊蝗（图 4-23）
Patelloida pygmaea 矮拟帽贝（图 2-65）
Patelloida schrenckii 青螺（图 2-64）
Pectinaria koreni 金毛沙蚕（图 2-44）
Pectinophora gossypiella 棉红蛉虫（图 4-138）
Pelecanus philippensis 斑嘴鹈鹕（图 3-140）
Pelophylax nigromaculata 黑斑（侧褶）蛙（图 3-108）
Pelophylax plancyi 金线（侧褶）蛙（图 3-109）
Penacus japonicus 日本对虾（图 2-141）
Penacus orientatis 中国对虾（图 2-140）
Periophthalmus cantonensis 弹涂鱼（图 2-251）
Phabaerotoma flava 黄愈腹茧蜂（图 4-194）
Phagocata vivida 山地细涡虫（图 3-15）
Phalacrocorax carbo 鸬鹚（图 3-139）
Phalera grolei 刺槐掌舟蛾（图 4-163）
Phasianus colchicus 环颈雉（图 4-230）
Phassus excrescens 蝙蝠蛾（图 4-136）
Pheropsophus jessoensis 短鞘气步甲（图 4-135）
Phialidium chengshanense 嵊山杯水母（图 2-11）
Phialidium hemisphaericum 半球杯水母（图 2-12）
Philine kinglipini 经氏壳蛞蝓（图 2-85）
Philosamia cynthia ricinia 蓖麻蚕蛾（图 4-150）
Philyra pisum 豆形拳蟹（图 2-158）
Phlebotomus sp. 白蛉子（图 4-59）
Phoca vitulina 海豹（图 2-277）
Phoenicurus auroreus 北红尾鸲（图 4-266）
Phraortes confucius 细皮蝬（图 4-22）
Phylloscopus borealis 极北柳莺（图 4-275）
Phylloscopus fuscatus 褐柳莺（图 4-274）
Phylloscopus inornatus 黄眉柳莺（图 4-272）
Phylloscopus proregulus 黄腰柳莺（图 4-273）
Phyllotreta vittula 黄狭条跳甲（图 4-123）
Physcosoma similis 土钉（图 2-56）
Phytomyza atricornis 豌豆潜叶蝇（图 4-66）
Pica pica 喜鹊（图 4-258）
Picus canus 黑枕绿啄木鸟（图 4-244）
Pidorus euchromioides 环带锦斑蛾（图 4-181）
Pieris rapae 菜粉蝶（图 4-171）
Coccygomimus aethiops 满点黑瘤姬蜂（图 4-192）
Pinnotheres tsingtaoensis 青岛豆蟹（图 2-175）
Pipistrellus abramus 家蝠（图 4-295）
Planocera reticulata 网平角涡虫（图 2-25）

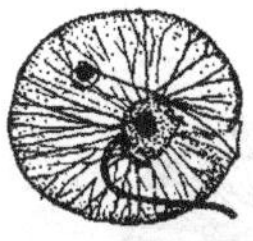
图2-1 夜光虫

图2-2 有孔虫

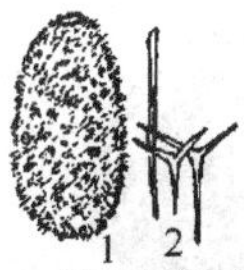

图2-3 冈田指海绵
1.外形 2.骨针

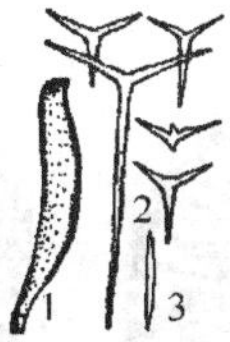

图2-4 毛壶
1.外形 2.三轴骨针
3.单轴骨针

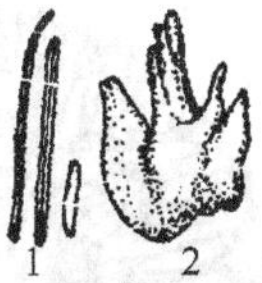

图2-5 黄矶海绵
1.单轴骨针 2.外形

图2-6 海筒螅

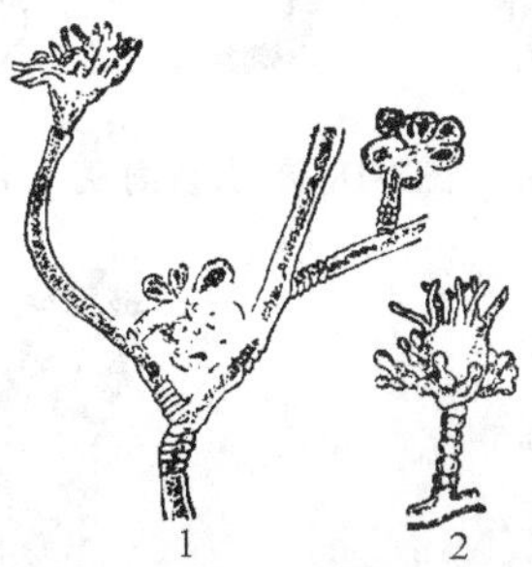

图2-7 细管真枝螅
1.部分分枝和雌孢子囊
2.雄孢子囊

图2-8 曲膝薮枝螅
1.部分群体 2.生殖体

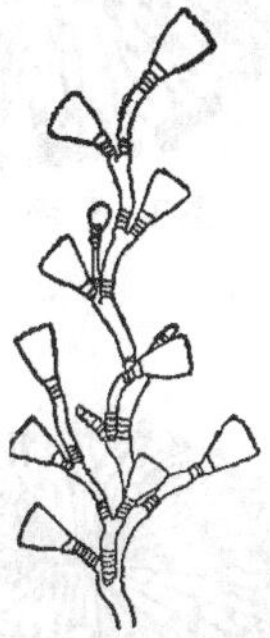
图2-9 双枝薮枝螅

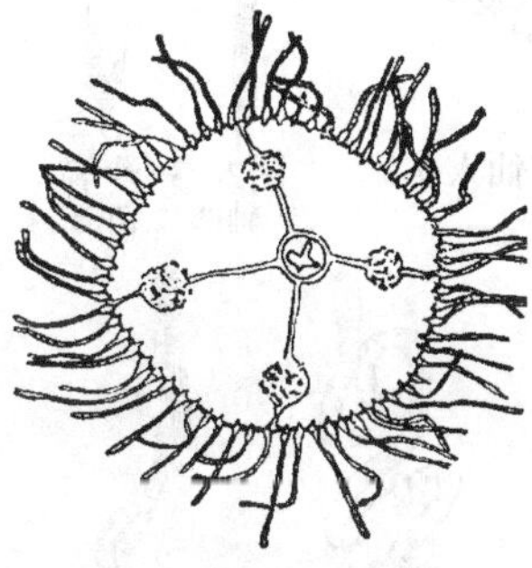
图2-10 薮枝螅水母

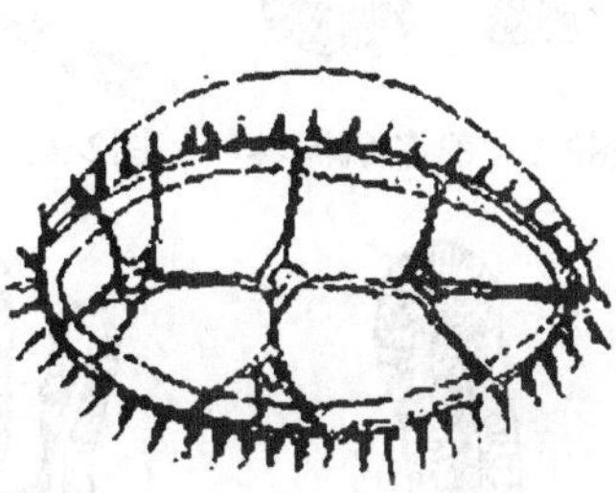
图2-11 嵊山杯水母

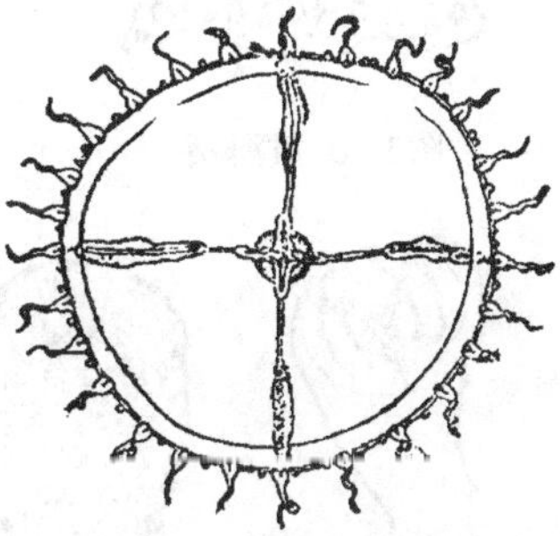
图2-12 半球杯水母

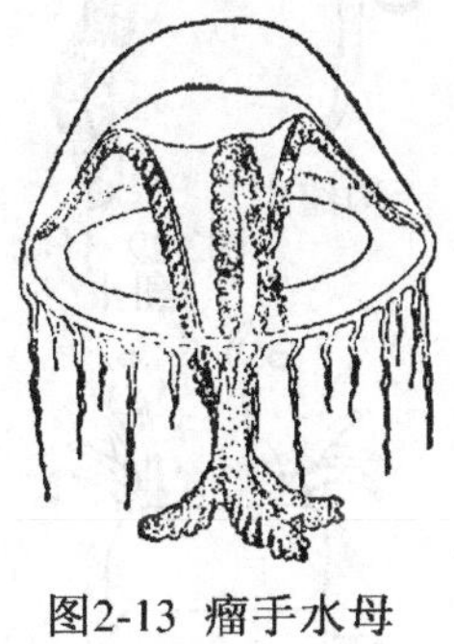
图2-13 瘤手水母

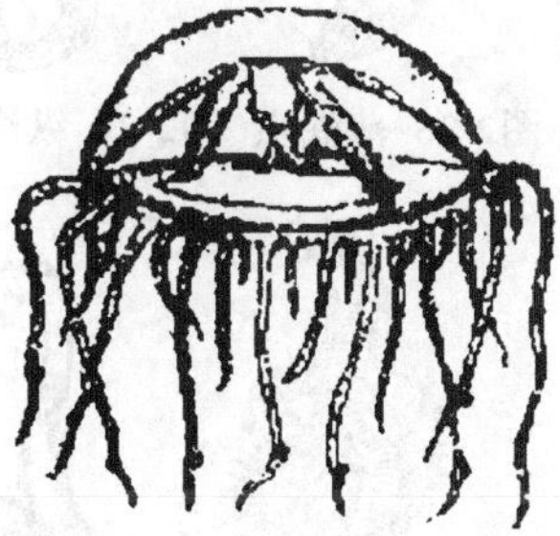
图2-14 钩手水母

图2-15 喇叭水母

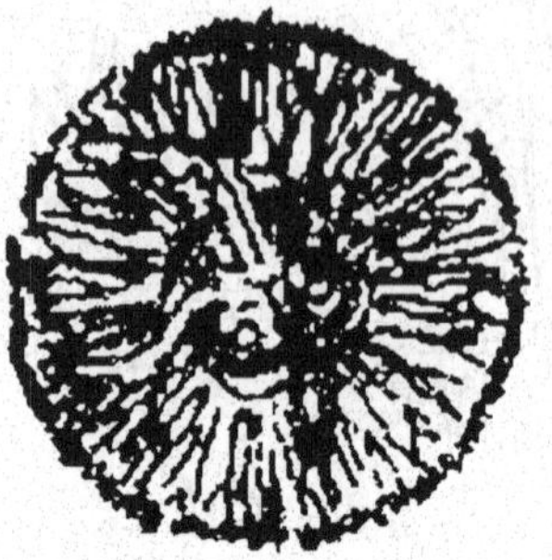

图2-16 海月水母

图2-17 海蜇

图2-18 星虫状海葵

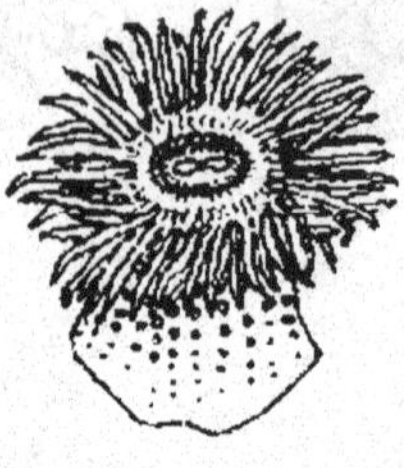

图2-19 绿疣海葵

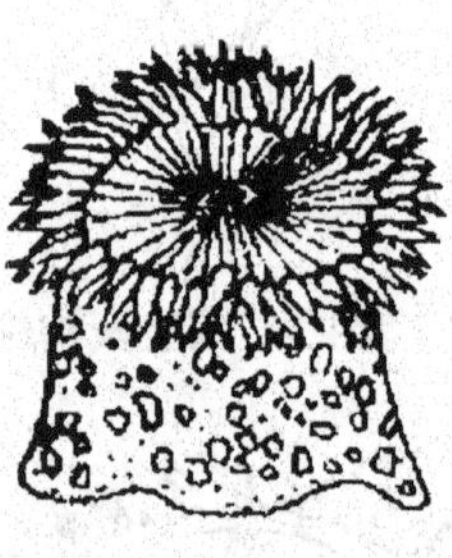

图2-20 黄海葵

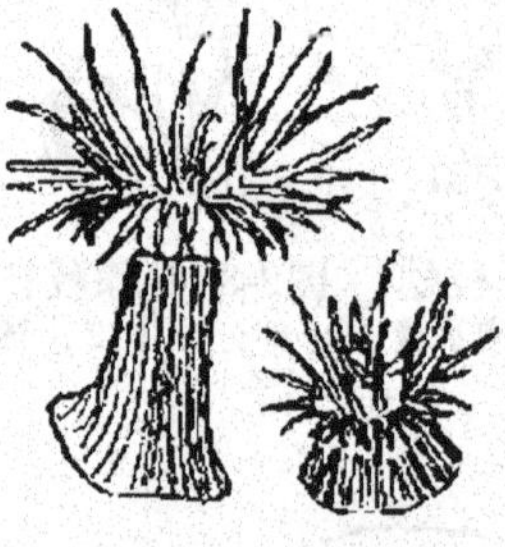

图2-21 纵条矶海葵

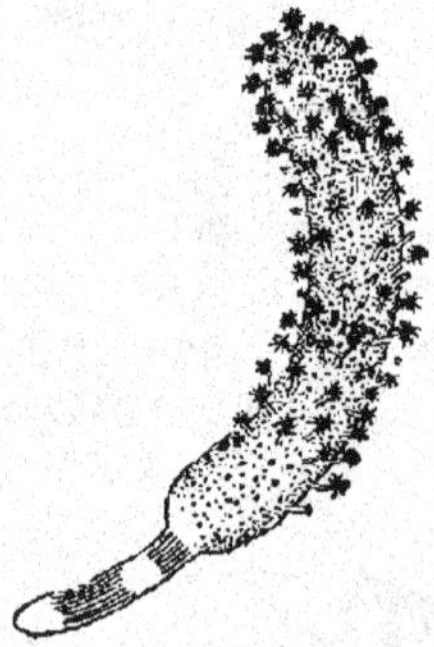

图2-22 海仙人掌

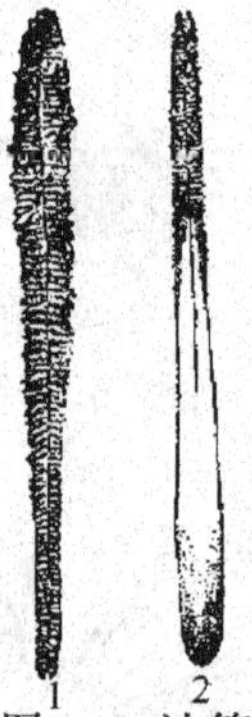

图2-23 沙箸
1.轴部 2.柄部

图2-24 侧腕水母

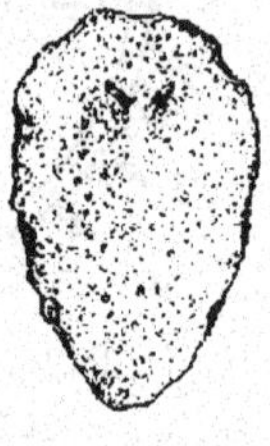

图2-25 网平角涡虫

图2-26 薄涡虫

图2-27 纵沟纽虫

图2-28 无沟纽虫

图2-29 针吻纽虫

图2-30 软背鳞沙蚕

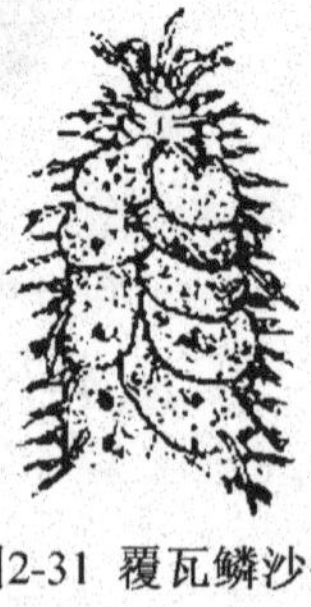

图2-31 覆瓦鳞沙蚕

图2-32 绿巧言虫

图2-33 长吻沙蚕
1.外形 2.疣足

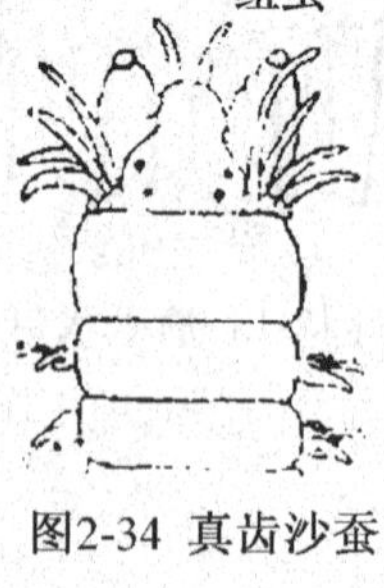

图2-34 真齿沙蚕

图2-35 日本沙蚕

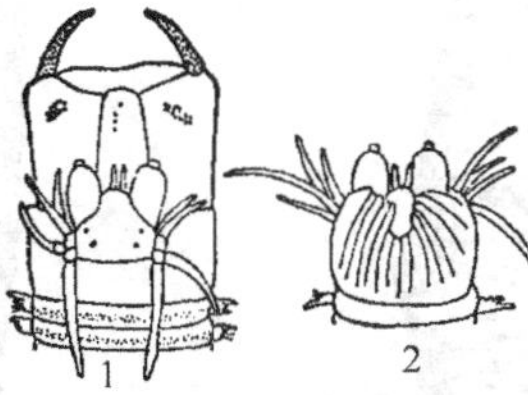

图2-36 环唇沙蚕
1.体前部背面观
2.体前部腹背面观

图2-37 巢沙蚕

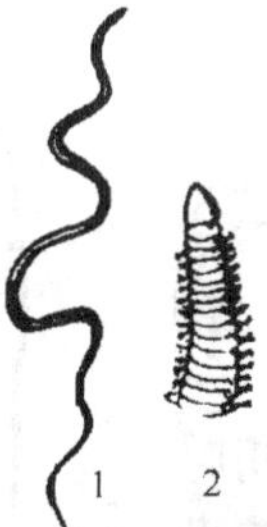

图2-38 带沙蚕
1.外形 2.头部

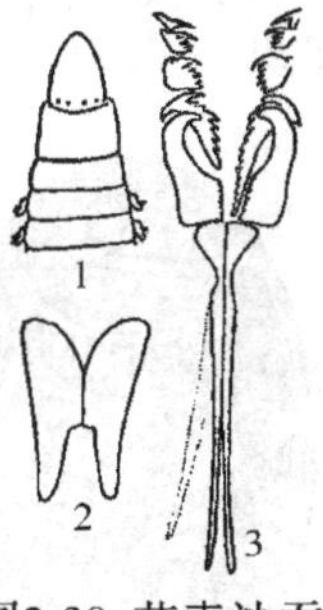

图2-39 花索沙蚕
1 体前部背面观
2.下鄂 3.上鄂

图2-40 岩虫

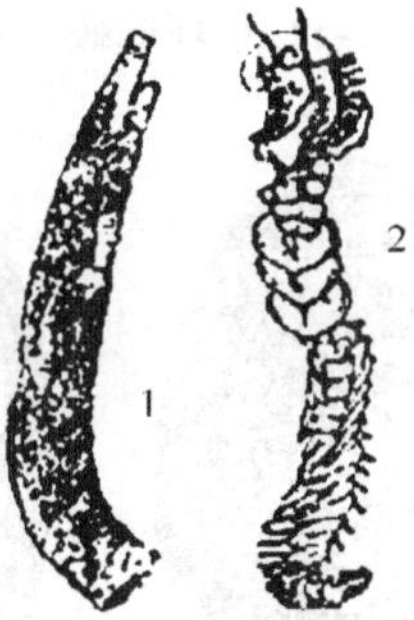

图2-41 磷虫
1.栖息管 2.外形

图2-42 丝鳃虫

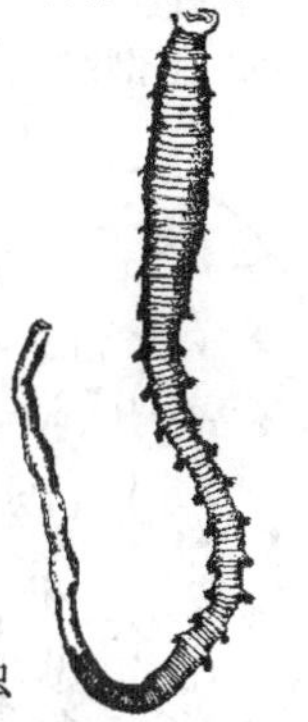
图2-43 巴西沙蠋

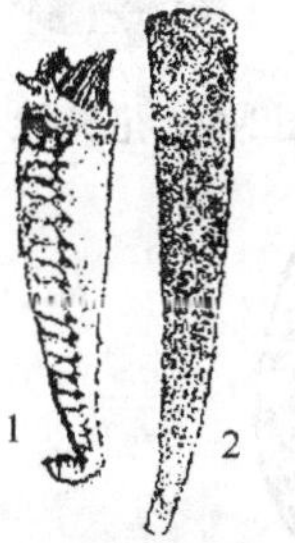

图2-44 金毛沙蚕
1.外形 2.栖息管

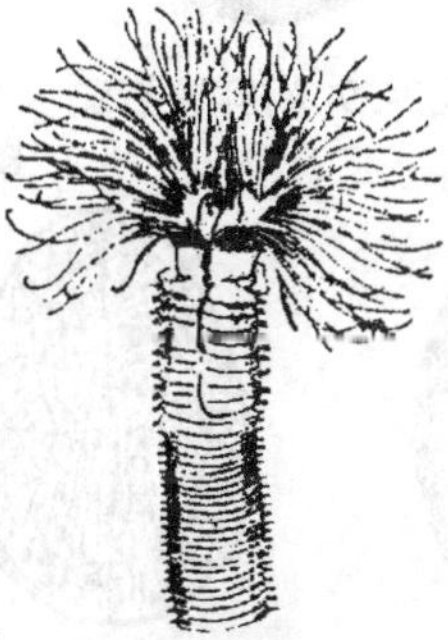
图2-45 巨刺缨虫

图2-46 澳洲鳞沙蚕

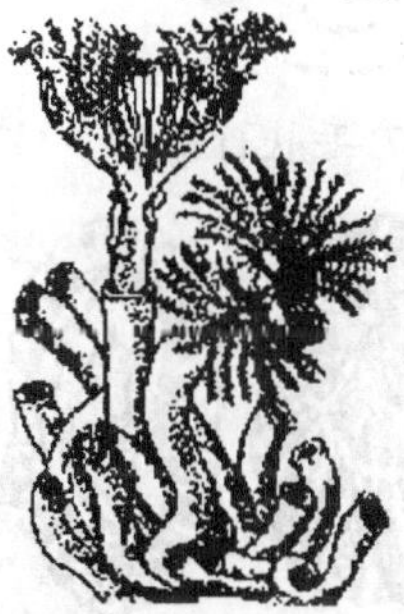
图2-47 龙介虫

图2-48 蛰龙介

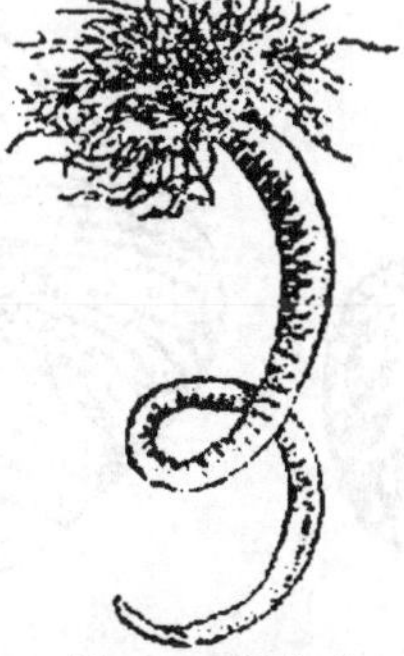
图2-49 须头虫

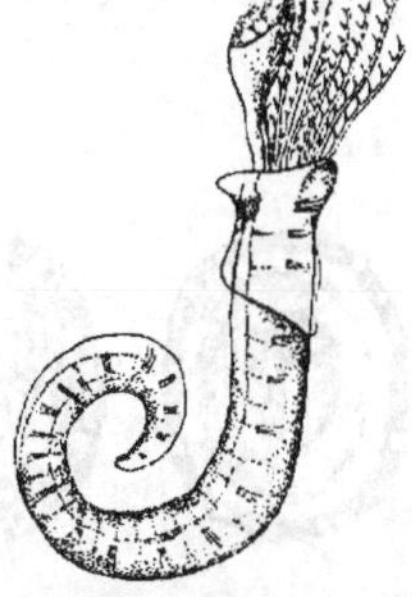
图2-50 螺旋虫

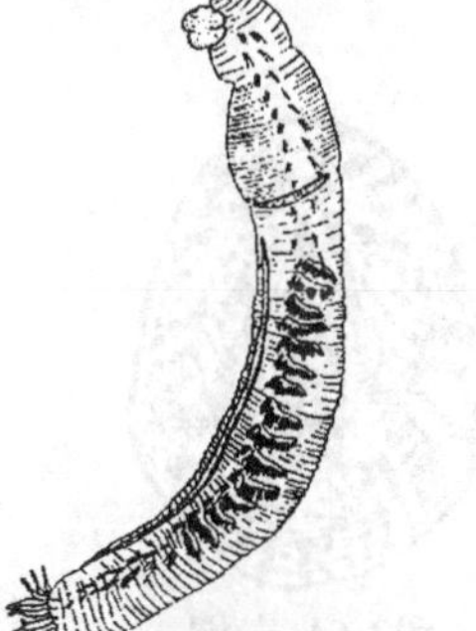
图2-51 海蛹

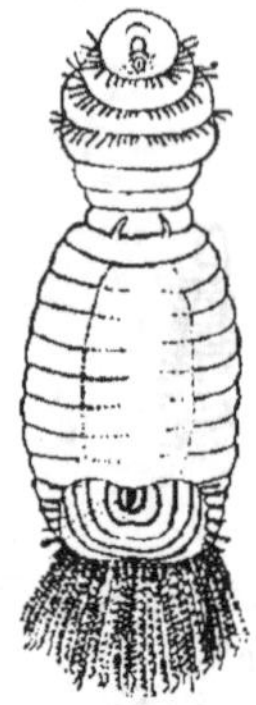

图2-52 不倒翁虫

图2-53 短吻螠虫

图2-54 单环棘螠

图2-55 裸体方格星虫

图2-56 土钉

图2-57 毛肤石鳖

图2-58 函馆锉石鳖

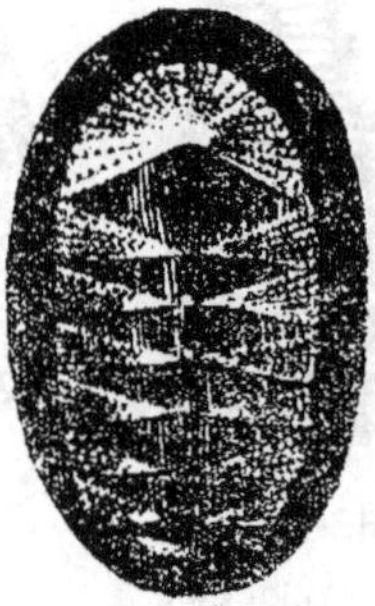

图2-59 朝鲜锉石鳖

图2-60 花斑锉石鳖

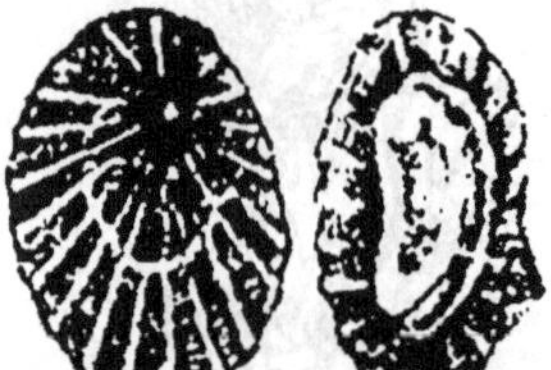

图2-61 日本菊花螺

图2-62 皱纹盘鲍

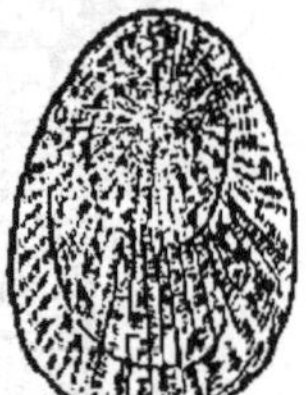

图2-63 嫁蝛

图2-64 青螺

图2-65 矮拟帽贝

图2-66 单齿螺

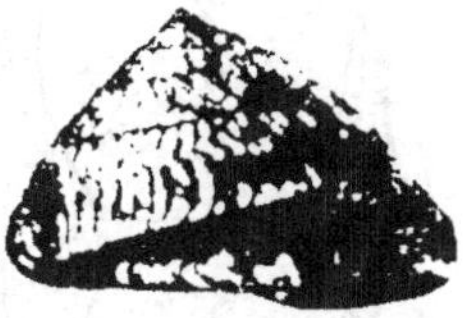
图2-67 托氏昌螺

图2-68 锈凹螺

图2-69 粒蝾螺

图2-70 短滨螺

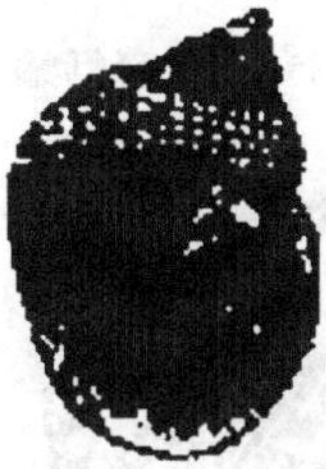
图2-71 粒屋顶螺

图2-72 纵带锥螺

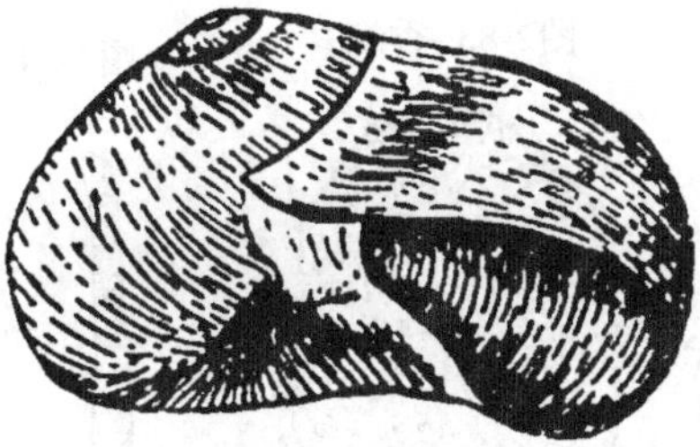
图2-73 扁玉螺

图2-74 微黄镰玉螺

图2-75 斑玉螺

图2-76 红螺

图2-77 强棘红螺

图2-78 疣荔枝螺

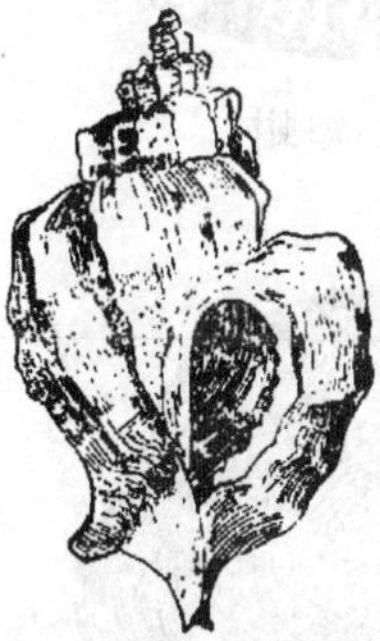
图2-79 内饰角口螺

图2-80 多形核螺

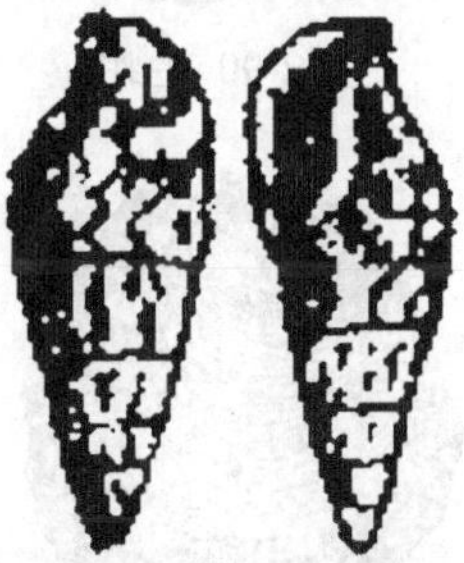
图2-81 丽核螺

图2-82 纵肋织纹螺

图2-83 香螺

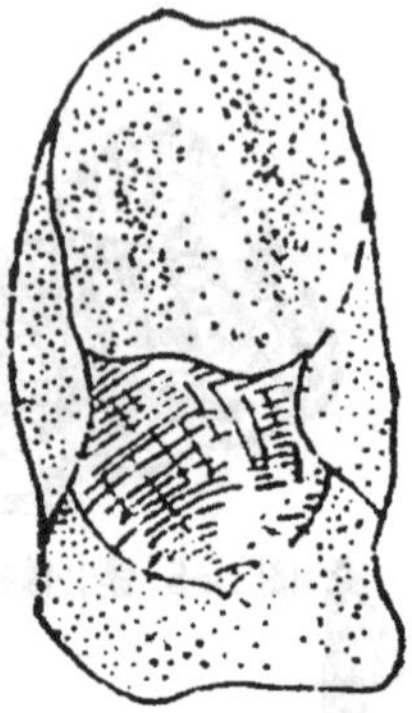

图2-84 泥螺

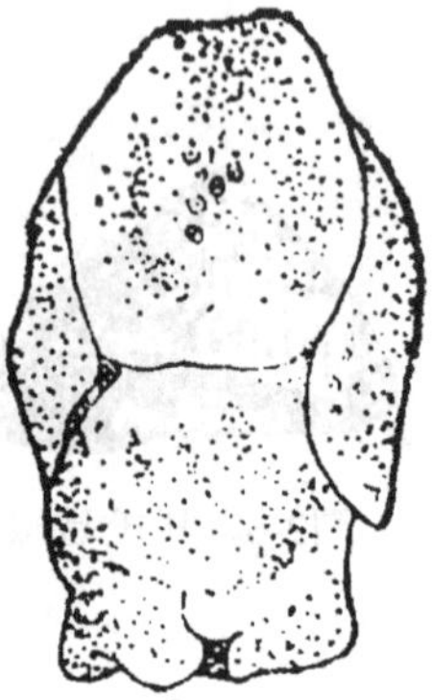

图2-85 经氏壳蛞蝓

图2-86 蓝侧鳃海牛

图2-87 石磺海牛

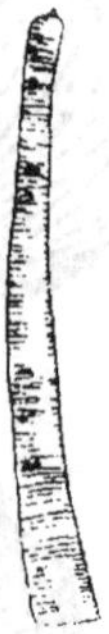

图2-88 胶州湾角贝

图2-89 泥蚶

图2-90 毛蚶

图2-91 魁蚶

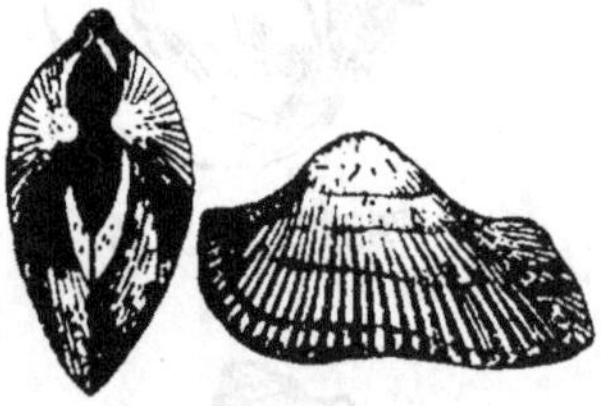

图2-92 布氏蚶

图2-93 中国金蛤

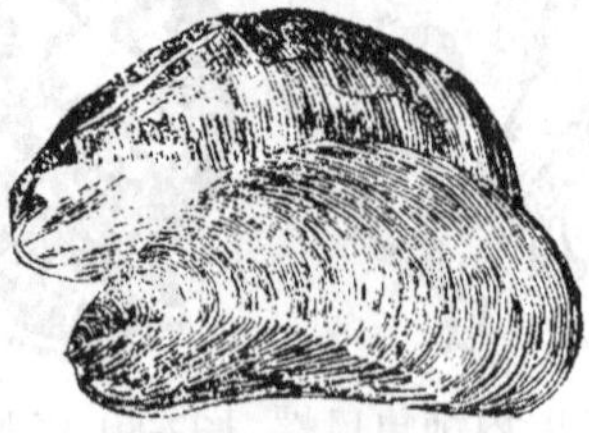

图2-94 黑偏顶蛤

图2-95 紫贻贝

图2-96 厚壳贻贝

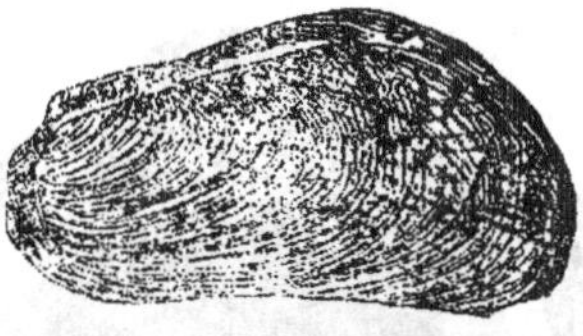

图2-97　凸壳肌蛤

图2-98 僧帽牡蛎

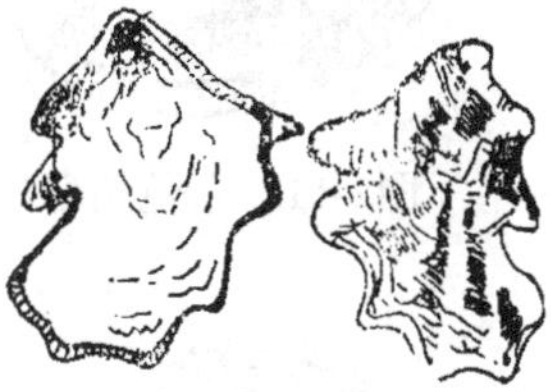

图2-99 猫爪牡蛎

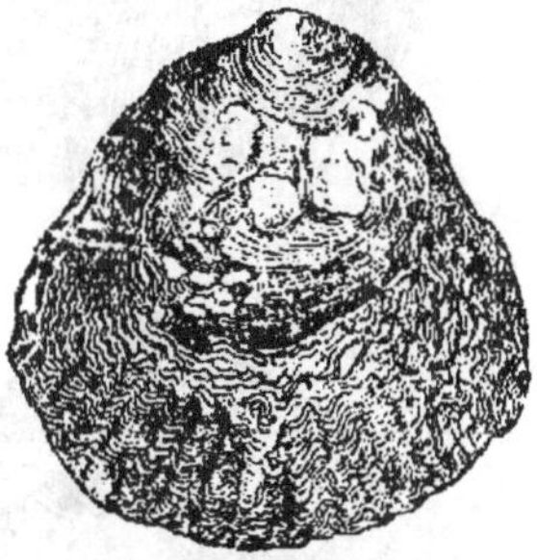

图2-100 密鳞牡蛎

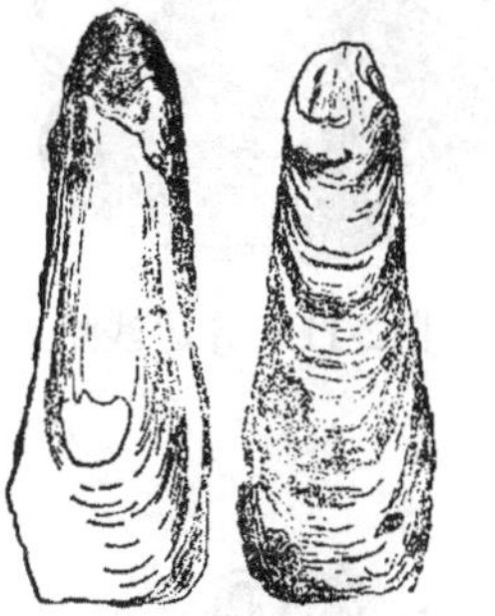

图2-101 长牡蛎

图2-102 栉孔扇贝

图2-103 日本棱蛤

图2-104 橄榄紫蛤

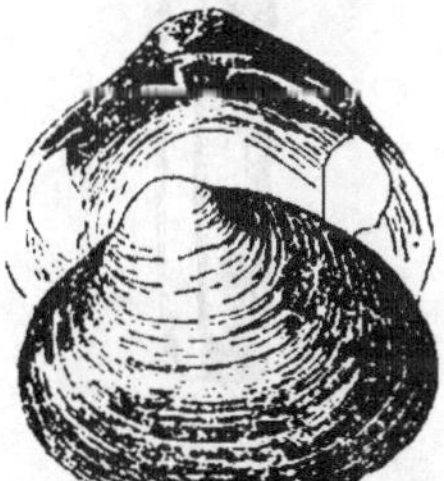

图2-105 四角蛤蜊

图2-106 凹线蛤蜊

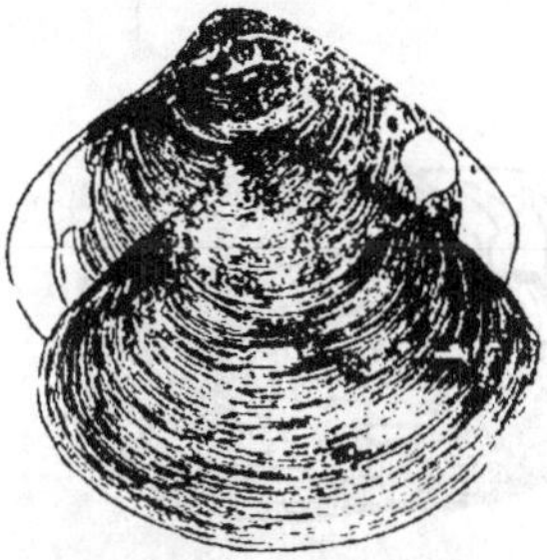

图2-107 西施舌

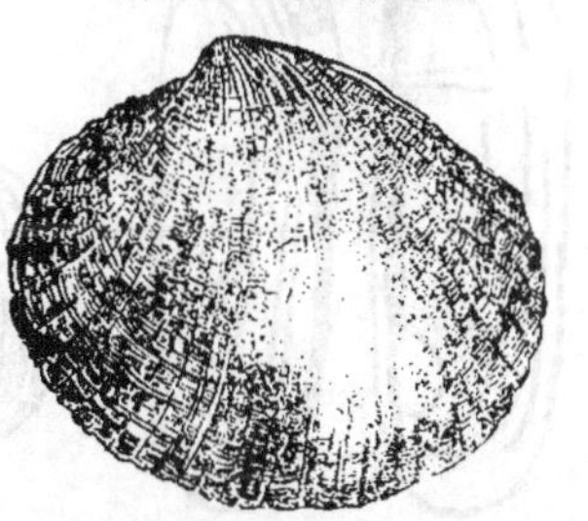

图2-108 江户（伊豆）布目蛤

图2-109 文蛤

图2-110 紫石房蛤

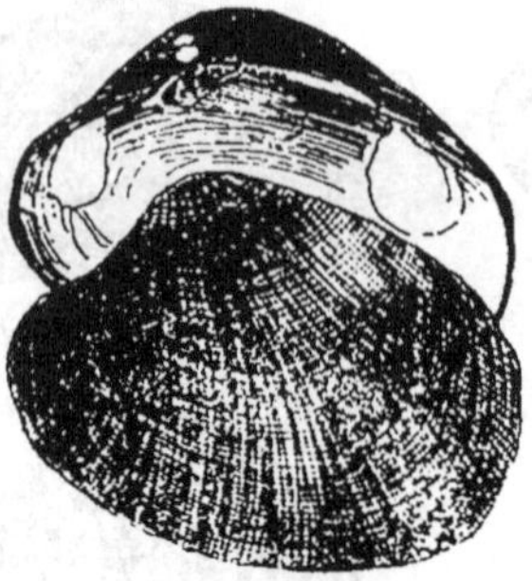

图2-111 蛤仔

图2-112 杂色蛤仔

图2-113 日本镜蛤

图2-114 中华青蛤

图2-115 等边浅蛤

图2-116 砂海螂

图2-117 长竹蛏

图2-118 大竹蛏

图2-119 缢蛏

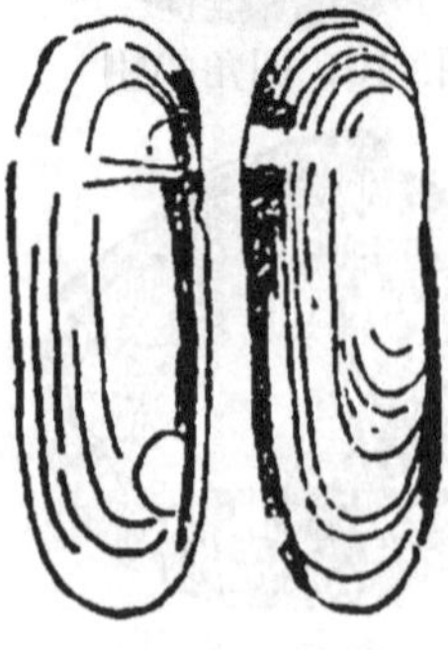

图2-120 薄荚蛏

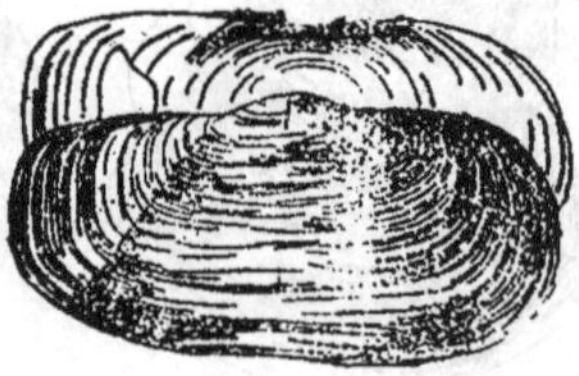

图2-121 渤海鸭嘴蛤

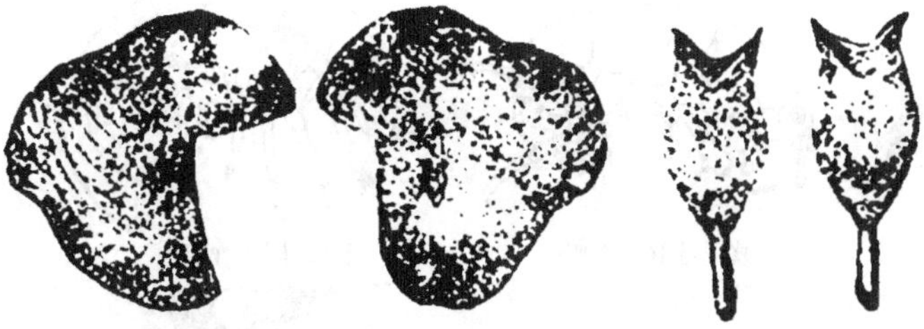

图2-122 船蛆

图2-123 脆壳全海笋

图2-124 波纹沟海笋

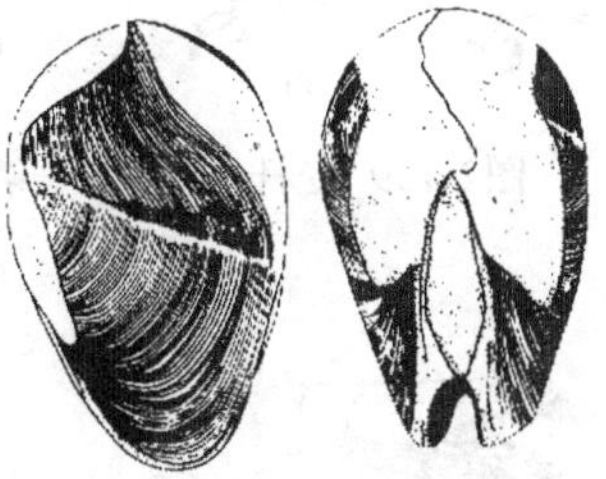

图2-125 吉村马特海笋

图2-126 异白樱蛤

图2-127 粗异白樱蛤

图2-128 日本枪乌贼

图2-129 无针乌贼

图2-130 金乌贼

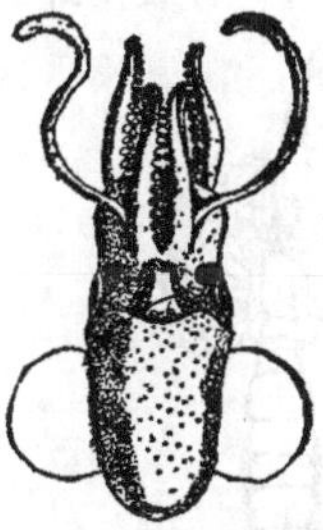

图2-131 双喙耳乌贼

图2-132 短蛸

图2-133 长蛸

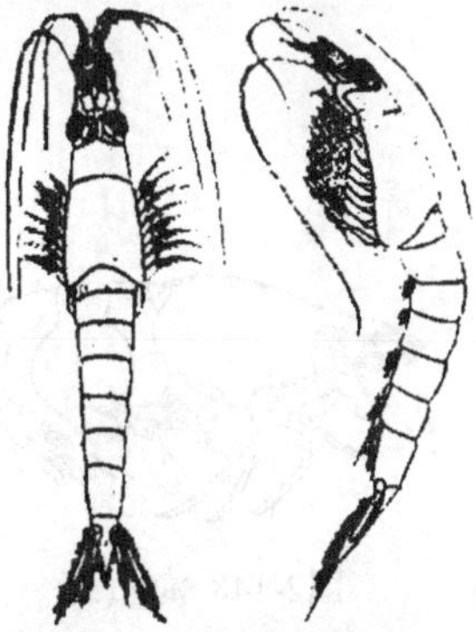

图2-134 长额刺糠虾

图2-135 黑褐新糠虾

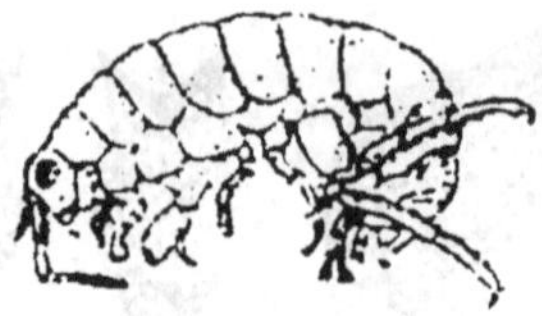

图2-136 跳虾

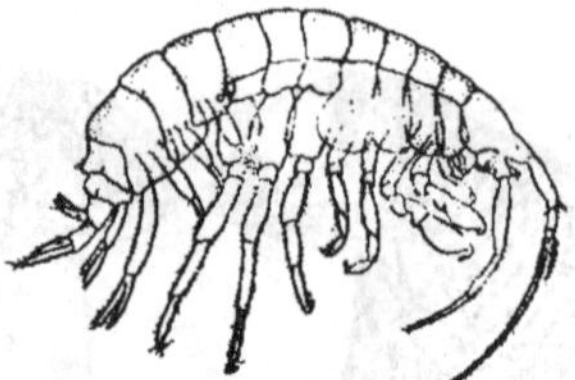

图2-137 钩虾

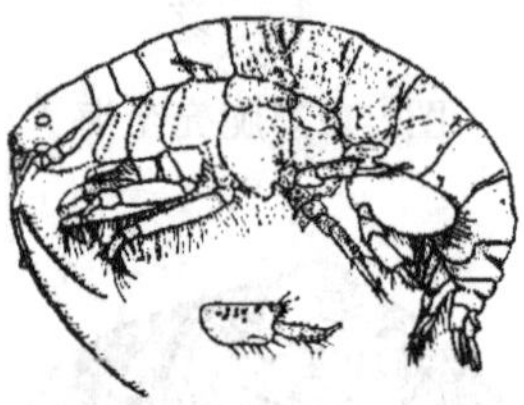

图2-138 双眼沙钩虾

图2-139 麦杆虫

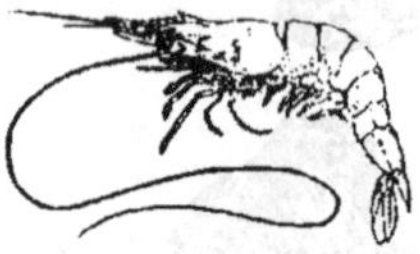

图2-140 中国对虾

图2-141 日本对虾

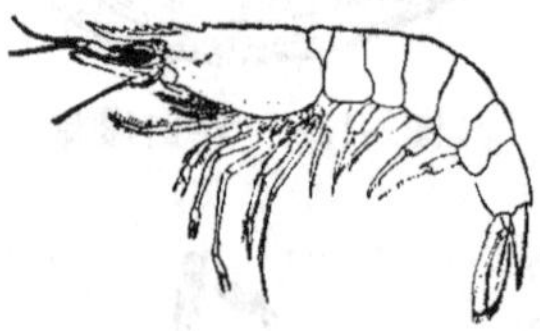

图2-142 鹰爪虾

图2-143 中国毛虾

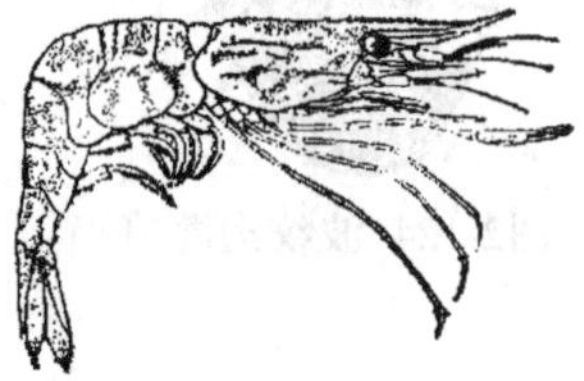

图2-144 葛氏长臂虾

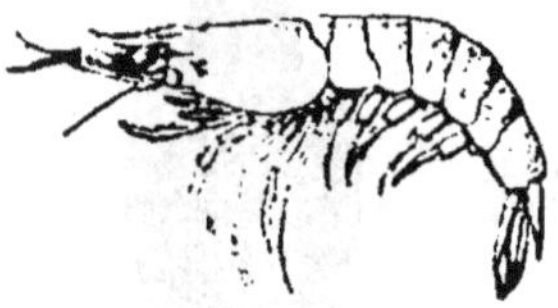

图2-145 脊尾白虾

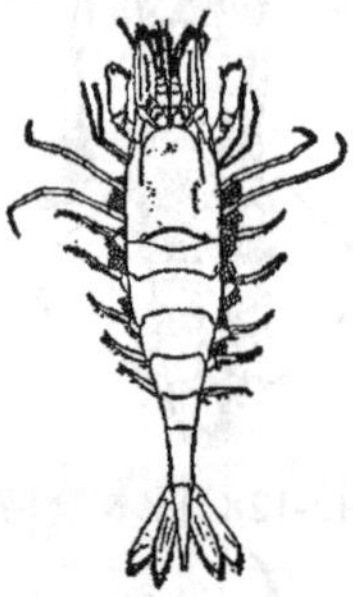

图2-146 褐虾

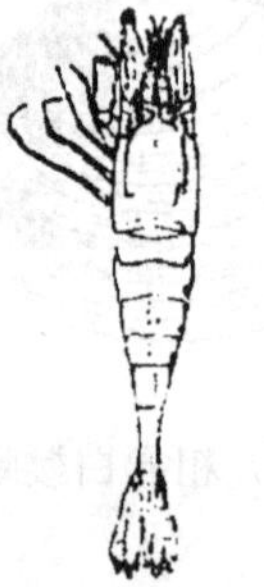

图2-147 脊腹褐虾

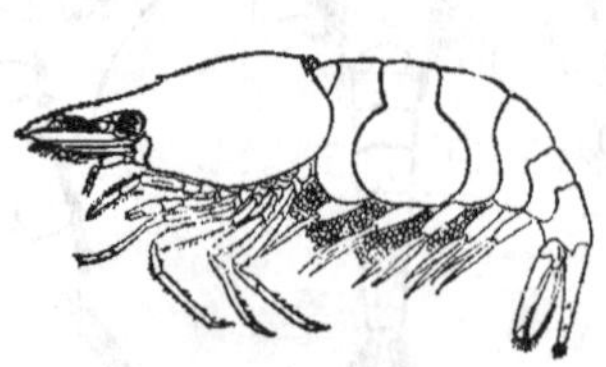

图2-148 海蜇虾

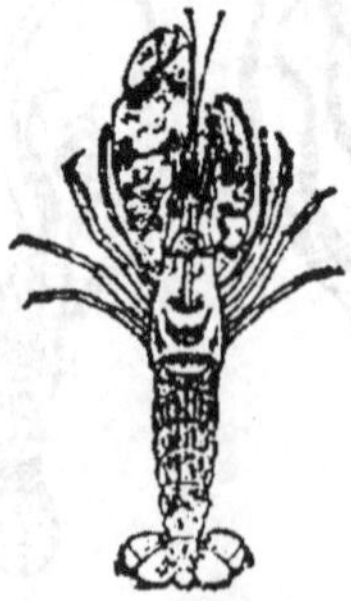

图2-149 鲜明鼓虾

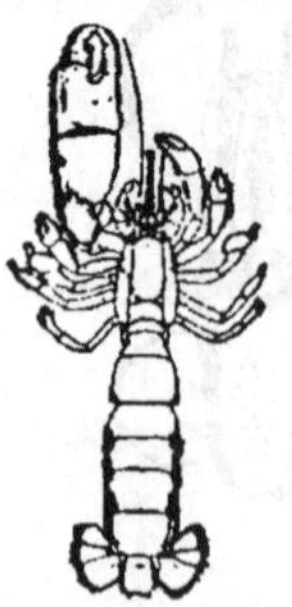

图2-150 哈氏美人虾

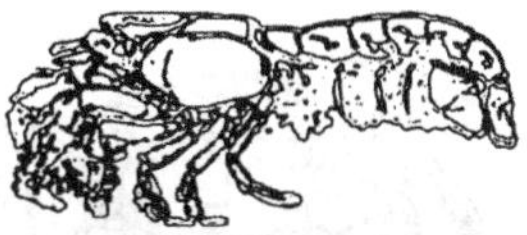
图2-151 大蝼蛄虾

图2-152 日本寄居蟹

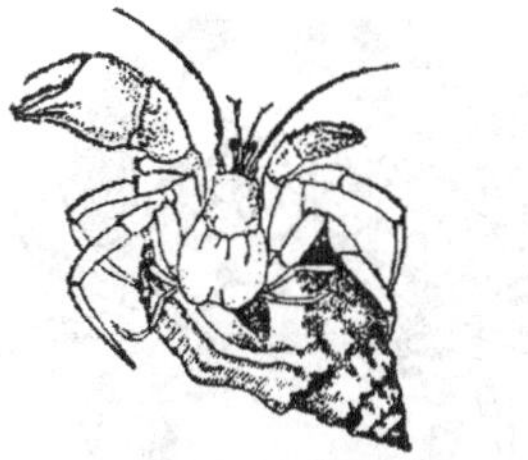
图2-153 艾氏活额寄居蟹

图2-154 日本关公蟹

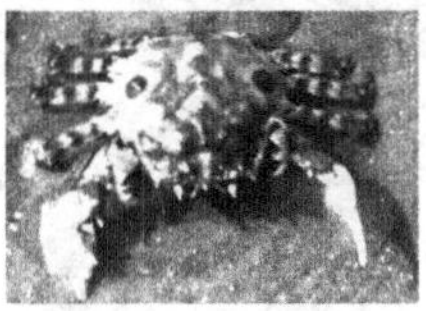
图2-156 中华虎头蟹

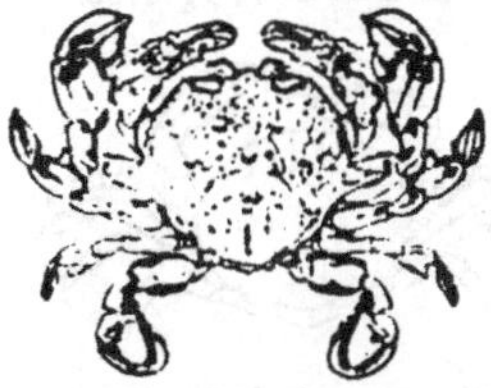
图2-157 红线黎明蟹

图2-155 端正关公蟹

图2-159 日本蟳

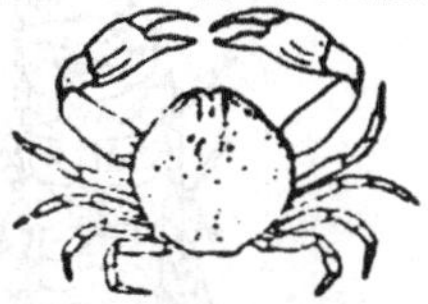
图2-158 豆形拳蟹

图2-160 三疣梭子蟹

图2-162 肉球近方蟹

图2-161 绒毛近方蟹

图2-163 长指近方蟹

图2-165 三齿厚蟹

图2-164 平背蜞

图2-166 弧边招潮（蟹）

图2-168 宽身大眼蟹

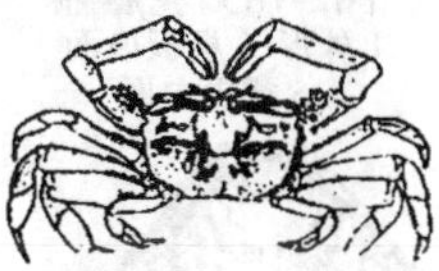
图2-167 日本大眼蟹

图2-171 痕掌沙蟹

图2-170 双扇股窗蟹

图2-169 圆球股窗蟹

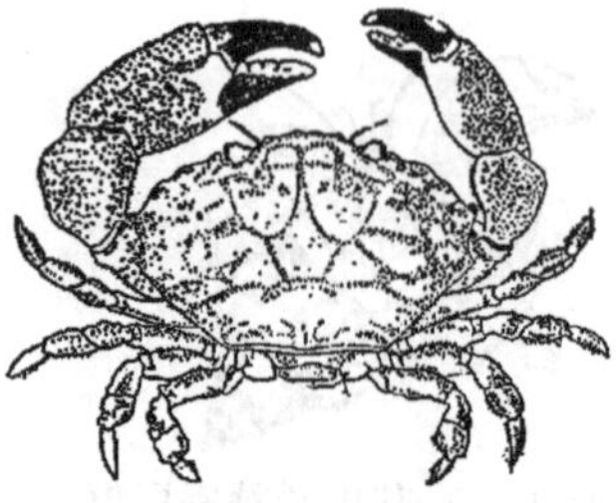
图2-172 特异扇蟹

图2-173 蓝氏三强蟹

图2-174 中型三强蟹

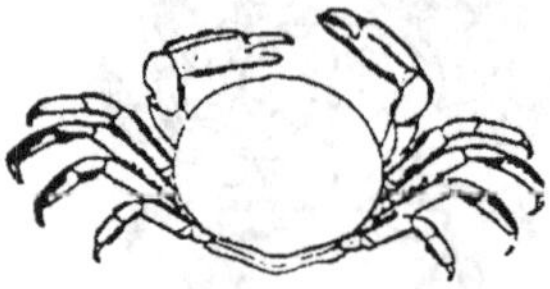
图2-175 青岛豆蟹

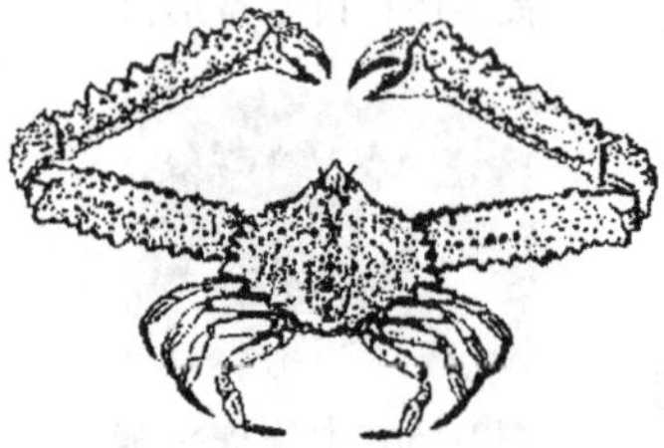
图2-176 强壮菱蟹

图2-177 四齿矶蟹

图2-178 虾蛄

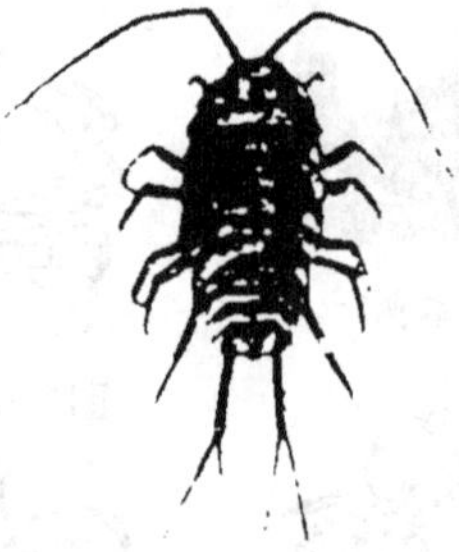
图2-179 海岸水虱

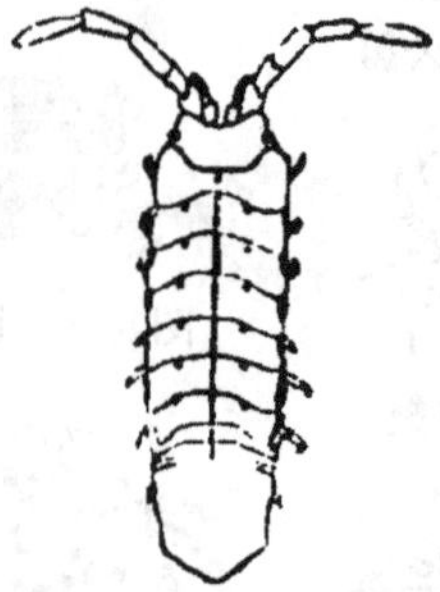
图2-180 拟棒鞭水虱

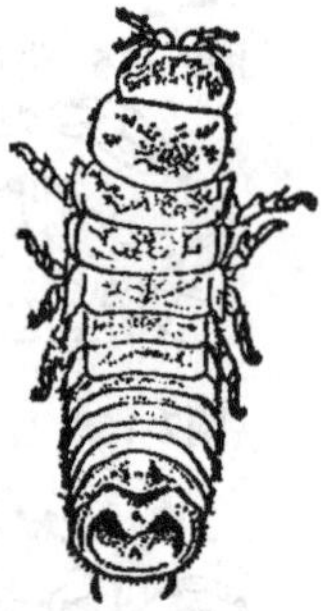
图2-181 日本蛀木水虱

图2-182 茗荷儿

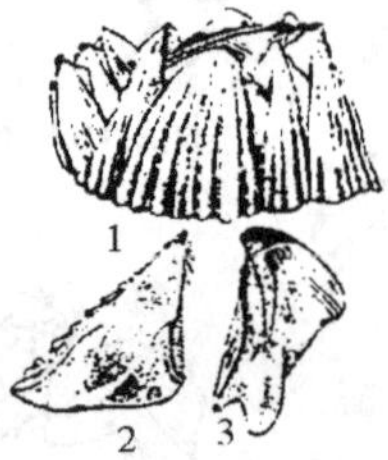
图2-183 白脊藤壶

图2-184 纹藤壶

图2-185 泥藤壶
1 外形 2 楯板内面
3 背板内面

图2-186 海蜘蛛

图2-187
海豆芽

图2-188
大海豆芽

图2-189 酸浆贝

图2-193 海盘车

图2-190 牡丹苔藓虫　图2-191 强壮箭虫　图2-192 肥胖箭虫　图2-194 海燕　图2-195 陶氏太阳海星　图2-196 砂海星

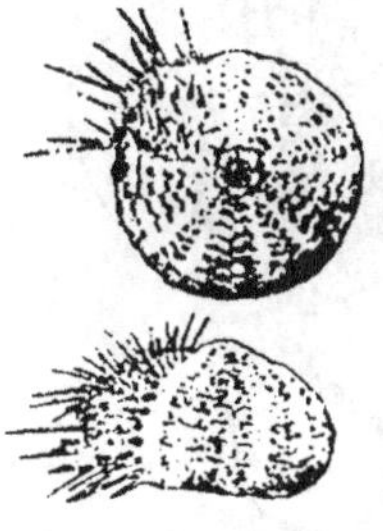

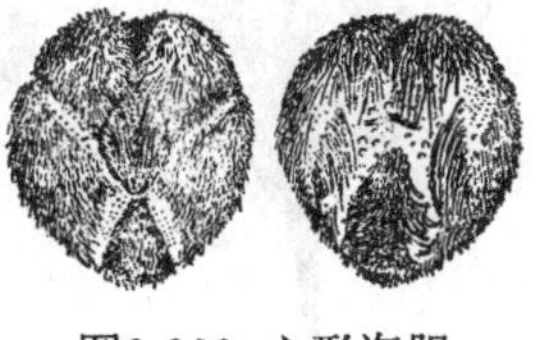

图2-199 马粪海胆　图2-200 心形海胆

图2-197 细雕刻肋海胆　图2-198 大连紫海胆

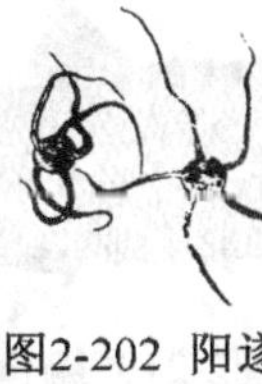
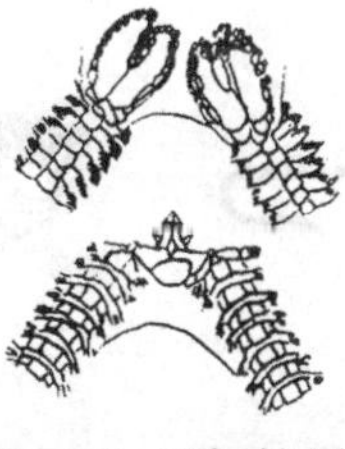

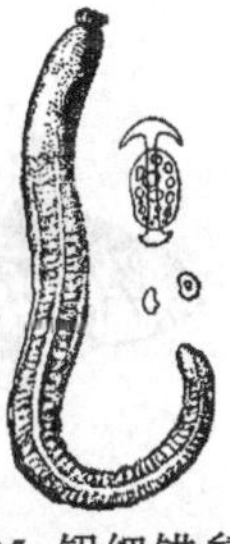

图2-201 马氏刺蛇尾　图2-202 阳遂足

图2-203 滩栖蛇尾　图2-204 刺参　图2-205 钮细锚参

上:辐楯 下:腕棘

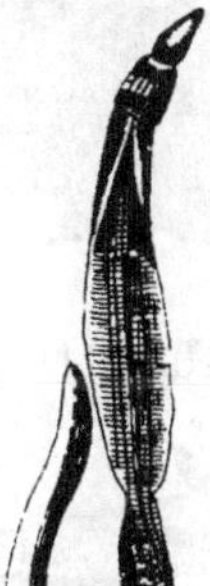

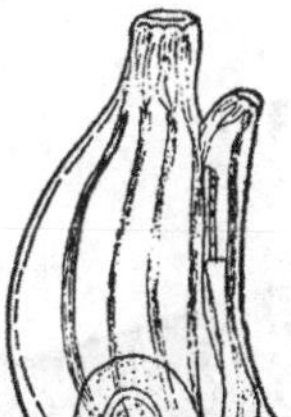
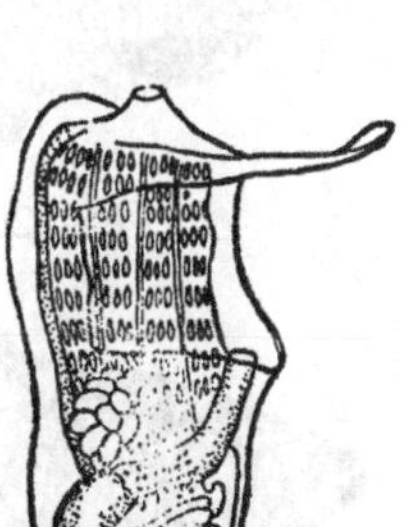

图2-206 海老鼠　图2-207 柱头虫　图2-208 柄海鞘　图2-209 玻璃海鞘　图2-210 拟菊海鞘

图2-211 扁头哈那鲨

图2-212 皱唇鲨

图2-213 锤头双髻鲨

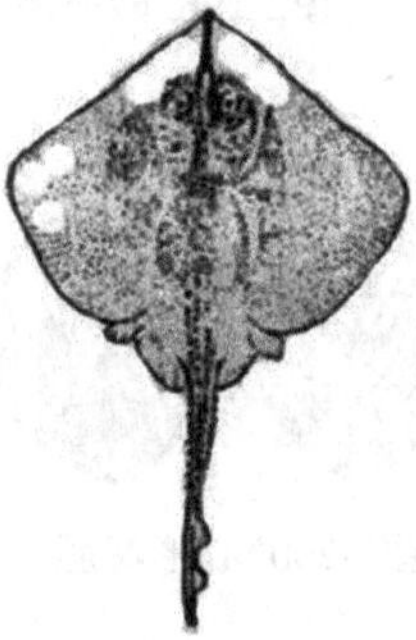

图2-214 孔鳐

图2-215 中国团扇鳐

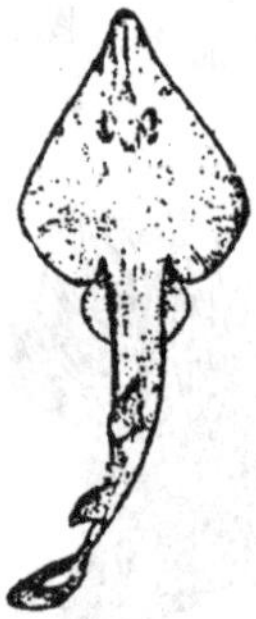

图2-216 许氏犁头鳐

图2-217 赤魟

图2-218 黑线银鲛

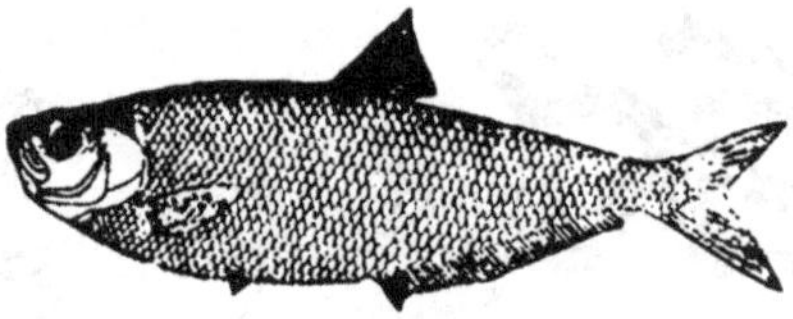

图2-219 鳓鱼

图2-220 青鳞鱼

图2-221 斑鰶

图2-222 鲥鱼

图2-223 凤鲚

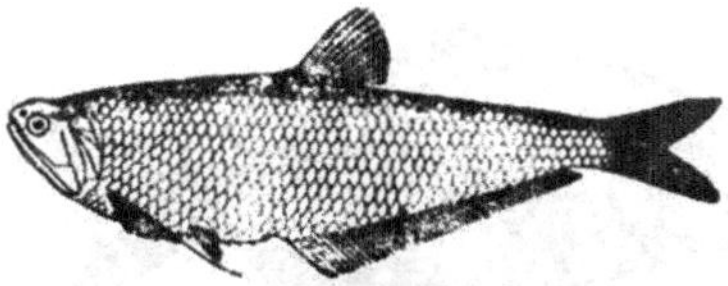

图2-224 黄鲫

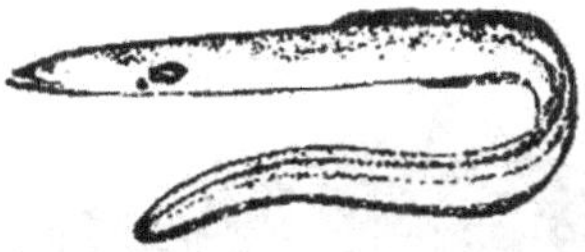

图2-225 鳗鲡

图2-226 海鳗

图2-227 鱵鱼

图2-228 颌针鱼

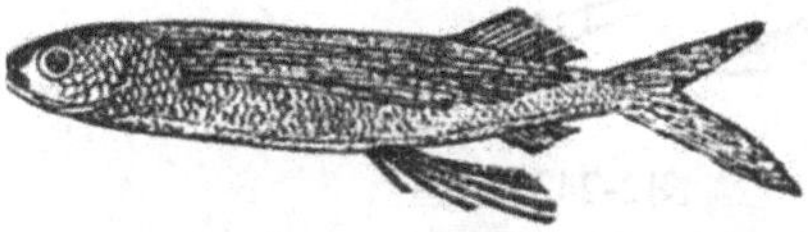

图2-229 燕鳐鱼

图2-230 鳕鱼

图2-231 海马

图2-232 海龙

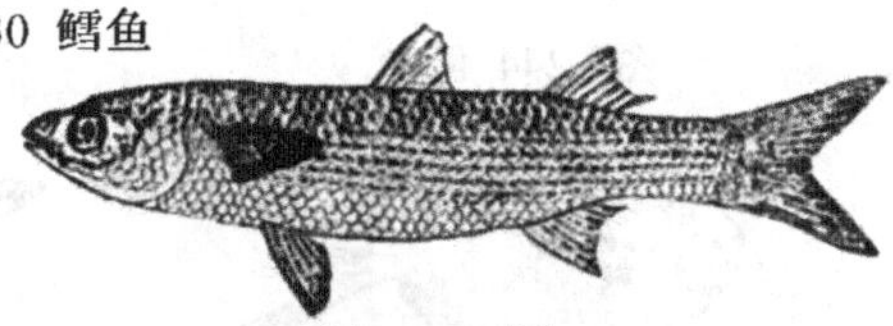

图2-233 鲻

图2-234 梭鲻

图2-235 鲈鱼

图2-236 小黄鱼

图2-237 大黄鱼

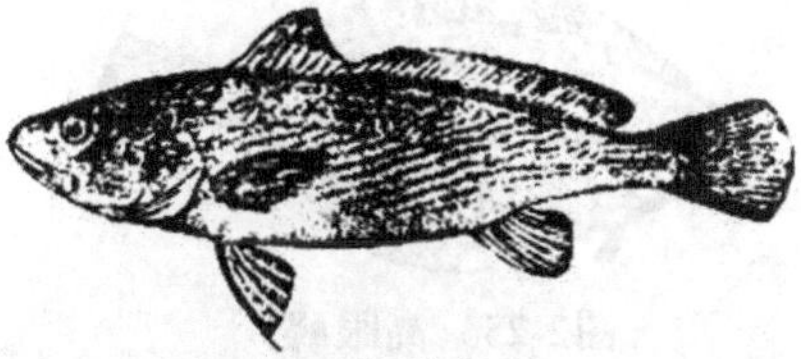

图2-238 黄姑鱼

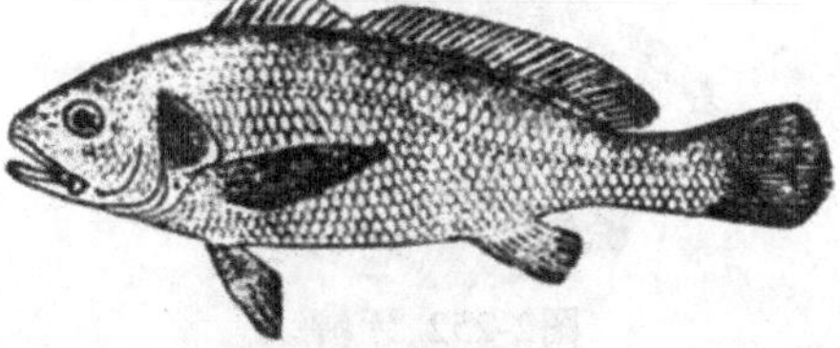

图2-239 白姑鱼

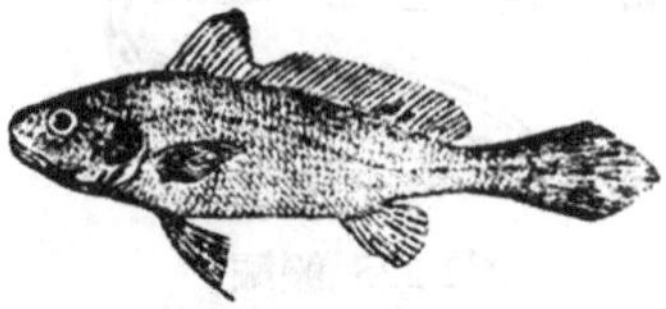

图2-240 叫姑鱼

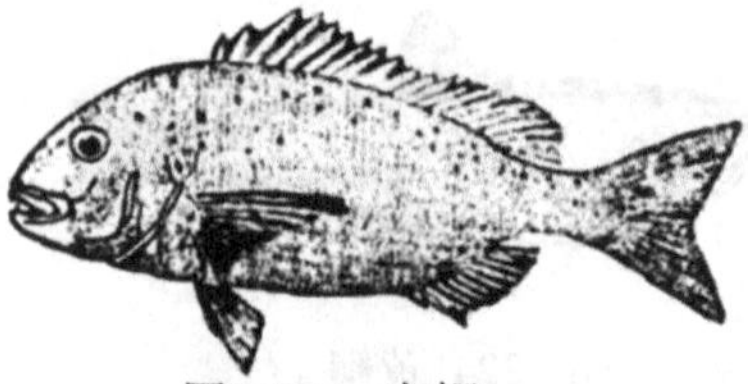

图2-241 真鲷

图2-242 黑鲷

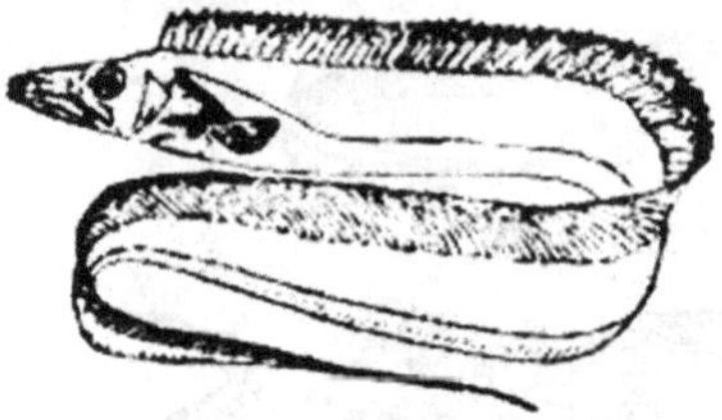

图2-243 带鱼

图2-244 鲐鱼

图2-245 蓝点鲅

图2-246 银鲳

图2-247 鲬

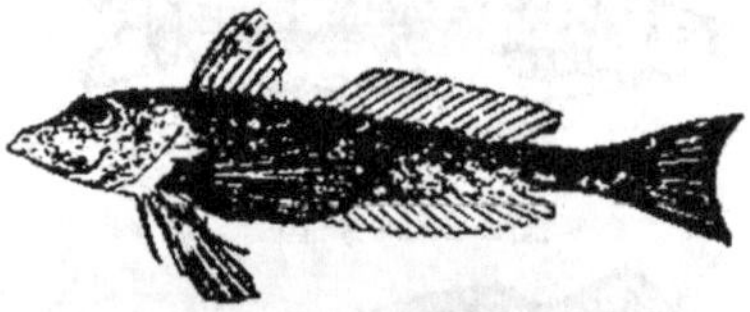

图2-248 绿鳍鱼

图2-249 红娘鱼

图2-250 绵鳚

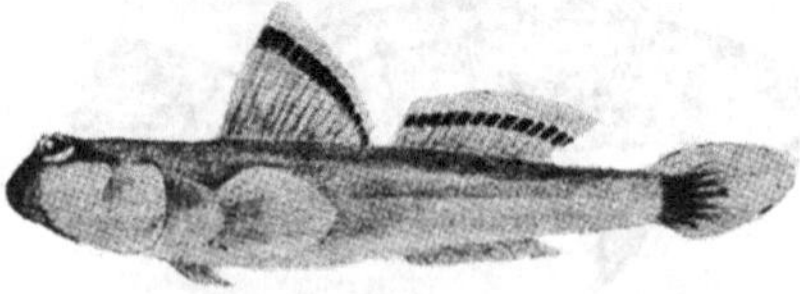

图2-251 弹涂鱼

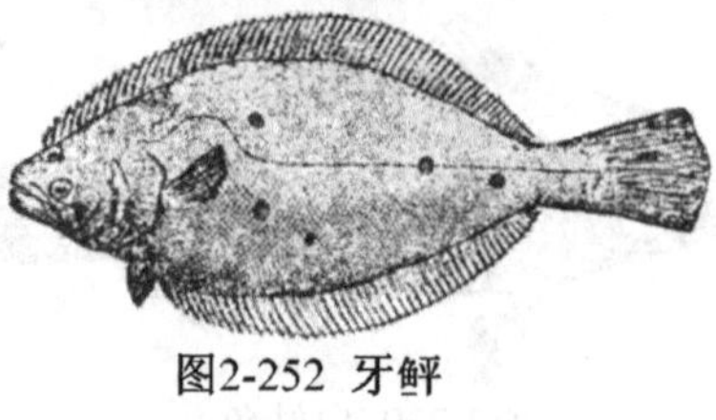

图2-252 牙鲆

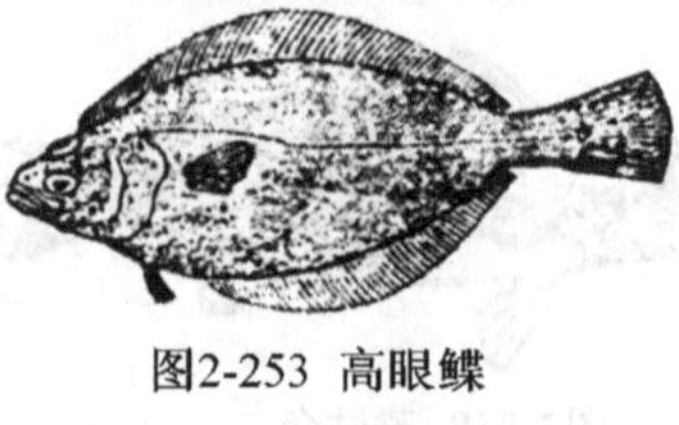

图2-253 高眼鲽

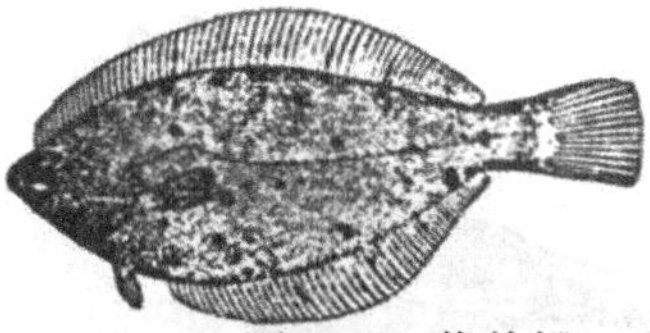
图2-254 黄盖鲽

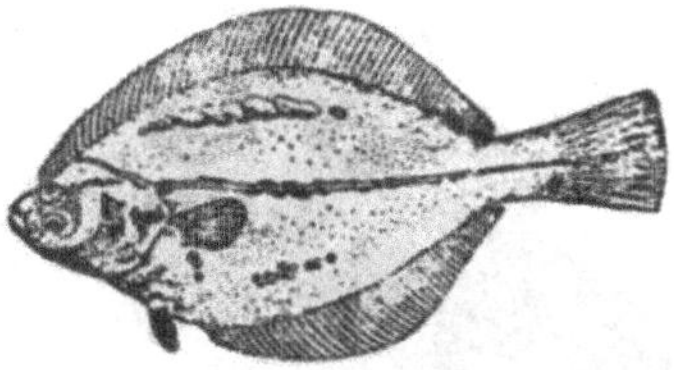
图2-255 石鲽

图2-256 条鳎

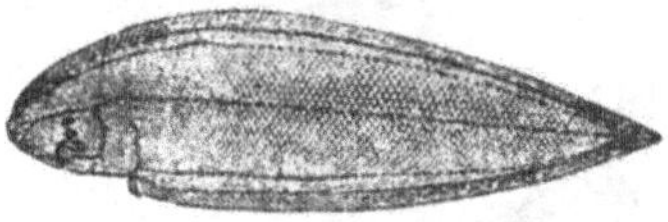
图2-257 半滑舌鳎

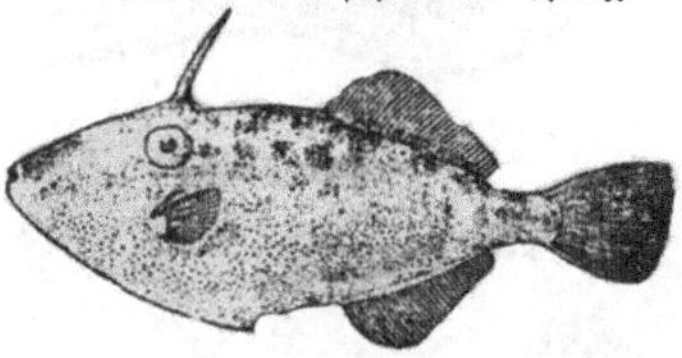
图2-258 绿鳍马面鲀

图2-259 虫纹东方鲀

图2-260 黄鮟鱇

图2-261 海龟

图2-262 玳瑁

图2-263 棱皮龟

图2-264 银鸥

图2-265 海鸥

图2-266 黑尾鸥

图2-267 红嘴鸥

图2-268 燕鸥

图2-269 白额燕鸥

图2-270 黑叉尾海燕

图2-271 白额鹱

图2-272 小须鲸

图2-273 海豚

图2-274 白鳍豚

图2-275 江豚

图2-276 海狗
左:成体 右:幼体

图2-277 海豹

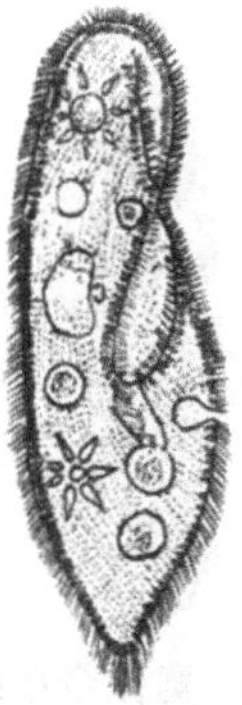

图3-1　尾草履虫

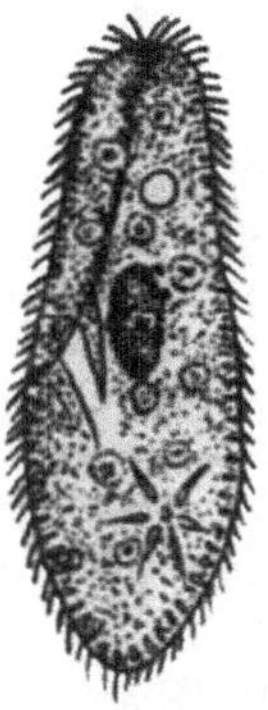

图3-2　双核草履虫

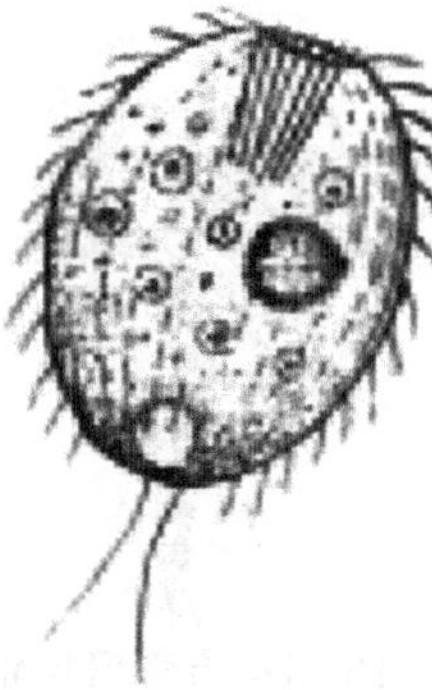

图3-3　双叉尾毛虫

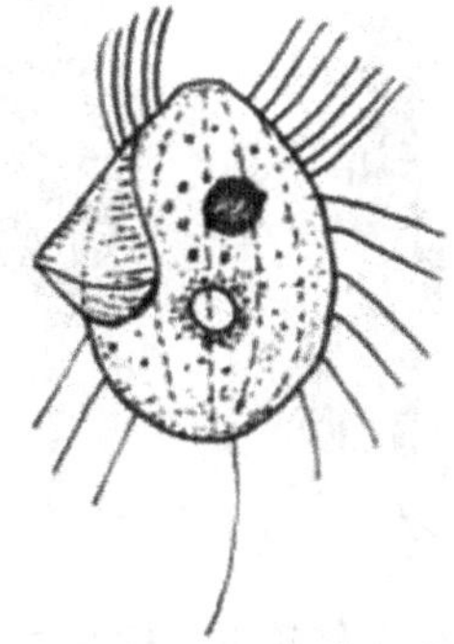

图3-4　苔藓膜袋虫

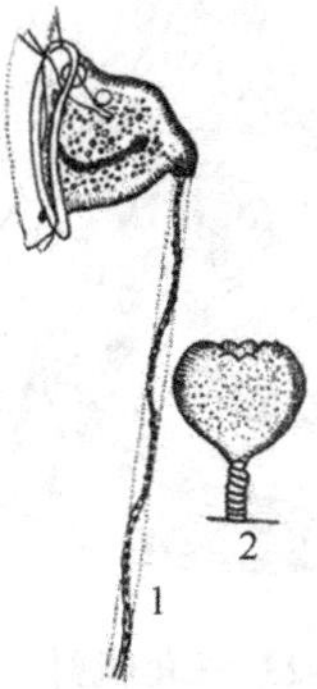

图3-5　钟钟虫
1.伸展的个体　2.收缩的个体

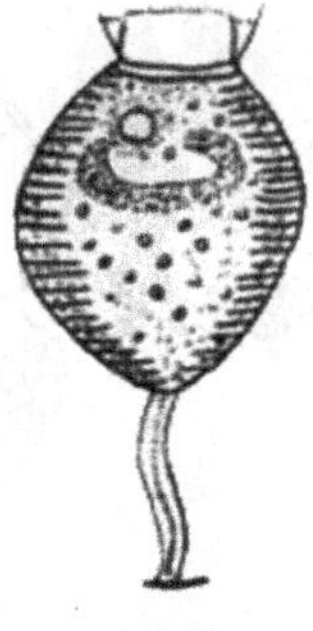

图3-6　缩钟虫

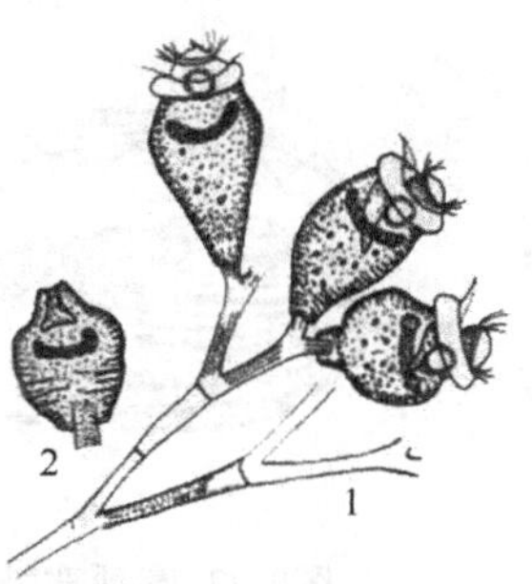

图3-7　瓶累枝虫
1.分枝的一部分　2.缩状态

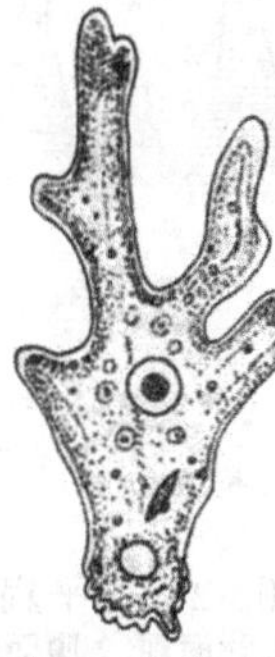

图3-8　大变形虫

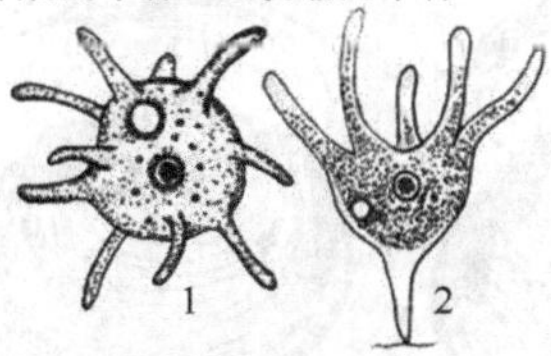

图3-9　珊瑚变形虫
1.平面观 2.直立观

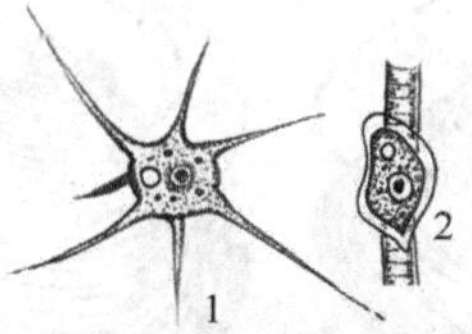

图3-10　辐射变形虫
1.正常状态　2.摄食时伪足已收缩

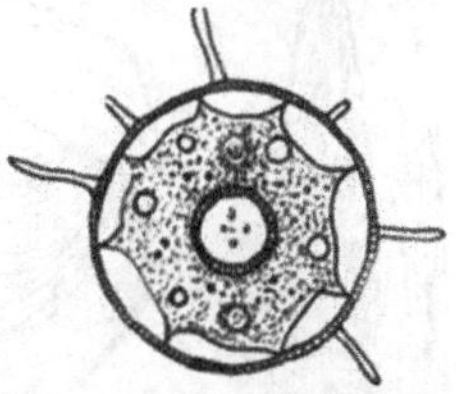

图3-11　普通表壳虫

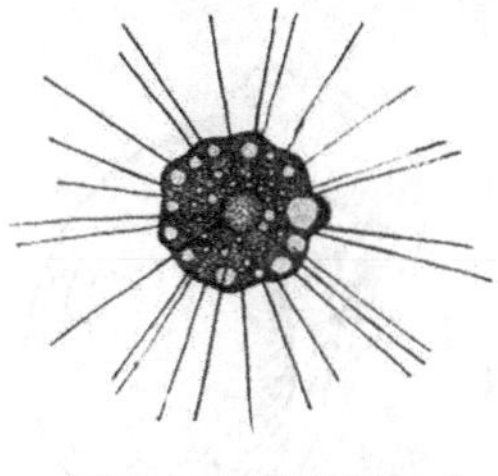

图3-12　放射太阳虫

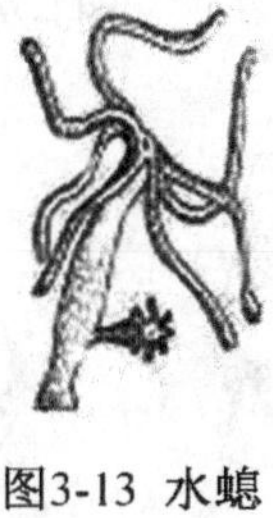

图3-13　水螅

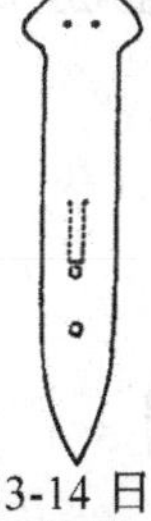

图3-14 日本三角涡虫

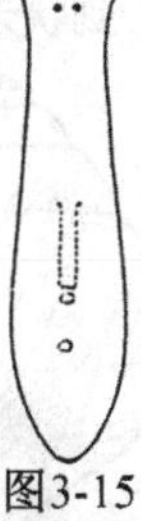

图3-15 山地细涡虫

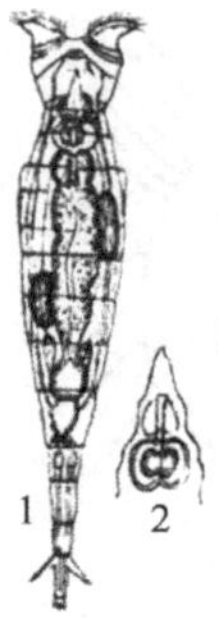

图3-16 转轮虫
1.背面 2.吻伸出的状态

图3-17 台杯鬼轮虫

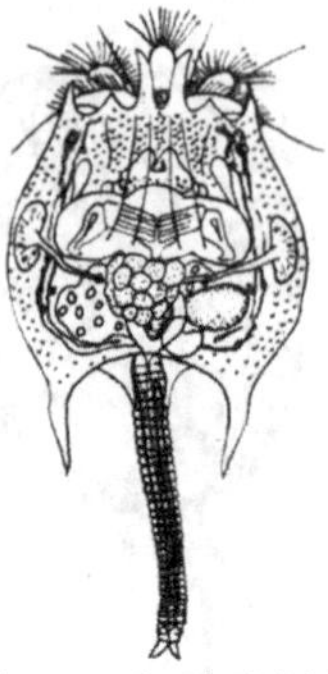

图3-18 方形臂尾轮虫

图3-19 日本医蛭

图3-20 宽体金线蛭

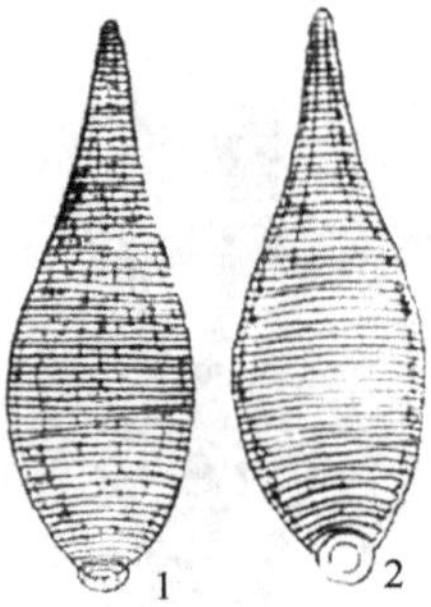

图3-21 腹平扁蛭
1.背面观 2.腹面观

图3-22 圆顶珠蚌

图3-23 三角帆蚌

图3-24 剑状矛蚌

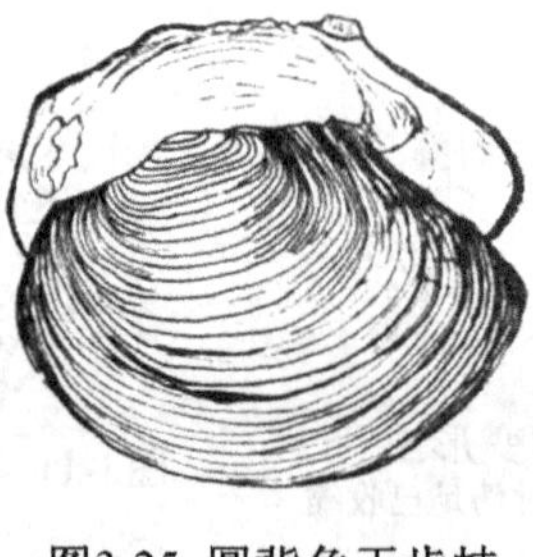

图3-25 圆背角无齿蚌

图3-26 河蚬

图3-27 湖球蚬

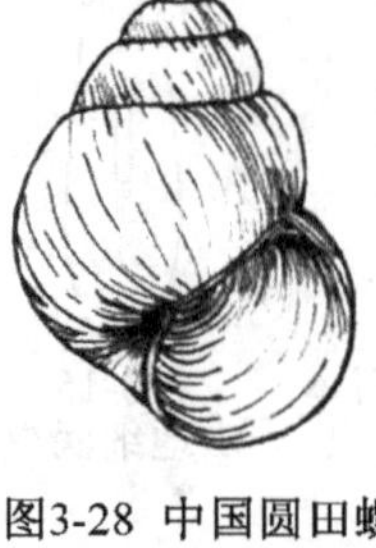

图3-28 中国圆田螺

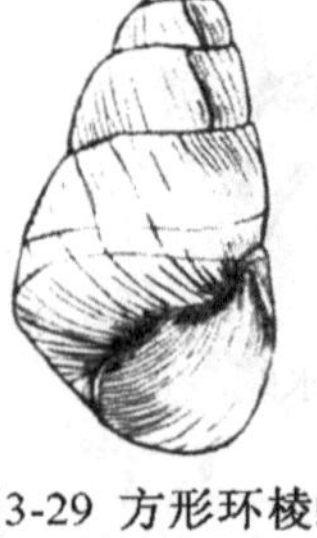

图3-29 方形环棱螺

图3-30 钉螺

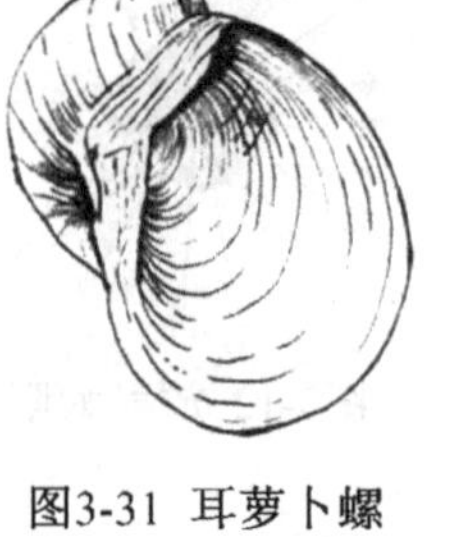

图3-31 耳萝卜螺

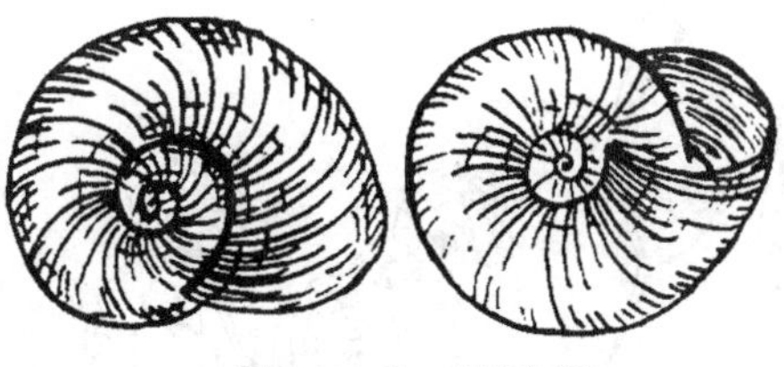

图3-32 尖口圆扁螺

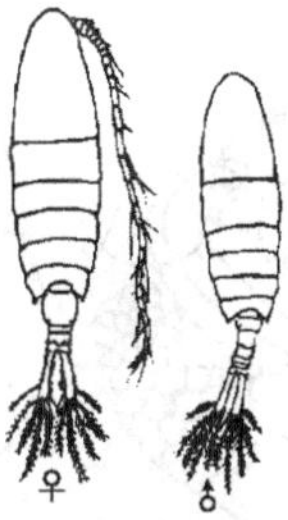

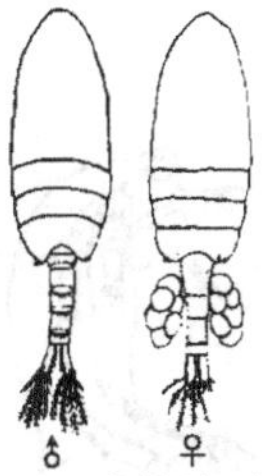

图3-33 汤匙华哲水蚤 图3-34 球状许水蚤

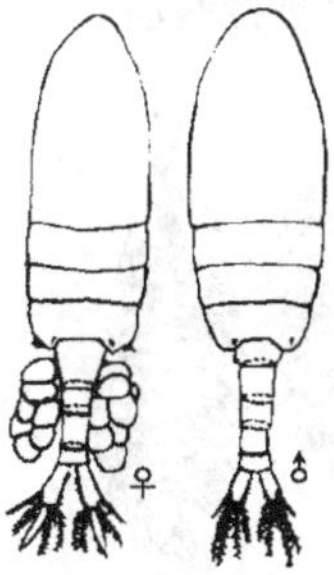

图3-35 指状许水蚤

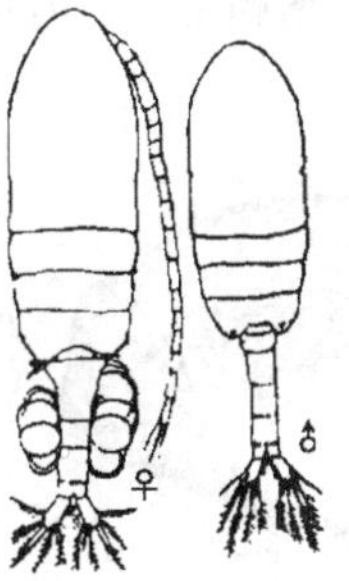

图3-36 模糊许水蚤

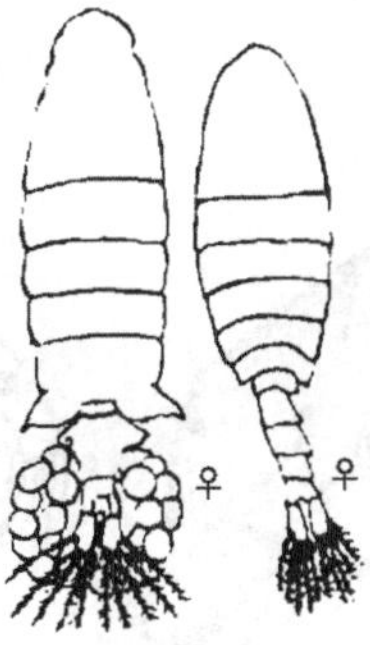

图3-37 翼突舌镖水蚤

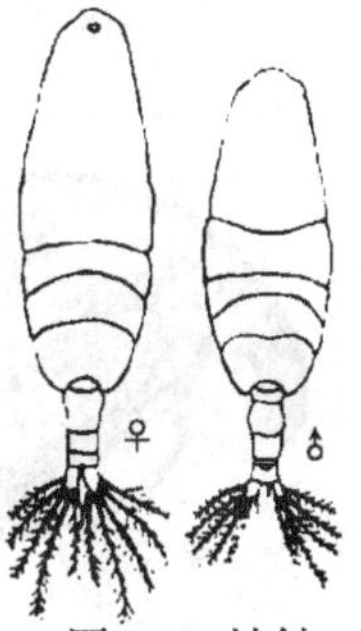

图3-38 披针纺锤水蚤

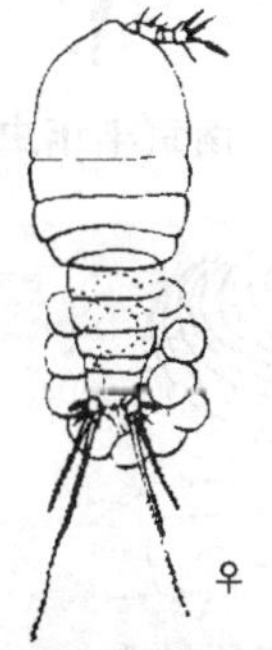

图3-39 秀刺小节猛水蚤

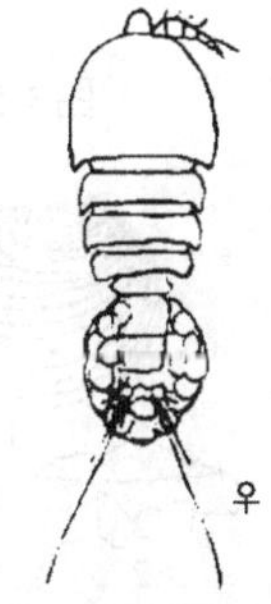

图3-40 同形拟猛水蚤

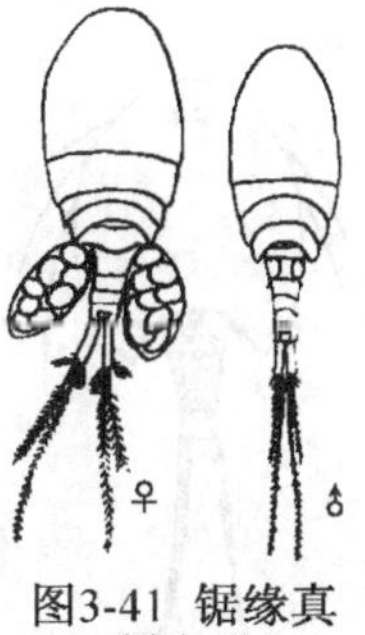

图3-41 锯缘真剑水蚤

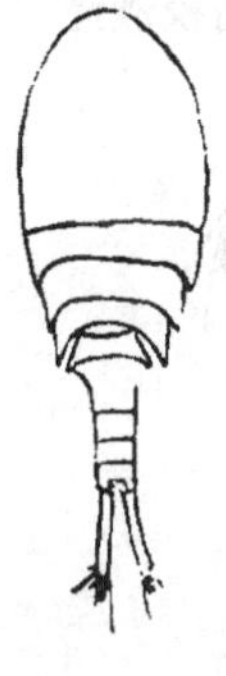

图3-42 大尾真剑水蚤

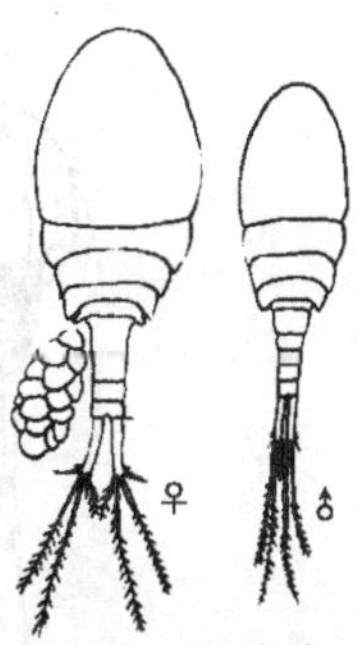

图3-43 锯齿真剑水蚤

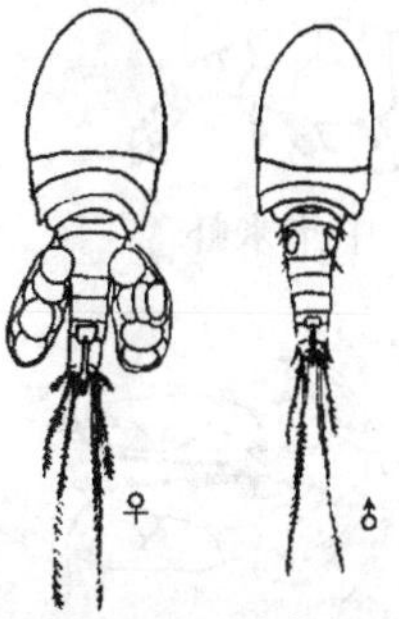

图3-44 近亲拟剑水蚤

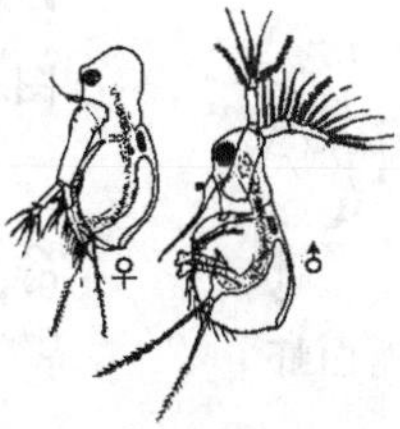

图3-45 短尾秀体溞

图3-46 长肢秀体溞

图3-47 寡刺秀体溞

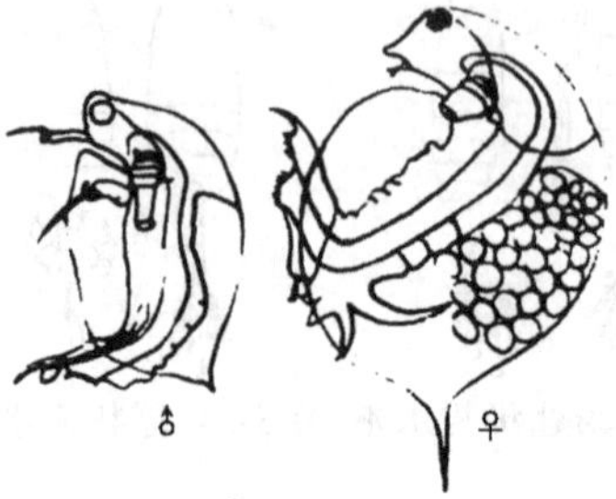

图3-48 大型溞

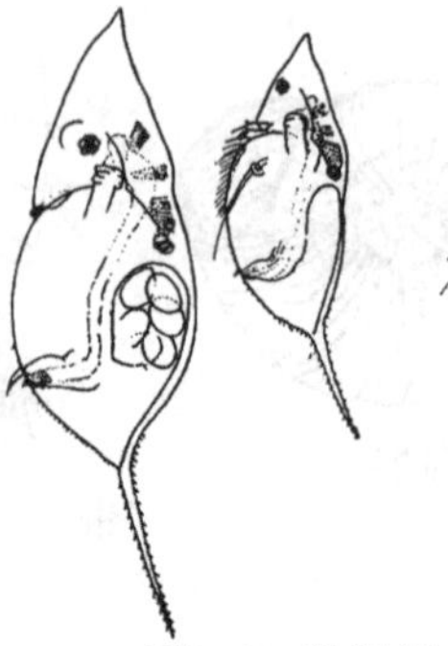

图3-49 僧帽溞

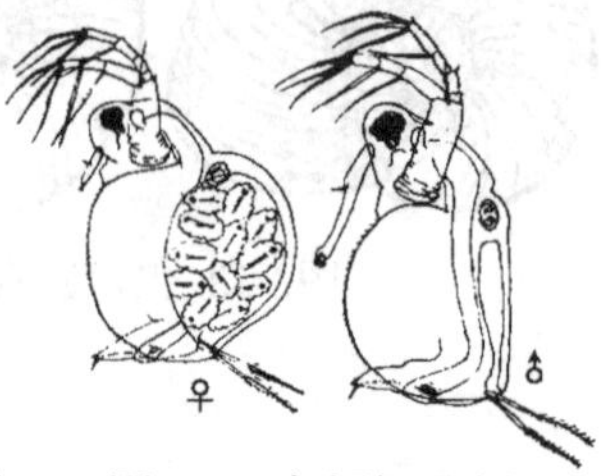

图3-50 直额裸腹溞

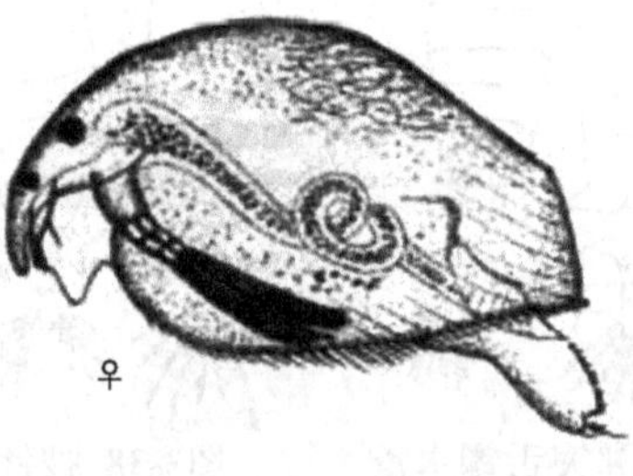

图3-51 镰角锐额溞

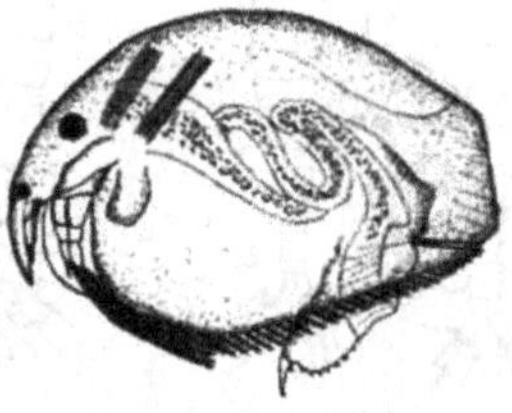

图3-52 小型锐额溞

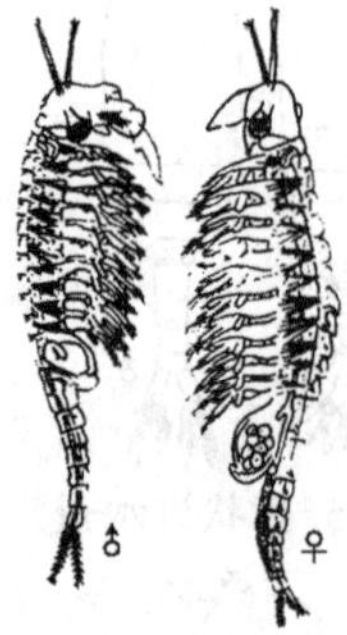

图3-53 南京丰年虫

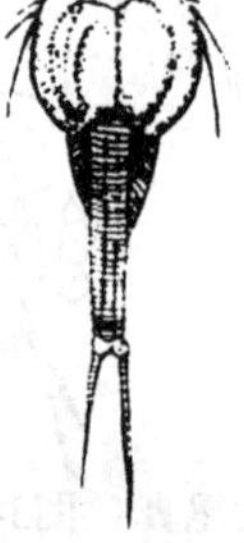

图3-54 丰盛鲎

图3-55 鲎

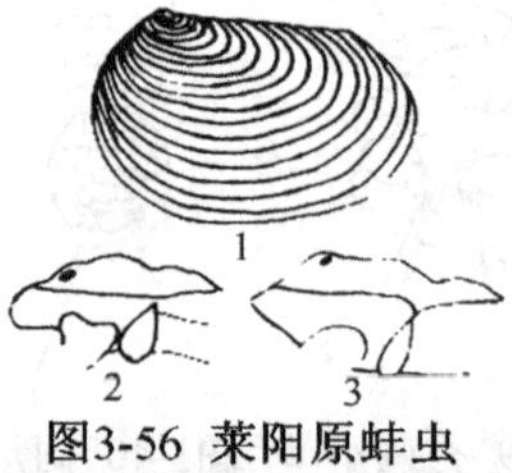

图3-56 莱阳原蚌虫
1.雄壳 2.雄性头部 3.雌性头部

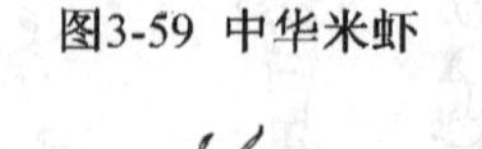

图3-59 中华米虾

图3-57 短腕白虾

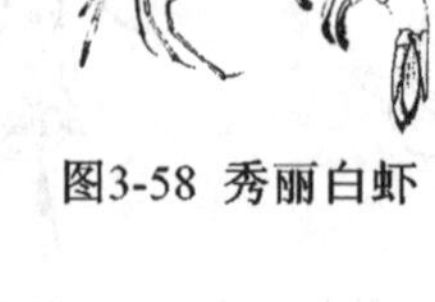

图3-58 秀丽白虾

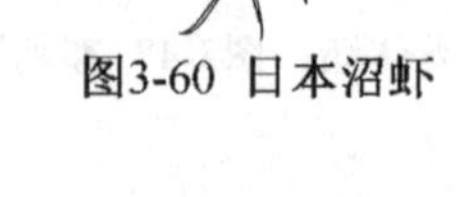

图3-60 日本沼虾

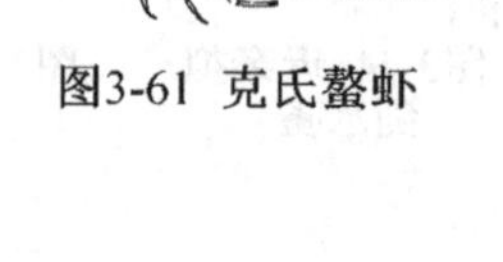

图3-61 克氏螯虾

图3-62 钩虾

图3-63 中华绒螯蟹

图3-64 红螯相手蟹

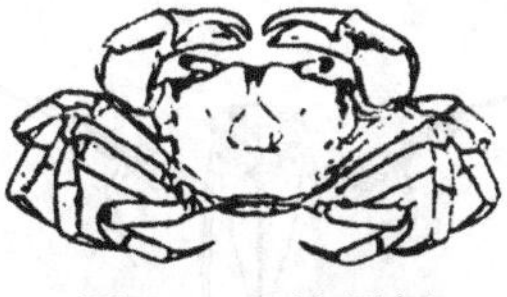

图3-65 天津厚蟹

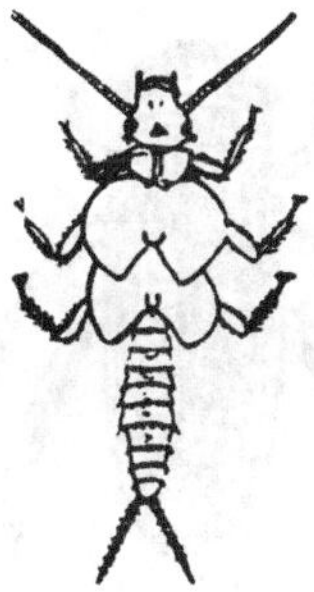

图3-66 绿石蝇

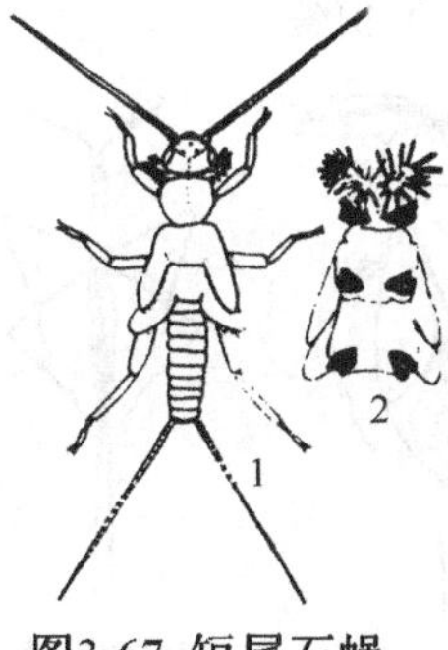

图3-67 短尾石蝇
1.稚虫背面观　2. 胸节腹面

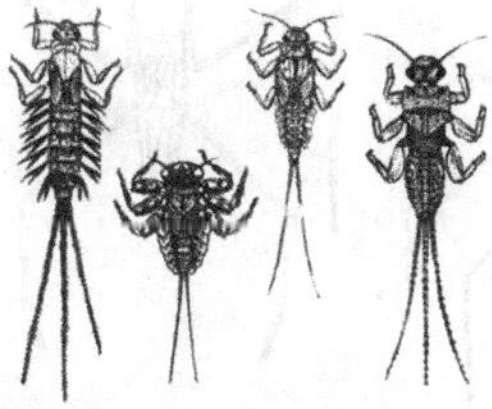

图3-68 蜉蝣

图3-69 台湾蜉蝣

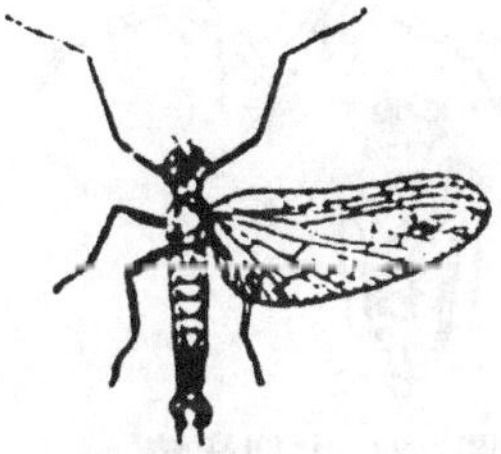

图3-70 二翼蜉

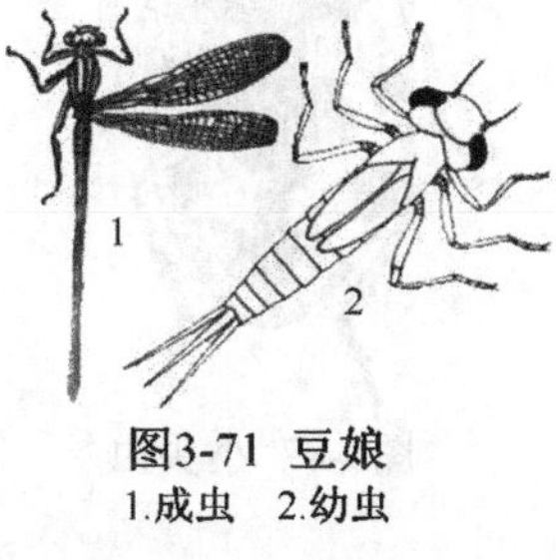

图3-71 豆娘
1.成虫　2.幼虫

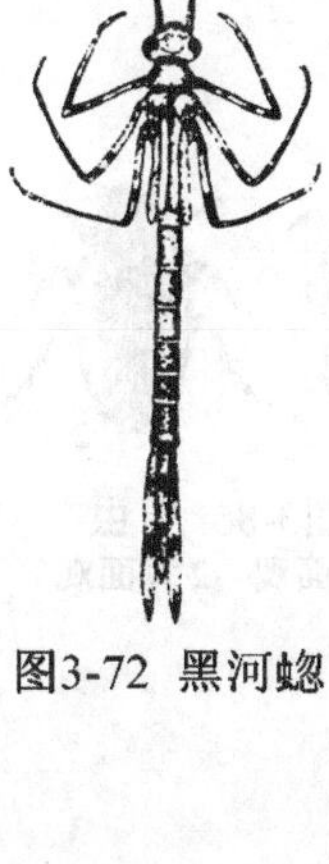

图3-72 黑河蟌

图3-73 箭蜓

图3-74 田鳖

图3-75 负子虫

图3-76 桂花蝉

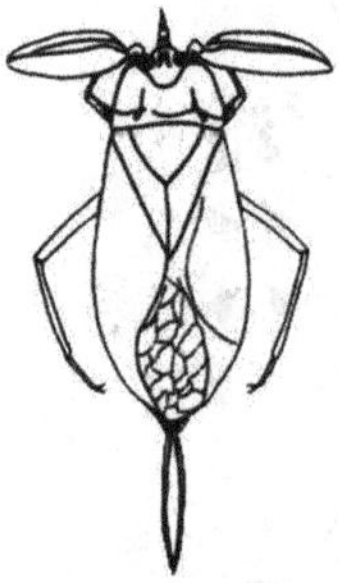

图3-77 蝎蝽

图3-78 螳蝽

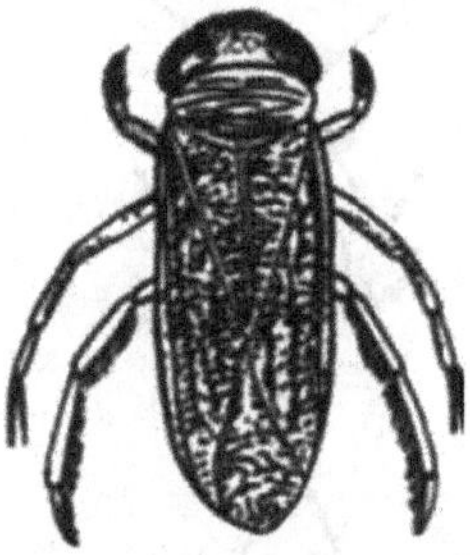

图3-79 小划蝽

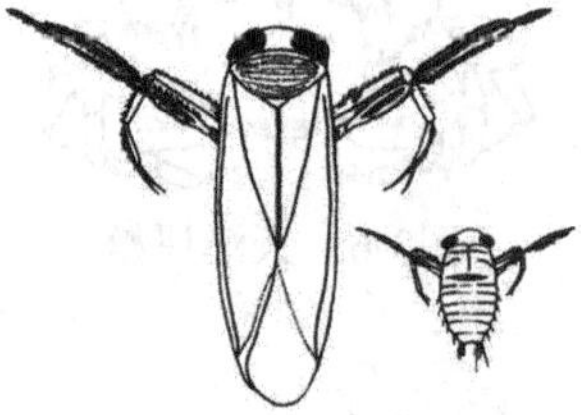

图3-80 划蝽

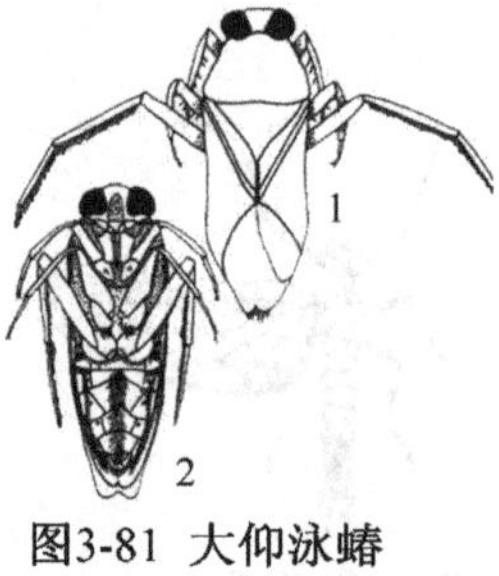

图3-81 大仰泳蝽
1.背面观　2.腹面观

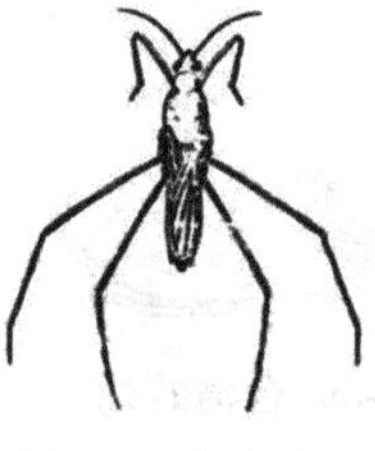

图3-82 背条水黾

图3-83 水黾

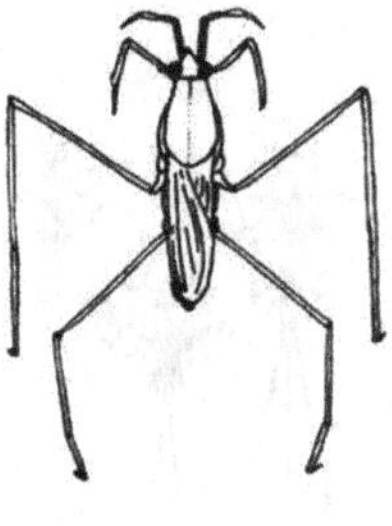

图3-84 水马虫

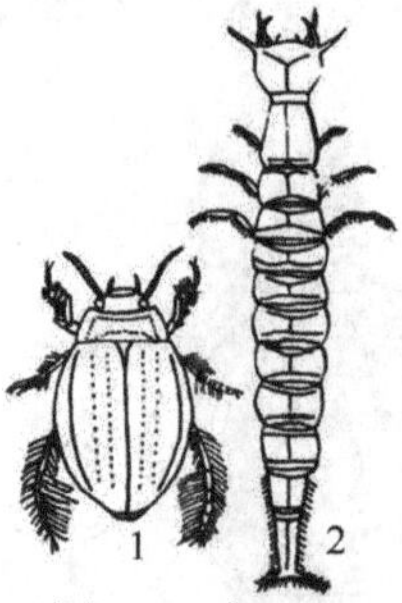

图3-85 龙虱
1.成虫　2.幼虫

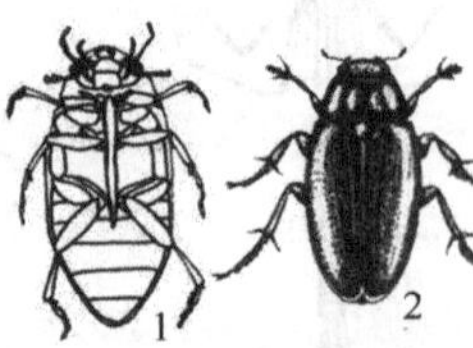

图3-86 牙虫
1.腹面观　2.背面观

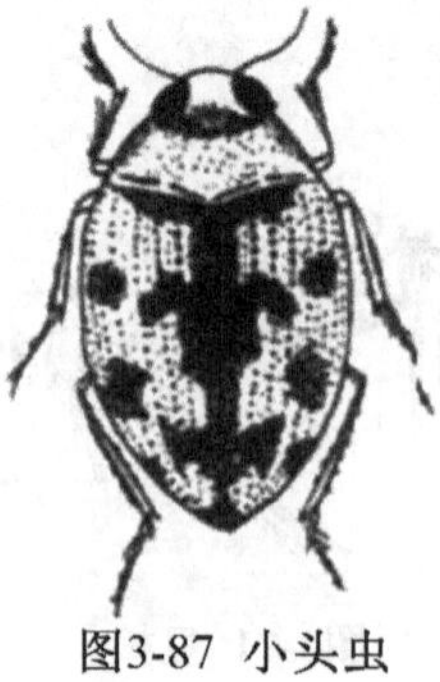

图3-87 小头虫

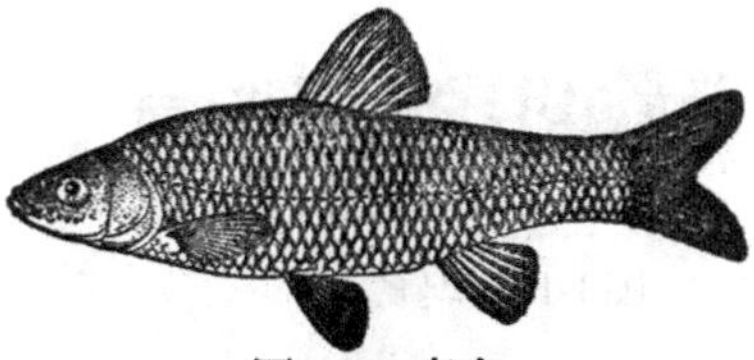
图3-88 青鱼

图3-89 草鱼

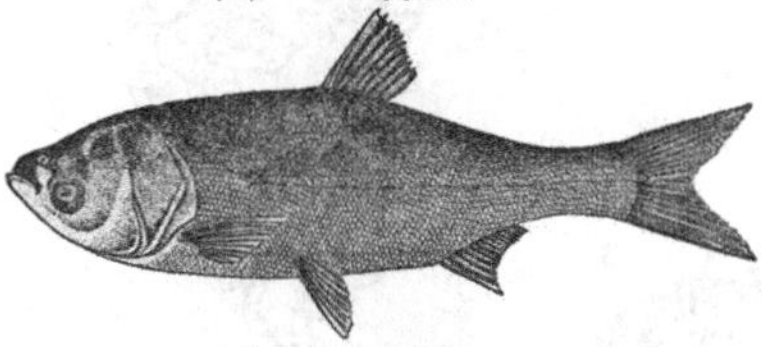
图3-90 鲢鱼

图3-91 鳙鱼

图3-92 鲤鱼

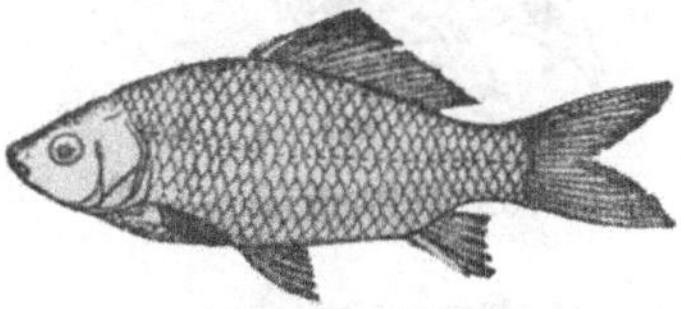
图3-93 鲫鱼

图3-94 鳊鱼

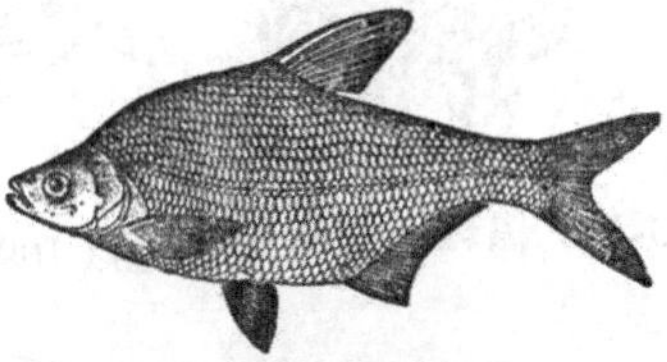
图3-95 团头鲂

图3-96 麦穗鱼

图3-97 红鳍鲌

图3-98 泥鳅

图3-99 鲇鱼

图3-100 黄颡鱼

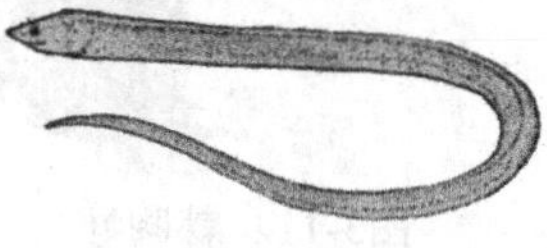
图3-101 黄鳝

图3-102 鳜鱼

图3-103 乌鳢

图3-104 中华鲟

图3-105 花背蟾蜍

图3-106 中华大蟾蜍

腹面观
图3-107 东方铃蟾

图3-108 黑斑（侧褶）蛙

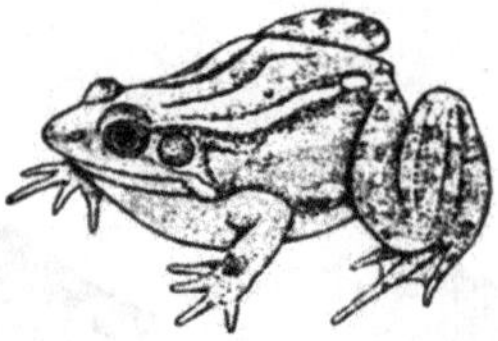
图3-109 金线（侧褶）蛙

图3-110 泽蛙

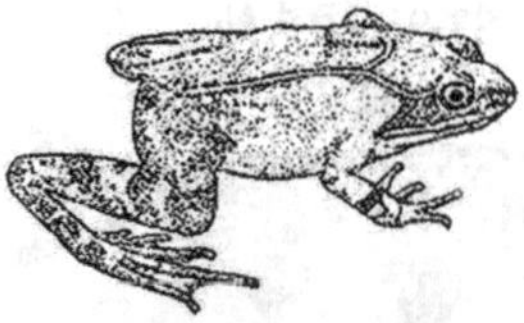
图3-111 中国林蛙

图3-112 日本林蛙

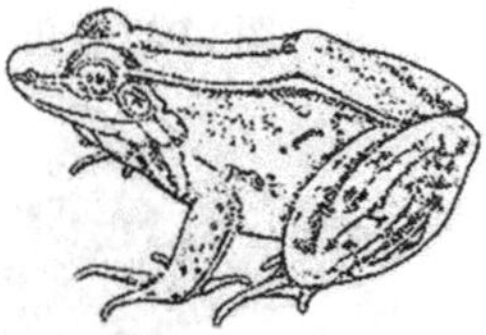
图3-113 沼蛙

图3-114 棘胸蛙

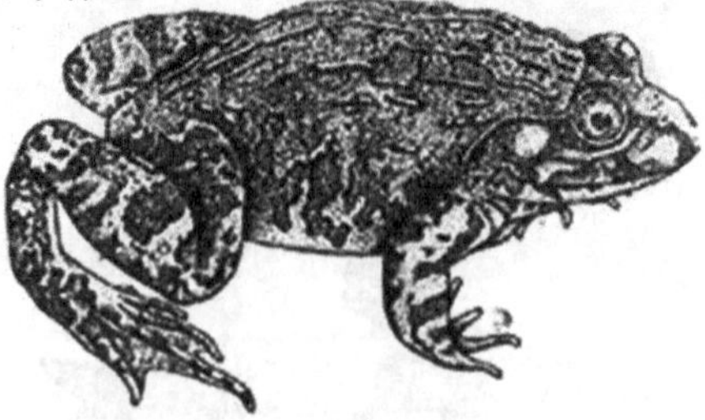
图3-115 虎纹蛙

图3-116 北方狭口蛙

图3-117 饰纹姬蛙

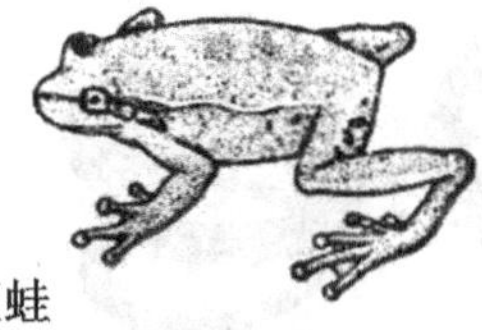
图3-118 中国雨蛙

图3-119 斑腿树蛙

图3-120 红蹼树蛙

图3-121 崇安髭蟾

图3-122 大鲵

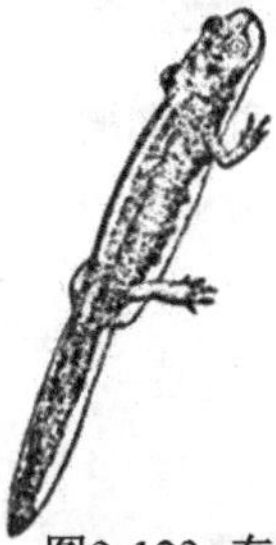
图3-123 东方蝾螈

图3-124 乌龟

图3-125 鳖

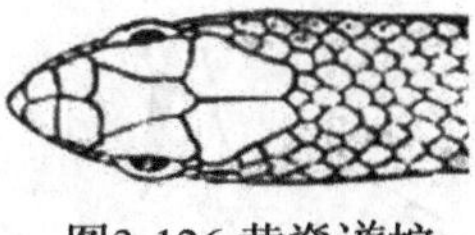
图3-126 黄脊游蛇

图3-127 虎斑游蛇

图3-128 赤链蛇

图3-129 红点锦蛇

图3-130 白条锦蛇

图3-131 黑眉锦蛇

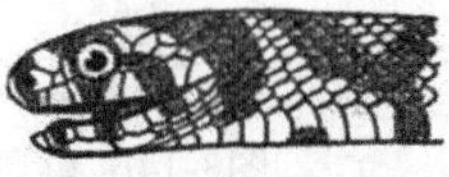
图3-132 玉斑锦蛇

图3-133 中国水蛇

图3-134 腹蛇

图3-135 竹叶青

图3-136 眼镜蛇

图3-137 银环蛇

图3-138 小䴙䴘

图3-139 鸬鹚

图3-140 斑嘴鹈鹕

图3-141 苍鹭

图3-142 大白鹭

图3-143 夜鹭

图3-144 池鹭

图3-145 绿鹭

图3-146 黄斑苇鳽

图3-147 白鹳

图3-148 黑鹳

图3-149 豆雁

图3-150 鸿雁

图3-151 大天鹅

图3-152 赤麻鸭

图3-153 花脸鸭

图3-154 绿头鸭

图3-155 斑嘴鸭

图3-156 鸳鸯

图3-157 中华秋沙鸭

图3-158 丹顶鹤

图3-159 灰鹤

图3-160 骨顶鸡

图3-161 黑水鸡

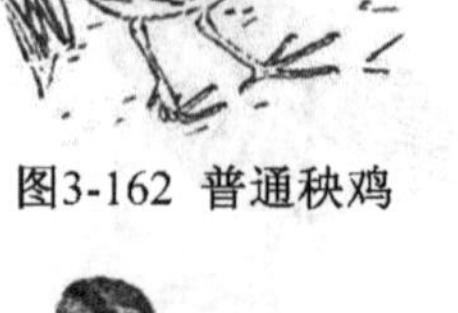
图3-162 普通秧鸡

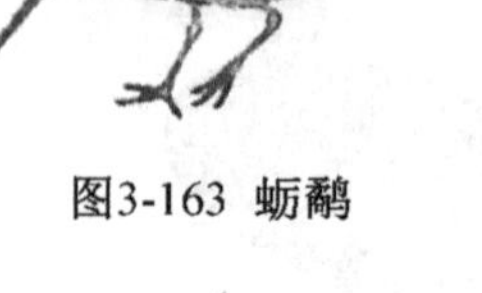
图3-163 蛎鹬

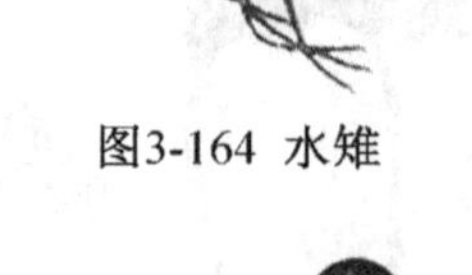
图3-164 水雉

图3-165 金眶鸻

图3-166 凤头麦鸡

图3-167 白腰杓鹬

图3-168 白腰草鹬

图3-169 扇尾沙锥

图3-170 矶鹬

图3-171 普通燕鸻

图3-172 黑翅长脚鹬

图3-173 普通翠鸟

图3-174 蓝翡翠

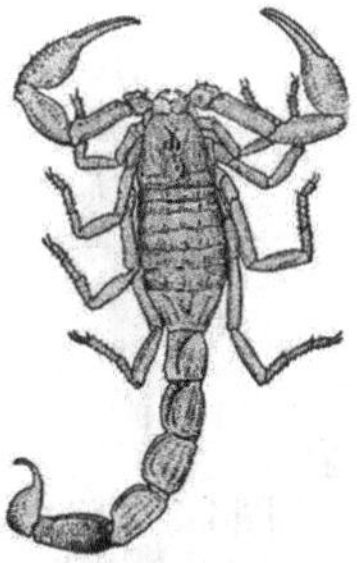

图4-1 东亚钳蝎

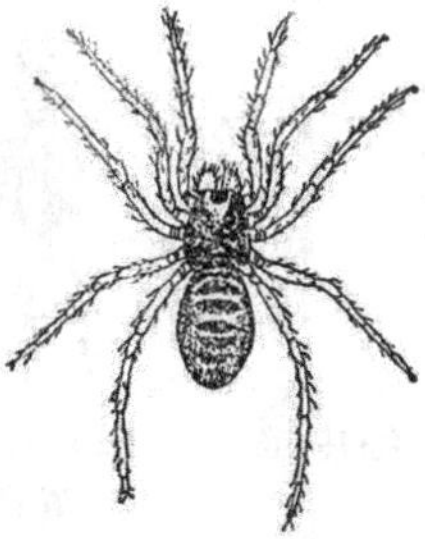

图4-2 七纺器蛛

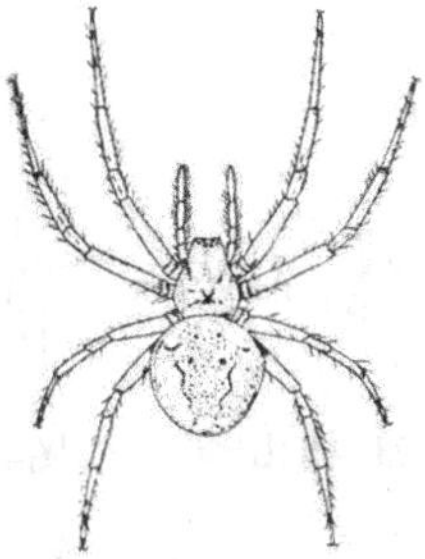

图4-3 大腹圆蛛

图4-4 漏斗网蛛

图4-5 跳蛛

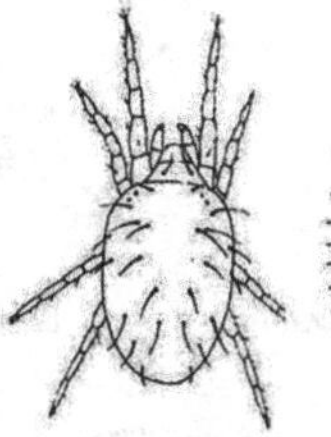

图4-6 棉红蜘蛛

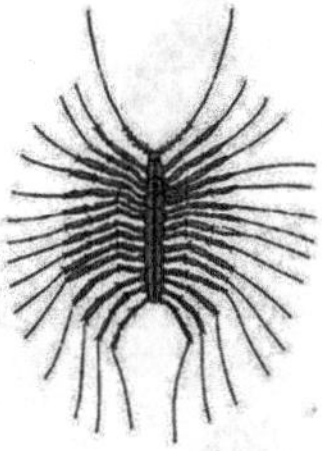

图4-9 大蚰蜒

图4-10 双斑圆臀大蜓

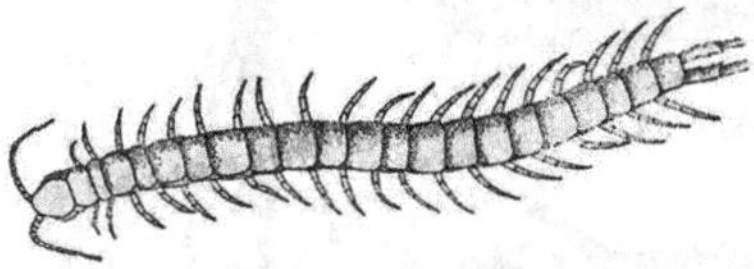

图4-7 少棘蜈蚣

图4-8 马陆

图4-11 异色灰蜻

图4-12 半黄赤蜻

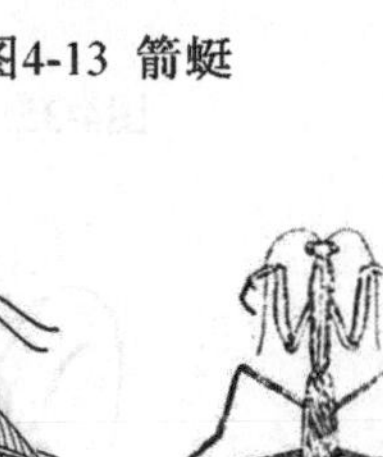

图4-13 箭蜓

图4-14 六色蟌

图4-15 黑色蟌

图4-16 绿腹色蟌

图4-17 螳螂

图4-18 大刀螂

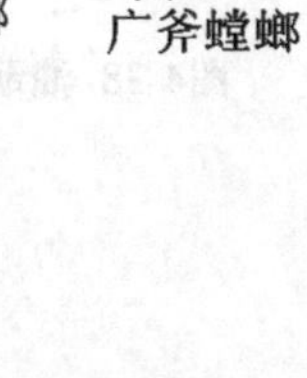

图4-19
广斧螳螂

图4-20 短肛䗛

图4-21 槐山䗛

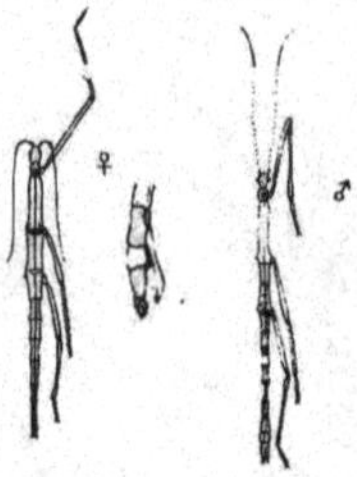
图4-22 细皮䗛

图4-23 日本黄脊蝗

图4-24 隆额网翅蝗

图4-25 山东雏蝗

图4-26 红褐斑腿蝗

图4-27 东亚飞蝗

图4-28 大青蝗

图4-29 黄胫小车蝗

图4-30 中华稻蝗

图4-31 笨蝗

图4-33 中华负蝗

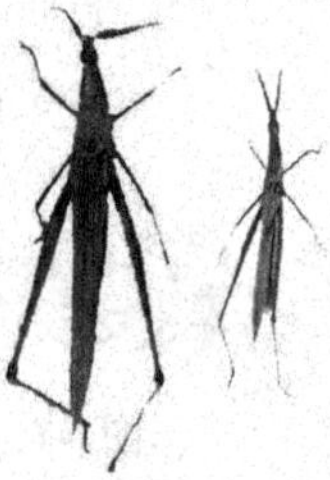
图4-32 中华蚱蜢
左:雌 右:雄

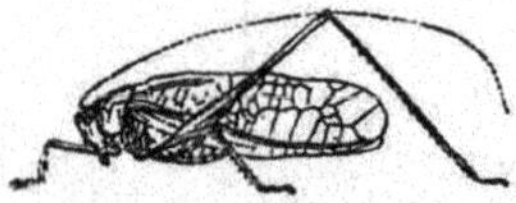
图4-34 纺织娘

图4-35 土蝈蝈

图4-36 懒螽

图4-37 斗蟋

图4-38 油葫芦

图4-39 姬蟋蟀

图4-40 非洲蝼蛄

图4-41 华北蝼蛄

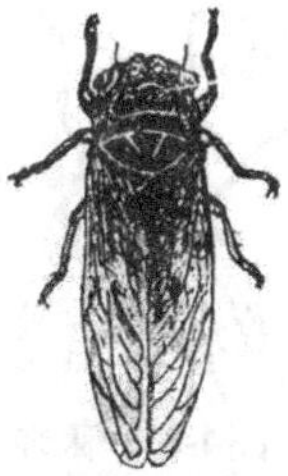
图4-42 蚱蝉

图4-44 稻沫蝉

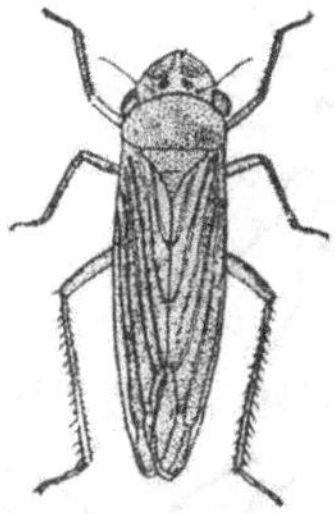
图4-45 大青叶蝉

图4-46 二点叶蝉

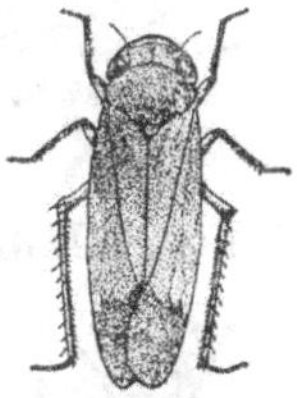
图4-47 黑尾叶蝉

图4-43 蟪蛄

图4-48 斑衣蜡蝉

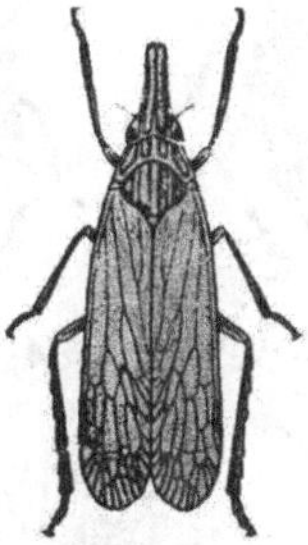
图4-49 象蜡蝉

图4-50 稻褐飞虱

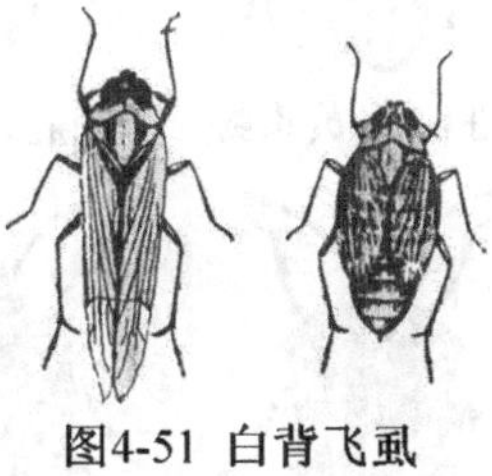
图4-51 白背飞虱
左:有翅 右:无翅

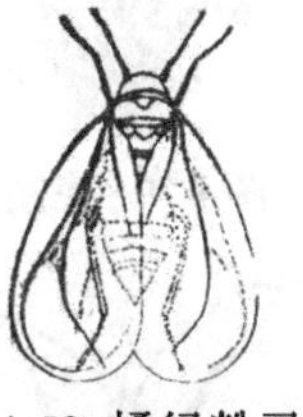
图4-52 橘绿粉虱

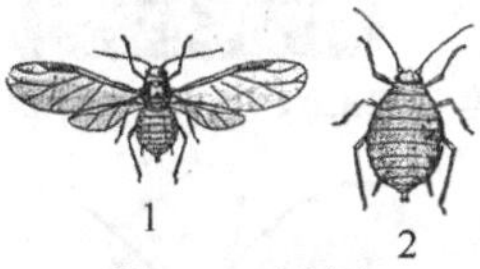

图4-53 棉蚜
1.有翅　2.无翅

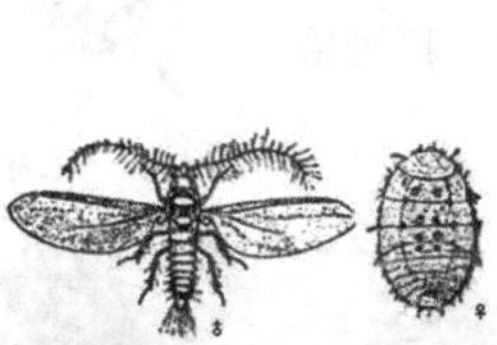

图4-54 吹绵蚧壳虫

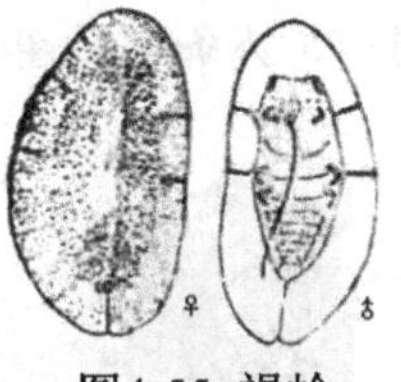

图4-55 褐蚧

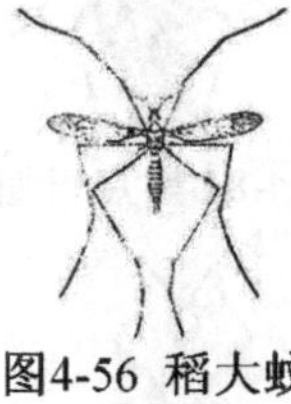
图4-56 稻大蚊

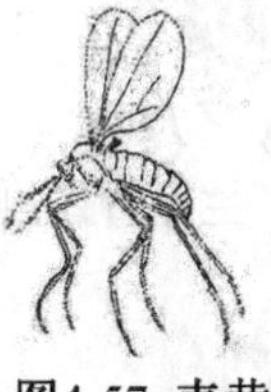
图4-57 麦黄吸浆虫

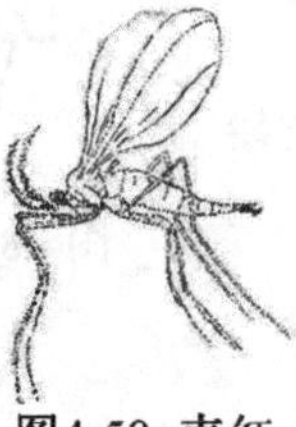
图4-58 麦红吸浆虫

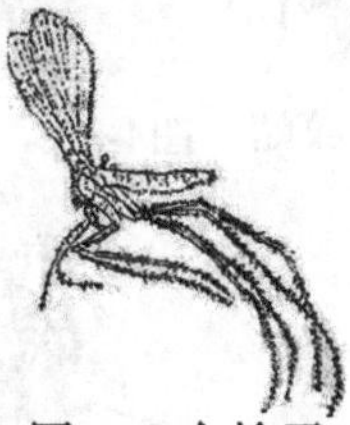
图4-59 白蛉子

图4-60 稻摇蚊

图4-64（黑带）食蚜蝇

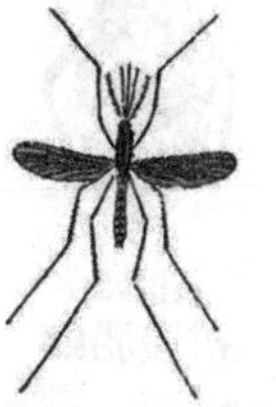
图4-61 中华按蚊

图4-62 牛虻

图4-63 食虫虻

图4-65 麦杆蝇

图4-66 豌豆潜叶蝇

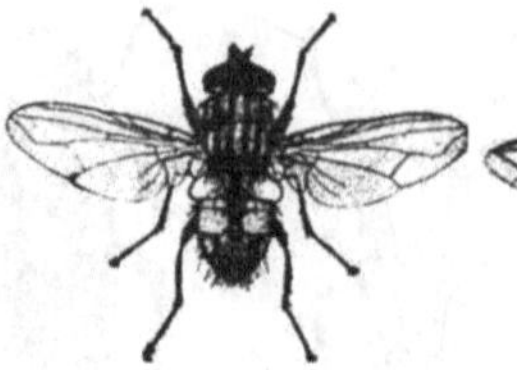
图4-67 舍蝇

图4-68 红头丽蝇

图4-69 麻蝇

图4-70 黄果蝇

图4-71 硕蝽

图4-72 大臭蝽

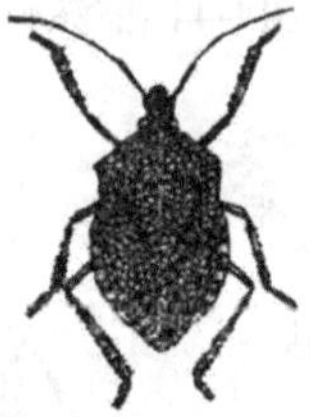
图4-73 麻皮蝽

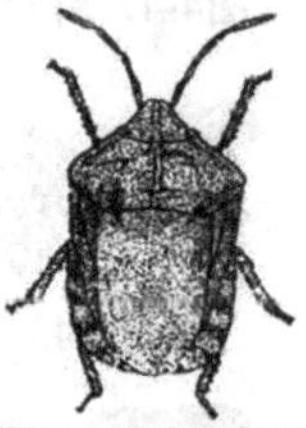
图4-74 稻盾蝽

图4-75 赤条蝽

图4-76 稻黑蝽

图4-77 二星蝽

图4-78 金绿宽盾蝽

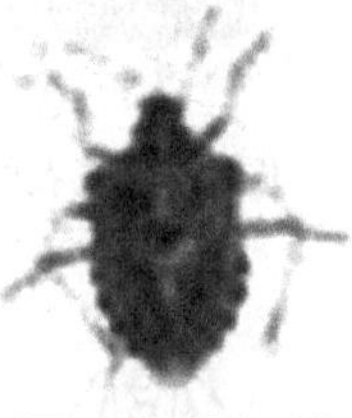
图4-79 茶翅蝽

图4-80 弯角蝽

图4-81 菜蝽

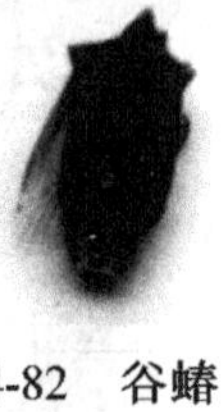
图4-82 谷蝽

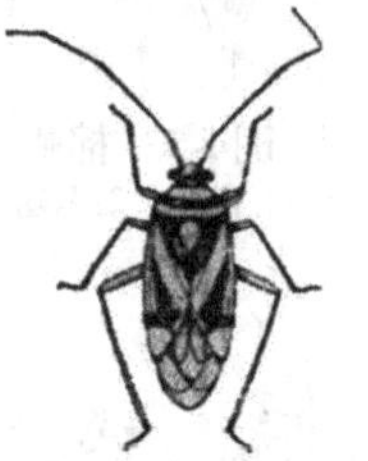
图4-83 三点盲蝽

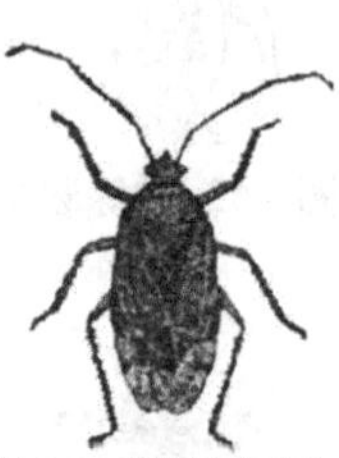
图4-84 黑点盲蝽

图4-85
稻蛛缘蝽

图4-86 点蜂缘蝽

图4-87 环斑猛猎蝽

图4-88 黑红猎蝽

图4-89
裙腹猎蝽

图4-90 黄腹粉蛉

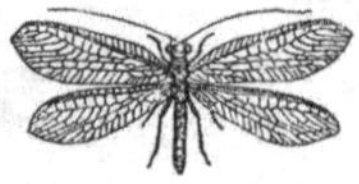
图4-91 丽草蛉

图4-92 大草蛉

图4-93 中华草蛉

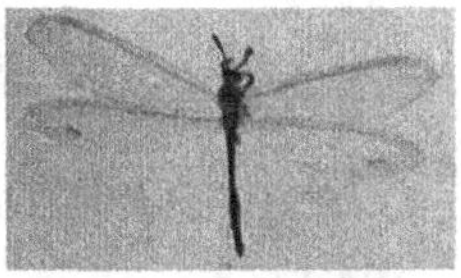
图4-94 条斑次蚁蛉

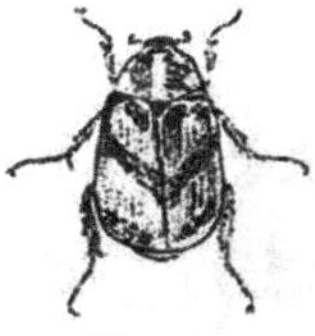
图4-95
黑绒金龟

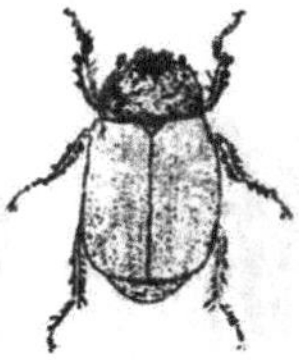
图4-96 大黑鳃金龟

图4-97
华头脊金龟

图4-98
鲜黄鳃金龟

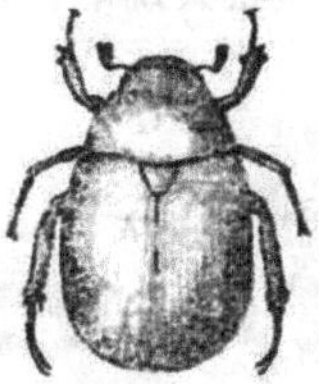
图4-99 铜绿丽金龟

图4-100
亮绿彩丽金龟

图4-101
无斑丽金龟

图4-102 单色花金龟

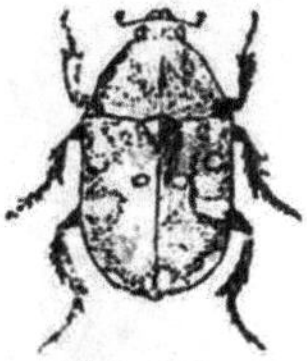
图4-103
小青花潜

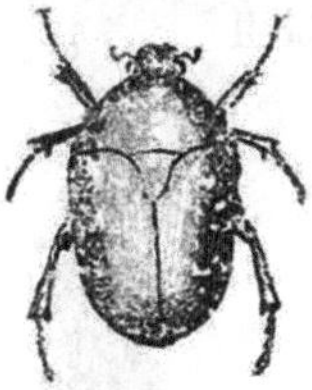
图4-104
白星花潜

图4-105
鹿角花金龟

图4-106 栗山天牛

图4-107
黄带蓝天牛

图4-108 光肩星天牛

图4-109 星天牛

图4-110
二斑黑绒天牛

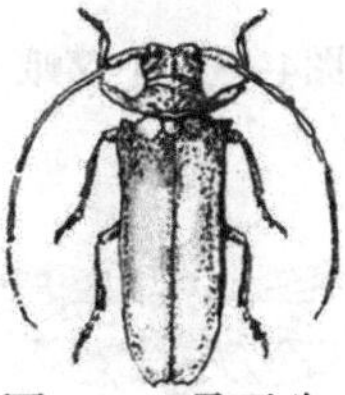
图4-111 桑天牛

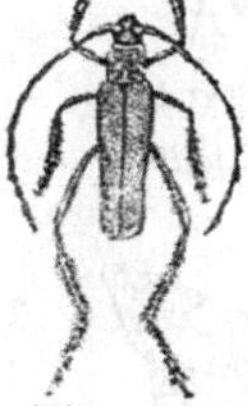
图4-112
皱绿橘天牛

图4-113 桃红颈天牛

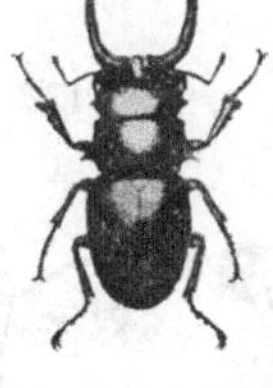
图4-114 大锹甲

图4-115
悌陶锹甲

图4-116 巨锯
锹甲

图4-117 中华
长毛象

图4-118 沟眶象

图4-119 臭椿
沟眶象

图4-120 谷象

图4-121 米象

图4-122 黄守瓜

图4-123 黄狭条跳甲

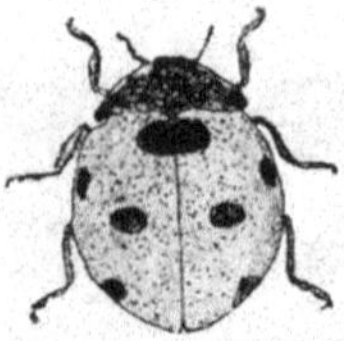
图4-124 七星瓢虫

图4-125 二星瓢虫

图4-126 龟纹瓢虫

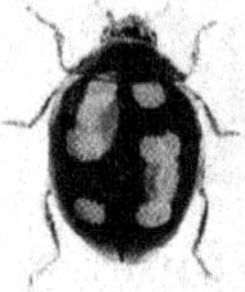
图4-127 双七瓢虫

图4-128 四斑毛瓢虫

图4-129 异色瓢虫

图4-130 黑缘红瓢虫

图4-131 白条芫菁

图4-132 暗头豆芫菁

图4-133 眼斑芫菁

图4-134 中国虎甲

图4-135 短鞘气步甲

图4-136 蝙蝠蛾

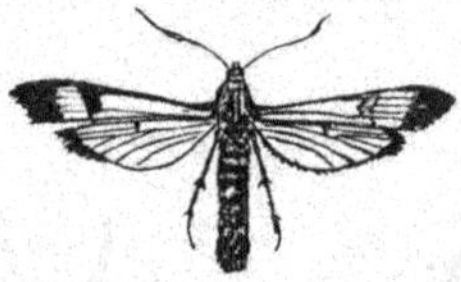
图4-137 苹果透翅蛾

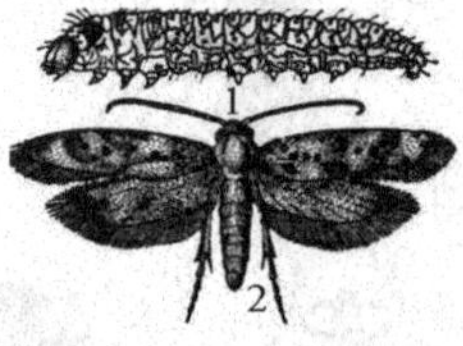

图4-138 棉红铃虫
1 幼虫 2 成虫

图4-139 小菜蛾

图4-140 谷蛾

图4-141 茶豹蠹蛾

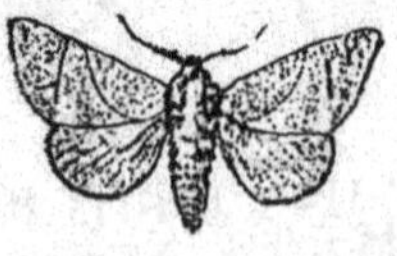
图4-142 褐刺蛾

图4-143 梨星斑蛾

图4-144 苹果卷蛾

图4-145 梨小食心虫

图4-146 玉米螟

图4-147 赤松毛虫

图4-148 杏枯叶蛾

图4-149 绿尾大蚕蛾

图4-150 蓖麻蚕蛾

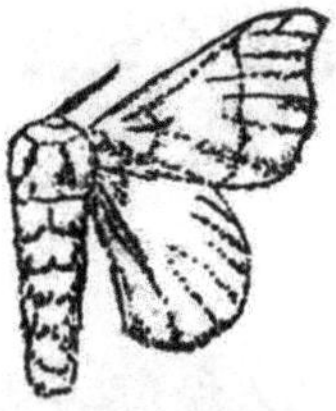
图4-151 家蚕

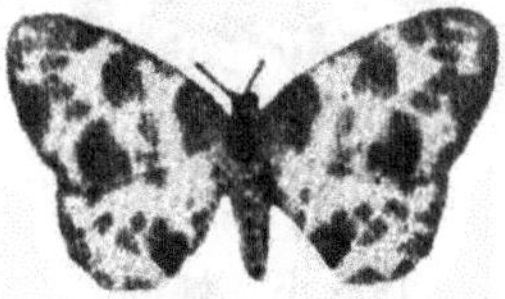
图4-152 丝棉木金星尺蛾

图4-153 桑尺蛾（蠖）

图4-156 栗六点天蛾

图4-154 鹰翅天蛾

图4-155 洋槐天蛾

图4-157 豆天蛾

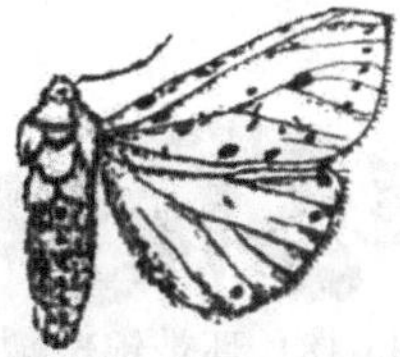
图4-158 红腹白灯蛾

图4-159 肖浑黄灯蛾

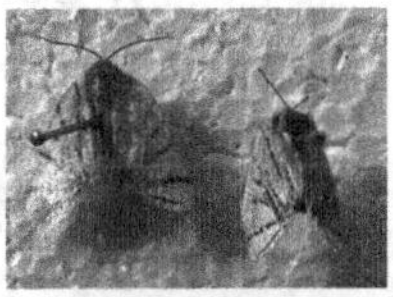
图4-160 花布灯蛾

图4-161 小地老虎

图4-162 舞毒蛾

图4-163 刺槐掌舟蛾

图4-164 白星鸟羽蛾

图4-165 直纹稻弄蝶

图4-166 麝凤蝶

图4-167 柑橘凤蝶

图4-168 金凤蝶

图4-169 碧凤蝶

图4-170 玉带凤蝶

图4-171 菜粉蝶

图4-172 重环蛱蝶

图4-173 小环蛱蝶

图4-174 大豹蛱蝶

图4-175 大红蛱蝶

图4-176 红灰蝶

图4-177 琉璃灰蝶

图4-178 兰灰蝶

图4-179 彩灰蝶

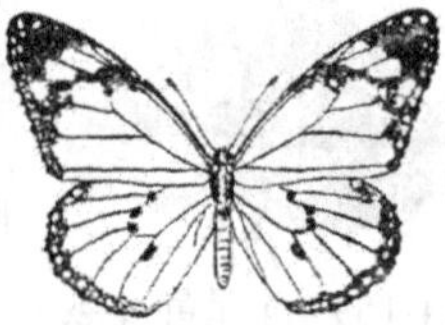
图4-180 金斑蝶

图4-181 环带锦斑蛾

图4-182 珍眼蝶

图4-183 蛇眼蝶

图4-184 稻黄褐眼蝶

图4-185 小麦叶蜂

图4-186 梨叶蜂

图4-187 梨茎蜂

图4-188 金毛长腹土蜂

图4-189 扁足树蜂

图4-190 蓝黑树蜂

图4-191 红腹树蜂

图4-192
满点黑瘤姬蜂

图4-193 中华茧蜂

图4-194 黄愈腹茧蜂

图4-195 广大腿小蜂

图4-196 稻螟赤眼蜂

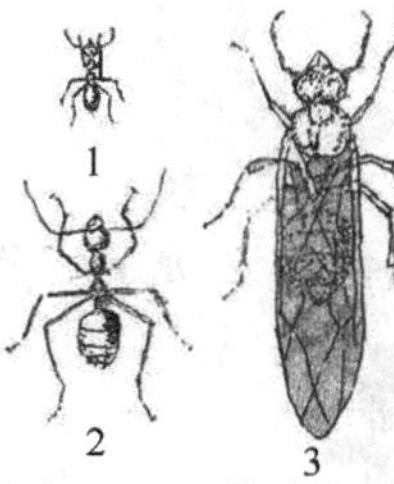

图4-197　黄猄蚁
1. 工蚁 2. 兵蚁 3. 蚁后

图4-198 黑木工蚁

图4-199 日本螯蜂

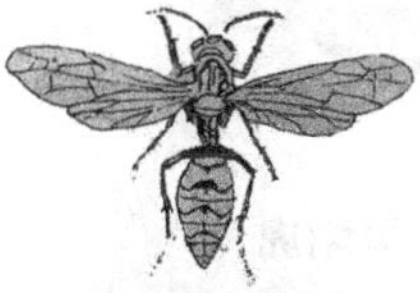
图4-200 普通
长脚胡蜂

图4-201 日环胡蜂

图4-202 北方黄胡蜂

图4-203 常见黄胡蜂

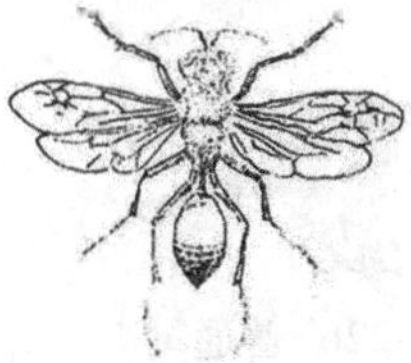
图4-204 红腰泥蜂

图4-205 红足沙泥蜂

图4-206 熊蜂

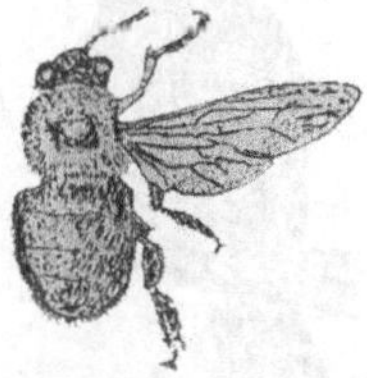
图4-207 木蜂

图4-208 黄胸木蜂

图4-209 切叶蜂

图4-210 中华蜜蜂

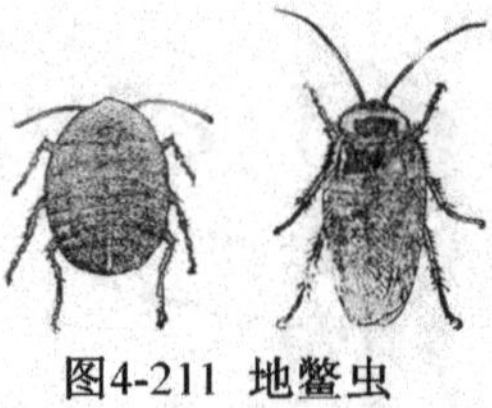
图4-211 地鳖虫
左:雌 右:雄

图4-212 蠼螋

图4-213 中华斑鱼蛉

图4-214 丽斑麻蜥

图4-215 山地麻蜥

图4-216 北草蜥

图4-217 石龙子

图4-218 蓝尾石龙子

图4-219 蝘蜓

图4-220 无蹼壁虎

图4-221 蛤蚧

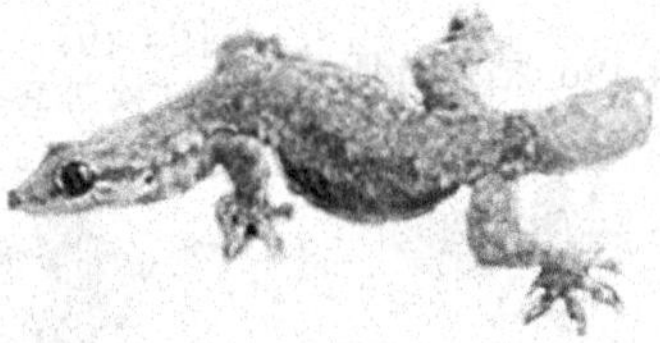
图4-222 纵斑蜥虎

图4-223 鸢

图4-224 苍鹰

图4-225 雀鹰

图4-226 普通鵟

图4-227 红脚隼

图4-228 红隼

图4-229 鹌鹑

图4-230 环颈雉

图4-231 毛腿沙鸡

图4-232 山斑鸠

图4-233 珠颈斑鸠

图4-234 大杜鹃

图4-235 四声杜鹃

图4-238 普通夜鹰

图4-236 长耳鸮

图4-237 斑头鸺鹠

图4-239 白腰雨燕

图4-240 楼燕

图4-241 三宝鸟

图4-242 戴胜

图4-243 蚁䴕

图4-244 黑枕绿啄木鸟

图4-245 斑啄木鸟

图4-246 云雀

图4-247 家燕

图4-248 金腰燕

图4-249 白鹡鸰

图4-250 山鹡鸰

图4-251 黄鹡鸰

图4-252 红尾伯劳

图4-253
虎纹伯劳

图4-254 白头鹎

图4-255 黑枕黄鹂

图4-256 黑卷尾

图4-257 灰椋鸟

图4-258 喜鹊

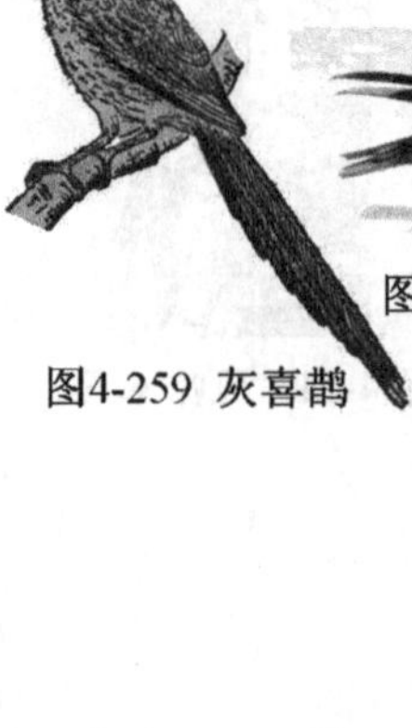

图4-259 灰喜鹊

图4-260 红嘴山鸦

图4-261 寒鸦

图4-262 白颈鸦

图4-263 秃鼻乌鸦

图4-264 大嘴乌鸦

图4-265 鹪鹩

图4-266 北红尾鸲

图4-267 蓝矶鸫

图4-268 斑鸫

图4-269 虎斑地鸫

图4-270 画眉

图4-271 大苇莺

图4-272 黄眉柳莺

图4-273 黄腰柳莺

图4-274 褐柳莺

图4-275 极北柳莺

图4-276 北灰鹟

图4-277 大山雀

图4-278 煤山雀

图4-279 暗绿绣眼鸟

图4-280 树麻雀

图4-281 燕雀

图4-282 金翅雀

图4-283 黄雀

图4-284 朱雀

图4-285 黑头蜡嘴雀

图4-286 锡嘴雀

图4-287 三道眉草鹀

图4-288 黄胸鹀

图4-289 赤胸鹀

图4-290 灰头鹀

图4-291 小鹀

图4-292 刺猬

图4-293 麝鼹

图4-294 蝙蝠

图4-295 家蝠

图4-296 猕猴

图4-297 金丝猴

图4-298 穿山甲

图4-299 草兔

图4-300 华南兔

图4-301 达乌尔鼠兔

图4-302 黑线姬鼠

图4-303 社鼠

图4-304 褐家鼠

图4-305 小家鼠

图4-306 黄胸鼠

图4-307 黑线仓鼠

图4-308 大仓鼠

图4-309 长爪沙鼠

图4-310 东北鼢鼠

图4-311 松鼠

图4-312 赤腹丽松鼠

图4-313 岩松鼠

图4-314 花鼠

图4-315 达乌尔黄鼠

图4-316 五趾跳鼠

图4-317 狼

图4-320 黑熊

图4-318 狐

图4-319 貉

图4-321 小熊猫

图4-322 大熊猫

图4-323 青鼬

图4-324 黄鼬

图4-325 艾鼬

图4-326 水獭

图4-327 獾

图4-328 猪獾

图4-329 大灵猫

图4-330 花面狸

图4-331 豹猫

图4-332 虎

图4-333 金钱豹

图4-334 野猪

图4-335 原麂

图4-336 赤麂

图4-337 梅花鹿

图4-338 獐

图4-339 狍

图4-340 斑羚

图4-341 野马

图4-342 野驴

图4-343 亚洲象